普通高等教育"十一五"国家级规划教材

高等职业教育机电类规划教材

模具 CAD/CAM

第 2 版

主　编　伊启中　殷　铖

参　编　刘锡锋　王明哲

主　审　王贤坤　刘　斌

机械工业出版社

本书是普通高等教育"十一五"国家级规划教材,全书共12章,第一章简要介绍了 CAD/CAM 技术的发展历程、基本概念和发展趋势,第二章~第四章主要介绍了模具 CAD/CAM 技术的基础知识及冷冲模 CAD/CAM 和塑料模 CAD/CAM 基础理论知识,第五章~第十二章主要介绍了 Pro/ENGINEER Wildfire3.0 软件的基本知识和实际应用。全书内容充实,结构严谨,语言流畅,图文并茂,本书还配备了教学光盘,盘中包含书中有关实例和图例的图形文件,可供广大读者在学习练习中使用。

本书既可作为高等院校、高职高专材料成形及控制工程、机械制造及其自动化、模具设计与制造、车辆工程、工业设计、机电一体化、数控技术应用等专业的教材或教学参考书,也可供有关工程技术人员参考和相关人员自学使用。

图书在版编目（CIP）数据

模具 CAD/CAM/伊启中，殷铖主编. —2 版. —北京：机械工业出版社，2008.9

普通高等教育"十一五"国家级规划教材. 高等职业教育机电类规划教材

ISBN 978-7-111-09063-2

Ⅰ. 模… Ⅱ. ①伊…②殷… Ⅲ. ①模具-计算机辅助设计-高等学校：技术学校-教材②模具-计算机辅助制造-高等学校：技术学校-教材 Ⅳ. TG76-39

中国版本图书馆 CIP 数据核字（2008）第 136231 号

机械工业出版社（北京市百万庄大街 22 号　邮政编码 100037）

策划编辑：郑　丹　责任编辑：郑　丹　王德艳
版式设计：霍永明　责任校对：刘志文
封面设计：马精明　责任印制：杨　曦
三河市宏达印刷有限公司印刷
2009 年 1 月第 2 版第 1 次印刷
184mm×260mm・24 印张・591 千字
0001—4000 册
标准书号：ISBN 978-7-111-09063-2
　　　　　ISBN 978-7-89482-805-7（光盘）
定价：39.80 元（含 1CD）

第 2 版前言

CAD/CAM (Computer Aided Design/Computer Aided Manufacturing, 计算机辅助设计与计算机辅助制造) 是一门基于计算机技术而发展起来的新兴技术, 随着计算机技术的不断发展, CAD/CAM 技术也逐步完善、日趋成熟。模具 CAD/CAM 技术作为 CAD/CAM 技术的一个分支, 已成为现代模具技术的重要发展方向。为了满足生产、科研单位对模具 CAD/CAM 技术方面人才的需求, 各高等院校相继开设了模具 CAD/CAM 课程, 该教材正是在这种大背景下进行编写的。鉴于目前不同学校教学情况存在一些差异, 各校可根据实际情况对教学内容进行适当的调整。

美国参数技术公司 (Parametric Technology Corporation, PTC) 开发的 Pro/ENGINEER 系列软件, 以其单一数据库、参数化、基于特征的建模技术、全相关和工程数据再利用等功能特点改变了传统的机械设计自动化理念。2002 年 6 月推出的 Pro/ENGINEER Wildfire 软件更因其具有 "易学易用、功能强大、互连互通" (Simple/Powerful/Connected) 的特点而备受业界青睐并被广泛使用, 2006 年 3 月上市的 Pro/ENGINEER Wildfire3.0 软件更是其中的精品, 本书即以 Pro/ENGINEER Wildfire3.0 软件在模具行业中的应用为主线进行编写的。

本书共 12 章, 由福建工程学院伊启中和西安理工大学殷铖任主编, 由深圳大学王贤坤和华侨大学刘斌任主审, 他们对教材的编写提出了许多宝贵的修改和补充意见, 特此表示深深的谢意。

本书第二章由陕西工业职业技术学院刘锡锋编写, 第三章由殷铖编写, 第四章由陕西国防工业职业技术学院王明哲编写, 其余章节由伊启中编写, 全书由伊启中负责统稿。

教材在编写过程中, 参阅了大量相关资料文献, 在此向有关作者一并表示感谢!

由于 CAD/CAM 技术的快速发展和作者的水平及学识有限, 教材及所附光盘中难免存在不足或不妥之处, 恳请广大读者批评指正, 同时, 也敬请各位读者不吝指教, 我们的联系方式是 qz_yi@163.com, 在此对各位读者的支持与厚爱深表谢意。

编　者

第1版前言

本书是根据教育部"关于加强高职高专教育教材建设的若干意见"和机械工业出版社教材编辑室"关于组织新编高职高专模具专业教材的原则"以及模具 CAD/CAM 课程教学大纲编写的，是高等职业技术院校模具专业教学用书，可作为 CAD/CAM 培训教材，也可供从事模具设计与制造工程技术人员参考。

CAD/CAM 是一种基于计算机技术而发展起来的新兴技术，随着计算机技术的不断发展，CAD/CAM 技术也逐步完善、日趋成熟。模具 CAD/CAM 作为 CAD/CAM 技术的一个分支，已成为现代模具技术的重要发展方向。为了满足生产和科研单位对模具 CAD/CAM 人才的迫切需求，各院校相继开设了模具 CAD/CAM 课程。在这种形势下，全国高职高专模具专业教学指导委员会组织编写了该教材并将其列为规划教材。鉴于目前不同学校教学情况存在差异，各校可根据课程教学大纲对教学内容进行适当调整。

本书分上、下两篇，上篇由西安仪表工业学校殷铖主编，下篇由福建职业技术学院伊启中主编，全书由伊启中统稿。全书共八章，其中殷铖编写第一、三章，陕西工业职业技术学院刘锡锋编写第二章，西安机电学校王明哲编写第四章，伊启中编写第五、七章，江西省机械工业学校蔡冬根编写第六章，常州机械学校段来根编写第八章。

本书由福州大学教授王贤坤博士主审。审稿期间，深圳市工业学校张磊明，福建职业技术学院翁其金、范有发等提出了许多宝贵意见，在此深表感谢。

由于编者水平有限，书中错误缺点在所难免，恳请广大读者批评指正。

编　者
2001 年

目　　录

绪 论

电子计算机是人类历史上最伟大的科学成就之一，它的发明给人类的生产生活、对传统的产品设计与生产组织模式都带来了深刻的变革。随着计算机有关技术的不断发展和计算机技术应用领域的日益扩大，涌现出了许多以计算机技术为基础的新兴学科，CAD/CAM 技术便是其中之一。图 1-1 所示为第一台电子计算机 ENIAC 研制小组负责人、美国宾夕法尼亚大学莫希利、埃克特和第一台电子计算机的实物图片。

　　　莫希利　　　　　　　埃克特　　　　　　　第一台电子计算机

图 1-1　第一台电子计算机相关图片

CAD/CAM（Computer Aided Design/Computer Aided Manufacturing），即计算机辅助设计与计算机辅助制造，它是一门基于计算机技术、计算机图形学而发展起来的、并与专业领域技术相互结合的、具有多学科综合性的技术。随着计算机技术的迅速发展、数控机床的广泛应用及 CAD/CAM 软件的日益完善，使其在电子、机械、航空、航天、轻工等领域得到了广泛的应用。1989 年，美国国家工程科学院对 1965～1989 的 25 年间当代十项杰出工程技术成就进行评选，CAD 技术名列第四。美国国家科学基金会曾在一篇报告中指出："CAD/CAM 对直接提高生产率、比电气化以来的任何发展都具有更大的潜力，应用 CAD/CAM 技术，将是提高生产率的关键"。

CAD/CAM 技术为什么能在短短的 40 余年间发展如此迅速呢？归根到底是因为它几乎推动了一切领域的设计革命，大大提高了产品开发速度，缩短了产品从开发到上市的周期；同时，由于市场竞争的日益激烈，用户对产品的质量、价格、生产周期、服务、个性化等要求越来越高，对于产品开发商来说，为了立足市场，必须使用先进设计制造技术，以缩短产品的设计开发周期、提高产品质量，最终提升产品的市场竞争力，CAD/CAM 技术便是首选之一，因此，作为先进制造技术重要组成部分的 CAD/CAM 技术，它的发展及应用水平已成为衡量一个国家的科学技术进步和工业现代化的重要标志之一。

本章将对 CAD/CAM 的发展历程、基本概念、系统组成与 CAD 的关键技术、CAD/CAM 技术在模具行业中的应用及 CAD/CAM 技术的发展趋势等内容进行详细介绍。

第一节　CAD/CAM 发展历程及基本概念

为了对 CAD/CAM 概念及关键技术有一个更清楚全面的理解和认识，首先来了解一下 CAD/CAM 的发展历程。

一、CAD/CAM 发展历程

1. CAD、CAM 技术的发展历程

从 CAD/CAM 技术诞生至今，它的发展与计算机、软硬件水平及相关基础技术（如计算机图形学、网络技术、通信技术等）的发展紧密相联，因此，我们在了解 CAD 技术发展历程的同时，也需要了解当时与 CAD 技术相关技术的发展情况。在 CAD 技术和 CAM 技术诞生初期，它们是独立发展的，而且是 CAM 技术的发展，促使了 CAD 技术的出现和发展。

20 世纪 40 年代末期，美国有一位叫约翰·帕森斯（John Parsons）的工程师构思并向美国空军展示了一种加工方法：在一张硬纸卡上打孔来表示需要加工的零件的几何形状，利用这张硬纸卡来控制机床进行零件的加工。当时美国空军正在寻找一种先进的加工方法以解决飞机外形样板加工的问题，因此，美国空军对该构思十分感兴趣并大力赞助，同时，委托麻省理工学院（MIT）进行研究开发。1952 年，麻省理工学院伺服机构实验室和帕森斯公司合作研制出了世界上第一台数控机床，该机床在用于飞机螺旋桨叶片轮廓检验样板的加工中取得圆满成功。它是用含有某种指令的特定程序控制其运动并实现工件加工的：首先由人工编好程序并输入数控机床，然后执行程序实现零件的自动加工。用这种方法在编制复杂零件的加工程序时存在编程比较麻烦、周期长且容易出错等缺点。因为程序编制较难，从而限制它的有效应用。针对这些问题，以该实验室 D. T. Ross 教授为首的研究小组开始着手研究一种能实现自动编程的系统，即 APT（Automatically Programmed Tools），它是一套纯文字的计算机语言，主要由几何定义语句、刀具语句、宏指令与循环指令、辅助功能及说明语句、输入输出语句组成，编程人员首先描述需要加工的零件形状和刀具形状、加工方法、加工参数等，然后编制出零件的加工程序。1969 年，美国 United Computing 公司成功地开发出了 APT 软件并取名为 UNIAPT。APT 软件经过软件开发商的发展，先后推出了 APT-Ⅱ、APT-Ⅲ、APT-Ⅳ、APT-SS 等版本，其功能不断扩充，APT-Ⅲ具有立体切削功能，APT-Ⅳ实现了曲面加工，APT-SS 可雕刻表面。APT 软件这种以语句为结构对加工零件的几何形状进行描述和定义、应用软件对语句进行信息处理、最终生成零件的数控加工程序的工作原理，就是 CAM 技术的开端，因此，早期的 CAM 主要是用于解决程序编制问题，APT 也成为自动编程的一种形式——以计算机语言为基础的自动编程。

虽然以计算机语言为基础的自动编程方法解决了不少编程问题，但它也存在许多明显不足，如：缺少对零件形状和刀位轨迹进行模拟验证的功能，使得加工容易出错；程序编制时因为没有图形显示而不直观；不能处理复杂零件尤其是有曲面的零件等。人们自然提出这样的设想：进行自动编程时，能否不用描述刀具轨迹，而直接使用图形来表达工件的形状和尺

寸进而生成加工程序？

二战后，随着美国飞机制造业的迅速发展，飞机气动外形的准确度要求逐渐提高，飞机结构也更加复杂，人们开始尝试着使用一种新的制造方法——模线样板工作法，即在铝板上，按真实尺寸绘制飞机各部分的外形轮廓及与外形有关的结构零件图，再用这些模线图制作样板和工装，从而保证了飞机零件制造和装配的精度。在飞机制造中，这种方法取得了很好的效果，缺点是：生产准备周期长、手工劳动量大。20世纪50年代中期，由于电子计算机的发展，一些飞机制造公司开始尝试用电子计算机建立飞机外形的数学模型，计算切面数据，再用绘图机输出这些曲线。这种方法大大提高了飞机的制造精度、缩短了生产准备时间、降低了人工工作量，这就是CAD技术的雏形。

CAD技术从出现至今大致经历了五个阶段：

（1）孕育形成阶段（20世纪50年代） 该阶段最大的成果是：1950年麻省理工学院研制出了"旋风Ⅰ号"（Whirlwind Ⅰ）图形显示器（图1-2所示），该显示器类似于示波器，虽然它只能用于显示简单的图形且显示精度很低，但它却是CAD技术酝酿开始的标志。随后，1958年，Calcomp公司和Gerber公司先后研制出了滚筒式绘图仪和平板式绘图仪。显示器和绘图仪的发明，表明了该时期硬件具有了一定的图形输出功能。

图1-2 "旋风Ⅰ号"（Whirlwind Ⅰ）图形显示器

（2）快速发展阶段（20世纪60年代） 20世纪50年代末期，美国麻省理工学院林肯实验室研制出将雷达信号转换为显示器图形的空中防御系统。该系统使用了光笔，操作者用它指向屏幕中的目标图形，即可获得所需信息，这便是交互式图形技术的开端。

1962年，麻省理工学院林肯实验室的Ivan Edward Sutherland发表了"Sketchpad：一个人机通信的图形系统"的博士论文（详见光盘），首次提出了计算机图形学、交互技术、分层存储符号的数据结构等新思想，为CAD技术的发展和应用奠定了坚实的理论基础。Ivan Edward Sutherland的博士论文中所提出的CAD技术的思想，成为了该时期的重大成果之一。图1-3所示为Ivan Edward Sutherland博士和他的博士论文再版封面。

计算机技术、交互式图形技术等基础理论的建立、发展、图形输入输出设备（如光笔、图形显示器、绘图仪等）的成功研制及对图形数据处理方法的深入研究，大大推动了CAD技术的完善和发展。一个有力的证据就是商品化CAD软件的出现和应用，如：1964年美国通用汽车公司和IBM公司联合开发的DAC-1系统（Design Augmented by Computer），该系统主要用于汽车外形和汽车结构的设计；1965 年美国 IBM 公司和美国洛克希德公司共同开发的 CADAM 系统（Computer-graphic Augmented Design & Manufacturing，计算机图形增强设计与制造软件包），该系统具有三维造型和结构分析能力，广泛应用于工程设计、机械工业、飞机制造等行业。

不过，该时期的 CAD 系统主要是二维系统，三维 CAD 系统也只是简单的线框造型系统，且规模庞大，价格昂贵。线框造型系统只能表达几何体基本的几何信息，不能有效地表达几何体间的拓扑信息，也无法实现 CAM 和 CAE。

虽然 CAD 技术和 CAM 技术是计算机应用技术中独立发展的两个分支，但随着 CAD 技术、CAM 技术在制造业中的推广，二者之间的相互结合显得越来越迫切。CAD 系统只有配合 CAM，才能充分显示它的巨大优越性；同样，CAM 只有利用 CAD 技术所建立的几何模型，才能进一步发挥它的作用。20 世纪 60 年代末 70 年代初，一些外国公司开始着手将计算机辅助设计系统和计算机辅助制造系统进行集成，建立

Ivan Edward Sutherland 博士

图 1-3 Ivan Edward Sutherland 博士和他的博士论文

一个统一的应用程序库，并逐步形成统一的系统。United Computing 公司向一家专门从事图形开发的公司购买其图形系统 ADAM，并将 ADAM 与自己开发的 UNIAPT 软件结合起来，成为一套新的系统，并取名为 UNI-GRAPHICS。1973 年 10 月，在底特律召开的 CAD/CAM 会议上，United Computing 公司向外界发布了该系统。

（3）成熟推广阶段（20 世纪 70 年代） 由于计算机硬件的快速发展，CAD 技术进入了成熟推广时期，出现了一批专门从事 CAD/CAM 技术的公司，推出了具有代表性的 CAD/CAM 软件：1970 年，美国 Applicon 公司第一个推出了完整的 CAD 系统；法国 Dassault 公司开发出基于表面模型的自由曲面建模技术，推出三维曲面造型软件 CATIA；美国 GE 公司开

发的 CALMA；美国麦道飞机公司开发的 UG 等。1974 年，人们开始把 CAD 系统和生产管理及力学计算相结合，1975 年，发展为 CAD/CAM 集成系统。该时期 CAD 技术的应用主要是"交钥匙"系统（Turnkey System），即软件服务商提供以小型计算机为基础、软硬件齐备的 CAD 系统。

曲面造型系统的出现是这一时期在 CAD 技术方面取得的重大成果，被认为是第一次 CAD 技术革命。20 世纪 70 年代初，美国 IBM 公司和法国 Dassault 公司联合开发了 CATIA 系统，该系统以自由曲面造型方法表达零件的表面模型，使人们从简单的二维工程图样中解放出来。曲面造型技术的出现及应用，解决了 CAM 表面加工问题，但不能表达质量、重心、体积、转动惯量等几何物理量，因此无法实现 CAE。

（4）广泛应用阶段（20 世纪 80 年代）　随着微型计算机的飞速发展，CAD 系统逐渐开始从小型计算机向微型计算机转化，这为 CAD 技术的广泛应用创造了良好的硬件条件。

这一时期在 CAD 技术方面主要的技术特征是实体造型理论的建立和几何建模方法的出现，构造实体几何法（CSG）和边界表示法（B-rep）等实体表示方法在 CAD 软件开发中得到广泛应用。由于实体造型技术的出现，统一了 CAD、CAE、CAM 的表达模型，从而使得 CAE 技术成为可能并逐渐得到应用，因此，实体造型技术被认为是第二次 CAD 技术革命。1979 年，SDRC（Structural Dynamics Research Corporation）公司开发出了第一套基于实体造型技术的大型 CAD/CAM 软件 I-DEAS（Integrated Engineer & Analysis Software）。

由于实体造型技术能够精确表达零件的全部属性，在理论上有助于统一 CAD、CAE、CAM 模型表达，因而给设计带来了惊人的方便。Computer-Vision（简称 CV 公司）最先在曲面算法上取得突破，计算速度提高较大。由于 CV 提出了集成各种软件，为企业提供全方位解决方案的思路，并采取了将软件的运行平台向价格较低的小型机转移等有力措施，一跃成为 CAD 领域的领导者，市场份额上升到第一位。

正当 CV 公司业绩蒸蒸日上以及实体造型技术逐渐普及之时，CAD 技术的研究又有了重大进展。如果说在此之前的造型技术都属于无约束自由造型的话，进入 20 世纪 80 年代中期，CV 公司内部以高级副总裁为首的一批人提出了一种比无约束自由造型更新颖、更好的算法——参数化实体造型方法。从算法上来说，这是一种很好的设想。它的主要特点是：基于特征、全尺寸约束、全数据相关、尺寸驱动设计修改。当时的参数化技术方案还处于一种发展的初级阶段，很多技术难点有待于攻克。是否马上投资发展这项技术呢？CV 内部展开了激烈的争论。由于参数化技术核心算法与以往的系统有本质差别，若采用参数化技术，必须将全部软件重新改写，投资及开发工作量必然很大。当时 CAD 技术主要应用在航空和汽车工业，这些工业中自由曲面的需求量非常大，参数化技术还不能提供解决自由曲面的有效工具（如实体曲面问题等），更何况当时 CV 公司的软件在市场上几乎呈供不应求之势，于是，CV 公司内部否决了参数化技术方案。策划参数化技术的这些人在新思想无法实现时，集体离开了 CV 公司，1985 年在美国东海岸名城波士顿创建了 SPG 顾问公司，1987 年更名为美国参数技术公司（Parametric Technology Corporation，PTC），开始研制命名为 Pro/ENGINEER 的参数化软件。早期的 Pro/ENGINEER 软件性能很低，只能完成简单的工作，但由于第一次实现了尺寸驱动零件设计修改，使人们看到了它今后将给设计者带来的方便性。PTC 的第一个 MCAD 产品——Pro/ENGINEER 是一个革命性的产品，它为制造业带来了参数化技术、基于特征、全数据相关的实体建模技术。

在 2000 年以后，PTC 公司将主要精力放在 PDM 软件的开发与推广上，力图在企业级解决方案级别上与 IBM、UGS 等大公司进行竞争，在这一阶段，PTC 公司虽然不断推出新版本的软件（如 Pro/ENGINEER2000i、Pro/ENGINEER2000i², Pro/ENGINEER2001），但这些版本软件在功能和用户界面方面变化不大，而同时期的 CATIA、UG 等软件则在用户界面和软件功能方面做了大量的开发工作，确保了其在飞机、汽车等行业所应用的高端 CAD 软件的统治地位；同时，以 Solidworks、SolidEdge 为代表的中端 CAD 软件其核心功能逐步完善，因此，对 Pro/ENGINEER 软件形成了追赶和夹攻之势。面对严峻形势，PTC 公司审时度势，确定了野火（Wildfire）计划，对 Pro/ENGINEER 软件从功能结构到用户界面都进行彻底的改造，力争在 CAD 领域再领风骚。可以说，参数化特征造型技术成为 CAD 技术发展史中的第三次技术革命。

20 世纪 80 年代后期，SDRS 公司的技术人员对参数化技术进行深入的研究和探索，1990 年，经过几年的研究探索之后，发现参数化技术存在不少缺点，如：全尺寸约束这一要求大大限制了设计人员创造能力的发挥，美国麻省理工学院的 Gossard 教授提出一种新的造型技术——变量化设计。变量化设计采用非线性约束方程组联立求解，设定初始值后用牛顿迭代法进行精化；同时，变量化设计扩大了约束的类型，除了几何约束外，还引入力学、运动学、动力学等约束，使得求解过程不仅含有几何问题，也包含了工程实际问题。众所周知，已知全部参数的方程组进行顺序求解比较容易，而在欠约束情况下，方程联立求解的数学处理和软件实现的难度则大大增加。但是，经过了三年的努力，在 1993 年，SDRS 公司推出了基于变量化设计的全新体系结构的 I-DEAS Master Series 软件。变量化设计既保留了参数化设计的优点（如基于特征、全数据相关），又克服了参数化设计的不足（如全尺寸约束），因此，变量化设计技术被认为是 CAD 领域的第四次技术革命。

（5）标准化、智能化、集成化阶段（20 世纪 80 年代后期）　随着 CAD 技术的不断发展，技术标准化愈显迫切和重要。从 1977 年推出 CORE 图形标准以来，陆续出现了与应用程序接口有关的标准、与图形存储和传输有关的标准和与虚拟设备接口有关的标准，这些标准的制定和采用为 CAD 技术的推广起到了重要的作用。

将人工智能 AI（Artificial Intelligence）引入 CAD 系统是 CAD 技术发展的必然趋势，这种结合大大提高了设计的自动化程度。专家系统 ES（Expert System）是人工智能在产品和工程设计中最早获得成功应用的一个领域，它在产品设计初始阶段，特别是在概念设计和构思评价阶段起到了积极的作用。

CAD 技术与 CAM、CAE 等技术的集成，形成了广义的 CAD/CAM 系统，CAD/CAM 系统的构建实现了信息集成和功能集成，CIMS 则是更高层次的集成，它包括了产品几何、加工、管理等全方位的信息。

图 1-4 所示为 CAD/CAM 相关技术的发展情况。

2. CAE 技术的发展历程

CAE（Computer Aided Engineering，计算机辅助工程）是指以现代计算力学为基础、以计算机仿真为手段，对产品进行工程分析并实现产品优化设计的技术。这里所指的工程分析包括有限元分析、运动机构分析、应力计算、结构分析、电磁场分析等。在产品设计中，CAD 技术完成了产品的几何模型的建立，但是对于设计是否合理、产品能否满足工程应用要求，则需对模型进行工程分析、计算优化，并根据需要对几何模型进行必要的修改，使产品最终满足有关要求。CAE 是 CAD/CAM 进行集成的一个必不可少的重要环节，因此，有些学者认为 CAE 应属于广义 CAD 的重要组成部分，目前，在大型商业化 CAD/CAM 软件中，CAE 是该软件的重要功能模块。

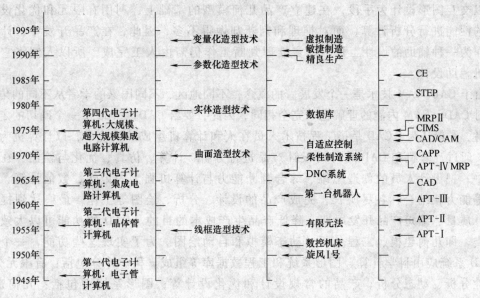

图 1-4 CAD/CAM 相关技术的发展

CAE 技术的发展大致经历了三个阶段：

（1）技术探索阶段（20 世纪 60～70 年代） 20 世纪 50 年代，飞机逐渐由螺旋桨式向喷气式转变，为了确定高速飞行的喷气式飞机的机翼结构，必须对其动态特性进行精确的分析计算。1956 年，美国波音飞机公司开发了一种新的计算方法——有限元法，并把它应用于飞机设计。1967 年，SDRC 公司成立并于 1968 年发布世界上第一个动力学测试及模态分析软件包；1970 年，SASI 公司成立，开发了 ANSYS 软件（公司后来改组为 ANSYS 公司）。

（2）蓬勃发展时期（20 世纪 70～80 年代） 1977 年 MDI 公司成立，其主导软件 AD-AMS 广泛应用于机械系统运动学、动力学仿真分析；1978 年 ABAQUS 软件应用于结构非线性分析；1982 年 CSAR 公司成立，所开发的 CSA/Nastran 软件主要应用于大结构、流-固耦合、热学、噪声分析等；1989 年 ESKD 公司成立，发展了 P 法有限元程序。

（3）成熟推广时期（20 世纪 90 年代至今） CAE 软件开发公司注意不断增强自身 CAE 软件的前、后置处理能力，并积极配合开发与应用广泛的 CAD 软件的专用接口，CAE 逐渐走上了与 CAD/CAM 集成的轨道。

二、CAD/CAM 基本概念

目前，有些人认为应用计算机完成设计过程中的数值计算、有关分析及计算机绘图就是 CAD，利用软件进行自动编程便是 CAM，应该说这是对 CAD/CAM 技术的片面理解和不全面的认识。谈及计算机辅助设计，则先来说说"设计"。

"设计"是人类的一种高度智能活动，往往贯穿了产品的整个生命周期，包含产品的需求规划、概念设计、总体设计、结构设计、产品试制、生产规划、营销设计、运行维护、报废回收等流程，从而最终实现产品从概念设计到实物、从抽象到具体、从定性到定量，其间，既有大量的数值计算，也有众多的推理决策判断。从设计方法角度看，设计可分为常规设计、革新设计和创新设计三类。目前，一般的 CAD 系统是以数据库为核心、以交互图形设计为手段，在建立产品几何模型的基础上，利用有限元和优化设计对产品的性能进行分析计算，而对推理和判断却做得不多，因此，在产品开发中，计算机只是作为一种辅助的设计工具，许多推理判断工作仍需由人工完成，所以人们将它称为计算机辅助设计。

由于 CAD/CAM 技术是一个发展着的概念，不同地区、不同国家的学者从不同的角度出发，对 CAD、CAM 内涵的理解也不完全相同，因此，要给 CAD、CAM 下一个确切的定义并不容易。一般认为，CAD 是指工程技术人员在人和计算机组成的系统中，以计算机为辅助工具，通过计算机和 CAD 软件对设计产品进行分析、计算、仿真、优化与绘图，在这一过程中，把设计人员的创造思维、综合判断能力与计算机强大的记忆、数值计算、信息检索等能力相结合，各尽所长，完成产品的设计、分析、绘图等工作，最终达到提高产品设计质量、缩短产品开发周期、降低产品生产成本的目的。CAD 的功能可以大致归纳为四类，即几何建模、工程分析、动态模拟和自动绘图。为了实现这些功能，一个完整的 CAD 系统应由科学计算、图形系统和工程数据库等组成。科学计算包括：有限元分析、可靠性分析、动态分析、产品的常规设计和优化设计等；图形系统则包括：几何造型、自动绘图、动态仿真等；工程数据库对设计过程中需要使用和产生的数据、图形、文档等进行存储和管理。

值得注意的是：早期 CAD 的 "D" 是 "Drafting, Drawing"，而现在 CAD 中 "D" 是 "Design" 单词的缩写，它们的含义已大不相同，所以，不应该把 CAD 与计算机辅助绘图、计算机图形学混淆起来。计算机辅助绘图是指使用图形软件和硬件进行绘图及有关标注的一种技术；计算机图形学是研究通过计算机将数据转换为图形，并在专用设备上显示的原理、方法和技术的科学。计算机辅助绘图主要解决机械制图问题，是 CAD 的一个组成部分，其内涵比 CAD 的内涵小得多；计算机图形学是一门独立的学科，但它的有关图形处理的理论与方法是构成 CAD 技术的重要基础。

CAM 是指应用电子计算机进行产品辅助制造的统称，有狭义 CAM 和广义 CAM。广义 CAM 是利用计算机进行零件的工艺规划、数控程序编制、加工过程仿真等。在 CAM 中主要包括两类软件：CAPP 软件和数控编程（Numerical Control Programming, NCP）软件，狭义 CAM 理解为数控加工，即把 CAM 软件看做是 NCP 软件，其实目前大部分商业化的 CAM 软件都包含有 NCP 功能。广义的 CAM 包括 CAPP 和 NCP，更为广义的 CAM 则是指应用计算机辅助完成从原材料到产品的全部制造过程，包括直接制造过程和间接制造过程，如工艺准备、生产作业计划、物流过程的运行控制、生产控制、质量控制等。

把计算机辅助设计和计算机辅助制造集成在一起，称为 CAD/CAM 系统；把计算机辅助设计、计算机辅助制造和计算机辅助工程集成在一起，称为 CAD/CAE/CAM 系统。现在很多 CAD 系统逐渐添加了 CAM 和 CAE 功能，所以工程界习惯上把 CAD/CAE/CAM 称为 CAD 系统或 CAD/CAM 系统。一个产品的设计制造过程往往包括产品任务规划、方案设计、结构设计、产品试制、产品试用、产品生产等阶段，而计算机只是按用户给定的算法完成产品设计制造全过程中某些阶段或某个阶段中的部分工作，如图 1-5 所示。

CAD/CAM 技术是一种在不断发展着的技术,随着相关技术及应用领域的发展和扩大,CAD/CAM 技术的内涵也在不断扩展。1973 年国际信息联合会对 CAD 的定义是:CAD 是将人和机器混编在解题作业中的一种技术,从而使人和机器的最好特性联系起来。到 20 世纪 80 年代初,第二届国际 CAD 会议上认为 CAD 是一个系统的概念,包括:计算、图形、信息自动交换、分析和文件处理五个方面的内容。1984 年召开的国际设计及综合讨论会上对 CAD 的内涵又做了补充,认为 CAD 不仅是一种设计手段,而且是一种新的设计方法和思维。

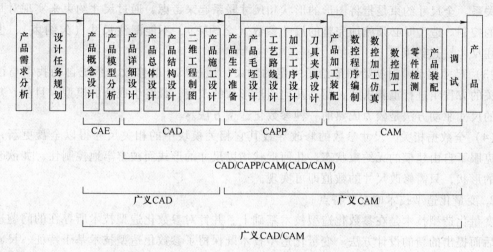

图 1-5 产品开发过程及 CAD、CAE、CAM 的范围

三、CAD/CAM 系统组成

CAD/CAM 系统由硬件系统、软件系统和人组成。硬件系统包括计算机和外部设备,软件系统则由系统软件、应用软件和专业软件组成,如图 1-6 所示。

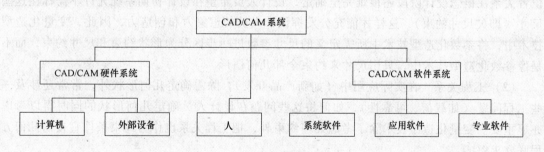

图 1-6 CAD/CAM 系统的组成

CAD/CAM 系统的功能不仅与组成该系统的硬件功能和软件功能有关,而且与它们的匹配和组织有关。在建立 CAD/CAM 系统时,首先应根据生产任务的需要,选定最合适的功能软件,然后再根据软件系统选择与之相匹配的硬件系统。

四、CAD 的关键技术

实体造型技术属于无约束自由造型,目前,CAD 的技术基础主要是以 PTC 公司开发的 Pro/ENGINEER 为代表的参数化造型方法和以 SDRC 公司开发的 I-DEAS 为代表的变量化造型方法,这两种造型方法均属于基于约束的实体造型技术。

1. 参数化造型技术的主要特点

参数化造型技术是指用一组参数（代数方程）来定义几何图形间的关系，提供给设计人员在几何造型中使用，其主要特点有：

（1）基于特征　将某些具有代表性的几何形状定义为特征，并将其所有尺寸存为可调参数，进而形成实体，以此为基础来进行更为复杂的几何形体的造型。

（2）全尺寸约束　约束包括尺寸约束和几何约束，图形形状的大小、位置坐标、角度等均属于尺寸约束，几何约束则包括平行、对称、垂直、相切、水平、铅直等这些非数值的几何关系。全尺寸约束是指将图形的形状和尺寸联系起来考虑，通过尺寸约束来实现对几何形状的控制。造型时必须施加完整的尺寸参数（全约束），不能漏注尺寸（欠约束），也不能多注尺寸（过约束）。

（3）尺寸驱动　对初始图形给予一定的约束，通过尺寸的修改，系统自动找出与该尺寸相关的方程组进行重新求解，驱动几何图形形状的改变，最终生成新的模型。目前，基于约束的尺寸驱动方法是较为成熟的一种参数化造型方法。

（4）全数据相关　尺寸参数的修改导致其它相关模块中的相关尺寸得以全盘更新，它彻底克服了自由建模的无约束状态，几何形状均以尺寸的形式而被牢牢地控制住，如欲改变零件的形状，只需修改尺寸的数值即可实现。

2. 变量化造型技术的主要特点

变量化造型技术是在参数化造型技术基础上，并针对参数化造型技术所存在的问题进行改进后而提出的新的设计方法。变量化造型技术既保留了参数化造型技术基于特征、尺寸驱动、全数据相关的优点，又对参数化造型技术的全尺寸约束的缺点做了根本性的改变，其主要特点是：

（1）几何约束　在新产品开发的概念设计阶段，设计人员首先考虑的是设计思想并将这些设计思想在产品的几何形状中予以体现，至于各几何形状准确的几何尺寸和各形状间的位置关系在概念设计阶段还很难完全确定，设计人员希望在设计初期系统允许不需标注这些尺寸（即欠尺寸约束），这样才能充分发挥设计人员的想象力和创造力，因此，变量化造型技术中，将参数化造型技术中所需定义的尺寸参数进一步区分为形状约束和尺寸约束，而不是像参数化造型技术中，只用尺寸来约束全部几何图形。

（2）工程关系　在实际应用中（如新产品开发），除需确定几何形状外，常常还涉及一些工程问题（如载荷、可靠性），如何将这些问题在设计人员确定几何形状的同时得以考虑亦显重要。变量化造型技术除了考虑几何约束外，把工程关系也作为约束条件直接与几何方程联立求解。

（3）VGX 技术　VGX（Variation Geometry Extend，超变量几何）技术是变量化造型技术发展的一个里程碑。VGX 技术充分利用了形状约束和尺寸约束分开处理以及无需全约束的灵活性，让设计者可以针对零件上的任意特征直接以拖动方式非常直观地、实时地进行图示化编辑修改。VGX 技术具有许多优点，如：不要求全尺寸约束，在全约束及欠约束情况下均可顺利完成造型；模型修改可以基于造型历史树也可以超越造型历史树，可以在不同"树干"上的特征直接建立约束关系；可直接编辑 3D 实体特征，无需回到生成该特征的 2D 线框状态；可以用拖动式修改 3D 实体模型，而不是只有尺寸驱动一种方式；用拖动式修改实体模型时，尺寸也随之自动更改；拖动时显示任意多种设计方案，不同于尺寸驱动方式一次尺寸修改只得到一种方案；以拖动式修改 3D 实体模型时，可以直观地预测所修改的特征与其它特征的关系，控制模型形状也只要按需要的方向即可，而尺寸驱动方式修改实体模型时，很难预测尺寸修改后的结果；模型修改允许形状及拓扑关系发生变化，而并非仅限于尺寸数值的变化。

（4）动态导航技术　动态导航（Dynamic Navigator）技术是 1991 年 SDRC 公司在 I-DEAS 第 6 版中首先提出来的。动态导航是指当光标处于某一特征位置时，系统自动显示有关信息（如特征的类型、空间位置），使用户便于理解设计人员的设计意图并预计下一步要做的工作，因此，可以说动态导航技术是一个智能化的设计参谋。

（5）主模型技术　SDRC 公司在 I-DEAS MS 软件中采用了主模型技术，它是以变量化造型技术为基础，完整表达产品的信息，包括：几何信息、形状特征、变量化尺寸、拓扑关系、几何约束、装配顺序、装配、设计历史树、工程方程、性能描述、尺寸及形位公差、表面粗糙度、应用知识、绘图、加工参数、运动关系、设计规则、仿真结果、数控加工、工艺信息描述等。主模型技术彻底突破了以往 CAD 技术的局限，成功地将曲面和实体表达方式融合为一体，给产品设计制造的不同阶段提供了统一的产品模型，为协同设计和并行工程打下了坚实的基础。

3. 两种造型技术的主要区别

（1）对约束的处理方式不同　对约束处理方式的不同是两种造型技术最基本的区别。参数化造型技术在设计全过程中，将形状约束和尺寸约束联合起来一并考虑，通过尺寸约束来实现对几何形状的控制；而变量化造型技术是将尺寸约束和形状约束分开处理。参数化造型技术在非全约束时，造型系统不允许执行后续操作；变量化造型技术允许欠约束和全约束状态，尺寸是否标注完整不会影响后续操作。在参数化造型技术中，工程关系不直接参与约束管理，而是另由单独的处理器外置处理；在变量化造型技术中，工程关系可以作为约束直接与几何方程耦合，再通过约束解算器直接解算。参数化造型技术解决的是特殊情况（全约束）下的几何图形问题，表现形式是尺寸驱动几何形状的改变；变量化造型技术解决的是任意约束情况下的产品设计问题，不仅可以做到尺寸驱动，也可以实现约束驱动，即由工程关系来驱动几何形状的改变。

（2）应用领域不同　参数化造型技术适用于技术比较成熟、产品相对固定的零配件行业，其零件形状基本固定，标准化程度较高，在进行产品开发或根据图样进行设计时，只需修改一些关键尺寸或按已符合全约束条件的图样进行设计即可；变量化造型技术的造型过程类似于设计人员的设计过程，把能满足设计要求的几何形状放在第一位，然后再逐步确定尺寸，因此，参数化造型技术常用于常规设计或革新设计，而变量化造型技术比较适用于创新设计。

（3）特征管理方式不同　参数化造型技术在整个造型过程中，将构造形体所用的全部特征按先后顺序进行串联式排列，这种顺序关系在模型树中得到明显的体现。每个特征与前面的一个或若干个特征存在明确的父子关系，当设计中需要修改或删除某一特征时，该特征的子特征便可能失去了存在的基础，这样很容易造成数据的混乱，甚至造成操作的中断或失败。变量化造型技术则克服了这种缺点，将构造形体所用的全部特征除了与前面特征存在关联外，同时又都与全局坐标系建立联系。用户对前面的特征进行修改时，后面的特征会自动进行更新；当删除某一特征时，与它保持联系的特征则会自动解除与它的联系，系统对这些特征在全局坐标系中重新定位，因此，对特征的修改或删除都不会造成数据的混乱。

第二节　CAD/CAM 技术在模具行业中的应用

CAD 技术最早是应用在航空航天、汽车、飞机等大型制造业，基于 CAD 软、硬件技术的日益成熟和应用领域的不断扩大，CAD 技术已由大型企业和军工企业向中小型企业扩展延伸，应用领域也已涉及机械制造、轻工、服装、电子、建筑、地理等。本节重点介绍 CAD/CAM 技术在模具行业中的应用。

模具工业是国民经济的重要基础工业之一，模具是工业生产中的基础工艺装备，是一种高附加值的高技术密集型产品，也是高新技术产业化的重要领域，其技术水平的高低已成为衡量一个国家制造业水平的重要标志。

一、模具成形的特点

按照成形的特点，模具分为：冲压模具、塑料模具、压铸模具、锻造模具、铸造模具、粉末冶金模具、玻璃模具、橡胶模具、陶瓷模具和简易模具等十大类。在现代工业中，金属、塑料、橡胶、玻璃、陶瓷、粉末冶金等制品的生产都广泛应用模具来成形。

模具成形技术具有如下特点：

1. 生产率高

模具成形是提高生产效率非常有效的一种方法，如：用普通压力机进行生产，每分钟可达几十次甚至几百次，按一模一件计算，一台压力机每天就可生产数万件，若采用一模多件或级进模进行生产，其生产效率则会更高。

2. 制件质量好

制件形状的几何尺寸一致性高，具有很好的互换性，如塑料制品不仅容易成形一些自由曲面，而且样式新颖；模锻件强度高；压铸件缺陷少；此外，全复合材料的一些制品，如直升飞机螺旋桨、航空发动机叶片等，具有重量轻、强度高、寿命长等特点，因此，模具成形制品的质量是其它加工方法很难达到的。

3. 材料利用率高

模具成形属于少切屑或无切屑加工，材料利用率高，如在手表壳、铝合金门窗等产品的生产中，采用锻模成形、挤压成形生产方式的材料利用率比采用自由锻、机械加工生产方式的材料利用率高。

4. 成本低

由于生产率高、质量好、材料利用率高，因此，对于具有一定批量的产品，采用模具成形的成本比采用其它加工方法的成本低，因此，在现代工业中，模具成形技术广泛应用于汽车、家电、仪器仪表、日常用品、玩具等行业。

1989 年，国务院颁布的"当前产业政策要点的决定"在重点支持技术改造的产业和产品中，模具制造列为机械工业中的第一位，在重点支持生产和基建的产业和产品中，模具制造列为第二位，由此可见，我国对模具工业发展的重视程度。

二、CAD/CAM 技术在现代模具技术中的应用

随着工业技术和科学技术的发展，产品对模具的要求越来越高，传统的模具设计与制造

方法不能适应工业产品快速更新换代和提高质量的要求，因此，发达国家从 20 世纪 50 年代末就开始了模具 CAD/CAM 技术的研究，如：美国通用汽车公司早在 20 世纪 50 年代就将 CAD/CAM 技术应用于汽车覆盖件的设计与制造；到 20 世纪 60 年代末，模具 CAD/CAM 技术已日趋成熟，并取得显著的应用效果；到 20 世纪 80 年代，模具 CAD/CAM 技术已广泛应用于冷冲模具、锻造模具、挤压模具、注射模具、压铸模具的设计与制造。

1. CAD/CAM 技术在冷冲模中的应用

在冷冲模中，最早应用 CAD/CAM 技术的是冲裁模，当时主要应用于汽车和飞机的设计制造。20 世纪 50 年代末期，国外一些科研院所便开始研究开发冷冲模 CAD/CAM 系统。1971 年，美国 DieComp 公司成功地开发了级进模计算机辅助设计系统 PDDC。应用该系统可以完成冷冲模设计的全部过程，其中包括：输入产品图形和技术条件；确定操作顺序、步距、空位、总工位数；绘制排样图；输出模具装配图、零件图和压力机床参数；生成数控线切割程序等。1977 年捷克金属加工工业研究院研制成功 AKT 系统，它可以用于简单、复合和连续冲裁模的设计和制造。20 世纪 70 年代末期，日本机械工程实验室和日本旭光学工业公司分别开发的连续模设计系统 MEL 和冲孔弯曲模系统 PENTAX。1982 年日立公司研制了冲裁模 CAD 系统。使用这些系统进行模具设计制造，大大缩短了模具开发周期，降低了生产成本，提高了生产效率。

冷冲模 CAD/CAM 系统一般包括：系统运行管理、工艺计算分析、模具结构设计分析、图形处理与数据库和图形库处理五大模块，主要内容有：①输入工件图及原始设计数据；②进行制件工艺分析；③拟定成形方案；④进行力的计算、选用压力机；⑤进行模具结构设计、绘制模具装配图和零件图；⑥编制模具数控加工程序；⑦输出模具工艺过程文件；⑧完成其它相关工作。

CAD/CAM 在冷冲模具设计与制造中的应用，主要可归纳为以下几个方面：

1）利用几何造型技术完成复杂模具几何设计。

2）完成工艺分析计算，辅助成形工艺的设计。

3）建立标准模具零件和结构的图形库，提高模具结构和模具零件设计效率。

4）辅助完成绘图工作，输出模具零件图和装配图。

5）利用计算机完成有限元分析和优化设计等数值计算工作。

6）辅助完成模具加工工艺设计和 NC 编程。

2. CAD/CAM 技术在塑料模中的应用

塑料成型模具一般具有形状复杂、计算分析量大、加工难等特点，因此，开发一个实用的塑料模 CAD/CAM 系统意义重大。塑料模 CAD/CAM 系统的开发涉及材料力学、流体力学、粘弹性理论、传热学、固体力学、计算机图形学、数据库技术、数值计算技术、数控加工与编程技术、成形过程控制技术、现代测试技术等多方面的专门知识。

根据模塑方法的不同，塑料模可分为：注射模、压缩模、压注模、中空吹塑模等，其中，注射模应用最为广泛，这里以注射模为例，介绍 CAD/CAM 技术在塑料模中的应用。

注射模 CAD/CAM 技术主要从两个方面对技术人员提供强有力的帮助：一是应用 CAE 技术对模具和塑件进行有限元结构力学分析、流动分析模拟和冷却分析模拟等；二是完成注射模结构 CAD 设计，包括：塑料产品的建模、模具总体结构方案设计和零部件设计，数控仿真和数控程序生成，模具模拟装配、零件图和装配图的生成与绘制等。

注射成型 CAE 技术源于 20 世纪 60 年代中期，英国、美国、加拿大等国学者完成注射过程一维流动与冷却分析；20 世纪 70 年代完成二维分析程序；20 世纪 80 年代开始对三维流动与冷却分析进行研究；进入 20 世纪 90 年代，对流动、保压、冷却、应力分析注射成形全过程进行集成化研究，这些研究为开发实用的注射模 CAE 软件奠定了坚实的基础。

(1) 塑料模具 CAD/CAM 系统的特点

1) 模具成型部分的几何造型需要功能强大的三维图形系统支持。成型部分的设计和计算分析不仅需要用三视图、透视图和各种剖视图表示，而且还常需要进行消隐、着色、阴影和动画表示。

2) 模具自由曲面一般采用数控加工。模具需加工的部位中，常常存在自由曲面，且自由曲面通常在模具的成型零件上，因此，在模具加工特别是模具成型部分的加工中，一般采用数控加工。为此，在进行模具设计时，需建立有关零件的三维计算机实体（曲面）模型。

3) 计算分析比较复杂。塑料模具一般为热态成形，在分析计算中需考虑的因素较多，如：塑料的收缩、温度变化时的变形、浇口的分布、分型面对制件成型的影响等，因此，塑料模具设计时，计算分析比较复杂。

4) 模拟分析软件。如：注射模的充模过程流动模拟软件、锻模的成型过程塑性变形模拟分析软件、冷却系统模拟分析软件、有限元模拟分析软件、有限元分析及加工过程模拟分析软件等。在模具 CAD/CAM 系统中要特别注意标准接口的开发设计。

(2) 注射模 CAD/CAE/CAM 主要工作内容

1) 塑料制品的几何造型。采用几何造型系统，在计算机中生成塑料制品的几何模型（如线框模型、曲面模型或实体模型），这是 CAD/CAM 工作的第一步。由于塑料制品大多是薄壁件且表面复杂，因此，塑料制品的几何模型常用曲面造型方式。

2) 模腔表面形状的生成。在注射模具中，型芯和型腔分别成型制品的内、外表面。由于塑料的收缩率、模具磨损及加工精度的影响，制品的内、外表面并非就是模具型芯、型腔的尺寸。如何准确地确定型芯、型腔的尺寸仍是当前研究的课题。

3) 模具结构方案设计。模具设计人员利用 CAD/CAM 软件确定型腔的个数、位置、浇注系统、冷却系统和顶出机构等，为选择标准模架和设计动定模作准备。

4) 标准模架的选择。采用计算机软件来设计模具的前提是尽可能多地实现模具标准化、模具零件标准化、结构标准化和工艺参数标准化等。

5) 部装图和总装图的生成。根据所选定的标准模架和已确定的型腔布置，模具设计人员以交互方式完成模具的设计。

6) 模具零件图的生成。模具设计人员根据模具部装图和模具总装图以及相应的图形库，完成模具零件的设计、绘图。

7) 注射工艺条件及注射模材料的优选。模具 CAE 软件能向模具设计人员提供有关熔体充模时间、熔体成型温度、注射成型压力及最佳注射时间的推荐值，有些软件还能应用专家系统来帮助模具设计人员分析注射成形故障及制品成型缺陷。

8) 注射流动及保压过程模拟。一般采用有限元方法来模拟熔体的充模和保压过程，其模拟结果为模具设计人员提供熔体在流动过程中的动态图，提供不同时刻熔体及制品在型腔内各处的温度、压力、剪切速率、切应力以及所需的最大锁模力等，其预测结果对改进模具浇注系统及调整注射成型工艺参数有着重要的指导意义。

9）冷却过程分析。一般采用边界元法来分析模具的冷却过程，其预测结果有助于缩短模具冷却时间，改善制品在冷却过程中的温度分布不均匀性。

10）力学分析。常采用有限元法来计算模具在注射成型过程中最大的变形和应力，以此来检验模具的刚度和强度能否保证模具的正常工作，若存在问题，可以在模具制造前采取补救措施。

11）数控加工。CAD/CAM 软件能够生成机床所需的数控线切割指令，曲面的三轴、五轴数控铣削刀具运动轨迹以及相应软件的 NC 代码。

三、模具 CAD/CAM 技术的优越性

模具 CAD/CAM 技术的优越性赋予了它无限的生命力，使其得以迅速发展和广泛应用。无论在提高生产率、保证质量方面，还是降低成本、减轻劳动强度方面，CAD/CAM 技术的优越性都是传统的模具设计制造方法所无法比拟的。

1）CAD/CAM 可以提高模具设计和制造水平，从而提高模具质量。在计算机系统内存储了各有关专业综合性的技术知识，为模具制造工艺的制定提供了科学依据，计算机与设计人员交互作用，有利于发挥人机各自的特长，使模具设计和制造工艺更加合理化。系统采用的优化设计方法有助于某些工艺参数和模具结构的优化。采用 CAM 技术极大地提高了加工能力，可以加工传统方法难以加工或根本无法加工的复杂模具型腔，满足了生产需要。

2）CAD/CAM 可以节省时间，提高效率。设计计算和图样绘制的自动化大大缩短了设计时间，CAD 与 CAM 一体化可显著缩短从设计到制造的周期，如日本利用级进模 MEL 系统和冲孔弯曲模 PENTAX 系统，采用先进的人机交互式设计技术，使设计时间减少为原来的 1/10。

3）CAD/CAM 可以较大幅度降低成本。计算机的高速运算和自动绘图大大节省了劳动力，通过优化设计还节省了原材料，如：冲压件毛坯优化可使材料利用率提高 5% ~ 7%；采用 CAM 可减少模具的加工和调试时间，使制造成本降低。由于采用 CAD/CAM 技术，生产准备时间缩短、产品更新换代加快，大大增强了产品的市场竞争力。

4）CAD/CAM 技术将技术人员从繁杂的计算、绘图和 NC 编程中解放出来，使其可以从事更多的创造性劳动。

5）随着材料成形过程计算机模拟技术的发展、完善和模具 CAD/CAE/CAM 技术的应用，可大大提高模具的可靠性，缩短甚至不需要试模修模过程，提高模具设计制造的一次性成功率。

模具 CAD/CAM 的优越性还可以列举很多，这一高智力、知识密集、更新速度快、综合性强、效益高的新技术最终将取代传统的模具设计制造方法。

第三节 CAD/CAM 技术发展趋势

一、集成化

最初，CAD/CAM 系统各单元技术几乎是独立发展的，随着各单元技术发展到一定水平，各单元技术单独发展的缺点就逐渐体现并愈加明显。为了充分发挥 CAD 技术、CAM 技术的最大潜力，人们将它们融合在一起，实现 CAD/CAM 系统集成，把产品从原材料到产品的设计、产品制造全过程纳入到 CAD/CAM 系统中去，这样才能实现设计制造过程的自动化

和最优化。

1973 年，美国约瑟夫·哈林顿博士提出了 CIM 概念，CIM（Computer Integrated Manufacturing）即计算机集成制造。他提出这个概念的出发点是：①企业的各种生产经营活动是不可分割的，要统一考虑；②整个生产制造过程实质上是信息的采集、传递和加工处理的过程，也就是要把企业作为一个整体，将企业中与制造有关的各种系统有机的集成在一起，从而提高企业的整体水平。为了对产品的设计、零件的制造及检验、零部件的装配、原材料的供应、零部件及成品的库存直至产品的整个生命周期都能实现计算机全程控制，基于 CIM 哲理，人们在 CAD/CAM 系统的基础上开发了计算机集成制造系统（CIMS）。CIMS 由技术信息系统（TIS）、制造自动化系统（MAS）和管理信息系统（MIS）组成，CAD/CAM 系统是技术信息系统的主要组成部分。CIMS 的目标就是实现企业生产的全盘自动化，利用最小的制造管理资源，获取最大的经济效益。CIMS 的开发和应用对企业加强管理、提高产品质量、增强企业竞争力等方面都起到了巨大的作用，因此，CIMS 被认为是 21 世纪制造业的生产模式。1986 年 3 月，我国提出的 863 高新技术发展计划中，将 CIMS 列为重要主题，简称 863/CIMS 主题。该主题主要研究和实施的技术核心是计算机集成制造，其概念现在也已发展为"现代集成制造"，它包含了信息集成、过程集成（如并行工程）和企业集成（如敏捷制造）三个阶段，由此可见我国对 CIMS 系统开发应用的重视。

CAD/CAM 系统集成主要包含三层意思：①软件集成，扩充和完善一个 CAD 系统的功能，使一个产品设计过程的各阶段都能在单一的 CAD 系统中完成；②CAD 功能和 CAM 功能的集成；③建立企业的 CIMS，实现各单元技术的全面集成。

CAD/CAM 系统集成主要有以下几方面的工作：①产品造型技术：实现参数化特征造型和变量化特征造型，以便建立包含几何、工艺、制造、管理等完整信息的产品数据模型；②数据交换技术：积极向国际标准靠拢，实现异构环境下的信息集成；③计算机图形处理技术；④数据库管理技术等。

二、智能化

产品设计是一个复杂的、创造性的活动，在设计过程中需要大量的知识、经验和技巧。设计过程不仅有基于算法的数值计算，也会有基于知识的推理型问题，如方案的设计、选择、优化和决策等，这些都需要通过思考、推理、判断来解决。以往 CAD 系统较重视软件数值计算和几何建模功能的开发，而忽视了非数据、非算法的信息处理功能的开发，这在一定程度上影响了 CAD 系统的实际效用。

随着人工智能技术的发展，知识工程和专家系统技术日趋成熟，人们将人工智能技术、知识工程和专家系统技术引入到 CAD/CAM 领域中，形成智能的 CAD/CAM 系统。专家系统实质上是一种"知识 + 推理"的程序，是将人类专家的知识和经验结合在一起，使它具有逻辑推理和决策判断能力。专家系统的开发和应用是 CAD/CAM 系统一个很活跃的研究方向，现在大型 CAD/CAM 系统都很注重软件智能化的开发，如 CATIA 的 Knowledgeware，UG Ⅱ 的 Knowledge Based。

三、标准化

随着 CAD/CAM 技术的快速发展和广泛应用，技术标准化问题愈显重要。CAD/CAM 标准体系是开发应用 CAD/CAM 软件的基础，也是促进 CAD/CAM 技术普及应用的约束手段。

CAD/CAM 软件的标准化是指图形软件的标准。图形标准是一组由基本图素与图形属性构成的通用标准图形系统，按功能分，图形标准大致可分为三类：①面向用户的图形标准，如图形核心系统（Graphical Kernel System，GKS）、程序员交互式图形标准（Programmer's Hierarchical Interactive Graphics System，PHIGS）和基本图形系统 Core；②面向不同 CAD 系统的数据交换标准，如初始图形交换规范（Initial Graphics Exchange Specification，IGES）、产品数据交换规范（Product Data Exchange Specification，PDES）和产品模型数据交换标准（Standard for the Exchange of Product Model Data，STEP）等；③面向图形设备的图形标准，如虚拟设备接口标准（Virtual Device Interface，VDI）和计算机图形设备接口（Computer Graphics Interface，CGI）等。

四、网络化

网络技术是计算机技术与通信技术相互结合、密切渗透的产物，自 20 世纪 90 年代以来，计算机网络已成为计算机发展进入新时代的标志，计算机网络技术的发展极大地推动了网络化异地设计技术的发展。计算机网络是用通信线路和通信设备将分散在不同地点的多台计算机按一定的网络拓扑结构连接起来，通过计算机网络，不同设计人员可以实现异地信息共享，一个项目也可以由多家企业、多个人在不同地点共同完成。同时，随着 Internet 的发展，针对某一项目或产品，将分散在不同地区的人力资源和设备资源迅速组合，建立动态联盟的制造体系，以提高企业对市场变化的快速响应能力，这也是敏捷制造（Agile Manufacturing）模式的理念。

五、最优化

产品设计和工艺过程的最优化始终是人们追求的目标，采用传统的设计制造的模具可靠性较差。目前，大多数模具 CAD/CAM 系统中使用的设计方法和手工设计时的方法基本相同。系统采用交互方式运行，当遇到复杂问题时，由设计人员进行判断和选择，因此，模具

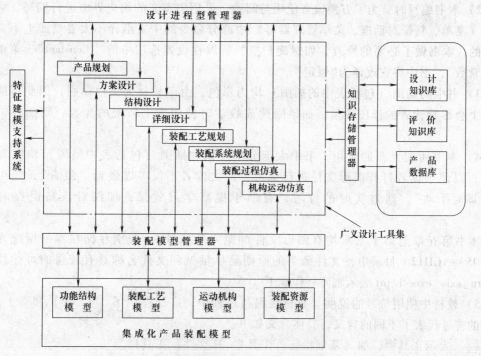

图 1-7 功能集成的现代 CAD 系统

的可靠性仍存在一些问题，难以保证一次成功。

应用仿真技术和成形过程的计算机模拟技术是解决模具可靠性问题的重要途径。利用有限元和边界元等方法模拟材料的流动、分析材料成形过程，从而检验所设计的模具是否可以生产出合格的制品；同时，用计算机模拟技术检验设计结果，排除不可行方案，有助于获得较优的设计，提高模具的可靠性。在 NC 编程时，利用仿真技术模拟加工过程，分析加工情况，判断干涉和碰撞，有助于确定最佳进给路线，保证加工质量，避免发生意外事故。

进入 21 世纪，由于先进制造技术的快速发展，带动了先进设计技术的同步发展，使传统 CAD 技术有了很大的扩展，这些扩展的 CAD 技术总称为"现代 CAD 技术"。更明确地说，现代 CAD 技术是指在复杂的大系统环境下，支持产品自动化设计的设计理论和方法、设计环境、设计工具各相关技术的总称，它们使设计工作实现集成化、网络化和智能化，进一步提高了产品设计质量、降低了产品成本并缩短设计周期。图 1-7 所示为功能集成的现代 CAD 系统。

由于市场竞争日益激烈及人们对产品需求的多样化，产品更新换代速度越来越快；同时，随着模具 CAD/CAM 及相关技术的快速发展，近年来，机械行业出现了许多新的设计制造技术，如高速铣削、快速原型、反求工程、虚拟制造等，由于篇幅有限，本书对该部分内容不做介绍，感兴趣的读者可以参阅有关资料。

第四节　本书编写的有关说明

1）本书是以 Pro/ENGINEER Wildfire3.0 软件为蓝本进行编写的。

2）本书编写时，为了方便读者使用与阅读，采用中英文的用户界面进行编写。对用户界面（菜单、特征对话框、菜单管理器等）中部分命令的中文翻译不太妥当或上下文不太对应的，本书做了必要的修改，如螺旋扫描特征属性设置选项中的"Constant"，菜单中译为"常数"，书中将它改译为"恒定"。

3）书中的插图（包括表中的插图）均为彩色，由于教材为黑白印刷，因此可能一定程度上会影响读者的读图效果。如果阅读或教学时使用本书所配的光盘，则图片仍然为彩色。

4）本书所配光盘的应用。书中大部分的实例和插图（包括表中插图）均配有图形文件，以便于读者打开图形文件进行练习，广大读者不仅可以做到"眼看"，还可以做到"即时手动"，通过实时的练习，有助于提高学习效果，加深对该知识点内容的理解。

本书第五章至第十二章均有图形文件（第六章除外），分别存储在本书所配光盘的 \CH05\~\CH12\ 目录中，文件命名的原则是尽量做到文件名称具有较强的可读性（如 pattern_axis_exer-1.prt 表示轴阵列作业 1）。

5）教材中使用符号的说明。教材在编写过程中，广泛使用了〖〗、【】和『』符号，不同的符号代表了不同的含义，具体含义如下：

〖〗　表示工具栏，如〖基础特征〗工具栏、〖文件〗工具栏。

【】　表示菜单管理器及选项、对话框、特征对话框或菜单、操控板、对话框中的选项等，如【定制】对话框、菜单管理器中【平行】/【规则截面】/【草绘截面】（见图 5-14a）、【伸出项：混合，一般，草绘截面】特征对话框（见图 5-14b）、【拉伸工具】操控板、【深度】选项等。

『 』 表示主菜单及主菜单中各级子菜单的选项，如『文件』、『编辑』等。

CAD/CAM基础知识

第一节　CAD 基础

一、CAD 系统技术的构成

CAD 系统一般由许多功能模块构成，各功能模块独立工作，又相互传递信息，形成了一个相互协调有序的系统，这些功能模块一般有：

（1）图形处理模块　此模块专供用户进行零件的二维图形的设计、绘制、编辑以及零部件装配图的绘制、编辑。

（2）三维几何造型模块　此模块为用户提供一个完整、准确地描述和显示三维几何形状的方法和工具，它具有消隐、着色、浓淡处理、实体参数计算、质量特性计算等功能。

（3）装配模块　装配模块可以完成从零件到部件或产品总成的三维装配，并可以建立产品结构的完整信息模型和产品的明细表，同时，还可通过装配进行干涉检查（静态干涉检查）。

（4）计算机辅助工程模块　此模块包含许多各自独立的子模块，包括有限元分析模块、优化方法模块等。利用有限元分析模块可以进行结构件的力学、动力学和温度场分析，流体的流动特性分析等；而优化方法模块是将优化技术用于工程设计，综合多种优化计算方法，求解设计模型。

（5）机构动态仿真模块　此模块可根据机构的装配结构，求出各构件的重心、质量、惯性矩等物理特性，并可设定各构件的运动规律和参数，进行各类机构运动的仿真计算，并用三维真实感图形显示机构运动状态和运动干涉检查。

（6）数据库模块　此模块执行对 CAD 系统进行数据处理与管理的功能。在利用 CAD 系统进行产品设计的过程中，会产生大量的数据，也需对这些数据进行一些计算处理。这些数据中有静态的数据，如：标准设计数据，标准图形文件等；也有动态的数据，如：设计过程中的数据。对这些数据如何描述，如何管理，就是此模块的工作范畴。

（7）用户编程模块　它包括用户编程语言和图形库等，可以利用系统的此模块对 CAD 系统进行二次开发，提高 CAD 系统的用户化程度，充分发挥系统的性能和提高使用效率。

这里需要指出的是，对不同的用户，所使用模块的侧重点不同，比如：对于使用 CAD 系统进行产品设计人员而言，他们的任务是如何利用 CAD 将产品快速合理地设计出来，则其关心的重点是前 5 项功能模块的使用；而对于 CAD 系统的开发人员，他们所关心的重点是后两个功能模块的开发使用，即进行 CAD 系统的二次开发。本节从使用 CAD 系统角度出发，重点论述三维造型方法。

二、几何造型

几何造型也称几何建模。它是通过计算机表示、控制、分析和输出几何模型的一种技术。

产品的设计与制造，涉及到产品几何形状的描述、结构的分析、工艺设计、加工仿真等方面的技术，其中，几何形状的定义与描述是其它部分的基础，为诸如结构分析、工艺设计及加工提供基础数据。

早期的 CAD 系统只处理二维信息，设计人员通过这种 CAD 系统来设计绘制零件的投影图，以表达一个零件的形状及尺寸，而在计算机内部只存储了零件的二维数据，对于由二维向三维实体的映射由用户来完成。为了能让计算机内部自己处理三维实体，就需要解决几何建模技术问题，即以计算机能够理解的方式，对实体进行确切的定义及数学描述，再以一定的数据结构形式在计算机内部构造这种描述，用以建立该实体的模型。由于 CAD/CAE/CAM 的几何建模所提供的实体信息是结构分析、编制工艺规程及数控加工的基础，所以几何建模功能决定了 CAD/CAE/CAM 系统的水平，它也成为 CAD/CAE/CAM 系统中的关键技术。

几何建模的方法是将对实体的描述和表达建立在对几何信息、拓扑信息和特征信息处理的基础上。几何信息是实体在空间的形状、尺寸及位置的描述；拓扑信息是描述实体各分量的数目及相互之间的关系；特征信息包括实体的精度信息、材料信息等信息。根据对几何信息、拓扑信息和工艺信息处理方法的不同，几何建模可分为线框建模、曲面建模、实体建模、特征建模等。

1. 线框建模

（1）线框建模的原理 线框建模是利用基本线素（点、线）来定义，描述实体上的点、轮廓、交线及棱线部分而形成的立体框架图。用这种方法生成的实体模型仅描述产品的轮廓外形，在计算机内部生成的三维信息仅包含了点的坐标值以及线与点的拓扑关系（即线是由哪几点定义的）。如图 2-1 所示为一物体的线框图，计算机内部存储的是点（见表 2-1）以及线与点的拓扑信息（见表 2-2）。

（2）线框建模的特点 线框建模存在以下优点：

1）构成实体数据是三维的，故可以产生任何方向视图及轴测图，其视图间能保持正确的投影关系，这在二维绘图系统中是无法实现的。

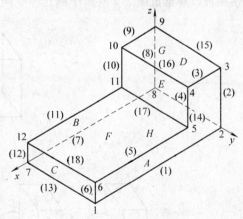

图 2-1 立方体的线框模型

2）由于建模系统构造单一，描述实体的信息量少，数据运算简单，占用存储空间较小，故对计算机硬件系统要求不高，处理时间较短，建模迅速。

3）使用方便，就像人工绘图一样自然简单。

线框建模存在以下缺点：

1）由于建模采用描述顶点及线（边）的信息，这对于由平面构成的实体来说，轮廓线

表 2-1　立方体的顶点表

点号	X	Y	Z	点号	X	Y	Z	点号	X	Y	Z
1	10	6	0	5	4	6	3	9	0	0	6
2	0	6	0	6	10	6	3	10	4	0	6
3	0	6	6	7	10	0	0	11	4	0	3
4	4	6	6	8	0	0	0	12	10	0	3

表 2-2　立方体的边表

线号	线上顶点号		线号	线上顶点号		线号	线上顶点号	
(1)	1	2	(7)	7	8	(13)	1	7
(2)	2	3	(8)	8	9	(14)	2	8
(3)	3	4	(9)	9	10	(15)	3	9
(4)	4	5	(10)	10	11	(16)	4	10
(5)	5	6	(11)	11	12	(17)	5	11
(6)	6	1	(12)	12	7	(18)	6	12

与棱线一致，能较清晰地反映实体的真实形状，但对于曲面体，要用棱边表示形体就不准确了，必须加用轮廓线表示，如：圆柱体仅用上下面的圆棱边表示实体就不能完整描述它，须加轮廓母线边才能完整描述圆柱体，而对于较复杂的曲面体用此种方法就无法描述了。

　　2）由于建模时描述实体的信息仅有点的几何信息与线与点的拓扑关系，而没有描述面与线之间的拓扑关系（即面是由哪些线定义的），因此对它所定义实体的理解不是唯一的，如图 2-2 所示。计算机内部描述这些边时，没有描述边是否可见，故而造成对这样的一个线框模型可以理解成图 2-2 所示中的几种空间实体，这样就给后续工作带来了困难。

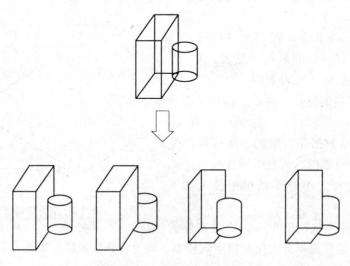

图 2-2　线框建模的多义性

　　需要指出的是，有的 CAD/CAM 系统中，虽然采用表面建模、实体建模及特征建模，但在具体造型的过程中，为了节省造型时间，有时也采用线框建模，这种建模的数据信息来自于原建模中的数据信息。

2. 曲面建模

曲面建模的发展经历了两个阶段：第一阶段是定义在解析几何函数基础上的规则表面；第二阶段是定义在微分几何函数基础上的自由曲线和自由曲面。

（1）曲面建模的原理　曲面建模是通过在线框模型基础上定义实体的各个表面或曲面的方法来建立的模型，在计算机内部由三个表描述实体，一是点的几何信息表；二是线与点的拓扑关系信息表（即线由哪几点定义的）；三是面与线的拓扑关系信息表（即面由哪些线定义的），其中，一、二为线框建模中的信息。例如，对图 2-1 所示图形，其计算机内部描述为三个表：点的几何信息表、线与点的拓扑关系信息表分别见表 2-1 与表 2-2；面与线的信息见表 2-3，表中记录了面号，组成面的线数及线号。

表 2-3　立方体的面与线信息表

面　号	面上线号	线　数
A	1,2,3,4,5,6	6
B	12,11,10,9,8,7	6
C	6,18,12,13	4
D	2,14,8,15	4
E	4,16,10,17	4
F	5,17,11,18	4
G	3,15,9,16	4
H	1,13,7,14	4

（2）曲面建模中曲线及曲面的参数方程表示方法　在 CAD/CAM 系统中，经常用到的曲线一般不能用二元方程直接描述，而是用参数方程的形式来表示。用参数方程来表示二维曲线时，其形式是参数 u 的两个函数集合。

$$x = X(u), y = Y(u)$$

在曲线上任一点可用其位置矢量 $\boldsymbol{P}$ 来表示，即

$$\boldsymbol{P} = [X(u), Y(u)]$$

下面介绍常用的参数曲线。

1）Bézier 曲线：由下面的参数方程表示的曲线称为 Bézier 曲线。

$$P(u) = \sum_{i=0}^{n} P_i B_{i,n}(u) \qquad 0 \leqslant u \leqslant 1$$

式中，P_i（$i = 0, 1, \cdots, n$）称为曲线特征点或控制点，$B_{i,n}(u)$ 称为 bernstein 基函数，其表达式为

$$B_{i,n}(u) = C_n^i u^i (1 - u)^{n-i}$$

式中

$$C_n^i = \frac{n!}{i!(n-i)!}, i = 0, 1, \cdots, n$$

$$0 \leqslant u \leqslant 1$$

依次连接 n 个特征点，就形成了特征多边形的空间折线。

当 $n = 1$ 时，为一阶 Bézier 曲线，其表达式为

$$P(u) = (1-u)P_0 + uP_1$$

这实际上是连接 P_0 点和 P_1 的直线段。

当 $n = 2$ 时，为二阶 Bézier 曲线，其表达式为

$$P(u) = (1-u)^2 P_0 + 2u(1-u)P_1 + u^2 P_2$$

其矩阵形式为

$$P(u) = (u^2 \ u \ 1) \begin{pmatrix} 1 & -2 & 1 \\ -2 & 2 & 0 \\ 1 & 0 & 0 \end{pmatrix} \begin{pmatrix} P_0 \\ P_1 \\ P_2 \end{pmatrix}$$

这是一条抛物线。

当 $n = 3$ 时，为三阶 Bézier 曲线，其表达式为

$$P(u) = (1-u)^3 P_0 + 3u(1-u)^2 P_1 + u^2(1-u)P_2 + u^3 P_3$$

其矩阵形式为

$$P(u) = (u^3 \ u^2 \ u \ 1) \begin{pmatrix} -1 & 3 & -3 & 1 \\ 3 & -6 & 3 & 0 \\ -3 & 3 & 0 & 0 \\ 1 & 0 & 0 & 0 \end{pmatrix} \begin{pmatrix} P_0 \\ P_1 \\ P_2 \\ P_3 \end{pmatrix}$$

它是一条三次参数曲线。

对于 n 大于 3 的高阶 Bézier 曲线较为复杂，这里不作讨论，感兴趣的读者请参阅有关资料。

Bézier 曲线有以下特点：首先是该曲线通过特征多边形的首末两个端点，并在首末两个端点处与其特征多边形相切；其次是该曲线完全被包容在由特征多边形所形成的凸包内；再其次是该曲线的形状仅取决于特征多边形的顶点 P_i 而与坐标系的选取无关，即它具有几何不变性；第四是该曲线具有可分割性，即可将一段 Bézier 曲线在中间某一点处分割成两段，每一段仍为 Bézier 曲线；第五是全局性，即曲线的形状受所有控制点的控制，也就是说，当其中一个控制点发生变化时，整个曲线的形状就会发生改变。

Bézier 曲线具有实际的应用价值，其应用主要体现在两个方面：一是描述空间光滑的曲线，这些曲线并不通过给定的点，而是受这些点的控制；二是将两条 Bézier 曲线拼接成一条实际的光滑曲线。

2）B 样条曲线的定义：已知 $n+1$ 个控制点 P_i（$i = 0, 1, \cdots, n$），k 阶（$k-1$ 次）B样条曲线的表达式为

$$P(u) = \sum_{i=0}^{n} P_i N_{i,k}(u)$$

式中，$N_{i,k}(u)$ 称为基函数，其表达式为

$$N_{i,1}(u) = \begin{cases} 1 & u_i \leqslant u \leqslant u_{i+1} \\ 0 & u < u_i, u > u_{i+1} \end{cases}$$

$$N_{i,k}(u) = \frac{(u-u_i)N_{i,k-1}(u)}{u_{i+k}-u_i} + \frac{(u_{i+k+1}-u)N_{i+1,k-1}(u)}{u_{i+k+1}-u_{i+1}} \quad (k > 0)$$

式中，u_i 是节点值，非递减的参数 u 序列 $U = (u_0, u_1, \cdots, u_{n+k})$ 称为节点矢量。当节点沿参数轴是均匀等距分布，即 $u_{I+1} - u_I = $ 常数，称为均匀 B 样条函数；否则表示非均匀 B 样条函数。

$$P(u) = (u^3 \quad u^2 \quad u \quad 1)\frac{1}{6}\begin{pmatrix} -1 & 3 & -3 & 1 \\ 3 & -6 & 3 & 0 \\ -3 & 0 & 3 & 0 \\ 1 & 4 & 1 & 0 \end{pmatrix}\begin{pmatrix} P_{i-1} \\ P_i \\ P_{i+1} \\ P_{i+2} \end{pmatrix}$$

常用的是三次均匀 B 样条曲线，它是用 $n+1$ 个控制点中相邻的 4 个顶点构造的，其矩阵表达式为上面的式子。

B 样条曲线除了具有 Bézier 曲线的凸包性、几何不变性、可分割性特点外，还具有局部性，即 k 阶 B 样条曲线上的一点，只被相邻的 k 个控制顶点所控制，与其它控制顶点无关，也就是说当移动一个控制顶点时，B 样条曲线某一段的形状会发生变化，而曲线其它部分的形状没有变化。这一点与 Bézier 曲线不同。

由于 B 样条曲线的连续性容易实现，且局部修改不影响其整体形状，因而被广泛应用于实际工程设计中。

3）NURBS（Non-Uniform Rational B-Spline）曲线：其全称为非均匀有理 B 样条曲线。该曲线为一分段的矢值有理多项式函数，其表达式为

$$P(u) = \frac{\sum_{i=0}^{n} B_{i,k}(u) W_i P_i}{\sum_{i=0}^{n} B_{i,k}(k) W_i}$$

式中，P_i 为控制顶点；W_i 为加权因子；$B_{i,k}(u)$ 为 k 次 B 样条基函数，它与 B 样条曲线中的 B 样条基函数相同；u_i（$i = 0, 1, \cdots, m$）是节点，由其构成节点矢量集 $U = [u_0, u_1, \cdots, u_{n+k}]$。当节点数为（$m+1$），幂次为 k，控制顶点数为（$n+1$）时，m、k 和 n 三者之间的关系为 $m = n + k + 1$。

NURBS 曲线具有 B 样条曲线的所有特点，此外，它还可以用一个统一的表达式同时精确表示标准的解析函数曲线（如圆锥曲线、抛物线等）和自由曲线；如果需要修改该曲线的形状，既可借助调整控制顶点，又可利用修改加权因子，具有较大的灵活性。

基于 NURBS 曲线的特点，近几年来其应用日益广泛与普及，其研究也越来越深入，各种 CAD/CAM 系统也提供了 NURBS 曲线的功能。

自由曲面的参数方程是在自由曲线参数方程的基础上发展起来的，由于其内容较为复杂，故这里不作论述，如有需要请参阅有关资料。

（3）曲面建模的种类

1）用初等函数描述几何形状的面：如球面、圆锥面等。

2）平面：由不共线三点（或数条共面的边界曲线）定义的面。

3）直纹面（Ruled Surface）：一条直线的两端点沿两条导线分别匀速移动，其直线的轨迹所形成的面称为直纹面，导线由两条不同的空间曲线组成。此面可以表示无扭曲的曲面。

4）旋转面（Surface of revolution）：由平面的线框图绕轴线旋转所形成的曲面称为旋转

面，此曲面可以构造车削类加工的零件。

5）柱状面（Tabulated Cylinder）：由一平面曲线沿一条不共面的直线方向上移动一定距离而生成的曲面称为柱状面。该曲面具有相同的截面，有些 CAD/CAM 软件将此种曲面称为牵引面（Draft）。

6）孔斯面（Coons）：由封闭的边界曲线构成的面称为孔斯面，边界曲线为孔斯曲线，其曲面光滑。

7）圆角面（Fillet Surface）：为两个曲面间的过渡曲面，此曲面要求光滑过渡。

8）等距面（Offset Surface）：形状相同，但尺寸不同的面。

另外，有的 CAD/CAM 还提供或在内部采用如下高级自由曲面：

1）Bézier 曲面：以 Bézier 空间参数函数为基础，用逼近的方法形成的光滑曲面。该曲面通过参数函数的特征多边形的起点与终点，但不通过中间点，而是由这些点来控制。

2）B 样条曲面：以 B 样条函数为基础，用逼近的方法所形成的光滑曲面。该曲面的性能较 Bézier 好，主要在于 B 样条曲面控制点是局部的而非全局的，改变局部控制点只是影响局部曲面形状。

3）NURBS 曲面：它是以 NURBS 参数曲线来描述空间曲线的方法。其特点是：它用这种参数曲线即能描述自由型曲面（如 Bézier 曲面与 B 样条曲面），也能够精确表示用初等函数所描述的曲面（如圆柱面、圆锥面、球面等）。

需要指出的是，同样的实体模型可以用不同的曲面建模方法来构成，用哪一种方法产生的模型更好，要以准确、快速方便地产生数控刀具轨迹为原则来评定。另外，不同 CAD/CAM 软件对以上的建模方法名称有所不同，也有未列入以上方法之中的，但其内核构造方法不外乎采用自由曲面的方法构成。

（4）曲面建模的特点　曲面建模有以下优点：

1）在描述三维实体信息方面比线框建模完整、严密，能够构造出复杂的曲面，如汽车车身、飞机表面、模具外形等。

2）可以对实体表面进行消隐、着色显示，也能够计算表面积。

3）可以利用建模中的基本数据，进行有限元网格划分，以便进行有限元分析，或利用有限元网格划分的数据进行表面造型。

4）可以利用表面建模生成的实体数据产生数控刀具轨迹。

同样，此种建模方法也有缺点：

1）曲面建模理论严谨复杂，故建模系统使用较复杂，并需要有一定的曲面建模的数学理论及应用方面的知识。

2）此种建模虽然有了面的信息，但缺乏实体内部信息，故有时对实体会产生二义性的理解。例如：对一个圆柱曲面，它是一个实体轴的面还是一个空心孔的面，就无法判定了。

3. 实体建模

线框建模和曲面建模在表达实体信息方面有一定的缺陷，为完整表达实体几何信息，还需采用实体建模方法。

（1）实体建模的原理　在曲面建模的基础上，添加曲面的哪一侧存在实体的信息，则较为完整地表达了实体的信息。表达此种信息方法较多，常用的方法是：用有向棱边的右手法则确定所在面外法线，其内部为实体，外法线所指为空。这种方法构成的信息与表面建模不同之处有两点：一是面的信息由有向线来构成；二是加入了表面的外法线矢量信息。

（2）实体建模的方法

1）基本体素法：在 CAD/CAM 系统内部构造了基本体素的实体信息，如长方体、球、圆柱、圆环等。

2）拉伸法：平面内的封闭曲线沿平面的法矢方向拉伸形成实体的方法。

3）旋转法：平面内的封闭曲线绕同一平面内的轴线旋转形成实体的方法。

4）扫描法：平面内的封闭曲线沿在另一平面的曲线进行"扫描"（平移或旋转）形成实体的方法。

5）放样法：以一系列曲线为骨架进行形状控制，过这些曲线应用蒙面方式生成曲面的方法。

6）布尔运算法：由以上方法产生的两个以上的实体进行布尔运算（交、并、差）后形成实体的方法，它犹如将两个实体焊接在一起（并运算）或在一个实体上钻一个孔（差运算）。

（3）实体建模的特点　实体建模全面完整地描述了一个实体，因此，首先它可以计算实体的物理性质（如表面积、体积、惯性矩等），可实现可见边的判断，具有消隐功能。其次，还可以实现对实体内部某区域进行剖面处理，以更清楚表达实体内部结构。另外，它为有限元分析、干涉检验、加工过程的仿真等提供了前提条件，因此，是当前普遍采用的建模方法。

但是，这种建模方法也有不足之处，就是它仅描述了实体的几何信息，没有描述与制造加工有关的信息，如：零件的公差值、表面粗糙度、材料性能等，这就影响了计算机辅助工艺规程设计（CAPP）系统和计算机辅助制造（CAM）系统直接使用 CAD 系统生成的实体信息，需在这些系统中分别再输入这些产品信息，如：精度、材料等信息。

4. 特征建模

（1）特征建模的定义　特征建模是建立在实体建模的基础上，加入了包含实体形状特征信息、精度信息、材料信息、技术要求和其它有关信息，另外，还可包含一些动态信息，如：零件加工过程中，工序图的生成、工序尺寸的确立等信息。

（2）特征建模的构架　特征建模的方式是很关键的，也就是如何对特征信息进行描述是 CAD/CAM 集成技术的关键，通常是以实体建模为基础，建立各种特征库。设计产品时，从各种特征库中提取特征来描述产品，构造信息数据库以形成产品实体。建模的步骤分为形状特征模型、精度特征模型、材料特征模型。

1）形状特征模型　形状特征模型主要包括几何信息、拓扑信息。与实体建模有所不同，它将形状特征定义为具有一定拓扑关系的一组几何元素构成的形状实体。它对应零件上的一个或多个功能，能够用固定的加工方法和工艺条件加工成形，例如：对于两个孔，如果一个为小径孔，可以通过一次加工而成（钻孔），而另一个为大直径孔，需多次加工而成（车、镗等），则这两种孔就要用不同的形状特征来描述。

2）精度和材料特征模型。精度特征模型用来表达零件的精度信息，包括尺寸公差、形位公差、表面粗糙度等；材料特征模型用来表达零件有关材料方面的信息，包括材料的种类、性能、热处理要求等。

（3）特征建模的功能　CAD/CAM 系统中特征建模的功能有以下几方面：

1）预定义特征，建立特征库。

2）特征库的应用，实现基于特征的零件设计。

3）支持用户自定义特征以及管理操作特征库。

4）特征的删除、移动。

5）零件设计中，跟踪和提取有关几何属性。

综上所述，特征建模给设计人员提供了一种全新的设计方法和设计思想，极大地提高了设计效率，同时，特征作为产品信息的载体，为产品在整个设计制造中的各环节提供了统一的产品信息模型，从而避免了信息的重复输入，它为 CAD/CAPP/CAM 集成化提供了有效的技术支持。

5. 与造型有关的技术——参数化设计

参数化设计是使用条件约束来设计与修改产品的一种方法，条件约束分为尺寸约束、拓扑约束和工程约束。在设计产品时，将产品的各尺寸参数及拓扑关系、工程参数分成两类。第一类必须满足一定的条件约束，第二类则不受条件约束的限制，这样在设计时，选择确定第一类参数时，系统会自动检验这些参数间是否满足条件约束，若不满足则给予提示。

目前参数化设计分为两种方式：尺寸驱动与变量化设计。

尺寸驱动有时也称狭义参数化设计，它只是考虑了设计产品的尺寸约束及拓扑约束，从而控制设计产品的尺寸与结构，常用于设计对象的结构形状比较定型，例如：大量的标准件、标准夹具件等已标准化或系列化的产品，以及齿轮、圆柱弹簧等结构确定的产品。

尺寸驱动的几何模型由几何元素、尺寸约束和拓扑约束三部分组成。当需修改某一尺寸时，系统自动检索该尺寸在尺寸链中的位置，找到它的起始几何元素和终止几何元素，使它们按新的尺寸值进行调整，得到新模型；接着检查所有几何元素是否满足约束，如不满足，则让拓扑约束不变，按尺寸约束递归修改几何模型，直到满足全部约束条件。

变量化设计是在设计过程中考虑所有的约束，包括：尺寸约束、拓扑约束和工程约束，约束数目的增加使得在确定产品参数时需要含有更多方程的方程组联立求解。变量化设计可以应用于公差分析、运动机构分析、优化设计、方案设计与选型等更广泛的工程设计领域。目前在一些专用的 CAD/CAM 系统设计、开发中常用此方法。

参数化设计方法产生后，可以较大地提高产品设计的速度和质量，目前已在二维 CAD 及三维 CAD 系统中广泛应用。

第二节　CAM 基础

一、概述

1. CAM 系统的概念

在本书绪论中，已经给出了 CAM 的定义，即计算机辅助制造是指以计算机为主要技术手段，处理与制造有关的信息，从而控制制造的全过程。由于计算机及相关技术的不断发展，其 CAM 的内涵也不断增加，目前，CAM 内容可从狭义和广义两方面来理解。狭义 CAM 是指计算机辅助编制数控机床加工零件的指令；广义 CAM 是指应用计算机进行制造信息处理的全过程，包括：计算机辅助工艺装备规划、工艺过程规划、数控加工程序编制、质量检测等。广义 CAM 包含内容较多，已超出本书论述范围，故本书的 CAM 是指狭义 CAM，即计算机辅助编制数控机床加工指令（即数控加工程序）。

计算机辅助数控加工编程是指利用 CAM 系统对由 CAD 系统产生的产品数字模型，选择确定加工工艺参数，生成、编辑、仿真刀具的运动轨迹，以实现产品的虚拟加工，并产生实际数控机床加工零件的数控程序。

2. 数控机床及加工

（1）数控机床及加工定义 数控机床是一种利用数控技术，准确地按照已确定的工艺流程，实现规定加工动作的金属切削机床；数控加工是指在数控机床上执行根据零件图及工艺要求编制的数控加工指令（程序），从而控制数控机床中的刀具与工件的相对运动，以完成零件的加工。

（2）数控机床坐标系

数控机床坐标系是为了确定工件及刀具在机床中的位置及运动范围等而建立的几何坐标系。目前，我国执行 JB/T 3051—1992《数控机床 坐标和运动方向的命名》标准，其与国标标准 ISO 841 等效，其内容如下：

标准的坐标系采用右手直角笛卡儿坐标系，并规定直角坐标 X、Y、Z 三者关系及其正方向用右手定则判定；围绕 X、Y、Z 各轴的回转运动及其正方向 $+A$、$+B$、$+C$ 分别用右手螺旋法则判定，如图 2-3 所示。

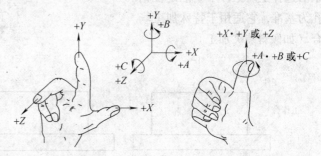

数控机床坐标系的选择确定方法如下：

Z 轴：三根坐标轴中，首先确定 Z 轴，Z 轴应与机床传递主功率的主轴轴线同轴。如果在机床上存在多根加工轴，则使用最多的那根轴线可定为 Z 轴，规定工件与刀具距离增大的方向为 Z 轴正方向。

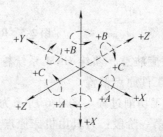

图 2-3 右手直角笛卡儿坐标系

X 轴：X 轴通常是水平的且与工件的装夹面平行、与 Z 轴垂直。对于工件旋转的机床，X 轴沿工件径向且刀具离开工件旋转中心的方向是 X 轴的正向；对于刀具旋转的机床，工作台左右移动为 X 轴线，且向右方向为正方向。

Y 轴方向与 Z、X 轴垂直，方向按右手定则确定。绕 X、Y、Z 轴旋转的坐标轴分别为 A、B、C，方向用右手螺旋法则判定。图 2-4 为数控车床与数控铣床的坐标轴。

如果在 X、Y、Z 主要直线运动之外，还有平行于 X、Y、Z 的直线运动，可将其命名为 U、V、W 坐标轴，称为第二坐标系。同样，A、B、C 以外的旋转轴可命名为 D、E、F。

为了编程方便，实际加工中无论是工件移动还是刀具移动，一律按工件不动，刀具相对移动的原则确定坐标系，进行编程。

除了机床坐标系之外，有些 CAM 系统还允许用户根据工件建立坐标系，称为参考坐标系，简称为 RCS，它是以工件上某一固定点为原点所建立的坐标系。此坐标系在数控加工编程时经常使用，它可以很容易地计算出在加工过程中刀具移动的参数。RCS 的选取应以使数控编程中数据计算较为方便快速为原则，如图 2-5 所示。

图 2-5a 中参考坐标系的选择是以工件毛坯顶面中心为原点，其特点是：一些加工参数较易确定，适用于电火花成形加工。图 2-5b 中参考坐标系的选择是以工件底部中心为原点，其特点是：较易实现设计基准与加工基准相统一原则，适用于多次装夹加工。图 2-5c 中参考坐标系的选择是以工件中基准定位销孔为基准，它适用于特殊加工场合（如倾斜装夹加工）。

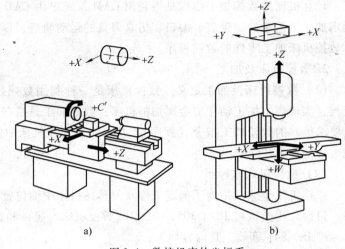

图 2-4　数控机床的坐标系
a）卧式数控机床　b）立式数控机床

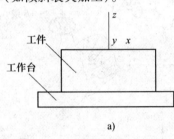 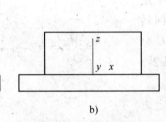 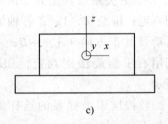

图 2-5　RCS 的位置确定

应用 RCS 时应注意，须给 CAM 系统输入机床坐标系原点与参考坐标系原点之间的距离，此距离称为工件原点偏置。

（3）数控加工切削过程　图 2-6 所示为数控机床切削加工零件的一个完整过程，一般分为八个阶段。第一阶段：刀具由机床原点到位于起止高度面的起点，此阶段各坐标轴快速移动；第二阶段：刀具由起点到位于安全高度的开始点，此阶段刀具以 G00 指令方式进给；第三阶段：刀具由开始点到位于慢下刀高度的切入点，此阶段刀具以接近速度进给；第四阶段：由切入点到切入工件，此阶段刀具以切削速度按切入矢量方向进给，以保证切入安全及切入质量（无接刀痕）；第五阶段：刀具切削工件，刀具以切削速度进给切削，切削完毕后以切削速度退到退出点；第六阶段：刀具从退出点到退刀点，刀具以退刀速度退出切削行程；第七阶段：刀具由位于安全高度的退刀点到位于起止高度的返回点，刀具以快速进给速度返回原位；第八阶段：刀具由返回点

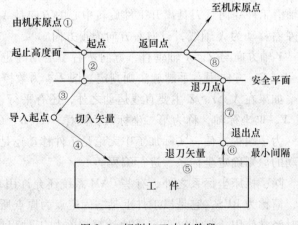

图 2-6　切削加工中的阶段

快速归位于机床原点。

3. 数控编程方式

数控机床加工程序编制方式一般分为手工编程与自动编程两种。

（1）手工编程 手工编程是指整个数控加工程序由人工编写完成，一般包括以下步骤：

1）根据零件图对零件进行工艺分析，确定加工路线和工艺参数。

2）根据零件的几何形状与尺寸，计算数控机床运动所需数据。

3）根据确定的加工路线、工艺参数及计算数据，按规定的格式和代码编写零件加工程序单（如 G 代码程序）。

4）将程序单制备到控制介质上（如穿孔纸带、数据磁带、软盘或通过 MDI 直接输入到数控系统中）以备使用。

对于加工形状简单的零件，计算比较简单，程序不长，采用手工编程较易完成，而且经济、快速，因此，在点定位加工或由直线与圆弧组成的轮廓加工中，手工编程仍广泛使用。但对于形状复杂的零件，如：具有样条曲线及曲面的零件，因数据计算复杂，用手工编程难度较大、周期长、容易出错，有时甚至无法编制，对这类零件须用自动编程来编制程序。

（2）自动编程 自动编程即用计算机编制数控加工程序，其过程是：首先使用数控语言或 CAD/CAM 系统描述零件的几何形状及刀具相对零件运动的轨迹顺序和其它工艺参数信息；其次计算机对这些信息进行处理，形成了刀具中心相对于零件运动的轨迹信息；然后针对具体的数控系统，对刀具轨迹信息进行后置处理，产生数控机床的零件加工程序并通过介质送入数控机床实现零件加工。

自动编程使得一些计算繁琐、手工编程困难或无法编制的程序能够实现，它还具有编程速度快、周期短、质量高、使用方便等优点，其使用日益广泛，产生的经济效益也非常巨大。这里需要指出的是，用程序语言来描述零件的轮廓及加工参数等信息，会产生编程周期长、易出错、对复杂零件描述困难等缺点，因而不如使用 CAD/CAM 系统进行程序编制直观、准确、快速，故用程序语言编程的应用逐渐趋少。

另外，由于手工编程在其它课程中有专门讲解，故本书不做论述，本书所讲数控编程均指自动编程。

4. 数控编程的内容与步骤

如图 2-7 所示，为数控编程的步骤，共分为五步：

第一步：零件几何信息的描述。利用 CAD/CAM 系统平台对零件进行几何造型，形成零件的二维或三维几何信息。

第二步：加工工艺参数的确定。根据零件的几何信息确定零件的加工工艺参数以及被加工面的信息，并通过 CAM 系统将这些信息输入计算机内。这些加工工艺参数包括：零件的加工方法（如机床型号、粗精加工等）、刀具参数、切削用量（如进给速度、主轴转速、背吃刀量与宽度等）；被加工面的信息包括：选择被加工面或边界、进刀退刀方式、进给路线等。

第三步：刀具运动轨迹的生成。根据零件的几何信息及加工工艺信息，CAM 系统将自动进行有关数据的计算，并生成刀具轨迹。这些信息保留在零件的轮廓数据文件、刀位的数据文件及工艺参数文件中，这些文件是系统生成数控代码和加工模拟的基础。

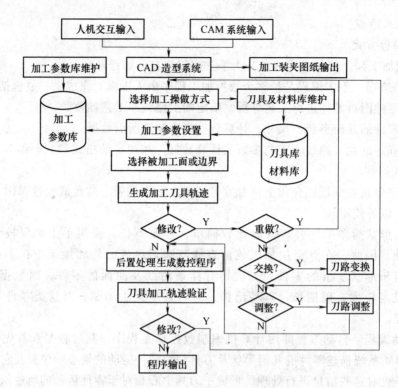

图 2-7　CAD/CAM 系统操作过程

第四步：刀具轨迹编辑与仿真。经过系统自动计算完成的刀具轨迹，可以进行刀具轨迹仿真，以验证刀具轨迹是否正确，然后可以对刀具轨迹进行一定的编辑与修改。刀具轨迹的仿真是将加工零件毛坯模型、刀具模型及加工过程即刀具轨迹动态地显示出来，模拟零件的实际加工过程，以验证刀具轨迹的合理性，它具有实际试切加工的效用。刀具轨迹的编辑包括：刀具轨迹的裁剪、分割、连接；刀具轨迹中刀位点的增加、删除与修改；刀具轨迹中部分刀位点的均化；刀具轨迹的转置与反向等。通过对刀具轨迹的仿真与编辑，使刀具轨迹更加合理与实用。

第五步：数控程序的生成——后置处理。后置处理是指将编辑好的刀位文件转换成指定数控机床系统能执行的数控程序的过程，这些数控程序可通过控制介质输入到数控机床中用于加工。

5. CAM 系统中的基本术语

（1）坐标数与坐标轴联动数

1）坐标数是指数控机床的进给运动所采用的数字控制的数目，一般有两坐标（如快走丝数控线切割、数控车床）、三坐标（如数控铣床）、四坐标（加工中心）和五坐标等。

2）坐标轴联动数是指数控机床在加工零件过程中可以同时进给的坐标轴数目。它与坐标数不同，比如：数控铣床上坐标数为 3，但其坐标轴联动数有两轴联动，两轴半联动及三轴联动之分。两轴联动是指两个轴（X 轴与 Y 轴）联动进给，而另外一轴固定不进给；两轴半联动是指在两轴联动的基础上增加了另一个轴的移动，即当两轴（如 X、Y 轴）固定不进给时，另一个轴（如 Z 轴）可以进给（上下移动）；三轴联动是指三个轴（X、Y、Z）可以同时进给。

（2）轮廓、区域和岛

1）轮廓：是一系列首尾相连的曲线的集合，它可以是封闭的也可以是开放的（不闭合的）。

2）区域：指由一个封闭轮廓围成的内部空间。内部空间可以有"岛"，若有岛，则区域为除去岛的内部空间。

3）岛：是由封闭轮廓围成的空间，但它位于区域的外轮廓之内。

轮廓、区域、岛是用来指定加工对象的，若是指定待加工区域，就用区域、岛来指定。区域的外轮廓用来确定加工区域的外部边界，岛的内部轮廓用来界定内部不需加工的内部边界。若是指定待加工曲线，则可以应用轮廓来确定，它可以是封闭的，也可以是开放的，如图 2-8 所示。

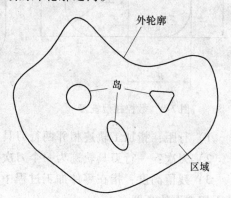

图 2-8　区域示意图

（3）机床参数　这里是指机床在加工零件时选用的切削用量，主要指主轴转速及各种进给速度。

1）主轴转速：在切削零件时主轴转动的角速度。

2）切削速度：是指正常切削时刀具行进的进给速度。

3）接近速度：指从安全高度到慢下刀高度期间刀具行进的进给速度，又称进刀速度。

4）退刀速度：为从离开工件到安全高度期间刀具行进的进给速度。

5）快速进给速度：是指在安全高度以上刀具行进的进给速度，一般取机床的 G00。

（4）起止高度、安全高度和慢下刀高度

1）起止高度：是指进退刀具的初始高度。

2）安全高度：是指在此高度以上可以快速走刀不会发生干涉，它应高于零件的最大高度，而低于起止高度。

3）慢下刀高度：是指刀具在下刀时由接近速度向切削速度转换的高度。

（5）刀具参数　数控铣床在切削加工中，常采用三种类型刀具：球刀、端刀和圆角刀。铣刀的参数如图 2-9 与图 2-10 所示，其中，R 为刀具半径，r 为刀角半径，L 为刀杆长度，l 为刀刃长度。

1）球刀：$R = r$ 的铣刀，在加工具有复杂曲面的零件中广泛使用，其刀心与刀尖不重合。

2）圆角刀：也称 R 刀，它为 $r < R$ 的铣刀，广泛应用于粗精加中，其刀尖位于刀端面圆的中心点。

3）端刀：它为 $r = 0$ 的铣刀，其刀心与刀尖重合，在平面加工中应用很广泛。

（6）刀具轨迹与刀位点

1）刀具轨迹：是指加工零件时，刀具相对于零件移动的路径总和，它由一系列的直线、圆弧、曲线构成。刀具轨迹可由 CAM 系统生成，也可用手工编程形成。

2）刀位点：构成刀具轨迹的一些关键控制点，在两个刀位点之间由唯一确定的曲线（直线、圆、曲线）连接，如图 2-11 所示。

（7）行距、刀次与残留高度

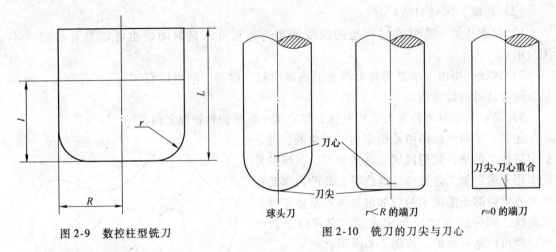

图 2-9　数控柱型铣刀　　　　　　　　图 2-10　铣刀的刀尖与刀心

1）行距：指加工轨迹相邻两行刀具轨迹之间的距离。

2）刀次：一行刀具轨迹为一个刀次。

3）残留高度：指在零件加工过程中，由于行距形成的两刀之间的工件材料未被切削，其距切削面的高度。

图 2-12 为球铣刀加工的行距与残留高度的情况，可见，R 越小，行距越大，则残留高度越大，加工精度越低。可通过增大 R 或减小行距（即增加刀次）来控制残留高度。

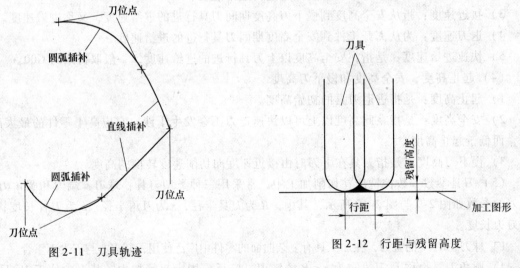

图 2-11　刀具轨迹　　　　　　　　　　图 2-12　行距与残留高度

（8）干涉　在零件加工过程中，刀具切削了不应该切削的部分，或未切削到应切削的部分，则称为出现干涉现象。

（9）刀具运动控制面及关系　刀具在加工零件时，是沿一定的边界曲面（或曲线），在指定的曲面上进行的切削运动，即刀具由导动面（线）、零件曲面、检查面（线）这三个控制要素来确定其运动。下面说明这三要素的定义及关系。

1）导动面（线）：是指在进行切削运动过程中，引导刀具运动的面（线）。刀具在导动面（线）上运动时还须保持与零件面的关系。

2）零件面：指在刀具沿导动面（线）运动时控制刀具高度（Z）的面。

3）检查面（线）：指定刀具沿导动面在零件面上运动停止的位置面（线），它也是用来检查刀位轨迹的面（线）。

当零件面为平面时，导动面与检查面变为导动线、检查线。图 2-13 为刀具运动与三个面的关系示意图。

4）导动面（线）和刀具的关系：导动面（线）与刀具存在三种相对关系，即刀具在导动曲面（线）的右手，刀具在导动曲面（线）的左手及刀具在导动曲面（线）之上运动，如图 2-14 所示。

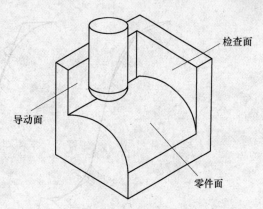

图 2-13　刀具运动与三个面的关系

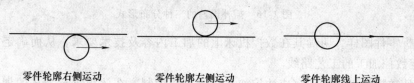

零件轮廓右侧运动　　　零件轮廓左侧运动　　　零件轮廓线上运动

图 2-14　刀具与导动面的关系

5）检查面与刀具的关系：检查面与刀具存在四种关系：即刀具前缘切于检查面；刀具位于检查面上；刀具后缘切于检查面上；刀具切于导动面和检查面的切点，如图 2-15 所示。

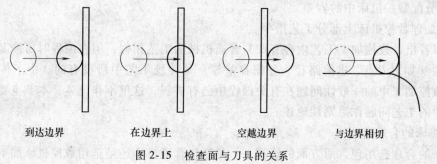

到达边界　　　　在边界上　　　　空越边界　　　　与边界相切

图 2-15　检查面与刀具的关系

（10）插补误差及分布方式　插补误差是指用直线或圆弧段逼近零件实际轮廓曲线所产生的误差，在编程时应给定一个允许值以控制其误差的大小。插补误差相对于零件轮廓的分布方式有三种，即：在零件轮廓的外侧；在零件轮廓的内侧；在零件的两侧，如图 2-16 所示。

二、数控加工中的工艺处理

与普通机械加工相同，数控加工时也应进行工艺处理，数控加工的工艺问题与普通机械加工工艺处理方法基本相同，但又有其特点。在设计零件的数控加工工艺时，既要遵循普通机械加工工艺的基本原则和方法，又要考虑数控加工本身的特点和编程要求。

1. 数控加工工艺的主要内容

数控加工工艺主要包括以下几方面内容：

1）分析零件形状及精度要求的特点，确定其工艺流程，并确定在数控机床上加工零件的工序内容。

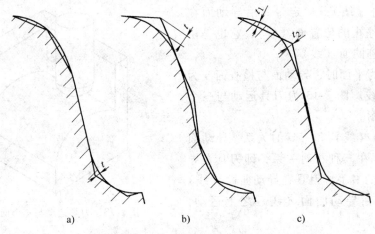

图 2-16　插补误差的三种分布形式

2）分析零件图样，明确其在数控机床上的加工内容及技术要求，从而确定零件的加工方案，制定数控加工的工艺路线。

3）设计数控加工工序，完成数控加工工艺卡的编制。在此须进行工步的划分，零件的定位与夹具选择，刀具选择，切削用量确定等工作。

4）编制并调整数控加工的工序程序。在编程时须进行一些参数的选择确定，如：对刀点、换刀点、刀具补偿值、进给路径等。

5）分配数控机床中的容差。

6）处理数控机床上部分工艺指令。

可以看出，数控加工工艺内容有些与普通机械加工艺相似，但在编程时所涉及到的一些工艺问题（如对刀点、进给路径、分配容差等）是传统工艺中所没有的。由于传统工艺性问题与数控加工中的一般性问题在有关课程中已有讲解，这里不作论述，本节主要对涉及数控编程中的工艺问题作原则性论述。

2. 机床的合理选用

机床的合理选用包含两方面的选择：一是选择普通机床还是选用数控机床加工零件；二是选择何种数控机床加工零件。

关于选择数控机床还是普通机床一般从三方面综合考虑确定：首先要保证加工零件的技术要求，加工出合格的产品；其次有利于提高生产率；再次尽可能降低生产成本。在实际中，下列零件较适合数控机床加工：

1）多品种，小批量生产的零件。

2）新产品试制中的零件。

3）轮廓形状复杂、加工精度要求较高的零件。

4）用普通机床加工时需有昂贵的工艺装备的零件。

5）价值昂贵、加工中不允许报废的关键零件。

关于选择何种数控机床，在实际中一般按产品的结构外形及精度要求来确定，例如：具有各种回转表面及螺纹的轴类或盘类的零件可选用数控车床；对箱体、壳体、平面凸轮等零件可选用立式数控铣镗床或立式加工中心；对复杂的箱体、泵体、阀体等零件可选用卧式数控铣镗床或卧式加工中心；对具有复杂曲面的叶轮、模具可选用三轴联动数控铣床或加工中心；对具有复杂型腔的模具可选用电火花数控机床。

3. 加工工序的编排

在划分零件的数控加工工序、工步和安排工序、工步顺序时应遵循以下原则：

1）应采用粗→半精→精以及面→孔的加工序顺序。

2）为了减少换刀次数，减少空行程时间，消除不必要的定位误差，采用按刀具划分工序和工步的原则，即在一次装夹中，用一把刀具加工完成工件上所有需要用该刀具加工的各个部位后，再换第二把刀具加工。

4. 对刀点和换刀点的确定

对刀点就是在数控加工时，刀具相对于工件运动的起点，由于数控程序从该点开始执行，所以对刀点也称程序起点或起刀点，编程时应首先正确地选择对刀点的位置。

对刀点的选择原则是：①便于用数字处理和简化程序编制；②在机床上找正容易，加工中便于检查；③便于对刀。

在实际中对刀点的位置常选择如下位置：

1）设置在零件的设计基准或工艺基准上。

2）设置在零件外部（如机床或夹具）上，但应该注意须与零件的定位基准有一定的坐标关系，以确定机床坐标系与零件坐标系的关系。

3）设置在机床坐标系原点或距原点有确定值的点上。

对刀是指使对刀点与刀位点重合的过程。所谓刀位点，对于端铣刀与 R 铣刀是指刀具的底面中心（刀尖），对球头铣刀是指刀具的刀心；对于车刀、镗刀是指刀具的刀尖；对于钻头是指钻头的钻尖，对刀准确与否直接影响加工精度。目前所采用的对刀方法有：千分表法，对刀仪法等。

在加工过程中需换刀时，应规定换刀点，换刀点是指刀架转位换刀时的位置。换刀点可以是某一固定点（如加工中心换刀机械手的位置是固定的），也可以是任意的一点（如车床）。换刀点的位置应根据换刀时刀具不得碰及工件、夹具和机床的原则而设定，其设定值可用实际测量法或计算法确定。

5. 刀具的选择

刀具的选择是数控加工工艺中重要内容之一，它不仅影响零件的加工效率，而且直接影响加工质量。

与传统的加工方法相比，数控加工对刀具的要求更高，不仅要求精度高、刚度好、耐用度高，而且要求尺寸稳定，安装调整方便，这就要求采用综合性能更好的刀具及新型优质材料的刀具。例如：尽量选用硬质合金刀具，少用或不用高速钢刀具；尽量采用可转位刀片，以减少刀片更换和预调时间；对加工工件材料硬度较高、尺寸精度较高时可采用金刚石、立方氮化硼甚至陶瓷刀具。

选择刀具时，注意应确定刀具的接杆，以便使所选用的刀具在使用编程时易于确定刀具的径向和轴向尺寸。

选择完刀具后，应及时编辑、更改 CAD/CAM 系统中刀具库的刀具参数的记录，以便在编程中直接调用此刀具。

（1）铣刀的选择　粗铣平面时，宜选较小直径的铣刀，以减少切削扭矩；精铣平面时，应选大直径铣刀，尽量能包容加工面的宽度，以提高铣削精度及效率。

铣平面轮廓时，一般选用 R 立铣刀，用立铣刀侧刃切削。对内凹轮廓，R 立铣刀的 r 值应小于内凹轮廓的最小半径以避免干涉；对外凸轮廓，铣刀的 r 值应尽量大些，以提高刀具的刚度与耐用度。

铣空间轮廓时，常选用球铣刀与 R 铣刀。加工较平坦曲面时应选用直径较小的 R 铣刀；加工曲率变化较大的曲面应选用球铣刀；对复杂曲面常选用镶齿盘铣刀，特别是在五坐标联动的数控机床上加工效率很高，加工精度较好。

（2）钻削加工刀具的选择　数控机床钻孔时一般不采用钻模，故它的钻孔刚度差，因此，钻孔前应选用大直径的短钻头或中心钻先锪一个内锥坑作引正定心，然后再用钻头钻孔。对大孔常采用刚度较大的硬质合金扁钻。过硬毛坯表面，可先用硬质合金铣刀铣一个平面，然后锪锥孔与钻孔。

6. 切削用量的确定

切削用量包括背吃刀量 a_p，进给量 f 和切削速度 v。在数控加工时均应确定这些参数，并编入在程序单内。

合理选择切削用量的原则是：粗加工时，一般以提高生产率为主，同时考虑经济性和加工成本；半精加工和精加工时，应在保证加工质量的前提下，兼顾切削效率、经济性和加工成本。具体切削用量的数值可根据所使用数控机床的工艺特性，参考切削用量手册并结合实践经验确定。另外，在选用各切削用量时，从刀具耐用度方面考虑，各切削用量参数的选择顺序一般为：先选用背吃刀量，再选用进给量，最后选择切削速度。

（1）切削深度 a_p　主要根据机床、夹具、刀具和工件的刚性确定。在刚度允许的情况下，应以最少的进给次数切除加工余量，最好一次切净余量，以提高生产效率；有时为了改善加工精度和表面粗糙度，可留一次精加工余量，最后光加工一次。数控机床的精加工余量可小于普通机床的精加工余量，一般取 $0.2 \sim 0.5\text{mm}$。

（2）进给量（进给速度）f（mm/min 或 mm/r）　主要根据零件的加工精度和表面粗糙度要求以及刀具、工件材料性质选取确定。当加工精度、表面粗糙度要求高时，进给量数值应选小些，如：精铣取 $20 \sim 50\text{mm/min}$，精车取 $0.10 \sim 0.20\text{mm/r}$。最大进给量则受机床刚度和进给系统的性能限制，并与脉冲当量有关。

在选择进给速度时，还要注意零件加工中的某些特殊因素，例如：在轮廓加工中，当零件轮廓有拐角时，刀具容易产生"超程"或"欠程"现象，从而导致加工误差。如图 2-17 所示，铣刀由 A 向 B 运动，当进给速度较高时，由于惯性作用，在拐角 B 点可能出现"超程"现象，即将拐角处的金属多切去一些（若为向外凸起的表面，B 点会有部分金属未被切除即"欠程"现象），使轮廓表面产生误差。为了克服这种现象，要选择变化的进给量，即在接近拐角前适当地降低进给速度，过了拐角后再逐渐增速。具体做法是：将 AB 分成两段，在 AA' 段使用正常的进给速度，到 A' 点开始减速，到 B 点再逐步增速，直到 B' 点恢复到正常进给速度。

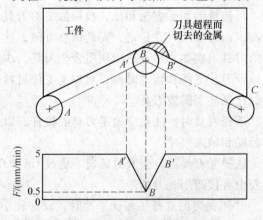

图 2-17　超程误差与控制

目前一些完善的 CAM 系统中有"超程"校验功能，一旦检测出"超程"或"欠程"误差超过允许值，便可设置适当的"减速"功能予以控制。

三、数控加工编程的基本原理

从数控编程的内容与步骤中可知，数控编程的实质是形成刀具运动轨迹，然后将这个刀具运动轨迹源文件（CLSF）中的程序经过后置处理转换为相应数控系统可以识别的程序（如 G 代码程序），以控制数控机床进行零件加工，因此，如何正确形成刀具运动轨迹就成为数控编程的关键。下面就如何具体确定刀具运动轨迹进行阐述。

1. 二维数控编程的基本原理

（1）点位的数控编程　对点位控制的数控机床，只要求定位精度较高，定位过程尽可能快，而刀具相对工件的运动路线无关紧要，因此，这类机床数控编程时，应按刀具运动轨迹最短的原则来安排走刀路线，同时应考虑一些其它因素。例如：在钻孔时，孔深为 Z，但刀具运动距离 Z_f 不能为 Z，而要有一个轴向引入距离 ΔZ，如图 2-18 所示。

（2）平面轮廓加工的数控编程　在对平面轮廓加工进行数控编程时，首先要建立要加工的轮廓曲线，即加工边界，这个边界有可能是封闭的，也可能是开放的，并且是由一系列的平面曲线（包括直线、圆弧、自由曲线等）组成的有向曲线。CAM 系统生成刀具运动轨迹可以看做是对这一系列平面曲线逐段处理的过程，即逐一从边界中取出某一段曲线，决定其偏置的距离和方向，生成刀具运动轨迹段，直到全部曲线处理完毕，其过程如图 2-19 所示。

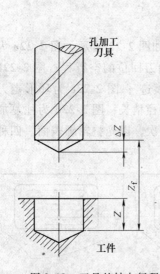

图 2-18　刀具的轴向行程

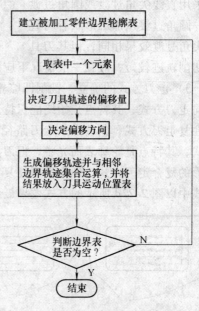

图 2-19　刀具轨迹生成一般过程

要说明的，这里为了论述简单，在数控编程时只是针对一般轮廓边界，且没有考虑加工的步距以及最后精加工的余量。如果要考虑步距因素，可以在处理中加入循环即可；而对于具有凹腔的挖空加工以及凹腔中的存在多个孤立凸台的加工，CAM 系统在对加工的内外边界定义后，还需对加工刀路进行优化处理，以确立其刀具运动轨迹。

在形成刀具运动轨迹时，不仅仅考虑零件的轮廓边界，而且还须考虑 CAM 所特有的加工工艺和在工程意义上的一定规则与要求，主要有以下几方面：

1）刀具的偏移补偿。对于平面轮廓的加工，常用的刀具主要是平端刀及 R 铣刀，系统在计算刀具运动轨迹时主要考虑的是刀具的半径。具体偏移补偿值的大小则应考虑刀具与其轮廓边界间的位置关系，如图 2-20 所示，位置关系有三种：TO，ON，PAST。

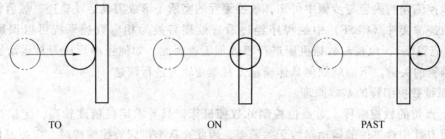

TO   ON   PAST

图 2-20 刀具的偏移补偿

2）棱角过渡的处理。当铣削棱角轮廓时，若刀心的位移量与轮廓边界尺寸相同，则产生刀心的轨迹不连续（对于外轮廓）或轨迹干涉（对于内轮廓）现象，对此，CAM 系统生成刀具轮廓时，可以生成一个过渡轨迹以解决这个问题，其方法是采用直线尖角过渡或圆角过渡等。圆角过渡从加工形状看与直线尖角过渡效果相同，但其刀具

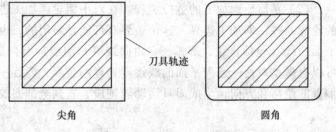

刀具轨迹

尖角   圆角

图 2-21 拐角的过渡方式

的切削轨迹较短，故在一般情况下应优先采用，如图 2-21 所示。

3）走刀方式的确立 铣削凹腔轮廓时，常采用的走刀方式如图 2-22 所示。图 2-22a 为单向走刀方式，其特点是始终能保持逆铣或顺铣的性质，但有抬刀回位的空行程；图 2-22b 为往复走刀方式，其特点是走刀路径短且简单，但有轮廓接刀痕迹；图 2-22c 为环形走刀方式，其特点是轮廓表面光整，但刀具轨迹计算稍复杂，走刀路径稍长；图 2-22d 为往复加环形的复合走刀方式，即先采用往复走刀方式，最后环形走刀一次，以光整轮廓表面。四种方式中以图 2-22d 所示的方式效果最佳。

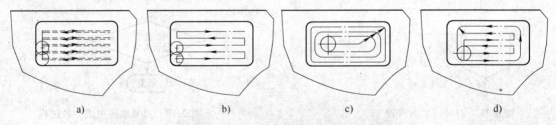

a)   b)   c)   d)

图 2-22 铣削凹腔轮廓采用的走刀方式

a）单向走刀方式 b）往复走刀方式 c）环形走刀方式 d）复合走刀方式

要注意的是：对于有内岛的凹腔轮廓的刀具轨迹，并不采用以上四种方式，而是以上面四种方法之一为基础，经过优化处理的一种复合形的刀具轨迹。

4）抬刀的选择。在确立有内岛的凹腔轮廓刀具轨迹时，应选择刀具是否在区域内抬刀，以避过内岛，这种选择直接影响到刀具运动轨迹的形成。这种抬刀选择在单向走刀方式

中也被应用。

5）刀具的进、退刀。在数控编程时，须规定设计刀具的进刀和退刀路线，其目的有三个：一是使刀具比较安全的接近被加工的工件；二是使加工表面过渡光滑，不留有接刀痕迹；三是提供加工中刀具补偿功能的过渡段，有些机床不允许在圆弧插补运动中打开机床的刀补功能，因此在圆弧进刀、退刀前后应有相应的直线运动段即过渡段，一般直线的长度应不小于刀具的半径。

进刀和退刀从方式上主要有以下几种：①沿 Z 轴方向进刀和退刀；②沿加工路径的切线方向进刀或退刀；③沿与加工路径相切的圆弧进刀或退刀；④沿空间某一方向进刀或退刀；⑤沿加工路径的法线方向进刀或退刀。

沿 Z 轴方向的垂直进刀通常用于钻削、镗削加工，有时也用于铣削加工中的半精与精加工；铣削加工中粗加工常用切线、法线方向或沿某一指定方向进刀；精铣加工中一般采用沿加工路径的切线方向进刀。

2. 三维数控编程的基本原理

三维数控编程可以完成对含有曲面的凹形体零件的数控加工。与二维 CAM 系统不同的是，在计算刀具运动轨迹时，不仅要考虑两个坐标方向上的刀具进给，还要考虑刀具轴向矢量——第三个坐标方向的进给。三维数控编程与二维数控编程的相同之处在于刀具沿导动面在零件面上运动，不同的是这些导动面、零件面是三维空间上定义的曲面或平面，因此，三维数控编程的难度较大，而其编程原理、方法比较复杂，目前应用广泛的是型面行切加工方法，下面说明这种方法的原理。

对曲面用参数方程表示为 $\boldsymbol{P} = P(U, V) \begin{cases} U_1 \leqslant U \leqslant U_2 \\ V_1 \leqslant V \leqslant V_2 \end{cases}$

固定 U、V 参数中的一个参数，如 $V = V_0$，则 $P(U, V_0)$ 就表示一条以 U 为参数的曲线；如 $U = U_0$，则 $P(U_0, V)$ 就表示另一条以 V 为参数的曲线；以此类推，曲面上存在两族等参数线，即 U 族线与 V 族线。假设在三轴铣削加工中，考虑刀杆的轴线与 Z 轴方向一致，且刀具切削运动在参数 $U = U_0$ 下沿曲线移动，则在刀具轨迹计算时只考虑坐标 Z 的变化和一个参数 V 的变化。进一步，如果我们在 X，Y，Z 三轴坐标下考虑，将要加工的曲线用一族与 XOY 平面垂直，且与 X 轴或 Y 轴平行的平面求取截面线，则刀具沿截面线运动的过程中只考虑两个坐标参数的变化。这样，三维曲面的刀具轨迹问题就转化为二维平面问题。更一般地，若用一组平行的平面去截取要加工的曲面，且这些平面均垂直于 XOY 平面但不一定与 X 轴平行，在 CAM 系统中称这种方法为切片加工，其刀具运动方向即截面的方向可由用户自行决定。要说明的是，虽然用于求截交线的一组平行平面可以平行于 X 轴、Y 轴或不平行于坐标轴，但为了使刀具运动轨迹便于计算，在实际中应取特殊位置为好。如图 2-23 所示，图 2-23b 中的截面交线为直线，图 2-23a、c 中的截线交线为曲线，但图 2-23b 中为一个参数的曲线，图 2-23c 中为两个参数的曲线，故而截交线的取法以图 2-23b 为最好，图 2-23c 为最差。

对于三维数控编程，要考虑的 CAM 所特有加工工艺和在工程意义上的规则和要求，基本与二维数控编程相同。不同之处在于一般三维数控编程易产生干涉现象，故需进行刀具干涉检验。另外，三维曲面加工的刀具运动轨迹易产生进刀不均匀现象，即有些区域刀具轨迹过疏，有些过密。对过疏的区域应加入刀位点，对过密的区域应删除一些刀位点，使刀具轨

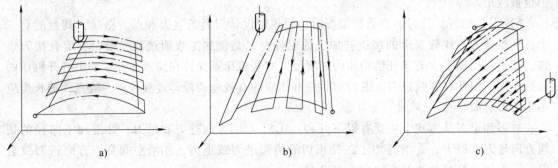

图 2-23　加工直纹曲面的进给路径

迹分布均匀，并获得良好的加工精度。

最后要指出的是，CAM 系统中在形成曲面的刀具运动轨迹时，对用不同方法形成的曲面，其内部的刀具运动轨迹计算确认方法不同，因此，有必要在工作之前确认加工曲面的构成方法，然后在形成刀具轨迹时，用相同方法构造刀具轨迹。比如，对直纹面的零件表面加工就应选择直纹面方式形成刀具轨迹，而不应采用导动面方式形成刀具轨迹。

四、仿真技术与 G 代码反读

1. 干涉检查

为了防止在加工中可能出现的刀具过切现象，须进行刀具干涉检查。CAM 系统提供的干涉检查方式有以下几种：

1）无干涉检验。

2）刀具运动方向干涉检验。

3）全方位刀具干涉检验。

4）多曲面刀具干涉检验。

对于一些用球形刀加工的凸形曲面，选用无干涉检验可以节省大量的计算时间，但对一些非凸曲面，则应根据情况选择适当的干涉检验功能。刀具运动方向的干涉检验只检验刀具沿运动方向上的部分（前后部）可能产生的干涉，因此，它也称局部干涉检验，当刀具的切向发生变化时，此功能就无效了。全方位刀具干涉检验在考虑刀心点的同时，还考虑刀具沿轴线方向在零件面上的投影范围内的干涉情况，因此，无论刀具运动方向如何选择，都可以检测过切现象，但这样做的代价是要花费较长的时间。多重曲面刀具干涉检验一般用于由多个曲面连接构成的零件表面的刀具干涉检验，其被检测的曲面包含当前正在切削的曲面以及与切削刀具可能相关的曲面，因此，这样干涉检验所需的计算时间最长。

2. 仿真校核

仿真校核分为两种：刀具运动轨迹仿真校核与加工过程的真实感仿真校核。

1）刀具运动轨迹仿真校核。指系统将刀具运动轨迹以曲线显示出来，从而校核刀具运动轨迹正确与否。

在刀具运动轨迹仿真中可以进行以下的校核：刀具运动轨迹是否光滑连续、是否交叉；组合曲面结合处拼接是否合理；刀具是否有突变现象等。

2）加工过程的真实感仿真校核。指将加工过程的零件模型、刀具模型动态地显示出来，即刀具模型沿刀具运动轨迹进行"切削"零件，以较为真实的效果模拟零件实际加工过程。它可用来校核刀具运动轨迹是否正确适用，有的 CAM 系统甚至还可在仿真校核中进行干涉检验。

仿真校核一般将加工过程中不同的对象用不同颜色表示，已切削的加工表面与待切削加工表面的颜色不同，加工表面存在干涉之处又用另一种不同颜色表示，并可对仿真过程的速度进行控制，非常清楚地将加工过程及过程中可能出现的问题显示出来，它基本上具有试切加工的效果。

3. 后置处理

后置处理是指后置处理系统将刀位文件转换成指定数控机床系统能执行的数控程序的过程。其实质是对刀位文件以及加工操作参数文件进行编译，生成一个数控程序文件（如 G 代码文件）。这种编译与具体的数控机床和数控系统有关，一般的 CAM 系统配置了大量的后置处理系统程序供用户选择（如 FANUC、SIEMENS 等）。

4. G 代码反读

CAM 系统的 G 代码反读是指将生成的数控程序文件（G 代码文件）反读进来，生成刀具运动轨迹文件（即刀位文件），通过对刀具运动轨迹的校核以检查数控程序文件正确与否。有时将 CAM 的 G 代码反读也称逆工程或校核 G 代码，它与 CAD 中的逆向工程类似（CAD 中的逆工程是指对实际的零件进行测量并对测量数据进行处理，以形成零件的曲面造型数据）。

需要指出的是，校核 G 代码是用来进行数控代码的正确性检验。由于精度等方面的原因，应避免将反读出的刀位文件重新生成数控程序文件输出，因为 CAM 系统无法保证由数控程序文件反生成的刀位文件中的刀位精度。

第三节　产品数据交换技术

产品数据是指产品从设计到制造的生命周期内全过程中对产品的全部描述，并在计算机中以可以识别的形式来表示和存储的信息。这种信息是在产品的设计、制造、服务过程中，通过数据采集、传递和加工处理的过程而形成和完善的，并在这个过程中需频繁进行数据交换。例如：CAD、CAE、CAM 各系统之间，不同 CAD/CAM 系统之间，CAM 系统与数控机床之间，外部程序与 CAD 系统之间数据信息的交换以及产品设计部门之间的数据信息交换等。但是，由于各个 CAD/CAM 系统以及同一 CAD/CAM 系统中各子系统，基本上是在各自的模型数据结构上独立研制和发展起来的，它们之间存在着较大差异，这就给数据的交换带来困难，也给数据交换带来了多样性。下面就不同的数据交换作以具体的论述。

一、图形系统与外部程序交换信息

在应用 CAD 系统设计零件时，有时需要的数据信息来自外部程序的计算结果，有时也需将已设计的图形数据传递给外部程序处理，这样就需要规定统一的格式来进行数据的传输，也就是将 CAD 系统中生成的图形以某种文件格式表示，并从中提取数据传递给外部程序，或者将外部程序的数据生成 CAD 系统可以读取的格式的文件，并转化成图形。

1. DXF 文件

DXF（Drawing eXchange File）文件也称图形交换文件，是 AutoCAD 软件系统所支持的中间文件格式。由于 AutoCAD 软件系统的流行性和市场占有率，DXF 文件格式虽未经国际标准组织认可，但却被许多 CAD 软件商所接受，并在其 CAD/CAM 系统中有 DXF 接口，以实现与 AutoCAD 系统进行图形数据的交换。DXF 文件是具有专门格式的 ASCⅡ码的文本文件，它具有可读性好、处理速度快、通用性强等特点，易于被其它程序处理。在 AutoCAD 系统中可以用 DXFOUT 命令生成一个图形的 DXF 文件，也可用 DXFIN 命令读入一个 DXF 文件并生成图形，还可以用高级语言编写一个图形的 DXF 文件（如 BASIC、C 语言等编程语言）。对 DXF 文件的格式及语法规定可以参看有关资料手册，这里不作论述。

2. SCR 文件（命令组文件）

SCR 文件是记录着一些 AutoCAD 系统中可执行的命令及相应参数的文件，文件的扩展名为"SCR"，它也是一个 ASCII 的文本文件。该文件类似 DOS 的批处理文件，利用此文件可以扩充 AutoCAD 的现有功能，并能够进行自动绘图，以提高设计速度。

该文件仅能在 AutoCAD 系统中使用，并且该文件仅能够用高级语言（如 BASIC、C 语言等）编写，但不能够由图形生成 SCR 文件。

需要指出的是，对于不同的 CAD/CAM 系统，各 CAD/CAM 系统内部所提供的建模数据的描述方式不同，其与外部程序进行数据交换的格式也不尽相同。这里仅介绍应用较普及的 AutoCAD 系统的数据交换文件，关于其它系统的数据交换文件格式请读者参看有关资料、手册。

二、系统间的数据交换标准

系统间的数据交换方式一般有三种：

第一种方式：单个系统间的数据交换。此交换方式是一个系统输出数据，另一个系统读入该数据，并在本系统中转换成规定数据格式。此种方式为早期的不同 CAD 系统之间及 CAD 系统与 CAM 系统间的数据交换时所采用的方式，如图 2-24a 所示。

第二种方式：系统间以约定的共同界面来传递信息，数据可在各系统之间传递并实现共享。现行多数微机平台上的 CAD/CAM 系统间交换数据多采用此方式，如图 2-24b 所示。

第三种方式：通过公共数据库在系统之间实现数据共享。这是 CAD/CAM 系统数据交换方式的发展方向，如图 2-24c 所示。

图 2-24　系统间数据交换方式

自从 CAD、CAM 系统出现以来，其数据交换的格式规范不断提高，其中，有典型代表意义的包括：IGES、SET、VDA、PDDI、PDES、STEP 等，目前应用较为广泛的是 IGES、STEP。

1. IGES——初始图形交换规范

初始图形交换规范（Initial Graphics Exchange Specification，IGES）是国际上产生最早

的，也是目前应用最成熟、最广泛的数据交换规范，它是由美国国家标准和技术研究所（NIST）主持，波音公司和通用电气公司参加编制的，并于 1980 年 1 月发布了 IGES1.0 版本的美国国家标准。它建立了用于产品定义的数据表示方法与通信信息结构，作用是在不同的 CAD/CAM 系统间交换产品定义数据。其原理是：通过 IGFS 规范的中性格式文件来实现产品定义数据的交换，其方法是：从系统 A 中的 IGES 前处理器将要传递的数据格式转换成 IGES 中性文件格式，系统 B 将 IGES 中性文件的实体数据读入系统中并用系统 B 的 IGES 后置处理器，生成系统 B 的内部数据格式。

IGES 定义了文件结构格式、格式语言以及几何、拓扑及非几何产品定义数据在这些格式中的表示方法，其表示方法是可扩展的，并且是独立于几何造型方法的。自 1980 年 1 月推出的 IGES1.0 版本，其后又不断推出 2.0、3.0、4.0 等版本。我国已采纳它为国家标准，标准号为 GB/T 4213—1993。目前，绝大多数 CAD/CAM 软件都提供读写 IGES 文件的接口，以实现产品数据交换。

应注意的是：由于 IGES 本身的局限性，使它在应用中还存在许多缺陷与问题，它主要体现在三方面：

1）数据文件过长，数据转换处理时间较长。

2）数据格式过于复杂，可读性差，定义不够严密，造成某些几何类型转换不稳定，在转换过程中可能丢失一些数据。

3）只注意了几何图形及相应尺寸的定义与转换，即只是在屏幕上显示图形或在绘图仪上绘制图形，因此，它无法描述与转换产品模型的全部数据信息。

2. STEP——产品模型数据交换标准

产品模型数据交换标准（STandard for the Exchange of Product model data，STEP）是一种旨在产品生命周期内实现产品模型数据交换的标准。它是由国际标准化组织 ISO 于 1983 年提出并开始制定的，其制定目标是：STEP 是一个关于产品信息表达与交换的国际标准，它在产品生命周期内为产品数据的表示与通信提供一种中性数据形式，这种数据形式完整地表达产品信息并独立于应用软件，也就是建立统一的产品模型数据描述。由于 STEP 标准庞大而复杂，要全部完成标准的制定尚需经历一个相当长的过程。

STEP 的核心 EXPRESS 描述语言部分已于 1993 年公布为国际标准，其它少部分标准也已制定公布，而大部分尚处于草案讨论阶段。但是由于 STEP 标准制定目标较高，因此，它将会成为未来 CAD/CAM 系统甚至 CIMS 系统的产品模型数据交换标准。

STEP 标准由五大部分组成，即：标准的描述方法、集成资源、应用协议、实现形式和一致性测试，如图 2-25 所示。

（1）标准的描述方法 STEP 标准是三层组织结构，分别为应用层、逻辑层和物理层。应用层主要描述应用领域的需求，建立需求模型；逻辑层则根据需求模型进行分析归类，找出共同点，协调冲突，形成统一的、不矛盾的、集成的信息模型（有时也称集成资源）；物理层主要完成数

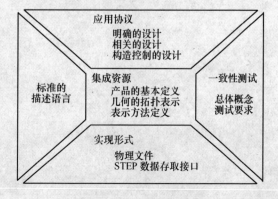

图 2-25　STEP 标准体系

据交换的中性文件结构（STEP 文件）。

（2）集成资源　STEP 逻辑层统一的概念模式为集成的产品信息模型或称集成资源，它是 STEP 标准的主要部分。它分为两部分：通用集成资源与应用集成资源。通用资源在应用上具有通用性，而应用资源则描述某一应用领域的数据并依赖于通用资源的支持。

（3）应用协议　STEP 标准支持广泛的应用领域，具体的应用系统很难采用标准的全部内容，一般只实现标准的一个或几个子集，如果不同的应用系统所实现的子集不一致，则在进行数据交换时会出现信息丢失或畸变现象。为了避免这种情况，STEP 计划制定一系列应用协议，它是一份文件，用以说明如何用标准的 STEP 集成资源来解释产品数据模型文件，以满足工业的需求，即根据不同应用领域的实际需要，认定标准的逻辑子集或加上必须补充的信息，各应用系统在交换、存储产品数据时应符合应用协议的规定。

（4）实现形式　实现形式是指用什么方法或格式在具体领域里实现信息交换。STEP 的实现形式大致分四级：文件交换、工作格式、数据库交换、知识库交换。由于不同的 CAD/CAE/CAM 系统对数据交换的要求不同，可以根据具体情况选择一种或多种交换方式。

文件交换是最低一级，是 STEP 文件交换，它是用 ASCII 码以专门的格式、规定形成的顺序文件，易于计算机处理。工作格式交换是一种特殊形式，它是产品数据结构在内存的表现形式，以实现数据处理能达到"实时"的效果。数据库交换一级适应数据共享的要求，在 CIMS 环境下 CAD、CAPP、CAE、CAM 以及其它系统之间的信息交换需采用这种方式。知识库一级与数据库一级的内容基本相同，仅需对数据库进行约束检查。

（5）一致性测试　为保证软件可信度及检验应用程序是否符合设计的要求，STEP 规定了如何进行一致性测试的需求和指导，制定了一致性测试过程、测试方法和测试评估标准。一致性测试一般分为结合应用程序实例的测试和抽象测试两类，其测试过程要用应用协议的形式给出。

虽然 STEP 还处于一个制定发展之中，但由于其突出的优势与美好的前景，许多 CAD/CAM 软件系统均已把 STEP 列为数据交换接口。

冷冲模CAD/CAM

第一节 冷冲模 CAD/CAM 结构与功能

一、冷冲模 CAD/CAM 概述

计算机辅助设计与制造在冲压生产中应用较早，国外从 20 世纪 60 年代末期开始了对冲模 CAD 系统的研究，20 世纪 70 年代初陆续推出了一批模具 CAD/CAM 系统，如：美国的 DIE-Comp 公司 1971 年推出的 PDDC 级进模 CAD/CAM 系统，它要求输入数字化的零件图、材料厚度和材料种类的代码，设计人员可以选择模具结构形式，方便地设计凸模、模芯、模架等，系统自动完成计算、绘图、输出加工控制等工作。该公司利用此系统提高了设计质量，缩短生产周期，使手工设计需要 8 周完成的工作，2 周便可完成，整个生产准备时间由 18 周缩短至 6 周，从而增强了公司的竞争能力。

1977 年捷克金属加工工业研究所研究成功的 ATK 系统，用于简单、复合、连续冲裁模的 CAD/CAM，该系统使模具的生产周期由原来的一个月缩短为 8 天，成本降低一半左右。

1978 年日本机械工程实验室建立的 MEL 连续模设计系统和 1979 年由日本旭光学工业公司研制成功的 PENTAX 冲孔与弯曲模 CAD/CAM 系统，使模具设计效率提高 4～10 倍。

同时，英国、原苏联、意大利、捷克等国也都进行了冷冲模 CAD/CAM 技术开发和应用，取得了良好效果。它们一般都能为所在企业提高设计工效几倍至几十倍，缩短模具制造周期 60% 以上，降低模具制造成本 30%～50%。

进入 20 世纪 70 年代以后，我国许多大学、研究机构和一些大型企业在冲模 CAD/CAM 的研究与应用方面进行广泛的研究与探索，并取得重大成果。

近年来，各种冲模 CAD/CAM 系统不断涌现，功能大同小异，但每个具体软件覆盖面都不宽，甚至为某个工厂、行业所专用。其主要原因一方面模具种类繁多，要求各异；另一方面模具设计标准化、结构标准化程度不高，对模具设计、制造中很多宝贵经验尚未能上升为理论或不能取得共识；对于 CAD/CAM 系统的软、硬件来说，数据交换、数据存储和系统接口等方面不统一。但无论如何，冲模 CAD/CAM 系统的开发，积极促进了模具标准化、典型化进程。反过来，模具设计制造技术的每一个进步也促进了模具 CAD/CAM 技术的日渐成熟。

CAD/CAM 系统在冲模设计与制造中的应用，主要可以归纳为以下几方面：

1）利用几何造型技术完成复杂模具几何设计。

2）完成工艺分析计算，辅助成形工艺的设计。

3）建立标准模具零件和结构的图形库，提高模具结构和模具零件设计效率。

4）辅助完成绘图工作，输出模具零件图与总装图。

5）利用计算机完成有限元分析和优化设计等数值计算工作。

6）辅助完成模具加工工艺设计和 NC 编程。

二、冲裁模 CAD/CAM 系统结构及功能

CAD/CAM 在冲裁模中应用较早，目前，冲裁模 CAD/CAM 系统已经比较成熟，应用比较广泛。通常，冲裁模 CAD/CAM 系统可用于简单模、复合模和连续模的设计与制造。

将产品零件图输入计算机系统后，系统可完成工艺分析计算和模具结构设计，绘制模具零件图和总装图，完成数控线切割编程，并以多种方式输出程序。

在此以微机上运行的冲裁模 CAD/CAM 系统为例，说明系统结构、功能与流程。

1. 系统结构

图 3-1 所示为一个在微型计算机上运行的冲裁模 CAD/CAM 系统的硬件配置。除计算机外，硬件配置中还包括硬盘、图形终端、绘图仪、打印机。

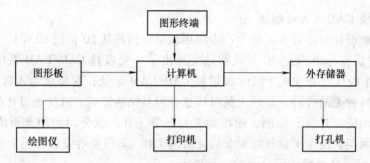

图 3-1　冲裁模 CAD/CAM 系统的硬件配置

系统软件主要由应用程序、数据库、图形库和绘图软件组成，如图 3-2。数据库采用了 DBASE 关系型数据库管理系统，用于存放工艺设计参数、模具结构参数、标准零件尺寸、公差和材料性能等方面的大量数据；由于采用了数据库，方便了数据库管理和检索，减少了冗余数据，保证了数据的一致性。图形软件包括图形基本软件和应用软件，图形软件可根据设计结果自动绘制模具图。应用程序包括简单模、复合模、连续模的工艺设计计算、模具结构设计和线切割自动编程。

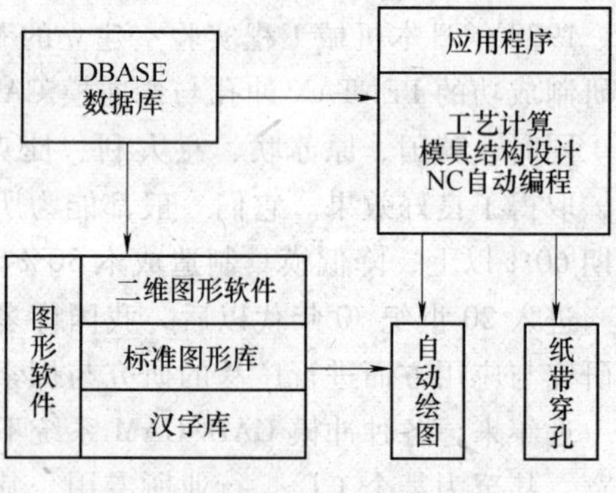

图 3-2　CAD/CAM 系统软件组成

2. 系统功能与流程

冲裁模 CAD/CAM 系统运行和流程如图 3-3 所示。

首先将冲裁件零件的形状和尺寸输入计算机，图形处理程序将其转换为机内模型，为后续模块提供必要信息。常见的冲裁件图形输入方法有编码法、面素拼合法和交互输入法等。

工艺性判断模块以自动搜索和判断的方式分析冲裁件的工艺性，如果零件不适合冲裁，则给出提示信息，要求修改零件图。

毛坯排样模块以材料利用率为目标函数进行排样的优化设计。程序可完成单排、双排和调头双排等不同方式的排样，还要从大量排样方案中选出利用率最高的几种方法供交互选择。

工艺方案的选择，即决定采用简单模、复合模、连续模，通过交互方式实现。程序可以按照内部结合的设计准则自动确定工艺方案，用户也可自行选择认为合适的工艺方案。这样

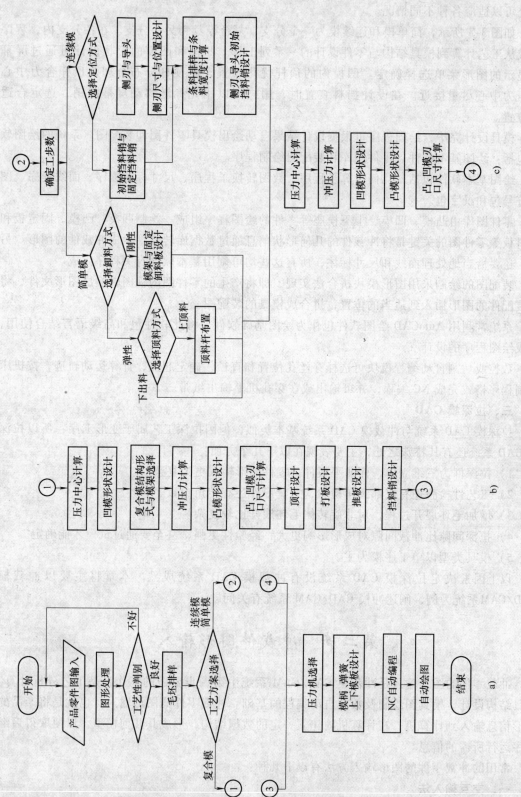

图 3-3 冲裁模 CAD/CAM 系统工作流程图

系统可以适应各种不同情况。

如图 3-3 所示，简单模和连续模为一个分支，复合模具为另一分支。在各分支内，程序完成从工艺计算到模具结构与零件设计的一系列工作。凹模和凸模的形状设计可通过屏幕上显示的图形菜单选择确定。凹模内的顶杆优化布置，使顶杆分布合理，顶杆合力中心与压力中心尽量接近。在设计挡料装置时，用户可以用光标键移动屏幕圆销，选定合适的位置。

模具设计完毕，绘图程序可根据设计结果自动绘出模具零件图和装配图。系统的绘图软件包括：绘图基本软件、零件图库和装配图绘制程序。

绘图基本软件包括：几何计算子程序、数图转换子程序、尺寸标注程序、面线程序、图形符号包和汉字包。

零件图库由凸模、凹模、上下模座等零件的绘图程序组成。绘制凹模、凸模、固定板和卸料板等零件图的关键是将冲裁件的几何形状信息通过数据库转换，生成冲裁件的图形。另外，还要恰当地处理面线和尺寸标注，所有这些均可调用基本软件有关程序完成。

装配图的绘制采用图形模块拼合法实现，即将产生的零件图的视图转换成图形文件，将各装配件的图形插入到适当的位置，拼合成模具的装配图。

系统常利用 AutoCAD 绘图软件包作为绘图基础软件，将此软件包和高级语言结合使用，完成绘图程序的设计。

数控线切割自动编程模块可选择穿丝孔位置和直径，确定起点，计算运动轨迹，按机床控制程序格式完成 NC 编程，并可输出或在穿孔机上输出纸带。

三、拉深模 CAD

拉深模 CAD 系统与冲裁模 CAD 系统基本类似，但因拉深工艺属于变形工序，所以拉深模 CAD 系统还有其特殊之处，主要表现在以下几个方面：

1）拉深件为三维立体，而非平板件，零件图形输入更为复杂。

2）工艺性检验还有底部圆角检验，对盒形件还有转角参数。

3）增加毛坯展开过程，对非旋转体毛坯展开比较复杂。

4）拉深间隙比冲裁间隙对成形影响更大，经验性更强，甚至要通过试模才能确定。

5）模具类型以单工序模为主。

以上因素决定拉深模 CAD 系统没有冲裁模 CAD 系统成熟。本章将主要以冲裁模 CAD/CAM系统为例，阐述冲模 CAD/CAM 系统有关问题。

第二节　冲裁件图形输入

冲裁零件的图形输入是冲裁模 CAD/CAM 系统中第一步要做的工作，是工艺分析计算、模具结构设计、模具图绘制及数控自动编程的基础。冲裁零件的图形输入，也就是将产品的图形信息输入到计算机，在计算机内建立一定的数据结构，形成其几何模型，以便取得后继程序运行所需的信息。

常用的冲裁零件的图形输入方法有以下几种：

一、交互输入法

交互输入法是通过在屏幕上交互作图，并由程序自动处理完成冲裁件图形输入的方法，这种方法通常以某一绘图软件为支撑，可对图形进行交互编辑、修改、插入和删除等操作。工作时可利用键盘辅助输入尺寸和公差的精确值，保证了输入的准确性。

这种方法操作直观、灵活，易于掌握，使用广泛。交互输入法具有很好的前景，并且已经得到广泛使用，本节将对其进行重点介绍。下面介绍以 AutoCAD 绘图软件为基础的冲裁件图形的交互输入法。

1. 冲裁件图形的交互输入过程

冲裁件图形的交互输入过程如图 3-4 所示，首先利用 AutoCAD 绘图软件包，以交互式方式在屏幕上完成冲裁件图形编辑，然后生成冲裁件图形的 DXF 交换文件，并利用接口程序从图形交换文件中提取各线素的结点数据，再利用后续处理程序将提取的图形信息按冲裁模 CAD/CAM 系统要求，建立起冲裁件图形的数据结构与几何模型，供系统后续模块调用。

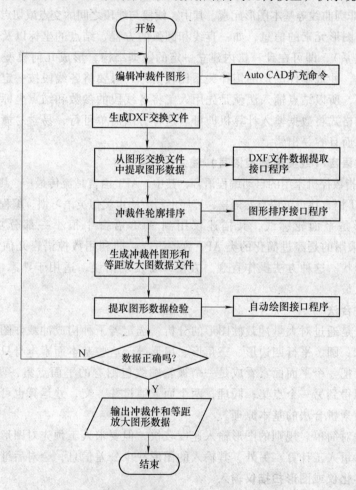

图 3-4 冲裁件图形交互输入过程

2. AutoCAD 的改造与冲裁件图形编辑

一种有效的图形输入方法应具有高效、灵活的图形输入方式，自动产生完整的图形数据文件。AutoCAD 软件包虽然有很强的绘图功能，但还是一个通用绘图软件，并不能很好的满足冲裁模 CAD/CAM 图形输入的要求。以坐标点方式输入图形，需要求出点的坐标，操作繁琐，甚至有些图形不易绘出。但 AutoCAD 的结构是开放的，可根据实际需要，借助其内嵌的 Auto LISP 语言开发新的实用命令，扩充和完善 AutoCAD 命令集。AutoCAD 的改造主要包括：建立基本图库、增加图形运算功能、用于数据文件检验的绘图命令和显示控制辅助命令等，将其制成屏幕菜单与原有命令一起使用，因此，使用新命令可简化冲裁件图形输入操作，显著提高图形输入速度。

冲裁件图形编辑是利用扩充的 AutoCAD 绘图命令集将冲裁件图形在屏幕上画出，编辑图形时将不同的轮廓、不同的线型分别放在不同的层上，直至完成图形输入工作。这里规定，非轮廓线元素放在第 0 层，外轮廓放在第 1 层，各内轮廓放在第 2、3、…层上，尺寸标注放在第 99 层上。因为采用的是交互式输入，所以编辑图形时易于作适时修改。

二、结点输入法

冲裁零件属二维平面零件，其图形可用封闭的内外轮廓线表示，而内外轮廓又可以分解为若干直线、圆弧、非圆曲线等基本图形元素，其中，线段与线段之间的交点或切点称为结点。

输入线段的图形元素的信息，如：直线和圆弧的方程、结点的坐标以及各线段之间的连接关系（拓扑关系），即可在计算机内建立一定的数据结构，形成几何模型，达到输入冲裁零件图形的目的。冲裁零件图形的拓扑关系比较简单，只要将各线段按一定的顺序和一定方向首尾相连即可，所以结点输入法就是先用人工将各线段的参数和结点坐标计算出来，然后按一定的顺序和格式将数据输入计算机即可。这种方法简单可行，易学易懂，但计算各结点数据费时太多，而且容易出错。

三、用数控语言（或类似数控语言）输入图形

数控语言是指数控机床用的自动编程语言，其中，APT 语言是流传最广、影响最深、最具代表性的一种。APT 语言接近英语自然语言，程序书写方法也类似英语习惯，编程人员容易掌握。

冲裁件图形是平面轮廓线，其描述仅用到 APT 语言中很小一部分功能，所以有些 CAD/CAM 系统采用的是经过简化的类 APT 数控语言，即利用数控语言几何定义语句和运动语句描述零件形状。这种方法操作直观、方便，易发现错误，适用于熟悉 APT 语言或英语有一定基础的人员。

四、面素拼合法

面素拼合法是通过对大量冲裁件图形的分析，选定若干种构成冲裁件图形的简单形状作为基本面素，如：圆、平行四边形、三角形、扇形等，这些基本面素本身只要输入少量参数即可表达。如果把一个平面面素看成是一个被轮廓线包围着的平面点集，两个点集通过并、交、差运算可以得到另一个点集；同理，两个面素通过并、交、差运算也可以拼合成另一个面素，这就是面素拼合法的基本原理。

面素拼合法对简单、规则的图形输入速度较快，但要求人工预先对图形进行分解、排列和组合，并需少量人工计算。另外，其输入的图形缺少公差信息，会对后继程序带来不便。

五、用数字化仪或图形扫描仪输入

这两种方法的基本原理相同，都是依靠硬件设备进行图-数转换。使用这两种方法输入图形的前提条件是必须有尺寸精确的冲裁件零件图。用数字化仪输入是依靠带有放大装置的十字标来直接输入图样上点的坐标。这种方法很难精确地输入结点坐标，因此，这种方法不太适合于冲裁模 CAD/CAM 系统。用图形扫描仪输入是把冲裁件零件图放在图形输入板上，经过光电扫描转换装置的作用，把图形及其它符号输入计算机，再经过计算机处理成为冲裁模 CAD/CAM 系统所需的几何模型。这种输入方法简单、快捷。

六、编码输入法

这种方法是人工将图上的形状参数与尺寸编程表格（称为编码）输入计算机，然后运行计算机内的图形输入程序，便能得到图形内外轮廓的结点坐标及详细的图形信息和完整的尺寸信息。

编码输入法的基本思想，是基于任何平面图形均有一个外轮廓和若干个内轮廓构成，而每个轮廓又由点、线、圆（非圆曲线可用圆来拟合）等图形元素构成，每一个元素总可以由一个或两个其它元素唯一地确定。用以确定待定元素的元素称为基准元素，而基准元素必须是已经描述过的元素。

计算机内的图形输入程序可以分为两大部分，第一部分是借助于已制定的一套算法，把图形和尺寸的形状模型改造为函数模型。所谓函数模型即图形中各几何元素均以几何参数来表征的一种数据结构，如用 N 表示元素编号，A、B、C 代表点元素、线元素、圆元素的解析几何方程的系数，D 表示方向，则以上五个数字就能代表一个元素的函数模型。第二部分是用图形的函数模型，求内外轮廓结点坐标及后继程序所需的图形和尺寸信息。

这种方法的优点是可以为后继程序提供包括尺寸公差在内的充足信息，而且占用机上时间少。缺点是编码规则多，编码中易出错，又不能及时发现，所以使用不方便。

第三节　冲裁模 CAD/CAM

冲裁件图形输入，在计算机内产生出几何模型。生成几何模型后，下一步工作是以适合计算机几何模型处理的设计准则为依据展开的。

模具设计同机械产品设计一样，在开始选择结构时，就必须依照一定的设计准则才能作出初步的估价和判断。在作出进一步的计算、分析和评价时，则需要从"约束方面"来使用设计准则。若单独由人来完成这一过程，则很多情况下是凭经验和直觉来作出结论的。而引入计算机以后，一方面需要用人的经验和直觉建立数学模型，创立人工智能系统，另一方面则需要用更加科学、更加严密的理论去建立数学模型的设计准则。

一、冲裁工艺方案设计

1. 工艺性检验

冲裁件图形输入计算机后，接下来的工作就是对冲裁件的工艺性进行检验，看其是否适宜冲裁加工。冲裁件的工艺性是指冲裁件对冲压工艺的适应性，主要包括冲裁件结构尺寸的工艺性和冲裁件的精度与粗糙度两大方面，具体内容如下：

冲裁件工艺性
{
　冲裁件结构工艺性
　{
　　冲裁件的形状尺寸尽可能设计成简单、对称，排样废料少
　　冲裁件各直线或曲线连接处，应有适当的圆角过渡
　　冲裁件凸出或凹入部分宽度不宜太小，避免悬臂与窄槽
　　冲裁件孔径不宜过小
　　孔与孔之间、孔与边之间、边与边之间的距离不宜太小
　　弯曲或拉深件冲孔时，孔壁与直壁之间应保持一定距离
　}
　冲裁件的精度和粗糙度
　{
　　精度
　　粗糙度
　}
}

冲裁件内外形的经济精度不高于 GB/T 1800.2—1998 IT11 级，一般要求落料件精度最

好低于 IT10 级，冲孔件最好低于 IT9 级。冲裁件表面（剪断面）粗糙度 Ra 值一般在 1.25μm 以上。冲裁件的精度和粗糙度判断比较简单，本节主要阐述冲裁件结构尺寸工艺性的计算机检验模型与方法。检验的实质是将冲裁件零件图中的圆角半径、冲孔直径、孔边距、孔间距、槽边距、槽间距、槽宽和悬臂等几何特征量与相应的工艺参数极限值进行比较，以确定零件是否适合于冲裁加工。

工艺性判别的内容，是检查被冲零件的结构尺寸（如：外形的小凸起、悬臂、圆角半径以及孔、槽边距或间距、槽宽及环宽等尺寸）是否在普通冲裁（或精冲）所允许的极限之内，手工设计时，往往由人工逐个对照表格数值进行检查判断。在冲裁模 CAD/CAM 系统中，可以采用自动判别方法和交互式设计方法。自动判别方法必须解决三个问题，即：①要找出判别对象元素；②需确定判断对象的性质（即属于孔间距、孔边距、槽宽等中的哪一类）；③求出其值，并与允许的极限值进行比较。为达到此目的，可以采用多种方法，下面介绍一种方法的流程图，如图 3-5 所示，图中表示了工艺性判别的主要步骤。

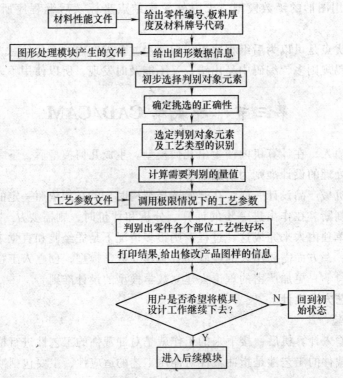

图 3-5 工艺性判别流程图

（1）选择判别对象元素 挑选判别对象元素是采用对整个图形进行搜索的方法。对于直线，以某端点为圆心、某常数为半径作辅助圆，判断辅助圆和除线段本身以外的所有图形元素是否有交点，或图形元素在辅助圆内，若有交点或在辅助圆内，则是判断对象元素。

对于圆元素则是将其半径放大或缩小作辅助圆，求图形所有元素（本身与相邻元素除外）是否和辅助圆有交点或在圆内，这样即可找到判断对象元素。但要注意到，在有关系的元素间可能有多余元素存在，要将它除去。

（2）判断对象的性质 找到判断对象后，进而确定判断对象的性质，为此必须首先确定一套几何模型。

1) 线-线型：直线与直线间的关系可分为虚型与实型两类，实型又可分为开放型与封闭型，如图 3-6 所示，阴影线表示零件实体。如果零件图形中直线与直线是虚型，则工艺判别为窄槽；若是实型的开

图 3-6 线-线型
a) 虚型 b) 实型

放型，给以判别类型为槽间距或槽边距；若是实型的封闭型，则工艺判别为细颈或悬臂；这样，就很容易识别直线与直线间的特征量。

2) 圆-圆型：圆弧与圆弧关系可分为同向和异向两大类。在建立模型时可规定，逆时针走向的圆弧为正，顺时针走向圆弧为负，根据两圆弧走向异同，可判别两圆弧之间的关系为同向或异向。每种情况根据其相对位置可分为实型和虚型，而实型也有开放与封闭之分。当两圆弧之间存在异向关系，若一圆弧的圆心在另一圆内，则工艺性判别类型为环宽。对于圆弧本身，仅需根据其所属轮廓和半径大小来判别孔和圆角半径等特征量。

（3）计算需要判别的量值 用解析几何方法求出点与线间、线与线间、线与圆弧间以及圆与圆间的最小距离，并与允许的极限值进行比较。

自动判别的方法，需要由图形中搜索出判断对象及其性质，上面介绍的这种方法，搜索量较大，为了减少搜索时间，还可采用其它方法：一种方法是首先将图形外轮廓缩小，内轮廓放大，然后判断各元素间有无干涉，从有干涉中找出判断对象，确立其类别性质，并求出其最小距离，再与允许值比较即可；另一种方法是采用对图形作辅助线及区域划分法，区域划分法是将图形分成多个区域，当孔（槽）与外形轮廓间的位置和孔与孔间的位置满足事先确定的位置条件时则进行判断，并求出其值。这样也可避免整体搜索，也就是不需要把冲裁件外形轮廓与内孔各元素间的距离一一求出，因此减少了程序的计算工作量。

2. 排样及优化设计

排样是指工件在条料上的排列方式。工件的合理排样，既可以提高材料的利用率，又便于模具制造和冲压操作。

工件在条料上的排列形式有四类：普通单排、对头单排、普通双排、对头双排，如图 3-7 所示。每一类中，工件在条料上的倾斜角度可以任意变化，即排样角度变化范围可以从 0°～180°，其中，普通单、双排的两相邻图形位相相同，对头单、双排的两相邻图形位相相差 180°。单排在一个步距中只出现一个工件，而双排在一个步距中则有两个工件。

工件在条料上的排样方案是多种多样的，要逐一比较其材料利用率由手工计算是很难完

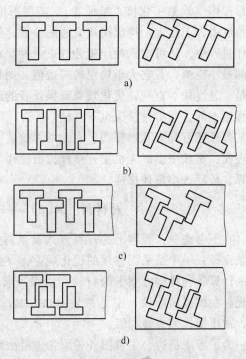

图 3-7 冲裁件排样形式
a) 普通单排 b) 对头单排
c) 普通双排 d) 对头双排

成的，利用计算机设计有利于实现现代优化排样。计算机优化排样主要有以下几种：

（1）加密点逐步移动判定法　该方法用图形外轮廓上一系列等距密排的坐标点（称加密点）近似代表真实图形。求某一工件倾斜角度下排样步距是依靠等距图逐步平移到刚好相切的位置求得的。最佳排样方式和排样角度的确定是利用计算机快速运算的能力，采用穷举法将各种排样方案的步距、料宽全部列出进行比较。该方法的计算精度受加密点及移动步长大小的影响很大，若为提高计算精度而增加加密点个数及缩小每次移动步距，会使得占用计算机内存过大和计算时间过长。

（2）平行线分割一步平移法　加密点逐步移动判定法中，移动是逐步进行的，即"走一步，判定一次"，因此运算速度很慢。

一步平移法的基本思想是：进行两相邻工件几何图形相互关系的分析，找出其平移量，一次移动成功，因此，它的速度大大超过加密点逐步移动判定法，而且程序的容量也大大缩小。一步平移法仅能在条料送进方向上作简单的平移运算，它要求平移结果两相邻图形不交错、不重叠，它不能解决两图形套排的排样。

（3）函数优化法　以穷举法为基础的逐步平移法和一步平移法，都存在着运行时间长的缺点。函数式优化法根据排样图上工件在条料上排列时，必须保持各个工件上任意一轴线相互平行的原理，提出影响材料利用率的各参数之间的函数关系式，利用网格优化法进行优化，其目标函数表示材料利用率 E 的极大化函数。函数式优化排样方法的难点是由于工件几何形状的复杂性和多样性，使得寻找材料利用率的精确通用表达式困难。

（4）人机交互动画寻优法　人机交互动画寻优法，首先是输入工件图形，然后再通过键盘操作（或数字化仪、鼠标等），实现图形的上、下、左、右方向的平移，移动步长及旋转角度由人工选定，得出初步合适的位置，然后由计算机运算，作少量调整得出精确值。在操作过程中，还可输入冲压工艺约束条件。在移动图形时，同时伴随着用程序计算二图形之间的最小距离，若它大于规定的搭边值，则程序可算出继续平移的步长。这种排样方法的特点是：速度快、直观，优化效果受操作者的经验限制，各个操作者的判断能力不同，排样优化程度不同，所得排样图也不一样。

另外还有其它几种算法，在此不再赘述。需要强调的是：目前完全由计算机自动排样不太现实，实践中多以人机交互排样，由操作者根据经验初选几种方案，再由计算机进行精确计算，最后选出最佳排样。

$$材料利用率(E) = \frac{工件面积 \times 排样数}{步距 \times 料宽} \times 100\%$$

在不考虑整张板料上的裁料方式及条料长度的前提下，为了寻找 E 的最大值，一般有两条途径：一个是采用常规的优化理论，寻找（步距×料宽）的最小值；二是采用穷举法，逐一计算各种排样方案下的材料利用率，求出最大值。当 E 最大时，初步确定该排样方案最优。在模具实际设计中是否采用此方案，还要视其它工艺因素而定，如：模具制造的难易，冲压操作的方便与否。

为了考虑搭边，工件图外轮廓各边沿法线方向等距放大半个搭边值，在排样设计中，以这样的等距放大图代替原工件的外轮廓图形，此等距放大图之间在排样图上应相切，图3-8所示就是考虑搭边以后的排样图。带有小凹槽和凹形圆角的工件图，在等距放大时往往会出现边界交错的混乱状态，为此必须先进行该部分图形的简化——填平凹坑，如图3-9所示。

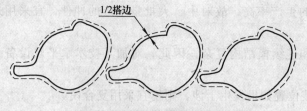

图 3-8 考虑搭边以后的排样图

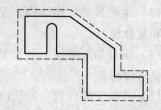

图 3-9 图形简化——填平凹坑

3. 压力中心及压力机的选用

为保证压力机和模具正常地工作，特别是保持压力机导轨的均匀磨损，必须使冲模的压力中心与压力机的滑块中心重合。

图形压力中心的坐标 x_a、y_a 由下式确定

$$x_a = \frac{\sum\limits_{i=1}^{n} L_i x_{ic}}{\sum\limits_{i=1}^{n} L_i} \qquad y_a = \frac{\sum\limits_{i=1}^{n} L_i y_{ic}}{\sum\limits_{i=1}^{n} L_i}$$

式中，x_{ic}、y_{ic} 为第 i 段轮廓的重心坐标。

冲裁力的计算 $\qquad\qquad F = 1.3 L \delta \tau$

式中，L 为冲裁刃口长度；δ 为冲裁件厚度；τ 为板料抗剪强度。

冲裁时所需的总压力包括冲裁力、卸料力、自凹模型腔中顺着冲裁方向推出工件或废料所需的推件力以及自凹模型腔中逆冲裁方向弹顶出工件或废料所需的推件力。实际计算时应根据具体情况区别对待。

冲裁时，压力机选用一般应满足以下条件：

1）压力机额定吨位 ≥ 总压力。

2）压力机最小闭合高度 < 模具闭合高度。

3）压力机最大闭合高度 > 模具闭合高度。

当压力机最小闭合高度 > 模具闭合高度时，可以加入适中的垫板。

常用压力机技术参数储存在数据库中，供程序检索。

4. 工艺方案确定

选择冲裁工艺方案是冲裁模 CAD/CAM 系统中不可缺少的内容，因为工艺方案选择的正确与否直接影响到产品的质量、生产率以及模具寿命。冲裁工艺方案设计的主要内容包括：选择模具类型（即采用单工序模、复合模、或连续模），以及确定单冲模和连续模工步与顺序。

由计算机判断选择工艺方案，首先必须建立设计模型，也就是必须根据生产中的实际经验，总结出工艺方案选择的判断依据。一般有以下五个条件：

（1）冲件的尺寸精度　当冲件内孔与外形及内孔间定位尺寸精度要求较高时，应尽可能采用复合模，这是因为复合模冲出的工件精度高。

（2）冲件的形状与尺寸　当冲件料厚大于 5mm，外形尺寸大于 250mm 时，不仅冲裁力大，而且模具结构尺寸也大，故不适于采用连续模。若冲件的孔或槽间（边）距太小或悬臂既窄又长时，因不能保证复合模的凸凹模强度，故应采用单冲或连续模。

（3）生产批量　连续模、复合模的生产率高，故对中、大批量生产的冲件，宜采用连续模和复合模。

（4）模具加工条件　由于复合模和连续模结构复杂，因此，对加工技术水平及设备条件均要求较高。

（5）凸模安装位置　冲孔凸模安装位置如果发生干涉，则不宜采用复合模。

以上所述五个条件，可以分成两类：第一类是可以用数学模型描述的，如（1）、（2）、（5）三个条件；第二类是不便于用数学模型描述的，如（3）、（4）两个条件。对于第一类，可建立相应的数学模型，采用搜索与图形类比方法，由计算机从产品的图形信息中自动求出产品的最大外形尺寸、尺寸精度及判断孔或槽间（边）距是否满足要求，凸模安装位置是否发生干涉，从而决定采用的工艺方案。对于第二类，则采用人机对话的方式，由操作者根据本厂的生产实际情况作出判断。

图 3-10 所示为工艺方案选择的简要流程框图，选择、判断的过程是按料厚、外形尺寸、孔槽间（边）距、孔位尺寸精度和凸模安装位置是否干涉的顺序进行的。在程序执行过程

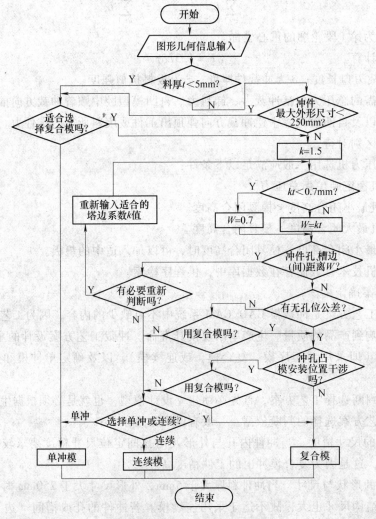

图 3-10　模具类型选择过程

中，对于每一个所需考虑的因素，用户都可通过人机交互方式参与决策，可以按照程序确定的方案，也可以根据实际情况自行选择合适的工艺方案。例如：当发现某一孔槽间（边）距小于 W（$W = kt = 1.5t$，其中，W 为搭边值；t 为料厚；k 为搭边系数，通常，$k = 1.5$）时，提示是否有必要重新判断，用户可决定是否要对 W 值进行调整；当程序已确定不能采用某一方案时，仍给出提示信息，要求用户进行判断，以决定是否将该方案舍弃。这种将程序自动判断与操作者的经验判断相结合的方法，有利于最佳工艺方案的产生，而且使操作人员对整个程序的进行情况有明确的了解。

5. 连续模的工步设计

连续模是在压力机的一次行程中，在不同工位上完成多道工序的模具。在设计连续模时，首先要进行工步设计，包括确定工步数、安排工序顺序和设计定位装置等。连续模的工步设计直接影响模具的结构和质量，工步设计需综合考虑材料利用率、尺寸精度、模具结构与强度，以及冲切废料等问题。

（1）连续冲裁模的工步设计一般遵循以下原则：

1）为保证模具强度，将间距小于允许值的轮廓安排在不同工步冲出。

2）有相对位置精度要求的轮廓，尽量安排在同一工步冲出。

3）对于形状复杂的零件，有时通过冲切废料得到工件轮廓形状。

4）为保证凹模、卸料板的强度和凸模的安装位置，必要时可增加空工步。

5）落料安排在最后工序。

6）为减小模具尺寸，并使压力中心与模具中心尽量接近，将较大的轮廓安排在前面的工步。

7）设计合适的定位装置，以保证精度。

（2）连续模的工步设计过程　图 3-11 所示为一个冲裁模 CAD/CAM 系统设计连续模工步的过程。

1）输入冲裁件几何模型和优化的排样方案。

2）搜索确定定位尺寸有精度要求的内轮廓，形成位置精度关系矩阵。

3）确定是否采用冲废料方式冲出零件。对过长的悬臂和窄槽，为保证凸模和凹模强度，可以采用冲切废料的方式冲出零件轮廓。有许多尺寸小、形状复杂的零件，只有用切废料的方法才能冲出，为此，设计了相应程序按局部废料、对称双排套裁废料和完全冲废料三种情况分别处理。

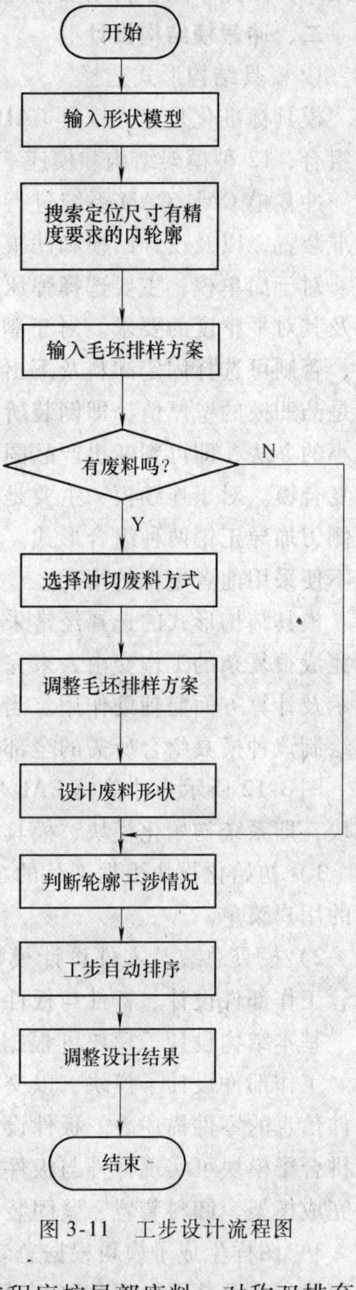

4）自动排序时，尽量将有位置精度要求的轮廓分配在同一工步。对于相互干涉的轮

图 3-11　工步设计流程图

廓，自动排序时需将其分配在不同工步。冲只定位孔的工步放在开始位置。除完全冲废料的情况外，落料工步布置在最后。为了使压力中心和模具中心尽量接近，并减小模具尺寸，在工步排序时将轮廓周长较大的排列在前面的工步。

5）调整修改设计结果。由于影响工步设计因素很多，并且有些因素如生产条件、模具加工能力等难以定量描述，所以完全依靠自动设计工步，有时会产生与实际条件不相容的设计结果，因此，工步自动安排完毕后，要进行适当修改直至满意。

二、冲裁模结构设计

1. 模具结构形式选择

模具标准化是建立模具 CAD/CAM 系统的重要基础。冷冲模国家标准包括 14 种典型模具组合、12 种模架结构和模座、模板、导柱、导套等标准零件。

冲裁模 CAD/CAM 系统进行模具结构设计主要是选择模具组合的形式，选用模架和其它标准装置，以及设计凸模和凹模等零件。

对于简单模，主要选择弹压或固定卸料、上出件或下出件，其主要判断依据是冲件的料厚及其对平整度的要求。对于料薄且平整度都要求高的冲件，宜选择弹压卸料及上出件形式，否则可选择固定卸料及下出件形式。对于复合模，主要是倒装与正装的选择，其判断依据是凸凹模的壁厚值，即倒装所要求的凸凹模的壁厚值比正装大，故只要采用将图形放大与缩小的办法，即可判断出产品图孔间距是否满足倒装复合模的要求，如不满足，则可选用正装复合模。对于连续模，主要是选择条料的定位形式，一般有临时和固定挡料销加导正销以及侧刃加导正销两种组合形式。前者多用于材料厚度较大，精度要求较低的情况；后者则用于不便采用前者定位的情况。

模具结构形式的选择经常采用交互式设计方法，充分发挥人在设计中的作用，把由计算机完成很复杂的工作交由人来完成，从而避免编制作用不大但复杂的程序，计算机只在图形显示及计算方面起辅助作用。当模具类型确定后，即可输出信息给数据库，然后由数据库调出绘制该种模具组合所需的全部信息，供给绘图模块调用。

图 3-12 所示为冲裁模 CAD/CAM 系统模具结构设计模块的结构图，该模块分为三个子模块，即系统初始化模块、模具总装及零件设计模块、图样生成模块。

1）初始化模块根据产品的工艺设计信息和用户要求，对系统参数进行初始化，显示系统的用户菜单。

2）模具总装及零件设计模块是模具结构设计模块的主要部分，它又分为基本结构设计、工作部件设计、杆件与板件的拼合、板件与编辑等八个子模块。

基本结构设计子模块可根据用户要求，完成模具标准结构图的选择和非标准结构的设计。工作部件设计子模块，以交互方式进行凹模、凸模和凸凹模的设计，最后得到记录这些零件信息的零件描述表。板件设计与编辑子模块完成板件的设计、插入和删除。杆件与板件的拼合子模块可实现杆件与板件的拼合，自动处理内孔参数，处理拼合结果。其它子模块分别完成模架、卸料装置、紧固装置和辅助装置的设计。

3）图样生成子模块根据总装及零件设计子模块产生的总装图、零件图、零件描述表画剖面线，在总装图上添加指引线、明细表和标题栏，产生绘图文件，以便在绘图机上绘出图样。

图 3-13 所示为模具结构设计的基本过程。

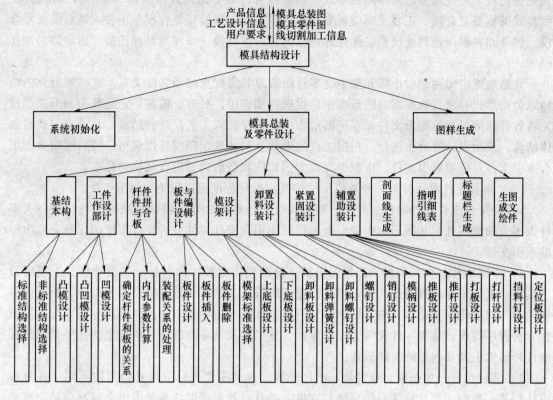

图 3-12 模具结构设计模块结构图

目前，在模具 CAD 系统中，模具结构设计的基本方法有两种：

一是人机交互式二维图形作图法。这种方法效率低，且需配备大规模的子图形库及基本图形运算程序库，对于复杂的零件和结构更显得繁琐，影响 CAD 系统的效果。但采用这种方法对模具设计分析程序的编制要求较低，对各种模具结构的通用性强，并能充分发挥设计者主观能动性。

二是程序自动处理法。这种方法效率高，对操作人员的技术要求较低，但对模具结构设计分析程序要求很高，编程工作量大而复杂，以致 CAD 系统开发过程的周期较长。但采用这种方法，不能包罗所有可能的结构形式，存在一定的局限性。

为了克服以上两种方法的缺点，发挥各自的长处，可以采用程序自动设计为主，人机交互二维图形处理为辅，加强系统的图形编辑功能，对自动设计的结果进行一定的人工干预和实时修改。

下面对各个设计环节进行概括的介绍：

（1）模具总体结构初步设计 在系统设计时，应

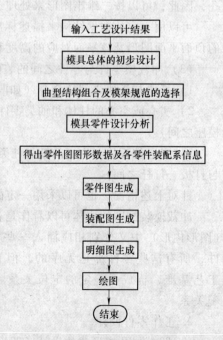

图 3-13 模具结构设计基本过程

预先确定若干种冲裁模的基本结构形式和典型组合，如下出料式落料模、上出料式落料模、倒装式圆模板复合模、正装式圆模板复合模、倒装式矩形模板复合模、正装式矩形模板复合模、弹性卸料纵向送料连续模、弹性卸料横向送料连续模、弹性卸料冲孔模、固定卸料冲孔模等。

　　详细地规定每种结构由哪几个主要零件组成及其装配次序和装配关系。这些规范化的结构以数据形式存放在数据库和图形库中，供选择和调用。另外，按照一定的数据和形式，预先将各种标准模架的图形文件储存于图形库中，程序读入工艺设计的结果，自动选定模具总体结构，或由设计者自由选择。根据工件的形状、尺寸选定凹模外形规格，最后输出典型组合索引文件及模架索引文件，由数据库检索出相应规格的典型组合及模架标准。

　　（2）模具零件设计分析　冲裁模零件按其标准化程度可以归纳为以下三类：

　　1）完全标准件。如导柱、导套、卸料螺钉、挡料销、导正销、标准圆凸模，这一类零件大多为轴类零件，从图形库中检索出来即可使用，模具零件分析设计程序的任务是输出标准索引文件。

　　2）半标准件。如凹模板、凸模固定板、凸凹模固定板、卸料板、各类垫板、上模座及下模座。这类零件的外形及其固定用孔，包括螺纹孔、销钉孔等，均已预先规定，而其内形随冲裁件的变化而变化。其中，标准部分可直接从图形库中检索得到，而非标准部分则由设计分析程序得出，这类零件大多为板类零件。这里，模具零件设计分析程序的任务是输出标准件外形索引及其内形的实体描述文件。

　　3）非标准件。如凸模、卸件块、凸凹模等。这类零件无标准形式，需按不同工件进行设计。其一般形式都是柱体和阶梯轴。这里，模具设计程序的任务是给出非标准件的完整的实体描述文件。

　　如上所述，冲裁模零件的形状不外乎是板块、柱体或阶梯轴，其内孔大多是直孔或阶梯孔，因此，可以按二维半图形来处理，这是冲裁模 CAD 系统的一大特点。

　　可以用一定的数据结构来描述标准二维半物体及阶梯轴（包括圆柱及非圆柱）类物体的顶面平面图形及该平面对应的高度和各个阶梯之间的过渡形式。

　　（3）冲裁模零件与零件之间的装配关系　零件之间的装配关系不外乎有以下几种：

　　1）板块与板块之间的叠合（如凹模与下模座之间）。

　　2）实心或空心的柱体和轴类零件嵌插在板块上（如凸模与凸模固定板之间，导柱与下模座之间）。

　　3）空心的板块和空心的轴、柱类零件内安放另一个零件（如导套与导柱之间，上模座与打板、打杆之间）。

　　针对上述情况，也可以采用一定的数据结构来专门描述零件与零件之间的装配关系。

　　冲裁模装配图的主体可以看作是若干按一定次序排列的模板的集合，而各模板上的内孔（图形内形）中又分别相应插入一些零件，这些零件中的空心件内还可以再安放其它零件，所有这些零件都是无序的，但它们分别以一定的板类零件或空心零件作为安装的工艺基准，构成了一定的定位关系。图 3-14 概括了冲裁模装配图中各种零件之间的装配关系。

　　2. 工作零件设计

　　1）凹模与凸模形式的设计。凹模形式设计，包括凹模外形选择（矩形或圆形）、凹模

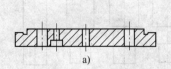
a)

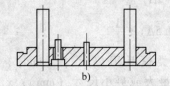
b)

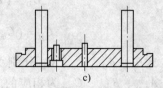
c)

图 3-14 模具零件拼装过程

外形尺寸计算以及凹模刃口形式选择等。凹模的外形尺寸应保证凹模具有足够的强度，以承受冲裁时产生的应力。通常的设计方法是按零件的最大轮廓尺寸和材料的厚度确定凹模的高度和壁厚，从而确定了凹模的外形尺寸，因此，凹模的外形尺寸是由冲裁件的几何形状、厚度、排样转角和条料宽度等因素决定的。

凹模的工作部分有如图 3-15 所示的四种形式，设计时，屏幕上显示出该图形菜单，用户键入适当数字，便可选定相应的形式。凹模刃口部的台阶高度和锥角等有关尺寸，由程序根据选择形式自动确定。

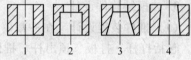

1　　　2　　　3　　　4

图 3-15　凹模工作部分形式（1~4）

按国家标准设计冲裁模时，凹模尺寸是关键尺寸。当选定了模具结构形式，确定了凹模尺寸后，其它模具零部件尺寸（如模架闭合高度、凸模长度）也将随之确定。

凹模的设计过程如图 3-16 所示，整个设计过程由人机对话、菜单选择和程序运行相结合进行，直观、灵活而且使用方便。

凸模形式按无台阶及台阶多少分为如图 3-17 所示的四种形式，利用屏幕菜单进行选择。根据凹模尺寸和模具组合类型，查询数据库中的标准数据，可以确定凸模的长度尺寸等。程序可以自动处理凸模在固定板上安装位置发生干涉的情况，决定凸模大端切去部分的尺寸。

2）凸、凹模刃口尺寸的计算。由计算机计算冲裁模刃口尺寸的基本原则与手工设计相同，落料时应以凹模为设计基准，配作凸模；冲孔时应以凸模为基准，配作凹模，同时，还应考虑因为刃口在使用过程中产生磨损，落料件的尺寸会随凹模刃口的磨损而增大，冲孔的尺寸会随凸模刃口的磨损而减小。现将随模具磨损而增大的尺寸定义为 A 类尺寸、变小的尺寸定义为 B 类尺寸、不变的尺寸定义为 C 类尺寸。

在计算凹模和凸模的刃口尺寸时，根据磨损情况将其分为磨损后尺寸变大、变小和不变的三大类。程序可在图形输入模型的基础上区分三类尺寸，并按以下公式确定刃口尺寸

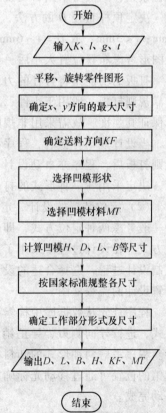

图 3-16　凹模设计框图

$$A_D = (A_{max} - x\Delta)^{+\frac{\Delta}{4}}_{\ 0}$$

$$B_{\mathrm{D}} = (B_{\min} + x\Delta)_{-\frac{0}{4}}$$

$$C_{\mathrm{D}} = (C_{\min} + 0.5\Delta) \pm \frac{\Delta}{4}$$

式中，A_{D}、B_{D}、C_{D} 分别为三类模具刃口尺寸（mm）；$A_{\max}$、$B_{\min}$、$C_{\min}$ 为相应的工件最大或最小尺寸（mm）；x 为冲模磨损系数；Δ 为工件公差（mm）。

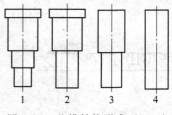

图 3-17 凸模结构形式（1~4）

以上公式为设计基准件的尺寸计算公式，当冲裁件为圆形时，采用分开加工，故用上述公式计算出基准件尺寸后，还需计算与其配合的凸模（减去间隙值）或凹模（加上间隙值）尺寸。对于非圆形冲裁件采用配合加工，在基准件上标注基本尺寸和公差，而在配作件上标注基本尺寸，并注明间隙值。

3. 冲模结构件设计

（1）推件装置设计 在冲裁模中为了将工件（或废料）从凹模中推出，需要有推件装置，包括打杆、打板、顶出杆、推件板，特别是在复合模中，顶杆位置布置与打板形状设计是一个很重要的问题，若处理不当，将因顶杆偏载而加速模具的损坏或打不下工件。打板形状的合理与否，会影响底板强度，但是打板形状与顶杆位置布置的随机性很大，很难采用信息检索型，一般可采用自动设计与人机交互式结合或全人机交互式设计。

决定顶杆直径 D 的方法，可采用先由材料厚度初选顶杆直径，如料厚 $t > 3\mathrm{mm}$，取 $D = 8\mathrm{mm}$；$t < 3\mathrm{mm}$，取 $D = 4 \sim 6\mathrm{mm}$，然后应用交互式语言询问操作者是否同意，即由操作者根据图形考虑布置位置大小后，最后确定直径。

打板的功能是将打杆的力传给顶杆，以便顶出工件，打板分为规则打板和非规则打板两种。规则打板一般用于小件；对于中、大型零件，若采用规则打板，则上底板挖得太空，不能保证其强度，故需采用非规则打板。

当设计规则打板时，程序根据工件外轮廓形状，自动判断采用矩形或圆形打板；在设计规则打板后，程序亦自动设计出非规则打板，在上底板与模柄的设计程序中权衡各种因素后，决定采用哪一种形式的打板。

（2）定位装置的设计 定位装置的作用是保证送料进距和准确的定位。定位装置的设计一般考虑两种定位方式，即侧刃、导正销定位方式和固定挡料销、临时挡料销、导正销定位方式。在设计过程中采用了自动设计、人机对话和图形交互相结合方法，设计者可自主地控制设计过程，选择合适的设计参数，交互修改设计结果，直至满意。图 3-18 所示为定位装置设计的流程框图。

程序首先从数据库中检索有关数据并读入凹模等数据结果，根据凹模设计结果选择送料方式，进行导向侧刃、导正销定位方式和固定挡料销、临时挡料销和导正销定位方式的设计。程序考虑两种形式的卸料板，用户可根据落料轮廓的形状选择卸料板类型。挡料销和导正销的位置可通过移动光标确定在合适的位置。导板、卸料板、侧刃和导正销的设计由程序自动完成。

三、模具图的绘制

1. 装配图的绘制

模具图包括装配图和组成装配图的各类零件图。装配图的结构与尺寸由设计的凹模周界（外形）尺寸和选择的模架结构、典型组合决定，也就是说模架结构、典型组合一定，模具

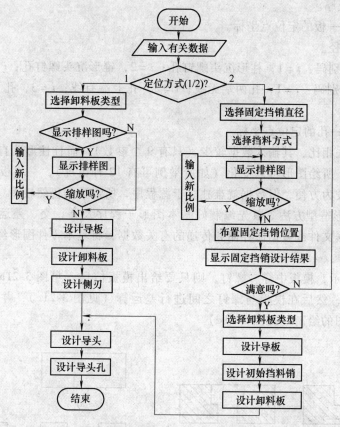

图 3-18　定位装置设计框图

的结构与组成即定，而凹模周界一定，模具各零件尺寸的大小亦定。零件图的外形尺寸及安装尺寸由装配图决定，其型腔尺寸由冲裁件几何模型及间隙值确定。

绘制装配图的几种方法：

（1）子图形拼合法　这种方法将整副装配图看成是由许多基本子图形拼装而成的，因此，只要编制出单个基本子图形的程序，调用这些程序，并将子图形拼装到所需的位置，即可完成装配图。如图 3-19 在模板中穿一螺钉，模板被分割成两个子图形，在已经编好的程序中，输入 6 个点的坐标或一个定位点坐标及必要尺寸，即可画出一个子图形，然后再调用螺钉子程序，画出螺钉，即可基本完成该部分装配图。

这种方法的缺点是输入数据较多。若选坐标点输入，图 3-19 所示的两个子图形需要 24 个参数；选定位点及相关尺寸，也要 12 个参数，使用很不方便，数据不能独立于源程序，对图形的应变能力差。

（2）零件图形拼装法　这种方法将整副装配图看作是许多零件图拼接而成，因此，只要编制出各个零件图形的程序，将各零件拼接即成。如图 3-20 所示模板，只要输入如下几个参数即可绘制图形：

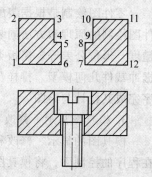

图 3-19　子图形拼合

1）P_L——板长。

2）P_W——板厚。

3）X_0、Y_0——板的定位点坐标。

4）D_i——孔径。

5）Q_i——识别码：$i=1$，柱形沉头螺钉孔；$i=2$，锥形沉头螺钉孔；$i=3$，直孔。

6）M_i——识别码：$i=1$，孔两端无线；$i=2$，孔上端有线；$i=3$，孔下端有线；$i=4$，孔两端有线。

7）X_i、Y_i——孔的定位点坐标。

与前一种方法相比，其输入数据较少（只有9个参数），而且柱形孔直径或锥形孔角度等均由程序确定，所绘图形可以变化（如所举例可有12种情况），一块板上也可以开多个不同的孔，使用较为方便，但数据就难独立于源程序，所需数据仍然较多。

（3）几何图形造型方法　首先编制好基本图形子程序及并、交、差运算程序，绘制装配图时，通过数据文件或数据库存储和传递的有关数据，将基本零件图形经过运算形成复杂的装配图。

如图3-21所示，模板中穿一螺钉，则只要给出模板信息（见图3-21a）和螺钉轮廓信息（见图3-21b），然后在模板与螺钉之间进行差运算（见图3-21c），并画出螺钉和剖面线，即完成装配图的绘制（见图3-21d）。

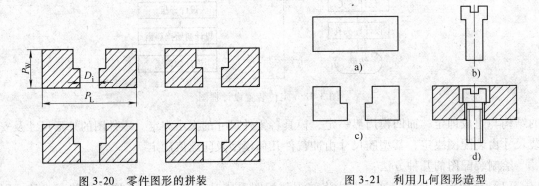

图 3-20　零件图形的拼装　　　　图 3-21　利用几何图形造型

2. 零件图的绘制

零件图绘制是根据装配图进行绘制的，零件图的绘制为下一步零件的加工提供依据。零件图绘制的原理和方法同装配图，但在零件图中须增加必要的加工信息，如：尺寸、表面粗糙度、形位公差等。模板类零件的外形尺寸、装配尺寸由选择的标准组合决定，型腔尺寸根据冲裁件几何模型、排样及其与基准件的间隙值确定。非标零件则另行处理，编制相应的程序完成其设计与绘图。

3. 模具图显示、修改和输出

模具图的显示、修改和输出都是在绘图软件支持下进行的。图形的显示和修改实际上是在程序的控制下，将模具图从外存储器中调出，并在屏幕上显示，用户可查看模具图的任何细节，若对设计不满意，可做交互式修改。

在形成上面装配图的同时记录每一个零件内的一点，装配图中各零件的指引线是按各零件的记录点所在的区域划分的，然后将每一区域中的零件记录点按一定顺序排列。在绘制每一条引线前，首先判断此线是否会与下一条引线相交，若相交则交换其坐标点，从而保证了各引线之间不会相交。

为了减少图形终端占用时间，绘制标题栏和明细表的工作直接生成指令文件，在绘制装配图时直接驱动，按照各零件指引线及编号所指定的顺序，写出各零件的汉字名称、件数、张次。

模具图输出为绘图机输出，产生模拟图像的硬拷贝。绘图时，系统对装配图和各零件图图幅的大小作了相应规定，例如：刚性卸料典型组合全套模具图样采用 4 张 1 号图纸绘制，装配图为 1 张 1 号图纸，其它零件占用 3 张 1 号图纸，绘图的比例由图幅和零件大小确定。系统对图幅大小、图形比例及各零件图在图纸上的位置均采用自动判断确定，从而实现模具图的自动输出。

四、冲裁模 CAM

对于制造形状复杂、精度要求较高的模具，单靠经验和手工修磨，往往费工费时，很难达到满意的效果。冲裁模中凸模、凹模、固定板和卸料板等基本上都是二维半零件，现在一般采用数控线切割加工，具有加工精度高、生产效率高及对操作者技术熟练程度要求低等优点。但在加工模具前，必须根据模具图样算出钼丝中心切割运动轨迹，即求出各轨迹段交点坐标以及确定记数方向与长度等，然后编出加工程序并输出，费时而且容易出错。解决此问题的根本途径是将 CAD 与 CAM 有机的结合起来，如图 3-22 所示，即实现计算机辅助设计到计算机辅助制造一体化，从而提高模具设计与制造水平，缩短生产周期，提高经济效益。在冲裁模 CAD/CAM 一体化系统中，不仅要进行设计计算，而且还要考虑数控加工编程及加工工艺性问题，所以对于冲裁模 CAD/CAM 系统，CAM 主要考虑工作零件的线切割自动编程及其工艺问题。

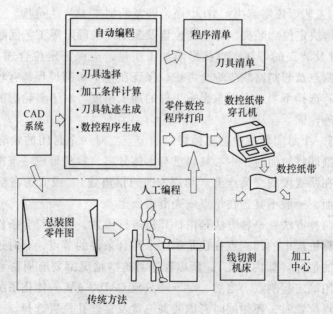

图 3-22 计算机辅助制造（CAM）过程

用计算机实现数控线切割机自动编程，首先根据图形信息，自动选取合理的穿丝孔位置、穿丝孔孔径和起割点位置；然后根据钼丝直径和放电间隙、凸凹模刃口间隙等，确定钼丝中心相对于图形公称形状的偏置量，生成钼丝运动轨迹和相应的数控加工指令；最后利用数码转换，将数控指令转换成数控装置要求的字符并输出。

1. 编程准备

冲裁模零件数控线切割加工编程的数据准备主要包括：各切割轮廓的几何信息（交、切点坐标、圆心坐标、线型）、拓扑关系、钼丝所处位置与被切割轮廓的位置关系、钼丝中心运动轨迹与切割轨迹之间的偏移量及辅助程序所需的信息等。

在切割凹模时，钼丝中心轨迹应在要求加工图形的里面；切割凸模时钼丝中心轨迹应在要求加工图形的外面。可见只要将图形放大（切割凸模）或缩小（切割凹模）即可求出钼丝中心轨迹。冲裁模中的凸模、凹模、卸料板、凸模固定板等零件的轮廓尺寸都是在基准件的基础上加间隙值得到的。对具有间隙补偿功能的线切割机床，只需编制加工基准件的程序，再利用间隙补偿便可加工相关零件，不仅可减少编程工作量，而且能满足凸模和凹模等的间隙值以及间隙均匀的要求。这里的主要问题是确定各切割零件与基准件的间隙。

但对于不具有间隙补偿功能的机床，则须编制各切割零件程序。线切割系统利用冲裁件图形输入模块建立的冲裁件几何模型，对基准件实行等距缩放，为各模块程序编制提供几何信息与拓扑关系。系统根据冲裁件模型和建立的数据库，自动进行检索，确定间隙值、线切割钼丝直径、放电间隙以及线切割钼丝所在位置，实现等距缩放，完成各零件节点计算，生成零件图形的几何模型，供数控线切割编程调用。

经过等距缩放得到各模块零件的轮廓信息，必须确定是"缩"还是"放"及缩放多少两个问题。缩放是通过缩放值的符号决定的，正值表示放大，负值表示缩小。缩放值由偏移量（钼丝半径与单边放电间隙之和）和零件配合单边间隙确定。

2. 编程工艺处理

在 CAM 阶段，工艺审核需解决 CAD 中尚未涉及的加工工艺性问题。二维冲裁模线切割加工的工艺审核应解决定位、装夹、穿丝孔位置及起割点的确定等工艺问题。

1）装夹的位置及装夹的好坏，直接影响加工质量，应保证定位合理、装夹稳定可靠。对于装夹位置、起割点及起割路线应综合考虑，保证在整个切割过程都有较好的刚性。切割路线的走向和起点若选择不当，会严重影响工件的加工精度。对于多轮廓的零件，应先加工内轮廓，最后加工外轮廓。

2）起割点是指一个封闭轮廓中首先被切割的节点。对一个封闭的轮廓，起点也就是终点。在图形轮廓切割即将封闭时，中心材料已与本体分离，容易形成一条接缝，因此，选择起割点首先应考虑在两线段的交叉点上（切割表面的拐角处），或者选在精度要求不高的表面及容易修整的表面，一般不宜选在切点或光滑表面上。

确定起割点有两种方法：一种方法是由计算机进行搜索，找出符合条件的节点作为起割点。采用该方法计算机选中的起割点往往是第一个符合条件的节点，有时还碰到一个封闭轮廓中没有交叉节点的情况（如内圆孔），所以程序对这些情况都要有周密考虑。另一种方法是通过人机交互作用确定起割点。当然，对于冲裁模 CAD/CAM 一体化系统，人工干预越少越好，在确定起割点位置时，还须同时考虑装夹位置及穿丝孔位置选择。

3）穿丝孔位置的选择方法与起割点的选择方法相似，但应注意：应有较大空间，能钻出较大孔径的穿丝孔。要有较大孔径的穿丝孔，主要是为了方便穿丝和保证钼丝有足够的调整范围，以便保证一定的定位精度。在计算机编程中，从第一个加工轮廓的穿丝孔开始，直到整个零件切割完毕，全部编好了程序，其中，包括由穿丝孔到起割点的引进线，由切割终点回到穿丝孔的回退线以及一个加工轮廓到另一个加工轮廓空车行程，因此，各个轮廓之间的相对位置精度是由编程保证的，但若穿丝孔孔径过小，则要求每一轮廓穿丝孔的位置精度都要很高，否则就可能产生干涉。

考虑到切割效率，穿丝孔距离起割点不宜太远。

3. 自动编程

利用计算机实现自动编程的主要过程为：

（1）输入图形信息　根据凹模的刃口尺寸信息，计算出凹模的几何信息，然后对元素进行标准化和方向化处理，得到有向化处理和有向轮廓元素数据表。

（2）选取穿丝孔　程序自动选择合理的穿丝孔位置、孔径和起割点。

（3）等距缩放　根据冲裁件的板厚，程序自动从数据文件中检索合理的刃口间隙值，同时考虑不同的电蚀补偿和修磨抛光量，确定图形的缩放量，对图形进行缩放计算，求得钼丝中心的运动轨迹。

（4）编程　完成等距缩放后，就可以得到钼丝加工时相对工件的运动轨迹，将穿丝孔中心与起割段元素的起点连接起来，作为切割的第一元素，并按切割顺序将几何元素进行重新编排。编程是按照数控线切割机床控制程序的格式要求完成的，可按照用户选取的指令格式进行编程。

（5）将几何元素进行反向编排变换　为了充分发挥自动编程的优越性，考虑到线切割加工过程中有可能发生断丝的情况，在程序设计时，可编入一段几何元素反向编排变换程序，这样，可以得到与原切割方向相反，参数完全一样的数控程序。在切割过程中，当发生断丝时，只要换上新丝，使用相应的反向切割程序，就可以沿着与原切割顺序相反的方向将工件继续切完，这样，不但提高了生产率，而且避免了由于二次放电加工造成的工件表面质量和尺寸精度的降低。

第四节　冲模 CAD/CAM 软件简介

一、CAXA-CPD 简介

CAXA-CPD 的中文名称为"CAXA 冷冲模设计师"，是北航海尔软件公司推出的基于个人计算机的冷冲模设计软件包。

1. CAXA-CPD 软件的主要任务

作为模具 CAD/CAM 软件，CAXA-CPD 能完成以下任务：

1）工艺数据查找与引用：如冲裁间隙、搭边值、弯曲展开系数等。

2）数学与几何计算：如刃口尺寸计算、压力中心计算、弯曲展开计算等。

3）标准与规范的参照与引用：如标准件与标准结构的选用、局部结构的习惯设计等。

4）设计结构描述：按标准规范输出模具总装图和零件图。

5）输出数控线切割或数控光学曲线磨加工程序。

CAXA-CPD6.0 的主体是用 TURBO PASCAL（7.0）语言开发的，编译、连接为 DOS 模式运行程序，主体程序完成从冲裁件图形输入到全部模具图自动产生的全过程，后期图形编辑工作由 AutoCAD 完成。CAXA-CPD 配套提供（根据冲模设计的图形编辑工作进行了专门的二次开发）专门配置的 AutoCAD10.0，并配备了中文字库、图库、函数库和专用菜单。

对于 AutoCAD R12 或 R14 版本，只要做一些简单的配置，便可用于对 CAXA-CPD 产生的模具图进行编辑。

2. 运用 CAXA-CPD 设计过程的六个阶段

运用 CAXA-CPD 设计全过程可以划分为以下七个阶段：

1）冲件图形输入：输入冲件图几何信息和精度信息，形成数据模型。

2）确定工艺参数及冲压方案：查取工艺参数并确定排样方案、拉深工序、弯曲工序。

3）模具工作零件设计：确定模具基本类型并设计工作零件。

4）模具框架结构设计：标准模架选择及结构件设计。

5）模具图自动生成。

6）模具图编辑与输出：对自动生成的模具工程图进行编辑并输出。

7）自动生成工作零件加工数控程序。

3. CAXA-CPD 软件的主要功能

CAXA-CPD 经过不断扩充和完善，现在可用于以下各种冲模设计：

1）普通冲裁模，包括：普通冲孔、落料、弯曲件冲孔落料、拉深件切边等。模具类型包括单工序模具、复合模、级进模等。

2）单工序弯曲模，包括 U 形、V 形等典型结构弯曲模设计。

3）旋转体拉深模具，包括落料拉深复合模、落料拉深冲孔复合模、再次拉深模。

4）单工序翻边模。

另外，CAXA-CPD6.0 提供一种功能强大、设计灵活自由、技巧性较强的设计方式即任意自定义结构设计，这种方式的显著优点在于设计模具时可以完全突破标准结构的限制，从模具的总体结构到每一个工作零件、每一块模板及螺钉、销钉，都由设计者根据个人的经验、喜好和本单位的具体情况随意设计，方便、快捷、适应性强。

二、HPC2.0 系统

HPC2.0 系统是华中科技大学推出的一个自动与交互设计相结合的冲裁模 CAD/CAM 系统，可用于平板零件的落料与冲孔的单冲模、复合模、连续模的设计。用户将产品图形按输入方式输入计算机后，系统能完成冲裁模设计过程所包括的全部工艺计算与模具结构设计，并绘制模具装配图与零件图，输出线切割加工程序。

HPC2.0 系统软件由应用软件、数据库、图形软件包组成，其中，数据库采用 DBS-Ⅲ 关系型数据库管理系统。库中存放了工艺设计参数、模具结构设计参数（包括标准数据）以及公差、材料性能等几万个数据，信息量大，共享程度高，检索迅速。

图形软件包 AutoCAD 作为图形输入、模具结构设计与模具图绘制的支撑软件，即在 AutoCAD 基础上进一步开发了产品零件图输入软件、模具结构设计软件以及模具标准零件图形库。应用程序包括：产品图输入、工艺性判断、毛坯排样、工艺方案选择、冲压力与压力中心计算、单工序模的工序设计以及连续模条料排样、模具结构设计与绘图、线切割自动编程等数十个模块，其中，图形输入是应用屏幕菜单进行交互式输入，操作直观、方便，构图迅速，且具有检错功能；工艺性判断模块采用自动判断方法检测冲裁件冲压工艺性；毛坯排样模块有自动排样与交互式排样两种方式，后者用于连续模设计；工艺方案选择以及工序设计（条料排样）、模具结构设计均采用自动与交互设计相结合的方式，整个系统的运行高效灵活，操作方便，实用性强。

三、DDES

DDES（Drawing Die Expert System）是西北工业大学与成都飞机工业公司联合开发的拉深模专家系统，专门针对拉深模设计，能完成以下任务：

1）工艺数据查找与引用：如板材拉深性能、拉深间隙、排样搭边值等。

2）数学与几何计算：如刃口尺寸计算、压力中心计算、毛坯算展开计算等。

3）标准与规范的参照与引用：如标准件与标准结构的选用，局部结构的习惯设计等。

4）设计结构描述：按标准规范输出模具总装图和零件图。

DDES 的主体是用 GCLISP 人工智能语言开发，编译、连接为 DOS 模式运行程序，主体程序完成从冲裁件图形输入到全部模具图自动产生的全过程，后期图形编辑工作由 AutoCAD 完成。

运用 DDES 设计全过程可以划分为以下六个阶段：

1）拉深件图形输入：分筒形件、盒形件、长圆形件、锥形件、球形件、翼肋形件等不同形式，输入冲件图几何信息和精度信息，形成数据模型。

2）确定工艺参数及冲压方案：查取工艺参数并确定排样方案、拉深工序。

3）模具工作零件设计：确定模具基本类型并设计工作零件。

4）模具框架结构设计：标准模架选择及结构件设计。

5）模具图自动生成。

6）模具图编辑与输出：对自动生成的模具工程图进行编辑并输出。

DDES 可用于设计筒形件、盒形件、长圆形件、锥形件、球形件、翼肋形件拉深模具，模具类型包括：首次拉深模、落料拉深复合模、再次拉深模。

本章主要讲述冲模 CAD/CAM 系统的基本概念、基本组成、基本原理。通过本章学习应该掌握冲裁模 CAD/CAM 系统工作过程、冲裁件图形交互输入方法、冲裁件工艺检验过程、排样的基本方法及特点、工艺方案选择、模具结构设计、工作零件设计、总装图及工作零件图绘制等内容的基本方法，并结合相应软件学会基本应用。

在此需要强调的是：冲模 CAD/CAM 技术还不完善，各个软件都有自己的特点，而且往往是只能适合某个行业，甚至只为某个企业专用，大量的人机交互是非常必要的，也就是说相当一部分设计过程要在设计者本人的参与和决策下才能完成，如此以来，对设计者本身也提出了比较高的要求，但所有软件的基本原理是相同的，只要掌握了相应的基本知识，再学习软件便可作到事半功倍。

第四章

塑料模CAD/CAM

第一节 注射模 CAD/CAM 系统结构与功能

一、概述

注射模 CAD 技术主要从两个方面对技术人员具有很好的帮助：一是计算机辅助工程（Computer Aided Engineering，CAE）通过计算机对模具和成型过程进行有限元结构力学分析、流动分析模拟和冷却分析模拟；二是由注射模 CAD 完成包括塑料产品的建模、模具总体结构方案设计和零部件设计，数控仿真和数控程序生成，模具模拟装配、零件图和装配图的生成与绘制等。

注射成型 CAE 技术源于 20 世纪 60 年代中期，由英国、美国、加拿大等国学者在 20 世纪 60 年代完成注塑过程一维流动与冷却数值模拟，20 世纪 70 年代完成二维分析程序，在 20 世纪 80 年代开展了三维流动与冷却分析，并把研究扩展到保压分析、纤维分子取向以及翘曲与变形预测等领域。进入 20 世纪 90 年代后，开展了流动、保压、冷却、应力分析注射成型全过程的集成化研究，这些研究为开发实用的注射模 CAE 软件奠定了基础。

20 多年来，几何造型技术与数控加工技术的发展为注射模 CAD/CAM 技术提供了可靠的保证，目前国内外市场已推出了一批商品化的 CAD/CAM/CAE 软件，国际上具有代表性的软件有：

1）澳大利亚 Moldflow 公司的 Moldflow 系统，该系统具有很强的注射模分析模拟功能，包括：绘制型腔图形的线框造型软件 SMOD；有限元网格生成软件 FMESH；流动分析软件 FLOW；冷却分析软件 COOLING；流动冷却分析结果和模架应力场分布的可示化显示软件 FRES 以及翘曲分析模拟软件等。

2）美国 GRATEK 公司的注射模 CAD/CAM/CAE 系统，该系统包括：三维几何形状描述软件 OPTIMOLD Ⅲ；二维注射流动分析软件 SIMUFLOW；三维有限元流动分析软件 SIMU-FLOW 3D；冷却分析软件 SIMUCOOL；标准模架（美国 DME 标准）选择软件 OPTIMOLD 等部分。

3）美国和意大利的 Plastics&Computer INC 公司的 TMCONCEPT 专家系统，该系统包括：材料选择 TMC-MCS；注射工艺条件和模具费用优化 TMC-MCO；注射流动分析 TMC-FA；型腔尺寸设计 TMC-CSE 和模具传热分析 TMC-MTA 等功能模块。

4）德国的 IKV 研究所的 CADMOULD 系统，该系统具有注射模流动分析、冷却分析和力学性能校核的功能，CADMOULD-MEFISTO 系统则采用有限元法进行三维型腔的流动分析。

5）美国的 AC-Tech 公司直接利用和推广 Cornell 大学的科研成果而研制开发的 C-MOLD

软件，在美国和世界各地得到广泛应用。

国内注射模 CAD 技术开发起步较晚，从 20 世纪 80 年代开始，在"八五"期间安排了多项重点科技攻关项目，如塑料注射模 CAD/CAM/CAE 集成系统研究，国内具有代表性的软件有：

1）华中科技大学的塑料注射 CAD/CAE/CAM 系统 HSC-1，该系统包括：塑料制品三维形状输入、流动模拟、冷却分析、型腔强度与刚度校核及模具图设计与绘制等功能。

2）浙江大学基于工作站 UG Ⅱ 系统开发的精密注射模 CAD/CAM 系统，该系统采用特征造型技术构造产品模型，使形状特征表达与工艺信息描述统一，并利用特征反转映射实现了型腔模型的快速生成。

3）上海交通大学 1988 年开发出集成化注射模智能 CAD 系统，现在在工作站 UG Ⅱ 平台上进一步开发智能 CAD/CAE/CAM 系统。

4）北京航空航天大学北航海尔软件有限公司开发的注射模 CAD/CAE/CAM 系统具有强大的造型功能和计算机辅助制造功能。

5）合肥工业大学研究开发的注射模 CAD 三维参数化系统 IPMCAD V4.0，在技术水平和实用性等方面达到较高水平。

6）郑州工业大学国家橡塑模具研究中心开发的注射模 CAE 软件 Z-MOLD，具有较高的技术水平。

目前市场流行的注射模 CAD/CAM/CAE 系统有两个问题尚未解决：

1）模具型腔，型芯的尺寸无法由已建立的制品模型考虑塑料收缩率和型腔（芯）磨损量自动转换生成，模具的型腔、型芯尺寸仍然由模具设计人员凭经验确定。

2）无法建立适合于各个工厂的标准模架库，大部分结构大同小异的标准模具零件如板类、杆类等构件需要重复的造型，设计效率低下，造成人力物力的浪费。

自上而下、以数据库为核心的模具设计方法其过程大致为：首先建立塑件的三维模型，然后进行模具结构、型腔布局、浇注系统等设计，最后完成模具装配图的绘制。

系统根据产品模型、塑件的收缩率等即可自动计算出模具型腔和型芯的尺寸，然后应用 CAE 软件对模具设计方案的合理性和正确性进行分析，根据分析结果对模具设计方案进行修改，经过若干次的分析修改，确定出模具最佳设计方案并输出有关模具零件的零件图；最后进行零件的加工，包括生成 NC 加工程序、线切割加工程序、电火花加工程序等。

三、结构框图及工作流程

目前市场上先进的商品化软件或在某些软件基础上二次开发的注射模 CAD/CAE/CAM 集成化软件，其系统结构如图 4-1 所示。

传统的注射模 CAD、CAM 软件其两者脱节，设计人员利用 CAD 二维功能设计出的零件不能直接被 CAM 采用，零件的几何信息在 CAM 中需要再次输入，这样造成人力、物力的浪费。采用先进的 CAD/CAM 软件，能把零件的几何图形信息同工艺信息结合起来，经过数据组织和交换，最后生成机床可以识别的加工代码。CAD/CAE/CAM 一体化的实现，使设计、制造进入一个崭新的领域。传统的模具 CAD/CAM 系统，只能帮助人们设计、制造模具，通过 CAE 技术可以帮助人们优化设计好的模具。

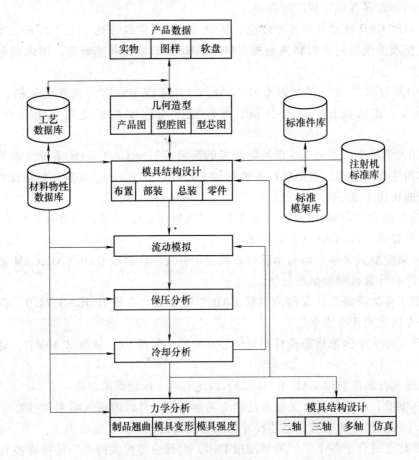

图 4-1 注射模 CAD/CAE/CAM 集成系统框图

三、模块功能

注射模 CAD/CAE/CAM 软件系统主要包括以下模块及功能：

（1）图形输入模块 采用几何造型系统，如：线框造型、曲面造型和实体造型，建立注塑制品的几何模型，这是第一步，由于目前还无法将塑件的内外表面尺寸，考虑收缩率、模具磨损、加工精度等因素直接转换成型腔、型芯表面尺寸，所以本模块在完成注射制品尺寸的收缩计算和公差处理后，再交互生成型腔和型芯的线框模型及表面模型。模块给用户提供了二维视图生成、三维视图生成以及二维建立三维视图的功能，使用户能方便地生成注射模型腔及型芯几何模型。

（2）模具结构设计模块 模具结构设计模块向用户提供了一整套注射模结构设计功能，包括：视图生成、方案布置、动模装配图生成、定模装配图生成、镶拼设计、浇注系统设计、推出系统设计、冷却系统设计、斜抽芯机构设计、总装图生成、模具零件图生成、零件明细表生成、尺寸标注、汉字调用。

（3）标准模架库 采用专用的编码技术，存储各类标准模架。

（4）注射工艺参数优化模块 注射工艺参数优化模块能向用户提供特定材料、特定形状的塑件在注射成型时较合理的注射时间、注射温度和模具温度，以便用户能制定正确的注射成型工艺条件，并为流动模拟软件提供正确的初始数据。

（5）流动模拟模块 流动模拟模块包括：接受生成型腔几何模型、选择注塑材料、生成塑料的粘度曲线图、设置注射成型条件、简易流动分析、详细流动模拟，其计算结果既可采用等值线图输出又可采用阴影图输出。该模块能向用户提供塑料的物理及流变数据和流动前沿动态变化图，指出熔体的熔接痕位置、气囊的位置，提供流动过程不同时刻的温度场、压力场、速度场、剪切速率场、切应力场以及最大锁模力，还能向用户提供模型中任意位置的流动过程压力、温度变化曲线。

（6）流道平衡模块 对于一模多腔，或者一模多浇口的注射模具，流道平衡模块能够进行流道或流道平衡计算。对于一模多腔的情况，能够帮助用户通过修改流道或浇口直径使熔体在基本相等的压力和温度下充满各个型腔。对于一模多浇口的情况，能够帮助用户选择适当的浇口位置和尺寸，使熔体能够同时充满型腔的各个角落。

（7）保压模拟模块 保压模拟模块能够分析熔体充满型腔后的压实及保压的动态过程，一直到浇口中的熔体完全凝固为止。通过保压模拟，该模块向用户提供在保压过程中熔体密度的变化、温度的变化、压力的变化以及凝固层的生成过程中任意时刻与任意位置的压力、温度变化曲线。

（8）冷却分析模块 冷却分析模块能够分析塑料制品、模具及冷却水管的热交换过程，一直到塑料制品冷却到规定的推出温度为止。采用与流动模拟模块相同的程序结构，冷却模块也包括：接受或生成型腔的几何模型；生成包括冷却水管、螺旋水管、喷流管、隔板等的各种形式冷却几何模型；选择塑料材料、模具材料；设置冷却工艺条件，稳态和非稳态冷却分析，其计算结果既可采用等值线图输出，又可用阴影图输出。该模块能向用户提供合理的冷却时间、制品和模具型腔在不同冷却时刻的温度场，还可向用户提供动模和定模在冷却过程中所带走的热量、冷却水的温升、压力降以及为了达到湍流所需的冷却水的最低流速，并可向用户提供在任意冷却时刻、任意位置制品截面上的温度变化曲线。

（9）模具强度及刚度校核模块 模具强度及刚度校核模块能够预测注射模具典型截面在注塑过程中变形情况以及模具截面上的应力分布，并能指出最大应力产生的位置以及模具截面在水平方向和垂直方向的最大变形，以保证模具具有足够的刚度和强度。

（10）数控加工模块 本模块主要利用 CAD 阶段建立的几何信息，并结合工艺条件信息，生成两轴到五轴数控铣加工轨迹指令，另外还可生成二维数控线切割加工指令。

以上所有的功能模块既能够集成运行，又能单独运行，以便使系统具有更大的推广价值和灵活性。

第二节 塑料制品建模

塑料制品建模是指在计算机硬件和软件的支持下建立塑件全信息模型，其中包括：塑件结构形状特征、工艺特征和物理属性参数及材料属性参数等。塑件建模的目的有两个方面：其一是设计出满足实用要求的塑件，即设计出满足使用要求，同时考虑模塑工艺及模具结构性能要求的塑件；传统的设计往往由设计人员根据自身经验并结合查阅一些技术资料完成，在确定塑件形状与结构时，为了清楚而准确地表达复杂的零件结构，需要手工制作物理模型来描述设计构思；现在用计算机来建立描述零件的形状、结构与工艺特征及材料属性的完全信息模型，即生成具有详细结构细节的三维实体图形，便于设计人员交流思想及修正。其二为模具设计提供足够的初始信息和设计依据。通常塑件建模就是两种情况，一种是对已有塑件的建模，即按现有结构尺寸构建模型并输入有关数据（可能在结构或尺寸上要作少量修改）；另一种是根据实际需要设计某种新型塑件并建立其模型。

一、塑件建模的特点

以 AutoCAD R13.0 和 MDT 参数化特征造型系统为环境开发出的塑件特征造型软件，具有造型方便快捷的特点，它能建立塑件的三维实体模型并携带各种特征信息，对塑件设计及模具 CAD 与 CAE 都具有重要的意义。一方面，三维实体图形能直观形象、详尽准确地描述塑件的形状与结构，能很好地表达塑件设计人员的设计思想；另一方面，塑件建模是注射模 CAD 流程中初始信息输入的一个重要步骤，是注射模结构 CAD 系统和分析模拟软件不可缺少的部分，因此，塑件建模首先要选择合适的塑料，并从塑料性能参数库中搜索并读取各项性能参数数据，然后完成塑件结构形状的正确设计，还要考虑并满足模具 CAD 过程的要求。

由于塑件的外形结构往往比较复杂，其形体构造具有难度大和操作较复杂的特点，这些都对塑件建模系统性能提出了很高的要求。

注射模具主要零部件的设计，是以塑件的形状、尺寸为依据，以能否生产出合格塑件为其质量的主要检验标准。归纳起来，注射模具结构 CAD 三维系统对塑件模型有以下几个方面的要求：

1）模具的总体设计方案要通过对塑件模型的形状特征与尺寸大小的分析计算来确定。模具的总体设计方案包括：分型面选在何处、型腔数量是单腔还是多腔、浇注系统是否采用分流道以及选择何种浇口、冷却系统选取何种方案、是否需设侧向抽芯机构、模架选取哪种类型和哪种规格等等，这些都是与塑件的形状、结构与尺寸大小密切相关的。

2）模板尺寸计算的基本依据是塑件的形状大小及模具的总体设计方案。

3）模具型腔、型芯实体图的自动生成主要依据其表面形状、尺寸与塑件外表面内表面形状、尺寸的映射关系。

4）模具成型零部件的工艺要求主要根据塑件的工艺要求并结合考虑塑件生产量、模具零部件加工设备等因素确定。

由上述可见，塑件建模对注射模具 CAD 的工作过程有较大影响。

二、塑件建模系统流程

塑件建模系统的总体流程如图 4-2 所示。作为总体流程的细化，在图 4-3 中给出了外形体或内形体构造的流程图。

由图 4-2 和图 4-3 可知，为了

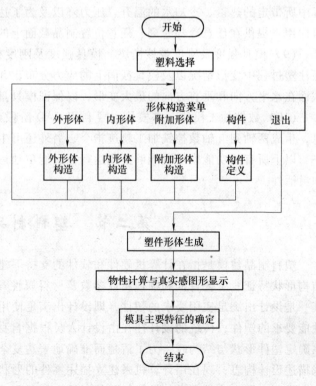

图 4-2　塑件建模系统总体流程

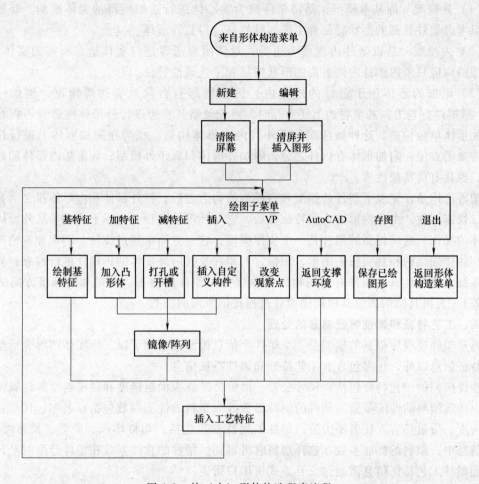

图 4-3 外（内）形体构造程序流程

建立塑件的特征模型，需要构造塑件的外部形体和内部形体并生成塑件实体图形，输入所用塑料的属性参数、塑件工艺特征并计算塑件的物性参数。而塑件外部和内部形体的构造是通过形状特征的拼合和相减来完成的，由形状特征构造的参数化构件使形体的构造更为方便和快捷。下面对塑件建模系统的实现问题进行较详细的讨论。

三、塑件形体构造的分步实施方案

为满足注射模 CAD 系统对塑件建模系统的要求，并考虑造型操作的方便性，将塑件形体图的构造过程分为三个独立子过程，即：外形体构造、内形体构造、塑件形体生成。就是先分别构造塑件的外形体和内形体，并分别存盘；再使用这两种形体生成塑件的形体。

这种划分基于以下的考虑：对于常见的薄壳型塑件，由于其内壁和外侧壁都往往有局部凸凹或孔洞，使塑件形体的构造变得很复杂。采用分步构造的方法，将一个复杂过程分解成多个子过程，每个子过程就相对简单一些，这有利于减小整个过程的复杂度。此外，这也是为模具成型零部件设计提供有效方法的需要，因为凹模和凸模的工作部分的形状、尺寸与塑件外形体和内形体的形状、尺寸存在映射关系，故塑件外形体和内形体可分别用于凹模和凸模形体的生成。

在此提出塑件的外模型、内模型与附加形体的概念：

（1）外模型　即基本模型，是将塑件视为实心体进行造型所得的实体模型。外模型的构造只考虑塑件外部的形状特征和工艺属性特征，得到外形体。

（2）内模型　是以塑件内侧壁为边界，对该曲面边界进行实体造型所得的实体模型。内模型的构造只考虑塑件内侧表面的形状特征和工艺属性特征。

（3）附加的形体用于塑件的外（内）侧壁底部有台阶或卷边等情况，例如：当杯（盒）形塑件有卷边，甚至卷边上还有孔时，可先忽略其卷边进行外形体构造，再将卷边作为附加形体单独构造。这种做法简化了外（内）形体构造，也为在附加形体上进行打孔等操作带来了方便。附加形体有内外之分，附加外形体归属于外模型；而附加内形体归属于内模型，也具有负特征性质。

塑件形体是在完成了塑件外模型和内模型的构造之后，将外形体和内形体拼合而自动生成的，快速方便。由于内形体为负特征性质，它与外形体的拼合实际上完成了从外形体减去内形体的操作。这样得到的塑件是一个实体模型，它一方面可通过旋转、剖切和着色向用户展示塑件详细结构和真实感的图形、图像，对塑件及其内外形体的正确性进行检查；另一方面，系统快速地计算出塑件有关的物理特性（如：塑件的体积、重量和沿开模方向的投影面积等），为模具结构的计算机辅助设计过程提供所需的参数。

四、工艺特征和属性特征信息的处理

通过塑件建模所得到的模型是一个塑件全信息模型，它除了以三维实体图形表示塑件的形状特征信息以外，还需包含有工艺特征和属性特征信息。

塑件模型的工艺特征包括：尺寸公差、形位公差、表面粗糙度和脱模斜度等；属性特征包括：所选塑料的性能参数、塑件的物性参数等。塑料的性能参数包括：名称、代号、收缩率、密度、质量热容、注射压力等；塑件的物性参数包括：塑件体积、质量、投影面积等。这些信息中，塑料的性能参数在选择塑料时可得到，塑件的物性参数在塑件造型时经计算得出，而塑件工艺特征信息需通过交互方式由用户指定。

上述这些信息中，工艺特征信息必须附着于塑件形体的相关部位，与实体图形一起存储，其它属性特征信息有两种存储方式：一种是建立数据文件，另一种是作为图形扩展数据存储在塑件实体图形之中。

第三节　注射模 CAD/CAE/CAM

一、结构设计

1. 从塑件尺寸到模具工作部分尺寸的转换

注射成型同其它产品的制造相同，也有尺寸精度的要求。由于注射成型生产的特殊性，注射制品要达到像金属制品那样的精度是比较困难的。影响塑件尺寸精度的因素很多，除了模具组装引起的误差，最主要的精度误差是由于塑件的收缩率引起的。故本模块考虑的是由于塑件的收缩而产生的塑件尺寸到模具工作部分尺寸的转换计算。

模具工作部分的尺寸包括：型腔和型芯径向尺寸（包括矩形或异形型腔、型芯的长和宽）；型腔深度和型芯高度尺寸；型腔和型芯的孔、中心距或突起部件中心距尺寸；螺距的尺寸计算。

由于塑件按平均收缩率方法进行尺寸转换比较简单、适用，同时它也是实际生产中最常用的方法，本模块也采用这种方法进行尺寸计算。

对于型腔，设制品尺寸为 $L_{-\delta}^{0}$，换算公式为

$$L_m = \left[(1+S)L - K\Delta \right]_0^{+\delta} \tag{4-1}$$

对于型芯，设制品尺寸为 $L_0^{+\delta}$，换算公式为

$$L_m = \left[(1+S)L + K\Delta \right]_{-\delta}^{0} \tag{4-2}$$

式中，L_m 为模具工作部分尺寸；L 为塑件尺寸；S 为塑料平均收缩率；Δ 为塑件的尺寸公差；δ 为模具制造公差；K 为修正系数，它与塑料的收缩、型腔的磨损及制造精度有关，一般取 $0.5 \sim 0.8$。

由式 (4-1)、(4-2) 可以看出，型腔或型芯的尺寸不等于 $(1+S)L$，所以，无法把制品的几何模型作比例为 $(1+S)$ 的比例变换得到模腔几何模型。

为确保由转换计算得到的尺寸设计出的模具能够生产出满足尺寸精度要求的制品，这些转换后的尺寸均需进行校核。

尺寸校核的基本公式为

$$(S_{max} - S_{min})L + \delta_c + \delta < \Delta \tag{4-3}$$

式中，S_{max}、S_{min} 为塑料的最大、最小收缩率；L 为塑件尺寸；δ_c 为模具工作部件的磨损余量；δ 为模具工作部件的制造公差；Δ 为塑件的尺寸公差。

应该指出的是，上述转换与校核公式仍存在着缺陷。例如在式 (4-1)、式 (4-2) 中，修正系数 K 值的确定往往凭借设计人员的经验确定。K 值取值不当就会导致塑件实际尺寸超差。有时即使满足了校核公式，塑件尺寸仍可能超差，例如：当塑件的实际收缩率为塑料的最大收缩率时，型腔又被加工到允许的最小尺寸，此时制品的实际尺寸有可能偏小；反之，当塑件的实际收缩率为塑料的最小收缩率时，型腔又被加工到允许的最大尺寸，此时塑件的实际尺寸有可能偏大。考虑到上述两种极限情况，在程序中采用下式来判断 K 值的取值范围

$$\frac{L(S_{max} - S_{min})}{2\Delta} + 0.2 \leqslant K \leqslant 1 - \frac{L(S_{max} - S_{min})}{2\Delta} \tag{4-4}$$

式中，L 为塑件尺寸；S_{max}、S_{min} 为塑料的最大、最小收缩率；Δ 为塑件的尺寸公差。

根据 (4-4) 来选择修正系数 K，则可保证制品尺寸不会超差。程序将根据输入的塑件基本尺寸、公差及数据库中已存储的该塑料的最大、最小收缩率，用式 (4-4) 来校验修正系数 K。当 K 的取值不在式 (4-4) 范围内时，程序将提示设计人员注意塑件可能超差，询问用户能否放宽塑件的尺寸公差。

运行本模块时，程序将自动对转换的尺寸进行编号，同时将该尺寸编号、塑件尺寸及换算后的尺寸数值存入数据文件，为后续的图形输入模块做好准备。

2. 模具的总体结构及标准模具零件的生成

注射模具设计工作重复性很大，除了确定塑料制品形状、结构的型腔、型芯等模板外，其余的板类、杆类、定位装置、浇口套、冷却水管接头等构件在结构和形状方面基本上很少变化，只不过在长短、高低等结构参数方面不同而已。如果每设计一套模具，都重复地构造这些大同小异的构件，势必造成人力物力的极大浪费，因此，模具 CAD 技术的任务之一，就是将模具设计人员从这些重复性劳动中解放出来。

模具构件大致可分为结构件和非结构件两类，如图4-4所示。

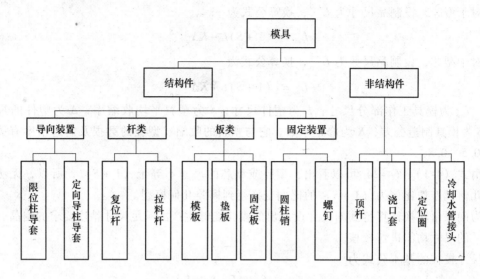

图4-4 模具构件分类

从图4-4中可以看出定位装置及非结构件的顶杆、浇口套、定位圈、冷却水管接头等都属于标准件，不需考虑，而模板、垫板、固定板等构件则是非标准模具零件。我们的设计方针是，通过选择模具的总体结构，建立一套标准模具零件参数库，根据一定的选择规则，选择适合的标准模具零件参数，在模具设计中，动态生成模具标准零件。下面将分别叙述。

（1）模具的总体结构 在注射模结构CAD工作中首先应根据注塑件确定注射模具的总体结构，即所谓的典型模具组合。目前，日本、美国、德国等先进国家均已实现了注射模架的标准化。我国的注射模架系列也有了国家标准，但目前商品化注射模CAD系统中，没有国内GB系列的标准模架库，进口的软件中有一些国外主要模具制造厂家的标准，例如：美国Cornell大学的注射模CAD/CAM系统用的是美国DME公司七种系列的注射模架组合。

美国DME公司的标准模架共有七种系列，它们是A、AR、B、X5、X6、AX和T系列。在这七种系列中，A、AR和B系列属于两板结构（单分型面），X5、X6和AX属于三板结构（双分型面），而T系列属于四板结构（三分型面），图4-5所示为B、X5和T三种模架系列的简图。A系列与B系列结构相同，只是A系列设置了上、下垫板。AR系列与A系列类似，只是导柱与导套倒装。与A系列不同，X5和X6在结构上增加了推件板，X5与X6的差别在于X6系列设置有动模垫板。

AX系列与A系列的不同点是：AX系列具有一块中间活动板，形成两个分型面，分别脱出流道凝料和塑料制品。

T系列具有两块活动板，可以形成三个分型面，用于一些特殊的场合。

在实际应用中，可根据塑料制品形状的具体特征，选择合适的模架组合。

（2）标准模具零件参数库的数据结构 在典型模具组合确定以后，就需要确定该组合中合适的模具零件尺寸。根据模具零件尺寸之间的联系和对应关系，采用两种数据结构来构成标准模具零件库。即用属于顺序关系结构的链表结构来存储某一模具零件所有不同规格的尺寸，通过指针对数据逐个访问，以选取合适的数据；用属于层次关系结构的树状结构来存

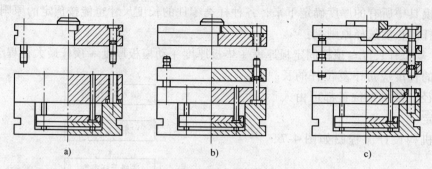

图 4-5　DME 公司的三种模架系列

a）B 系列　b）X5 系列　c）T 系列

储不同的模具零件，零件类型不同，在树状结构中存放的层次也不同，例如：可将顶料板件放在第一层，将定模板放在第二层，在查询时，首先在顶料板这一层利用链表结构查到顶料板所需宽度的最小尺寸，然后进入定模板层，查找同一宽度下合适的定模板长度。

两种数据结构如图 4-6 所示。

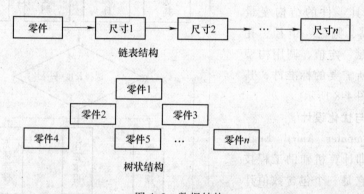

图 4-6　数据结构

这种数据结构在计算机存储空间中的分布是合理的，其占空大小灵活，不存在象数据结构那样多余存储空间或因数据量大而出现的数据溢出现象。在实际应用中，还可以根据需要不断地补充新的内容或者删除、修改不需要的部分。

（3）模板尺寸的选择规则　模板尺寸的选择应遵循以下两条规则：

1）推件板的宽度应大于或等于型腔的总宽度。

2）在长度方向上，导柱的中心距离应大于型腔的总长度。

第一条原则的根据是所有的顶杆必须位于推件板的平面内，所以推件板的尺寸应该大得能容纳下整个型腔平面。第二条原则保证模板在长度方向能容纳下型腔和导柱。由于每一种宽度的模板对应着一定宽度的推件板，所以一旦推件板宽度确定下来，模板的宽也就确定下来，模板长度根据第二条原则确定。若宽度所对应的所有长度尺寸均无法满足第二条原则，则模板宽度需增加一个档次，然后重新根据第二条原则选取合适的长度，一直到两条原则全部满足为止。

如前所述，所有模具零件尺寸数据是按一定的数据结构（链表结构或层次结构）排列的，当模板的长度和宽度尺寸确定后，则建立相应的指针指示模板在数据结构中的位置。根据这些指针，能方便地查询所有与模板尺寸对应的其它模具零件尺寸。模板厚度则通过屏幕菜单由设计人员交互选定。

一旦模具中所有的厚度确定下来，各种杆类零件的长度尺寸也能按预定的原则确定。例如，复位杆的长度选择原则是：

$$复位杆长度 \leqslant 顶杆固定板厚度 + 垫板厚度 + 动模板厚度 + 顶杆最大行程$$

顶杆的长度应短于复位杆的长度，其直径、数量、位置都可由人机交互确定。

顶出机构设计流程图如图 4-7 所示。

（4）标准模具零件的生成 在上述模具组合及型腔周边尺寸等关键参数确定后，标准模具零件的形状很少变化，由于标准模具零件的尺寸为变量，故标准模具零件模块的编辑基本上是个变量设计问题。通过对标准模具零件的结构变量（如长、宽、高、圆心、半径、孔类、孔数等）赋一定值，调用构型模块就可生成所需的标准件，其过程流程图如图 4-8 所示。

二、CAE 与优化设计

CAE（Computer Aided Engineering）技术即计算机辅助工程技术，一般认为它是一个包含数值计算技术、数据库、计算机图形学、工程分析与仿真等在内的一个综合性软件系统。就塑料模具计算机辅助工程技术而言，它主要是利用高分子流变学、传热学、数值计算方法和计算图形学等基本理论，对塑料成型过程进行数值模拟，在模具制造之前就可以形象、直观地在计算机屏幕上模拟出实际成型过程，

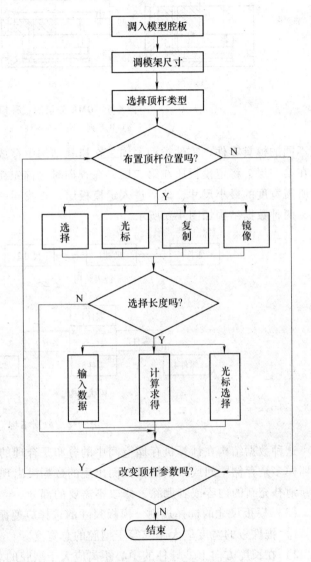

图 4-7　顶出机构设计流程图

预测模具设计和成型条件对产品的影响，发现可能出现的缺陷，为判断模具设计和成型条件是否合理提供科学的依据。

以注射模为例，传统的做法如图 4-9 所示，只有试模或对塑件测试后才能发现问题，并根据出现的问题研究、判断、决定，是改进方案或调整成型条件，还是修模，甚至更改设计；如此反复进行，直到试模和产品测试没有问题为止。这一过程既耗资又费时，尤其是设计大型、精密注射模和采用新型塑料原料及新的成型工艺时，经验试差法从设计到正式投产周期会更长，影响新产品的开发和面世。

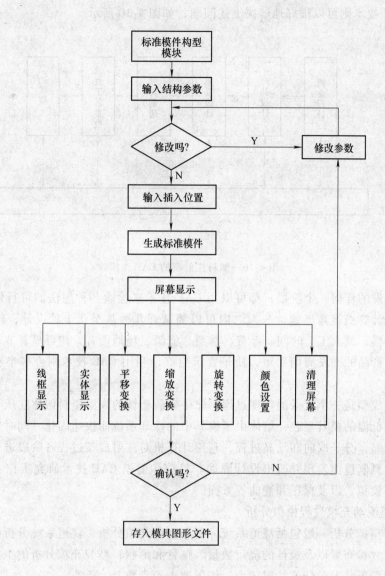

图 4-8 标准模具零件构型流程图

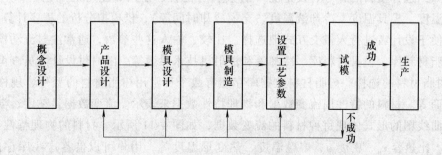

图 4-9 塑料注射模的传统做法

利用 CAE 技术则可以很好地解决上述问题，如图 4-10 所示。

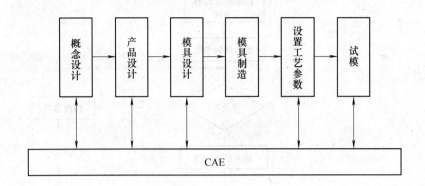

图 4-10　塑料注射模的 CAE 作法

在产品开发的任何一个阶段，都可以用 CAE 技术来检验各种想法的可行性，可以防患于未然。由于计算机运算迅速，一天之内可以测试好几种甚至几十种设计，较之传统的修模、换模、试模，就人工、时间、经费、材料、能源、场地而言，均可显著节省。面对激烈的市场竞争，产品的开发周期要短，质量要求更好，利用 CAE 技术则会事半功倍，获取显著的经济效益。

塑料注射成型是一个复杂的物理过程，非牛顿假塑性的高温塑料熔体在压力驱动下通过浇注系统流向低温的模具型腔，熔体由于模具中的冷却系统而快速固化，同时伴随熔体剪切生热、体积收缩，分子取向和结晶过程，利用计算机对注射成型过程各阶段进行定性与定量描述从而在模具制造前发现并改正设计弊端。目前注射模 CAE 技术研究工作主要集中在流动模拟、冷却模拟、以及保压和翘曲等方面。

1. 注射模流动充填过程模拟分析

流动充填模拟分析一般包括浇道系统分析和型腔充填分析。浇道系统分析的目的是确定合理的流道尺寸、布置以及最佳的浇口数量、位置和形状；型腔充填分析的主要目的是为了得到合理的型腔形状及最佳的注射压力、注射速率等参数。

（1）注射流动模拟的工艺条件设置　在进行流动模拟分析之前，必须先设置模拟分析的条件，如：选择塑料的牌号、设定浇口的数量与位置、输入成型时的工艺参数（包括熔体的注射温度、模具温度、冷却液温度、充模冷却时间等），供模拟分析的程序计算使用。

为了便于设计者进行人机交互式地选择、比较、输入这些参数，通常注射流动模拟的软件备有树脂材料库、模具材料库、冷却液和注射机技术参数等，随时供设计人员查询。

1）树脂材料的选择。树脂材料数据库存储有数千种常用树脂材料的型号、规格、特性和供应厂商等。材料的特性用流变数据和物理特性数据来表示。流变数据是粘度、温度和剪切速率以曲线图的形式体现每种材料的流变数据，如图 4-11 所示。材料的物理特性数据有：热导率 K、比热容 c_p、密度 ρ、熔融温度、热变形温度等，用户可以借鉴这些库存的数据，进行查询、比较，按要求选择所需要的材料规格型号，然后形成用户模拟分析用的材料数据文件。必要时，用户还可以自行加入数据库中尚未存入的塑料名称及数据。提醒用户注意的是：进口的注射流动模拟软件中的树脂材料库大多存储的是国外供应商的塑料型号及特性数据，国内用户使用这些软件时，应能自行测试国外塑料的流变数据或委托供应商测定，以便提高模拟分析的精度。

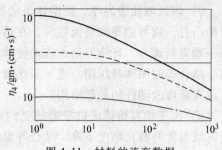

图 4-11　材料的流变数据

2）模具材料的选择。模具材料数据库存储了许多常用的模具材料，每种材料以其名称和单价表示。用户可以打开模具材料库，选用所需要的模具用材，并得到该材料的单价，从而可以估算所设计的模具材料的成本。

3）注射机型号及工艺参数。注射机数据库中存储有关注射机的锁模力、注射压力、熔体的注射温度、模具温度及注射时间等参数，用户可以根据注射成型塑件的工艺需要选择相关的工艺参数，也可以利用该数据库中推荐用的有关参数，形成模拟分析用的工艺参数文件。用户还可以通过模拟分析，将这些参数调整到最佳状态。

（2）流动模拟与结果分析。流动模拟与结果显示在对塑件进行成型分析时，常是反复交替进行的。流动分析是流动模拟软件的核心。程序运行时间及分析精度取决于有限单元的数量和节点数，一般中等复杂程度的注射塑件，其三维图形输入约需 20h，分析时间大约为 8～12h，再考虑到反复修改和比较的时间，完成一个中等复杂程度的注射模流动模拟分析大约需要 8～10 天的时间。

模拟分析的优劣取决于对计算结果的正确分析。通常，商品化流动模拟软件均能得到结果分析报告（以表格形式或参数形式提供）和图形化的计算结果，如压力分布图、温度分布图、熔体填充瞬态图、熔接痕的位置图及气囊的位置等。模具设计者可以根据这些图和数据，观察熔体填充过程是否合理，如果认为不合理，则可修改材料、工艺参数、浇口位置及尺寸等有关数据再进行分析计算，如此反复，直到结果满意为止。下面介绍 MOLD FLOW（或 C-FLOW）程序提供的流动模拟的图形分析。

1）等温图。将相同温度的点连成一条曲线，称此为等温线，此时的温度表示该点塑料在充填型腔时熔体流动前沿的温度。最高温度是浇口处的温度，最低温度通常在充填的最末端，也可能发生在暂停效应区域。在填充型腔时，利用等温图可以找出制品流动过程中的"过热点"或"过冷点"。

① 等温线分布疏松。表示充填时存在较大的温差，温度逐渐升高或逐渐下降的原因如下：该区域内熔体流动被冻结，导致粘度很高，或者该区域内熔体流动减缓，导致磨擦减少，此时设计者要检验注射成型条件。

② 等温线分布密集，且温差较大。表示温度突然升高，或急骤下降。通常导致温度突然升高和过热点的原因为：由于摩擦热增多，引起内部区域的熔体流动加快，或者由于有较高的压降，内部区域的熔体流动受阻。解决的办法是增加该区域的厚度、重新设置浇口或改进塑料制品的局部结构。

2）等时图。塑料从浇口流入型腔后，将流动时间相同的点连成一条曲线，此线称为等时线。等时线表示熔体注入型腔的过程中，在某时某刻熔体流动的前沿位置。在充满型腔的瞬时，等时图不能表示熔体的流动方向，必须参照等压图确定。

① 等时线分布疏松。表示熔体流动较快，其原因是：

a）该区域比边界厚，使熔体流动容易充填型腔，但是较厚部分形成筋或是周围有薄隔板的凸台，就可能导致潜流效应。在熔体充填较薄的隔板时，熔体先环绕厚筋两边急流，在另一端重新聚合。环绕厚筋的流动使薄隔板产生过渡充填，结果引起气囊和包含潜在的熔接痕。结合等时图和等压图，进一步比较证实。其解决办法是减小此区域的厚度，重新设置浇口或重新修改塑件的局部结构。

b）由于塑料熔体流过窄缝或受约束的型腔断面时，导致区域内有过多的摩擦热生成，使区域温度升高，粘度下降，结合等温图进行比较证实。其解决问题的方法是增加该区域的厚度，或降低模具的初始温度。

c）由于其它区域的熔体充填过度所致，或者是由于其它区域的暂停效应引起的，这样会加速本区域的熔体流动，使其它区域内的熔体流动受约束或抑制。可以采取修改浇口位置或修改塑件的局部结构来解决。

② 等时线分布稠密。表示熔体流动很缓慢，其原因是：

a）该区域比边界薄，熔体流动受阻，这是正常的，但是，熔体流动缓慢到热损耗很大，以致薄避处产生冷流动，发生暂停效应，这使等温图上表现温差较大，等压图上显示压降较大。可以提高密集温度或熔体温度，增加该区域的厚度，重新设置浇口或修改塑件局部结构来解决该问题。

b）通过与等温图对照比较，进一步证实由于粘度增加，使此区域内的温度降低，流动减缓。可用减小本区域的厚度，增加原本不足的摩擦热，或提高模具温度来解决。

3）等压图。在塑料熔体充满型腔的一瞬间，将具有相同压力的点连成一条曲线，这条曲线称为等压线。为便于观察分析图形，将最大压力和最小压力之间划分许多等份，得到一组等压线，该图称为压力分布的等压图。最大压力是在浇口处，最小压力是在充填的最后节点处，其压力值为零。

在等压图上，熔体的流动方向垂直于等压线，这使设计者可以看到熔体充满型腔的瞬间是如何流动的。但请注意，等压图不能表示熔体是如何逐渐充填型腔的，充模过程中的流动要参照等时图。

① 等压线分布较疏松。表示该区域的压力降较小，其原因是：

a）如果厚的区域是筋或薄型隔板的交接处，这可以引起潜流效应。熔体在充填较薄的隔板时，环绕厚筋二边急流，在另一端重新结合。环绕厚筋的流动可能产生隔板过度填充，产生气囊和包含熔接痕的潜流，这些问题应将等压图和等时图对照比较分析后进一步证实。解决的措施是减小厚区域的厚度，重新设置浇口或修改塑件局部结构。

b）在型腔其它部分没有充满之前，厚的区域先充满了，这将导致厚区域的过度充填，引起塑件翘曲，该问题应由等压图和等时图进行比较后证实。其解决方案同上。

② 等压线分布很稠密。表示该区域的压力降较大，原因是边界区域较薄区域容易充填。但是在薄区域内的熔体流动开始冻结，产生暂停效应时，在等温图上表现出此处的温度较大。在等时图上，熔体流动明显地减速。解决的办法是增加模温和（或）熔体温度，缩短注射时间，增加薄区域厚度，重新设置浇口或修改塑件局部结构。

4）同时观察等压图和等时图。同时观察等压图和等时图，可以找出注射过程中存在的一些问题。若两个图上有类似的图元，则表明在充模期间型腔内流动方向没有多大改变，可以认为熔体流动平衡地流入模具的各个截面，模具设计是合理的，在等温图没有"热点"

和"冷点"。

如果两个图上的图元有明显的不同，则表明在充模期间"冷点"方向有较大的变化，使得注射成型中存在一些问题，如：含有气囊、不合理的熔接痕或因内应力引起产品翘曲变形等，内应力的产生多为冻结层内分子来不及取向所致。

通过对上述图形化结果的分析，观察注射充填过程是否合理，若对分析结果不满意，则可修改参数、模具温度、浇口位置及尺寸等，再进行分析计算。若暂时无法判断设计不良的原因时，最好每次仅修改一个参数，再进行分析，考虑该参数对"冷点"全过程的影响。

（3）模拟应用实例　注射"冷点"模拟可以应用在注射模设计过程中的以下几个方面：

1）针对同一模具，选用不同材料调试其充模特性。

2）优化注射成型的工艺参数：锁模力、注射压力、模具和塑料熔体的温度、注射成型的时间等。

3）优化浇口的数量和位置，在一模多腔时优化流道系统，节省流道废料。

4）预测气囊的位置，从而确定排气孔的位置。

5）预测熔接痕的位置及充填不足、过热或过压等缺陷，协助设计人员即时对方案进行修正。

2. 注射模冷却系统模拟分析

注射模冷却系统的设计直接影响着注塑生产率和塑件质量，冷却系统的冷却效果决定着注射模的冷却时间。一个完善的冷却系统能显著地减少冷却时间，从而提高注射成型生产效率。塑件的翘曲变形和内部残余热应力常常是由于冷却不均匀而产生的，利用 CAE 技术进行分析，可获得经济的冷却时间、合理的冷却管道尺寸和布置，使塑件尽可能地均匀冷却。

（1）注射模冷却系统　据统计，注射成型周期中有 5% 的时间用于注射成型，15% 时间用于顶出，80% 的时间用于冷却。

冷却系统的作用，一是使注射模冷却时间最短，以提高注射制品的生产率；二是使注射制品表面温度均匀，以减少制品的变形，提高制品质量。

影响注射模冷却的因素很多，如：制品的形状，冷却介质的种类、温度、流速，冷却管道布置，模具材料，熔体温度，工件要求的顶出温度和模具温度及塑料和模具间的热循环交互作用等。模具制成以后，如用试模方法来检查注射模冷却系统，只能是被动式检验；如用实验方法来测试不同冷却系统的影响，又耗时费钱；而采用计算机模拟方法可以在模具加工之前进行预测与分析，属最理想的方法。

注射模冷却系统的研究，很早就得到世界上许多研究者的重视，20 世纪 80 年代进入实用化。用计算机辅助设计塑料模冷却系统，不但可以模拟昂贵、费时的试模过程，而且在模具制造出来以前能预测模具冷却功能。冷却过程分析软件能缩短塑料模的冷却系统设计制造周期，大大提高了模具生产效率和增加经济效益，并减少废品。

使用注射模冷却过程分析软件，如 Calma 公司的 POLYCOOL 软件，模具循环周期可缩短 35% 左右。当然制件及模具的不同，其改进程度也不相同。

图 4-12 所示为天津轻工业学院等单位开发的 CAE 冷却软件功能模块框图，此软件有以下功能：

1）确定模具所需冷却水道尺寸、数量及分布。

2）预知模具随冷却时间变化的温度场分布状态，指出最高温度和最低温度的数值在模

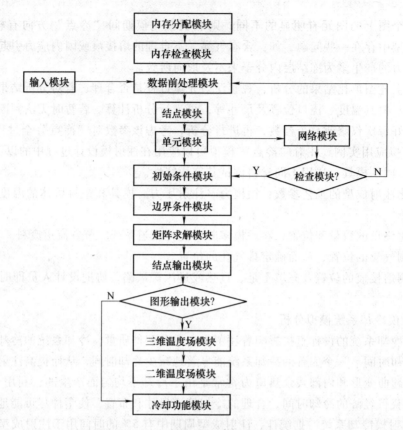

图 4-12　注射模冷却软件功能模块框图

具中的位置及不同时刻制品表面的内外温度。

3）预知最短冷却时间。

4）改变冷却管道几何尺寸、位置、数量及注射成型温度、模具温度、冷却介质温度等参数模拟试模过程。

5）预知最佳注射成型温度、模具温度、生产周期等工艺条件。

（2）注射模冷却模拟软件　一般冷却模拟软件可由以下五部分构成：

1）数据库包括模具材料和注射塑料材料的各种有关参数。在运行冷却分析程序前，用户必须指明所用材料的关键字，从数据库中调出有关参数作为分析程序的输入数据。

2）几何构形和条件设置。三维冷却软件必须要有定义三维型腔、模具外形和冷却管道的图形功能。条件设置指注射过程工艺参数的设置，例如：熔体初始冷却温度、塑件顶出温度、环境温度、冷却液初始温度、流量等。

3）冷却分析程序是冷却模拟软件的核心，其分析精度和运行时间取决于数学模型和塑件的复杂程度。

4）分析结果显示，包括：工作表面温度分布、热流量分布、冷却时间等。

5）辅助程序，例如：注射机的参数、经济分析、冷却系统评价等。

一个商品化的注射模冷却模拟分析软件，根据系统提供的冷却水温、冷却水流量和水压，可以计算得出冷却时间、水温度、冷却率和制品被顶时的温度。系统经分析后可以指出模腔的热点和冷点、冷却不均匀程度及冷却设计的不足。系统还可以通过经济分析指出成本结构的改变、生产增加量和改进后可能获得的效益。除此之外，还可指出防冻剂需要量，供水和回水总管直径，水泵所需的马力等。

影响注射模冷却系统的因素是多方面的。考虑全部影响因素和热现象的冷却系统模拟程序，在原则上是可能实现的，但计算繁琐且代价昂贵。在工程应用中，可以从制品形状和冷却条件两个方面进行简化，如：用一维或二维分析代替三维分析，用稳态温度场代替非稳态温度变化。

对于平直的注射模型腔，可用一维的冷却分析方法来决定冷却管道与型腔表面的距离，以及冷却管道之间的间隔距离。

稳定的周期平均温度场可用稳态热传导方程表示为

$$\frac{\partial^2 T}{\partial x^2} + \frac{\partial^2 T}{\partial y^2} + \frac{\partial^2 T}{\partial z^2} = 0$$

在一维冷却分析中，主要的假定是：塑料熔体和模具型腔之间的热交换仅仅沿着型腔壁的法线方向传播；熔体冷却过程中所散发的热量全部被冷却管道中的冷却介质所吸收。

早在 1959 年 Ballman 和 Shusman 首先提出了描述注射模冷却过程的数学模型，他们假设：塑料熔体是在等温状态下充满型腔的；塑料熔体进入型腔时温度不变；型腔表面温度等于冷却水道与塑料熔体介质之间的温度。

根据程序计算，可以确定冷却管道至型腔的距离 a 及管间距离 b；管道直径 D；冷却时间 t 及冷却介质的流量等。

显然，一维冷却分析仅适用于很简单的几何形状，也可将其用于初始设计，即在设计最初阶段，模具设计人员可以将几何形状复杂的制品简化，用一维分析近似计算，得到初步近似设计参数，然后，利用这些参数进行分析计算。

对于大多数具有复杂形状的塑料制品，不能使用一维方法进行分析和仅由 a、b 两个参数确定管道布置，可采用二维或三维分析方法。

如果塑件平行于 X、Y、Z 轴中的任意一轴（例如 Z 轴），温度 T 保持相同的数值，则模具中的温度分布可以利用二维分析方法对典型截面上的冷却情况进行分析。

$$\frac{\partial^2 T}{\partial x^2} + \frac{\partial^2 T}{\partial y^2} = 0$$

由于模具的非稳态温度变化幅度较小，且主要反映在型腔表面，因此，可以忽略模具内周期性的温度变化，将冷却过程假定为稳态热传导过程，其温度分布可简化为：根据边界条件，可用有限元法或边界元法对上式求解。与有限元法相比，边界元法的优点是：修改模具内冷却管道尺寸和位置时，无需重新划分边界元网格，节省了运算时间。

注射模三维冷却分析的原理与二维冷却分析相似。在三维分析时，采用边界元方法将三维问题化为二维表面网格问题处理，这不仅使设计程序简易、便于实用，而且在三维冷却分析时，能与三维流动分析共用一个表面几何模型，简化了几何数据输入工作量。

目前常见的冷却分析软件中，SIMUCOOL 属于一维冷却分析，MOLDCOOL、POLY-COOL、C-COOL3D 属于二维冷却分析，POLYCOOL2、C-COOL3D 属于三维冷却分析。无论是采用一维、二维或三维冷却分析软件，都是主要用于检验模具设计人员设计的冷却系统是否合理，而不能完全代替人来设计注射模冷却系统。

目前，国际上具有代表性的注射模 CAE 商品化软件有：美国 AC-Tech 公司的注射模 CAE 软件 C-MOLD 97.1；澳大利亚 MOLDFLOW 公司的注射模 CAE 软件 MOLDFLOW；德国 IKV 研究所的 CAD/CAE 软件 CADMOULD；美国 SDRC 公司的 I-DEAS 软件；还有美国 GRAFTEK 公司，PRIME-CV 公司，PRIME-CALMA 公司；意大利 P&C 公司和英国的 Delta CAM 公司的注射模设计制造软件包。国内的一些大学在 CAE 技术方面也有不少成果，北京北航－海尔软件有限公司与美国 AC-Tech 公司合作开发的面向注射模的中文辅助分析软件 CAXA-TPD，采用了国际上 CAE 技术的最新成果。

下面以美国 AC Tech 公司的 C-MOLD 软件为例，介绍注射模 CAE 技术的功能和特点，图 4-13 所示为 C-MOLD 软件结构框图。

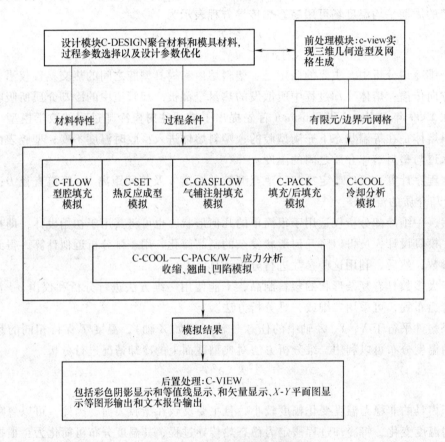

图 4-13　C-MOLD 软件结构框图

该软件分三个层次，采用公用的几何数据库和统一的输入/输出格式，并自动实现各分析模块间数据的转换。第一层次的软件用于初始阶段的设计（C-DESIGN），以确定设计参数和工艺过程参数；第二层次软件主要包括：三维流动模拟 C-FLOW、三维冷却分析软件 C-COOL 和保压分析软件 C-PACK，以提高生产效率和操作的稳定性；第三层软件是基于第二层的分析结果进行纤维定向分析、塑料制品的应力和翘曲分析，以便提高制品的质量。借助于 C-MOLD 软件，模具设计者可在设计阶段预测成型过程中可能存在的问题，以及制品可能出现的缺陷，对设计方案进检验和校核。

C-MOLD 软件主要功能特点是：缩短注射成型周期；降低产品开发的时间和成本；降低

模具试模次数；降低材料成本；确保多腔模塑制品质量；减小注射压力和锁模力；平衡多腔模和多浇口流道系统；确定熔接痕和气囊位置；确定浇口尺寸；预测成型中的短射现象；预测塑件和模具的温度；缩短冷却时间；确定降解斑和凹陷的位置；预测制品的收缩量；预测制品翘曲的翘曲量分布情况；迅速有效地获得设计和工艺的优化结果。

三、工作零件 CAM 方法

在注射模的制造中经常会遇到较为复杂的型腔、型芯的加工，以前的模具加工通常先在仿型铣床、坐标镗床和磨床上进行初步加工，然后花费很大的人力进行手工修正，加工的速度和质量依赖于操作工人的技能，这远不能适应快速高效的市场需求，因此，面对大型复杂精密注射模制造，不得不采用数控加工。

三维型腔、型芯等零部件采用数控加工的工作内容主要包括：

1）对图样或 CAD 阶段设计的工作零件进行几何信息分析，确定需要数控加工的部分。

2）利用 CAD 阶段定义的工作零件的几何造型数据或运用图形软件对工作零件上需要数控加工的部分造型。

3）选择合适的加工条件：包括刀具参数、几何位置参数、机床参数、生成刀具轨迹（包括粗加工、半精加工、精加工轨迹）。

4）轨迹的仿真检验。

5）后置处理。

对工作零件的数控加工首先要解决好工艺方案：清楚被加工的部分、工艺阶段划分以及加工顺序，采用"分片加工"的原则，因为产品的外形并不是都由单一曲面构成，而是由多面拼接而成，对这些曲面，采用统一处理曲面片间的干涉、逐片加工的办法，这样同造型比较一致，也同设计相符。一般采用的"整体加工"，将待加工面的若干加工轨迹组合成统一的路径，但对复杂零件存在以下问题：一是难以生成连续加工轨迹，算法比较困难；其次，由于复杂零件表面凹凸不平的地方较多，连续加工必然需要频繁地抬刀、下刀，加工效率较低，而且质量也难以保证；再者机床内存有限，大多数据难以完全存入，而分片加工，只要保正连接处的光滑性和妥善的后处理，即可保证产品质量。

Pro/ENGINEER Wildfire 3.0概述

Pro/ENGINEER 软件操作的有关说明

1. 常用快捷键

在 Pro/ENGINEER 软件操作中，一般可以通过主菜单或工具栏来激活某个命令，不论何种操作方式，在激活命令时，均需移动鼠标，有时鼠标的移动范围还很大。为了提高操作速度，对于最常用的少数命令，系统开发了这些命令的快捷键，通过快捷键激活命令比通过主菜单或工具栏激活命令速度更快，同时也符合在软件操作中"左手键盘、右手鼠标"的习惯。

Pro/ENGINEER 软件常用的快捷键见表5-1。

表 5-1   Pro/ENGINEER 软件常用的快捷键

快捷键	功 能	快捷键	功 能
Ctrl + A	窗口激活	Ctrl + P	打印文件
Ctrl + Alt + A	选取全部	Ctrl + R	重画
Ctrl + C	复制	Ctrl + S	保存文件
Ctrl + D	视图以标准视图方向显示	Ctrl + V	粘贴
Ctrl + G	模型再生	Ctrl + Y	重做
Ctrl + N	新建文件	Ctrl + Z	撤销
Ctrl + O	打开文件		

使用快捷键可以快速激活命令，使用助记符则可以快速选取主菜单中的命令。在主菜单中，每个命令旁边都有一个带下横线的字母，该字母就是这个命令的助记符，如主菜单中 文件(E) ，按往 Alt + F，则弹出文件下拉菜单；在显示该下拉菜单时，按字母 S，则执行保存文件的操作。

适当使用助记符，可大大减少鼠标的移动量并提供一个快捷的菜单命令选取方式。

> 提示　　要提高操作速度和设计效率，还可以通过定义映射键的方式，有关映射键的定义请参阅相关资料。

2. 信息的获取

用户在使用 Pro/ENGINEER 软件的过程中，难免会遇到这样或那样的问题，因此，如何快速寻求指导、获得帮助信息就显得非常重要，此时可以通过下述方法获得帮助。

在主菜单中依次单击『帮助』→『帮助中心』选项，这里提供了 Pro/ENGINEER 软件所有模块、功能、命令的全面详细完整帮助信息，但也正是因为信息太多、资料太全，要短时间内在浩如烟海的资讯中快速找到有用的、特别是有针对性的信息并不容易，此时，可以应用【这是什么】来获得有针对性的帮助信息，具体方法是：在主菜单中依次单击『帮助』→『这是什么』选项或在『帮助』工具栏中单击 ▶? 按钮，屏幕显示 ▶? 图标，此时，再选取需要获取帮助信息的命令，屏幕则弹出包含了该命令帮助信息的【Pro/ENGINEER 帮助】对话框。

第一节　Pro/ENGINEER Wildfire 3.0 软件简介

一、Pro/ENGINEER 软件特点

Pro/ENGINEER 是一套由设计到生产的机械自动化软件，是新一代的产品造型系统，是一个参数化、基于特征的实体造型系统，并且具有单一数据库功能。

（1）基于特征　将某些具有代表性的平面几何形状定义为特征，并将其所有尺寸存为可变参数，进而形成实体，以此为基础来进行更为复杂的几何形体的构造。

（2）参数化设计和特征功能　Pro/ENGINEER 是采用参数化设计的、基于特征的实体模型化系统，工程设计人员采用具有智能特性的基于特征的功能去生成模型，如腔、壳、倒角及圆角，用户可以随意勾画草图，轻易改变模型，这一功能特性给工程设计者提供了在设计上从未有过的简易和灵活。

（3）单一数据库（全数据相关）　所谓单一数据库，就是工程中的资料全部来自一个数据库。换而言之，在整个设计过程的任何一处发生改动，亦可以实时反应在整个设计过程的相关环节上。如：一旦工程详图有改变，NC（数控）工具路径也会自动更新；组装工程图如有任何变动，也完全同样反应在整个三维模型上。这种独特的数据结构与工程设计的完整结合，使得产品设计的全过程能有机地结合起来。

（4）全几何约束　将形状和尺寸结合起来考虑，通过尺寸约束实现对几何形状的控制。造型时必须有完整的尺寸参数或拓扑约束（称为全约束），不能漏标注尺寸或少设置拓扑约束（称为欠约束），也不能多标注尺寸或多设置拓扑约束（称为过约束）。

二、Pro/ENGINEER Wildfire 3.0 软件新特点

Pro/ENGINEER Wildfire 3.0 软件在提高用户个人效率和流程效率方面做了大量的研究和开发工作，取得了不小的成就，具体情况如下：

1. 提高个人效率方面

新版本中用于提高个人效率的功能有：

（1）快速草绘工具　该工具减少了使用和退出草绘环境所需的单击菜单次数，可以处理大型草图，使系统性能提高了80%。

（2）快速装配　流行的用户界面和最佳装配工作流程可以大大提高装配速度，其速度提高了5倍，同时，对 Windows XP-64 位系统的最新支持允许处理超大型部件装配。

（3）快速制图　这个给传统 2D 视图增加着色视图的功能，有助于快速阐明设计概念和清除含糊内容，对制图环境的改进将效率提高了63%。

（4）快速钣金设计　捕捉设计意图功能使用户能以比以往快90%速度快速建立钣金特征，同时能将特征数目减少90%。

（5）快速 CAM　制造用户接口增强功能加快了制造几何图形的建立速度，其速度提高了3倍。

2. 流程效率方面

流程效率是 Pro/ENGINEER Wildfire 3.0 改进的第二个方面，其重要功能包括：

（1）智能流程向导　系统新增的可自定义流程向导蕴涵了丰富的专家知识，它能让公司针对不同流程来选用专家的最佳实践和解决方案。

（2）智能模型　把制造流程信息内嵌到模型中，该功能让用户能够根据制造流程比较轻松地完成设计，并有助于形成最佳实践。

（3）智能共享　新推出的便携式工作空间可以记录所有修改过、未修改过和新建的文件，它可以简化离线访问 CAD 数据工作，有助于改进与外部合作伙伴的协作。

（4）与 Windchill 和 Pro/INTRALINK 的智能互操作性　重要项目的自动报告、项目只有发生变更时才快速检出、以及模型树中新增的报告数据库状态的状态栏，提供了一个高效的信息访问过程。

第二节　Pro/ENGINEER Wildfire 3.0 用户界面

在使用 Pro/ENGINEER Wildfire3.0 软件之前，读者应了解、认识软件的用户界面。

图 5-1 所示为 Pro/ENGINEER 软件启动后打开 PATTERN_EXER-2-FINAL. PRT 文件的用户界面，用户界面大致包括以下几个部分：标题栏、主菜单、工具箱（上工具箱和右工具箱）、导航区（模型树、文件夹浏览器、收藏夹和连接）、快速框架控制栏、图形窗口、Pro/ENGINEER 浏览器、命令解释区、状态栏等，当进行特征操作时，显示工具操控板或特征对话框。

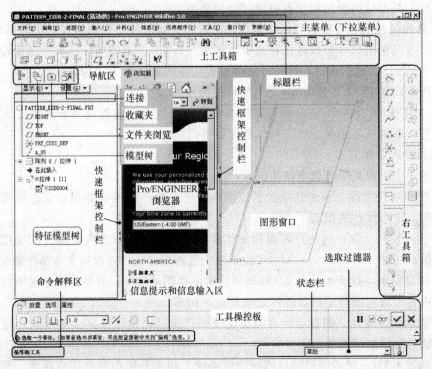

图 5-1　Pro/ENGINEER Wildfire 3.0 用户界面

一、标题栏

标题栏位于用户界面的最上方，在用户界面中以一行进行显示。标题栏左侧显示当前文件名、当前文件状态、软件名及软件版本号，标题栏右侧为 ▬ （最小化）、▢ （最大化）和 ✕ （关闭）三个图标。如图 5-2a 所示标题栏，它包含了下列信息：当前文件为 PATTERN_EXER-2-FINAL. PRT，当前文件状态为活动，软件名为 Pro/ENGINEER Wildfire，版本号为 3.0。

若将选项"display_full_object_path"设为"yes"，则会完整显示当前文件的路径名和文件名，如图 5-2b 所示，选项设置的操作详见本章第六节。

PATTERN_EXER-2-FINAL (活动的) - Pro/ENGINEER Wildfire 3.0

a)

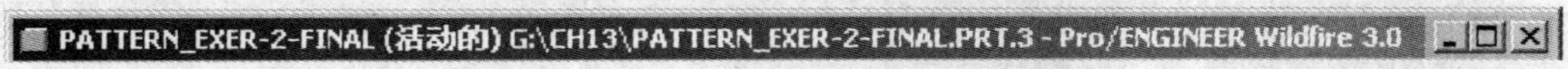

PATTERN_EXER-2-FINAL (活动的) G:\CH13\PATTERN_EXER-2-FINAL.PRT.3 - Pro/ENGINEER Wildfire 3.0

b)

图 5-2 Pro/ENGINEER 软件标题栏

二、主菜单

主菜单位于标题栏下方，主菜单包括『文件』、『编辑』、『视图』、『插入』、『分析』、『信息』、『应用程序』、『工具』、『窗口』和『帮助』，如图 5-3 所示，主菜单包含了软件所有的功能和命令。当软件处于不同的功能模块时，主菜单的选项可能会有所不同，图 5-4 所示为工程图功能模块的主菜单。

文件(F) 编辑(E) 视图(V) 插入(I) 分析(A) 信息(N) 应用程序(P) 工具(T) 窗口(W) 帮助(H)

图 5-3 Pro/ENGINEER 软件主菜单

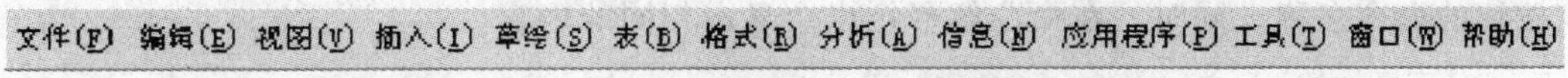

文件(F) 编辑(E) 视图(V) 插入(I) 草绘(S) 表(B) 格式(R) 分析(A) 信息(N) 应用程序(P) 工具(T) 窗口(W) 帮助(H)

图 5-4 工程图功能模块的主菜单

三、工具箱

在用户界面中有两个工具箱：上工具箱和右工具箱，如图 5-1 所示。当鼠标位于上、右工具箱时，按鼠右键，则分别弹出【上工具箱】和【右工具箱】，如图 5-5 所示，两个工具箱的选项是相同，都包含了【信息】、【刀具】、【分析】、【基准】等选项。每个选项又有若干个按钮，多个按钮组成一个工具栏，如图 5-6 所示为〖基础特征〗、〖模型显示〗和〖基准〗三个选项的默认工具栏。

在【上工具箱】和【右工具箱】中，有些选项的前面有"√"符号，表明该选项的工具栏在该工具箱中显示。如图 5-5 所示，【上工具箱】中【基准显示】、【帮助】、【文件】、【模型显示】、【编辑】、【视图】选项前有"√"符号，表示这些选项的工具栏显示在【上工具箱】中；同理，【基准】、【基础特征】、【工程特征】、【注释】、【编辑特征】选项的工具栏显示在【右工具箱】中。每个选项的工具栏在哪个工具箱中显示，用户可以根据自己的习惯定制；每个工具栏中的按钮也可以根据自身需要进行个性化定制，如图 5-7 所示为系统默认和用户定制的〖编辑特征〗工具栏。

图 5-5 【上工具箱】和【右工具箱】

【基础特征】工具栏

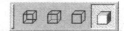

【模型显示】工具栏

【基准】工具栏

图 5-6 系统默认的【基准】、【基础特征】、

【模型显示】工具栏

系统默认的【编辑特征】工具栏

用户定制的【编辑特征】工具栏

图 5-7 系统默认和用户定制的

【编辑特征】工具栏

当鼠标位于某个按钮位置时，会显示一个标签，如图 5-8 所示，标签所显示的内容即为该按钮的命令名称，同时，在命令解释区也会显示相同的内容。

图 5-8 工具按钮标签

四、导航区

导航区包括模型树、文件夹浏览器、收藏夹和连接，如图 5-9 所示。

1. 模型树

模型树是当前模型中所有特征的列表（包括造型特征和基准特征），记录了模型创建的全过程，用户通过模型树对模型的创建过程一目了然。在零件模块中，模型树显示零件文件名称与特征；在组件模块中，模型树显示零件文件名、组件文件名及组件文件所包括的零件文件。

模型结构以分层（树）形式显示，根对象（当前零件或组件）位于树的顶部，附属对象（零件或特征）位于下部。如果打开了多个 Pro/ENGINEER 窗口，则模型树内容会反映当前窗口中的文件。模型树只列出当前文件中的相关特征和零件级的对象，而不列出构成特

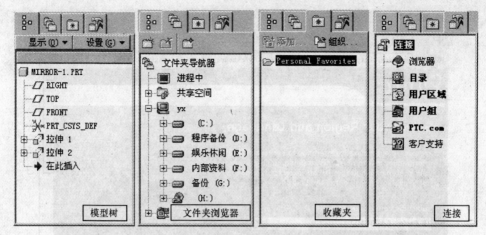

图 5-9　导航区

征的图元（如边、顶点等）；同样，可以在模型树中选取元件、零件或特征，但不能选取构成特征的单个几何（图元），要选取图元，必须在图形窗口中进行选取。

2. 文件夹浏览器

根据管理系统、FTP 站点及共享空间，提供对本地文件系统、网络计算机或存储在Windchill 中的对象导航。

3. 收藏夹

收藏夹中保存了用户最常访问的网址或文档的快捷方式。

4. 连接

用于进行网络用户间的信息交流。

五、Pro/ENGINEER 浏览器

Pro/ENGINEER 浏览器为软件内嵌浏览器，如图 5-10 所示，浏览器提供对内部或外部网站的访问功能。

六、图形窗口

对于一个 CAD/CAM 软件来说，图形窗口总是用户界面中面积最大的区域，当前模型显示在该区域。

提示	图形窗口的颜色可以通过主菜单『视图』→『显示设置』→『系统颜色』进行设置。

七、快速框架控制栏

在用户界面的中部，从左至右分布了导航区、Pro/ENGINEER 浏览器和图形窗口三个区域，三个区域显示与否或区域显示的大小是由两个快速框架控制栏进行控制的：通过单击快速框架控制栏中的、来控制导航区是否显示，单击、控制 Pro/ENGINEER 浏览器是否显示；鼠标移至快速框架控制栏，按住鼠标左键拖动来调整导航区或 Pro/ENGINEER 浏览器区域显示的大小。

八、工具操控板

工具操控板（Dashboard）是 Pro/ENGINEER Wildfire 开发出的一个全新的特征造型操作界面。

工具操控板默认位于用户界面底部，可指导用户整个建模过程。工具操控板由对话栏、

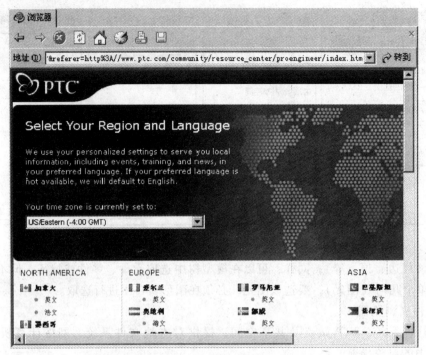

图 5-10　Pro/ENGINEER 浏览器

上滑面板、信息提示区和控制栏组成，如图 5-11 所示。

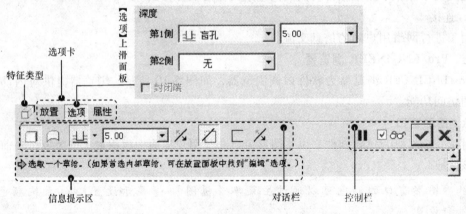

图 5-11　工具操控板

1. 对话栏

可在图形窗口和对话栏中完成大部分建模工作。激活工具操控板时，对话栏显示常用选项和收集器。

2. 上滑面板

要执行高级建模操作或检索综合特征信息，则需使用上滑面板。单击对话栏上的选项卡之一，便打开该选项的上滑面板。要打开另一面板，单击欲打开的选项卡；要关闭一个上滑面板，单击该选项卡。

3. 信息提示区

处理模型时，系统通过对话栏下面的信息提示区中的文本信息来确认用户的操作并指导用户完成建模操作。信息提示区包含当前建模进程的所有信息，要阅读先前的信息，滚动信息列表或拖动框格来展开信息区。

文本信息描述两种情形：系统功能和建模操作，每条信息前都有一个图标，表示当前信息的类别，见表5-2。

提示	即使用户暂停工具并且操控板不可用，信息提示区仍继续显示消息。

4. 控制栏

控制栏包含 ▮▮ 、 ▶ 、 ☑ ◉◉ 、 ✔ 和 ✖ 按钮，其功能说明见表5-2。

表 5-2　操控板中有关按钮（图标）的含义或功能说明

区域	按钮（图标）	含义或功能说明	
控制栏	▮▮	暂停当前工具	
	▶	恢复被暂停的工具	
	☑ ◉◉	激活图形窗口中显示特征的校验模式，再次单击 ☑ ◉◉ 按钮或单击 ▶ 按钮，停止校验模式；选中复选框 ☑ ，激活动态预览	
	✔	完成使用当前设置的工具	
	✖	取消当前工具	
信息提示区	⇨	提示（Prompt）	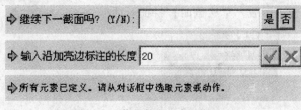
	●	信息（Information）	
	⚠	警告（Warning）	
	⊠	出错（Error）	
	✖	危险（Critical）	

九、信息提示或信息输入区

信息提示和信息输入区默认在图形窗口的下方，也可以通过屏幕定制使其位于图形窗口上方。有时系统需要用户输入数值或确认某种操作，此时则在信息提示和信息输入区显示如图5-12所示的信息输入框或提示信息。

十、状态栏和选取过滤器

状态栏和选取过滤器位于用户界面的右下角。状态栏一般显示下列信息：

1）与『工具』→『控制台』相关的警告和错误快捷方式。

⇨ 继续下一截面吗？（Y/N）　□　是 否

⇨ 输入沿加亮边标注的长度 20　✔ ✖

⇨ 所有元素已定义。请从对话框中选取元素或动作。

图 5-12　信息提示和信息输入区

2）在当前模型中选取的项目数。

3）模型再生状态——⚲ 表示当前模型已成功再生，⚲ 表示当前模型已做了修改，必须进行再生操作。

4）进程状态——✖ 表示当前进程已暂停，● 表示当前进程正在进行。

当系统处于不同状态时，选取过滤器有着不同的选项，如图5-13所示分别为零件造型状态和草绘状态时的选取过滤器。

零件造型状态时的
选取过滤器

 草绘状态时的
选取过滤器

图 5-13　零件造型状态和草绘状态时的选取过滤器

十一、命令解释区

当鼠标位于或通过菜单名、菜单命令、工具栏按钮、操控板按钮或某些对话框选项时，在命令解释区则会显示该命令或按钮的功能说明或命令解释，该信息对于操作者来说非常有帮助。

十二、菜单管理器和特征对话框

菜单管理器（Menu Manager）是一系列用来执行某些任务的层叠菜单（瀑布式菜单）。在 Pro/ENGINEER2001 及以前版本的软件中，菜单管理器和特征对话框是进行特征造型的主要途径，使用菜单管理器进行特征造型其操作过程是串行的，而且对特征对话框中的每一个必需的选项均需要进行定义，即使接受系统的默认设置，也要进行确认操作。这种串行的造型操作方法增加了用户的操作，大大降低了造型速度，而且这种造型操作方法几乎无法进行退回修改的功能，一旦在操作过程中的某一步骤失误，只能退出从头做起；同时，每种特征的造型功能单一。例如：对于同样的拉伸特征，就有拉伸增材（伸出项）、拉伸切材（切口）、拉伸曲面、拉伸薄壳（加厚草绘）等，假如欲创建一个拉伸切材特征，若选错了菜单选项（如选取了拉伸增材），即使二者的参照相同、截面相同、深度相同，但是刚才做的一切还是白做，只能退出从头做起。针对上述问题，在 Pro/ENGINEER Wildfire 软件中，PTC 公司对菜单管理器和特征对话框进行了重大变革，开发出了工具操控板，这一全新的特征造型工具不仅使造型操作由原来的串行转变为并行，大大提高了造型的速度，而且对于一个特征工具，它融合了原来的多个特征，使功能更为强大，如拉伸工具，在一个操控板中只要通过单击有关按钮就可以实现拉伸伸出项、拉伸薄板伸出项、拉伸切口、拉伸薄板切口、拉伸曲面、拉伸曲面修剪、拉伸薄曲面修剪等特征的创建。

图 5-14a 所示为混合伸出项特征的【菜单管理器】对话框，图 5-14b 所示为【伸出项：混合，一般，草绘截面】特征对话框。

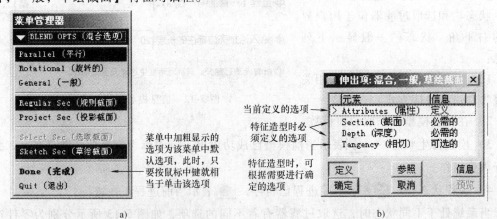

图 5-14　【菜单管理器】和【伸出项：混合，一般，草绘截面】特征对话框

十三、右键快捷菜单

在某种状态下，按下鼠标右键，会弹出一个菜单，该菜单中包含了若干个与当前环境有关的命令，此菜单称为右键快捷菜单。

在下列区域可访问快捷菜单：图形窗口、模型树、某些有项目列表的对话框、工具箱、消息区、某些状态栏项目、可执行"对象-操作"操作的任何区域。图 5-15 为创建圆角特征时，当鼠标位于设置框和图形窗口时的右键快捷菜单。

十四、用户界面的定制

对于系统默认的用户界面，是软件公司通过了大量的用户调查及使用实践后所得出的能满足大部分用户需要的用户界面，当然，软件也提供了用户界面定制功能，用户可以方便、快捷地定制自己需要的、个性化的用户界面。

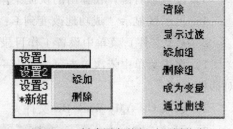

图 5-15　创建圆角特征时不同状态下的右键快捷菜单

定制用户界面的常用方法有：

1）在主菜单依次单击『工具』→『定制屏幕』选项，系统显示【定制】对话框。

2）当鼠标位于上工具箱或右工具箱时，按鼠标右键，在弹出的快捷菜单中选取【命令】或【工具栏】选项，系统显示【定制】对话框，【定制】对话框如图 5-16 所示。

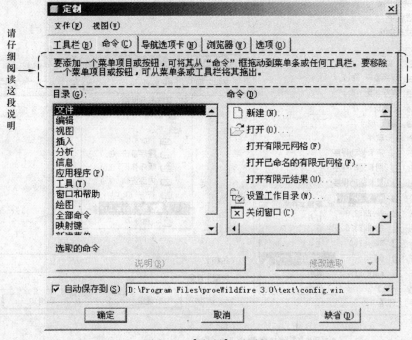

图 5-16　【定制】对话框

第三节　Pro/ENGINEER Wildfire 3.0 文件的基本操作

一、当前工作目录的设置

工作目录是指分配存储 Pro/ENGINEER 文件的区域，通常情况下，默认工作目录是软件启动的起始位置，若要重新设置当前工作目录，有以下两种常用方法（假设欲将G：\My Work Dir文件夹设置为当前工作目录）：

1. 从文件夹浏览器设置工作目录

1）在导航器中单击 按钮。

2）在文件夹导航器中选取 G：\My Work Dir 文件夹。

3）按鼠标右键，在弹出的快捷菜单中选取【设置工作目录】。

4）提示区显示"成功地改变到 G：\My Work Dir\目录"，如图 5-17a 所示。

2. 从『文件』菜单中设置工作目录

1）在主菜单中依次单击『文件』→『选取工作目录』选项，系统显示【选取工作目录】对话框。

2）选取 G：\My Work Dir 文件夹。

3）在对话框中单击 确定 按钮。

4）提示区显示"成功地改变到 G：\My Work Dir\目录"，如图 5-17b 所示。

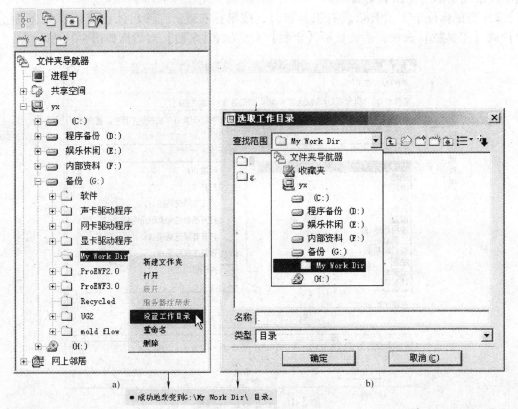

图 5-17　当前工作目录的设置

提示	1）软件起始位置的设置。在桌面上右键单击 Pro/ENGINEER Wildfire3.0 启动图标，在弹出菜单中选取【属性】，系统弹出【Proe WF3.0 属性】对话框，在快捷方式页面中有一选项【起始位置】，该选项中所显示的文件夹即为 Pro/ENGINEER Wildfire3.0 软件的起始位置。

| 提示 |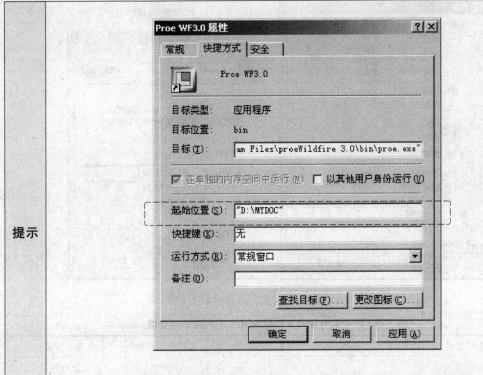

2）退出 Pro/ENGINEER 软件时，系统不会保存新工作目录的设置。

3）如果从用户工作目录以外的目录中检索、打开文件，然后保存文件，则文件会保存到从中检索打开该文件的目录中；如果保存副本并重命名文件，副本会保存到当前的工作目录中。

二、文件操作

Pro/ENGINEER 软件有一套独特的、与众不同的文件管理模式，下面介绍一下 Pro/ENGINEER 软件新建文件、保存文件、关闭窗口、打开文件、拭除文件、删除文件等操作。

1. 新建文件

在〖文件〗工具栏中单击 按钮或在主菜单依次单击『文件』→『新建』选项或按快捷键"Ctrl + N"，系统弹出【新建】对话框，对话框中有【类型】、【子类型】、【名称】、【使用缺省模板】等几个选项，如图 5-18 所示。Pro/ENGINEER Wildfire3.0 的文件类型、子类型、默认文件名称见表 5-3。

当不使用模板时，系统弹出【新文件选项】对话框，需要用户从对话框中选择一个模板或单击 浏览... 按钮，选取一个文件作为模板。

文件取名规则：

1）文件名不能超过 31 个字符，且只能使用字母、数字、连字号和下划线，但文件名的第一个字符不能是连字号。

2）文件名中不能包含括号，如［ ］、｛｝或（ ）、空格以及标点符号（.?!;）。

3）文件名中只能使用小写字符。磁盘上的对象或文件始终以小写字符的名称保存。

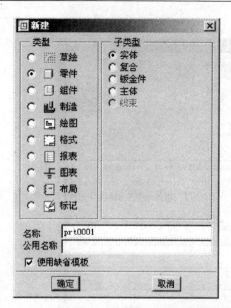

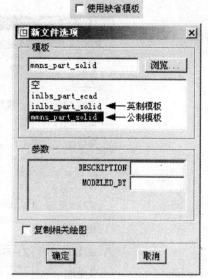

图 5-18 【新建】和【新文件选项】对话框

表 5-3   Pro/ENGINEER Wildfire 3.0 的文件类型

序号	文件类型	子类型	扩展名	文件默认名称	备注
1	Sketch(草绘)		sec	s2c0001	无缺省模板
2	Part(零件) 〇 实体 〇 复合 〇 钣金件 〇 主体 〇 线束	Solid(实体)	prt	prt0001	有缺省模板
		Composite(复合)			无缺省模板
		Sheetmetal(钣金件)			有缺省模板
		Main(主体)			
3	Assembly(组件) 〇 设计 〇 互换 〇 校验 〇 处理计划 〇 NC模型 〇 模具布局 〇 Ext.简化表示	Design(设计)	asm	asm0001	有缺省模板
		Interchange(互换)			
		Verify(校验)			无缺省模板
		Process Plan(处理计划)			
		NC Model(NC模型)			
		Mold Layout(模具布局)			有缺省模板
		Ext. 简化表示			无缺省模板
4	Manufacturing(制造) 〇 NC组件 〇 Expert Machinist 〇 CMM 〇 钣金件 〇 铸造型腔 〇 模具型腔 〇 模面 〇 硬度 〇 处理计划	NC Assembly(NC组件)	mfg	mfg0001	有缺省模板
		Expert Machinist(专家机械师)			
		CMM(坐标测量)			
		Sheetmetal(钣金件)			无缺省模板
		Cast Cavity(铸造型腔)			有缺省模板
		Mold Cavity(模具型腔)			
		Dieface(模面)			
		Hardness(硬度)			无缺省模板
		Process Plan(处理计划)			

（续）

序号	文件类型	子 类 型	扩展名	文件默认名称	备 注
5	Drawing（绘图）		drw	drw0001	有缺省模板
6	Format（格式）		frm	frm0001	
7	Report（报表）		rep	rep0001	
8	Diagram（图表）		dgm	dgm0001	无缺省模板
9	Layout（布局）		lay	lay0001	
10	Markup（标记）		mrk	mrk0001	

2. 保存文件

在〖文件〗工具栏中单击▢按钮或在主菜单中依次单击『文件』→『保存』选项或按快捷键"Ctrl+S"，将进行保存文件操作。

进行保存文件操作时，系统并没有覆盖原文件，而是新建一个文件，文件名称的格式为：

$$object\_name.\ object\_type.\ version\_number$$

其中，object_name 为文件名，object_type 为文件类型，version_number 为版本号，如新建一个名称为 cam、类型为 prt 的文件，进行第一次保存操作后，其文件名称为 cam. prt. 1，再进行一次保存操作后，原来的 cam. prt. 1 文件保留，第二次保存的文件名为 cam. prt. 2 的文件，以此类推，如图 5-19 所示。

3. 关闭窗口

执行关闭窗口的操作后，该文件将从不再显示在屏幕中，但仍保留在内存中。

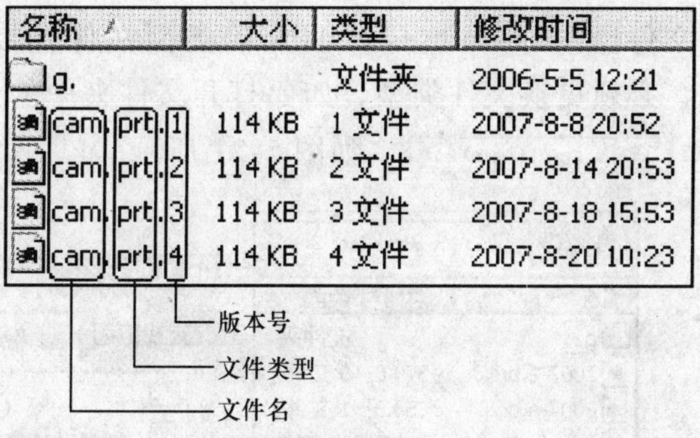

关闭窗口操作有以下两个途径：

1）在主菜单中依次单击『窗口』→『关闭』选项。

2）在主菜单中依次单击『文件』→『关闭窗口』选项。

4. 打开文件

名称	大小	类型	修改时间
g.		文件夹	2006-5-5 12:21
cam. prt. 1	114 KB	1 文件	2007-8-8 20:52
cam. prt. 2	114 KB	2 文件	2007-8-14 20:53
cam. prt. 3	114 KB	3 文件	2007-8-18 15:53
cam. prt. 4	114 KB	4 文件	2007-8-20 10:23

版本号
文件类型
文件名

图 5-19　文件保存操作时文件名的格式

在〖文件〗工具栏中单击⌐按钮或在主菜单中依次单击『文件』→『打开』选项或按快捷键"Ctrl+O"，系统弹出【文件打开】对话框，如图 5-20 所示。

打开文件时，应注意以下事项：

1）打开文件时，默认是当前工作目录或最近以打开、保存、保存副本或备份文件方式访问过的目录。

2）默认打开版本号最大的文件，如图 cam. prt 文件先后保存了 4 次（cam. prt. 1、cam. prt. 2、cam. prt. 3 和 cam. prt. 4），当执行打开文件操作时，系统默认是打开版本号最大的、最新保存的文件，即 cam. prt. 4 文件，若要打开之前保存的文件，则要单击对话框中的▪按钮，在弹出菜单中选取【所有版本】，系统则显示每个文件所有版本号的文件，如图 5-20 所示。

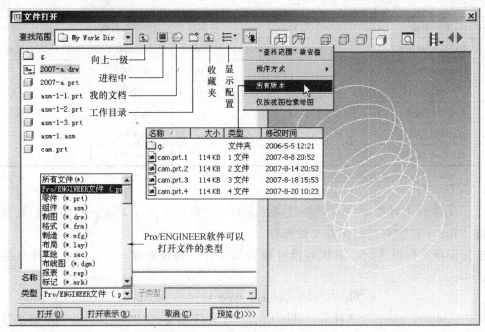

图 5-20　【打开文件】对话框

3）打开文件类型。Pro/ENGINEER 软件可以打开的文件有五、六十种之多，由 Pro/ ENGINEER 软件直接创建的文件类型（见表 5-2）按系统默认打开类型可以直接打开（打开文件操作时，prt、sec、drw 等类型文件直接显示在窗口中），而要打开其它类型文件时，必须更换文件类型，如要打开文件夹中的 IGES 类型文件，则必须将类型切换至 IGES 类型 IGES (.igs, .iges) ，如图 5-21 所示。

图 5-21　打开 IGES 类型文件

4）打开进程中的文件。假设打开 cam.prt 后，关闭该文件窗口，则该文件仍保留在内存中，此时，可在【文件打开】对话框中单击 按钮，打开进程中的文件，如图 5-22 所示。

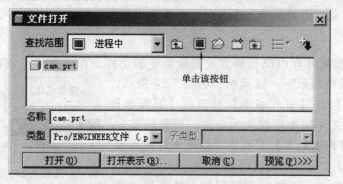

图 5-22　打开进程中的文件

提示

有时，在打开文件执行预览时是一个模型，而打开该文件后发现又是另一个模型，两个模型并不相同，这是为什么呢？

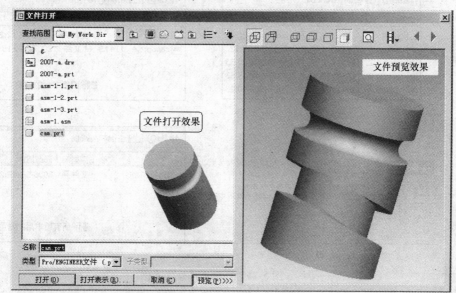

打开文件预览时，预览的是保存在外存中（如硬盘、优盘、光盘等）的文件，而打开文件操作时，若进程中有该文件，则系统优先打开进程中的文件。如上图的 cam. prt 文件，当打开 cam. prt 文件后，对模型进行了修改，然后没有保存文件，同时又将该文件窗口关闭，因此就会出现预览文件所看到的模型与打开文件所得到的模型不一致的情况。

5. 拭除文件

拭除文件指的是拭除进程中文件，在主菜单中依次单击『文件』→『拭除』选项，系统显示下一级菜单，如图 5-23 所示，菜单中【当前】和【不显示】选项：【当前】是指拭除当前活动窗口的文件，【不显示】是指拭除当前不显示的文件，如被关闭窗口的文件、创建特征时草绘的截面等。

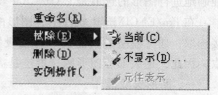

图 5-23　拭除文件

| 提示 | 当参考该对象的组件或绘图仍处于活动状态时，则不能拭除该对象。 |

6. 删除文件

删除文件是指从外存中以某种方式删除指定的文件，在主菜单中依次单击『文件』→
『删除』选项，系统显示下一级菜单，如图 5-24 所示，
菜单中【旧版本】和【所有版本】选项：【旧版本】
是指只保留指定文件版本号最大的文件，而删除其它
版本号的文件，【所有版本】是指删除指定文件所有版
本号的文件。图 5-25a 所示为当前 G：\My Work Dir 文
件夹中所保存的文件，当执行删除旧版本操作后，文

图 5-24 删除文件

件夹如图 5-25b 所示；当执行删除所有版本操作时，系统会显示图 5-25c 所示警告；当确认
删除后，文件夹如图 5-25d 所示。

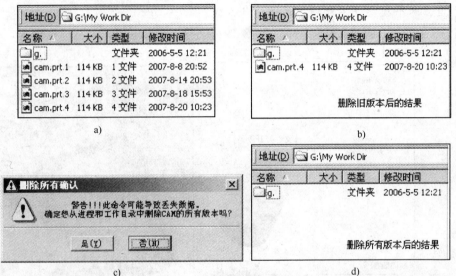

图 5-25 删除文件操作实例

第四节 图形的选取

对于一个 CAD 模型，它是由点（基准点、顶点等）、线（曲线、边）、面（曲面、实体
表面、基准面等）、特征、零件、组件等构成的。在特征造型过程中，始终需要根据造型的
需要，选取适当的操作对象，而且许多命令只有在用户选取了操作对象后才被激活，因此，
如何快速、准确地选取操作对象，不仅影响造型的速度，而且影响造型的正确性，所以快速
准确地进行图形的选取是 CAD/CAM 软件应用的一项基本技能。

在 Pro/ENGINEER 软件中，图形的选取主要有两种途径：通过模型树和在图形窗口直
接选取，通过模型树只能选取特征级别的图形，而模型中的表面、顶点、边等根本无法选
取，因此，绝大部分图形的选取还是需要在图形窗口进行。

一、图形选取操作

Pro/ENGINEER 软件采取自顶向下的选取方式，即在图形窗口单击某一模型时，首先选

取的是高层次的几何对象，然后再选取较低层次的几何对象，如：在零件造型环境，首先选取的是特征，然后再选取该特征下的面、边、顶点；在零件装配环境，首先选取的是零件，然后再选取该零件中的面、边、顶点。

1. 选取操作中对象的颜色和鼠标的应用

选取操作过程大致可分为两个阶段：预选加亮和单击选取。预选加亮是指加当鼠标移至几何对象上方时，几何对象加亮显示，同时在鼠标指针旁边显示一个提示框（见表 5-6）；单击选取是指预选加亮后单击鼠标左键，选取几何对象。为了明确对象处于选取过程中的状态（即处于哪个阶段），系统对两个阶段采用了不同的颜色进行显示，见表 5-4。

表 5-4　选取操作中对象的颜色

颜色	状态	说　明
■（绿色）	预选加亮	将对象添加到选项集或从选项集中移除
■（红色）	选定几何	当前选取的对象

在图形选取操作中，一般都需要用鼠标与"Ctrl"、"Shift"等功能键配合使用，不同的按键配合有不同的含义，也有不同的操作结果，见表 5-5。

表 5-5　鼠标与"Ctrl"、"Shift"等功能键在图形选取中的应用

鼠标与功能键的配合使用	操作	说　明
🖱	鼠标移至对象上方	加亮几何
🖱	单击鼠标右键	查询下一个对象
🖱	单击鼠标左键	选取加亮的几何对象
CTRL + 🖱	按住"Ctrl"键，单击鼠标左键	将对象添加到选项集或从选项集中移除
SHIFT + 🖱	按住"Shift"键，单击鼠标左键	构建有关集或链
🖱	鼠标移出模型，单击左键	清除所有的选取对象

2. 图形选取的基本操作

表 5-6 所示为零件造型环境和零件装配环境图形的选取（该图文件分别为 \CH05\ CH05-1. prt 和 \CH05 \CH05_ASM-1 \asm-1. asm）。

表 5-6　零件造型环境和零件装配环境图形的选取

环境	选　取　步　骤			
	鼠标移至模型(特征)，预选加亮	单击鼠标，选取对象	移动鼠标,面/边/顶点预选加亮	单击鼠标，选取对象
零件造型环境	F5（拉伸_1） 模型以绿色显示	模型以红色显示 状态栏提示：选取了1	曲面:F5（拉伸_1） 曲面以绿色显示	曲面以红色显示 状态栏提示：选取了1

（续）

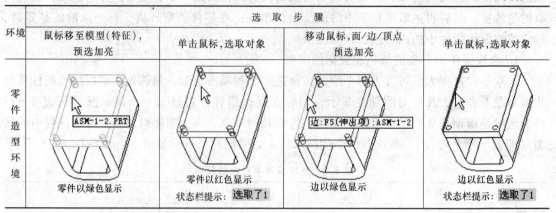

环境	选 取 步 骤			
	鼠标移至模型(特征)，预选加亮	单击鼠标，选取对象	移动鼠标，面/边/顶点预选加亮	单击鼠标，选取对象
零件造型环境	零件以绿色显示	零件以红色显示 状态栏提示：选取了1	边以绿色显示	边以红色显示 状态栏提示：选取了1

3. "Ctrl" 键在图形选取中的作用

在选取操作中，"Ctrl" 键既是多选功能键，也是移除功能键。按住 "Ctrl" 键可同时选取多个对象，所选取的一个或多个对象组成一个选项集；如果错选了对象，按住 "Ctrl" 键，单击对象，则该对象就从当前选项集中移除。

打开 \CH05\CH05-2.prt 文件，选取表 5-7 所示的一个面、两条边和两个顶点，在状态栏中显示选取了5，双击状态栏，弹出【所选项目】对话框，在对话框中列出了所选对象的名称和该所选对象所在的特征。打开 \CH05\CH05_ASM-1\asm-1.asm 文件，选取表 5-7 所示的两个面和五条边，在【所选项目】对话框中列出了所选对象的名称和该所选对象所在的零件名称。

表 5-7 【所选项目】对话框

环境	文 件	图形窗口选取对象	【所选项目】对话框
零件造型环境	\CH05\CH05-2.prt		所选项目 曲面:F5(拉伸_1) 边:F5(拉伸_1) 顶点:边:F5(拉伸_1) 边:F6(拉伸_2) 顶点:边:F7(倒圆角_1) 移除(R)　关闭(C)
零件装配环境	\CH05\CH05_ASM-1\asm-1.asm		所选项目 边:F6(倒圆角):ASM-1-1 边:F6(倒圆角):ASM-1-1 边:F5(伸出项):ASM-1-2 边:F5(伸出项):ASM-1-2 曲面:F5(伸出项):ASM-1-3 曲面:F5(伸出项):ASM-1-1 边:F7(倒圆角):ASM-1-1 移除(R)　关闭(C)

4. 切换选取和从列表中选取

当鼠标位于某一对象上方时,该对象预选加亮,如果该鼠标指针处有多种可能的选取对象,此时单击鼠标右键,则下一种可能选取的对象加亮显示,再次单击鼠标右键,则再下一种可能选取的对象加亮显示,以此循环,这种选取方式称为切换选取,切换选取图例见表5-8。

表5-8 切换选取

环境	文件	鼠标移至图示位置	单击鼠标右键	再次单击鼠标右键
零件造型环境	\CH05\CH05-3.prt	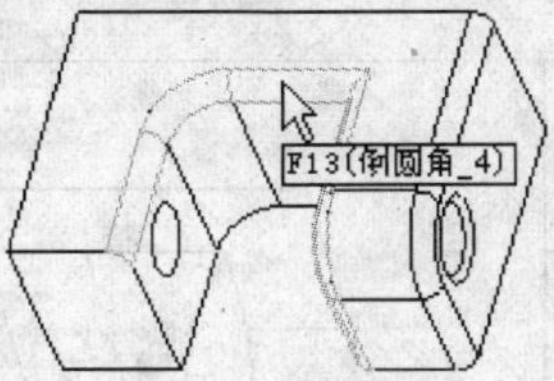 F13(倒圆角_4)	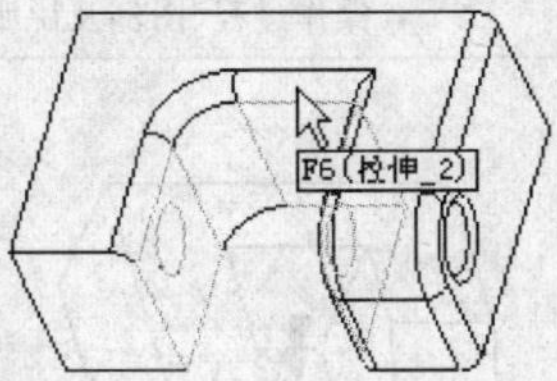 F6(拉伸_2)	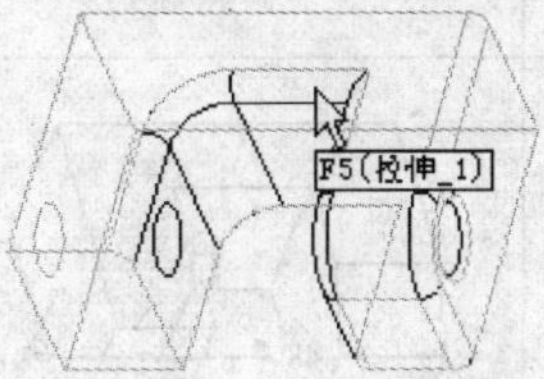 F5(拉伸_1)
零件装配环境	\CH05\CH05_ASM-1\asm-1.asm	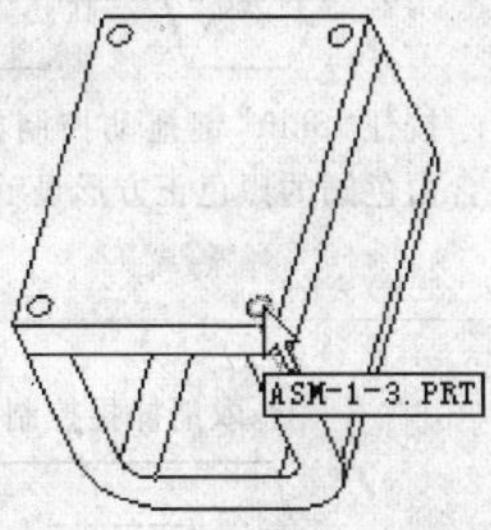 ASM-1-3.PRT	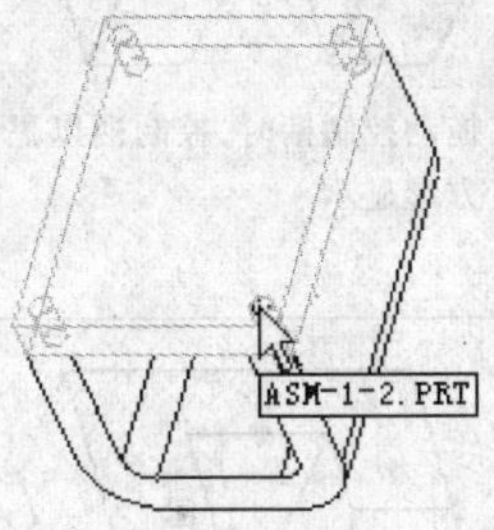 ASM-1-2.PRT	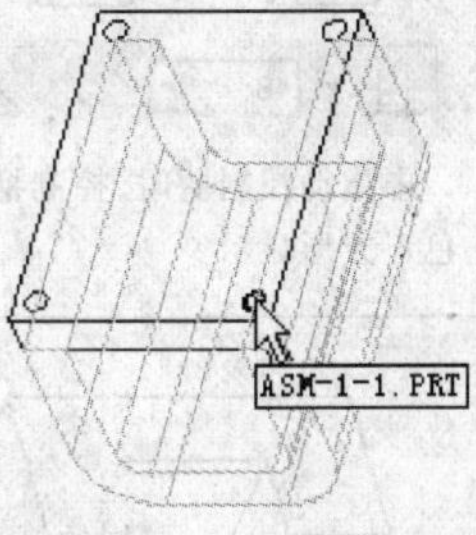 ASM-1-1.PRT

当鼠标位于某一对象上方时,该对象预选加亮,此时按住鼠标右键,弹出右键快捷菜单,选取【从列表中拾取】,系统则弹出【从列表中拾取】对话框。对话框中列出当前鼠标指针处可能选取的所有对象,在图形窗口不断单击鼠标右键,则在【从列表中拾取】对话框中所列的对象间不断循环。如果要选取某一对象,当对话框中该对象以高亮度显示时,按鼠标中键或在对话框中单击 确定(0) 按钮,则该对象被选取,这种选取方式称为从列表中选取,从列表中拾取图例见表5-9。

表5-9 从列表中拾取

环境	文件	鼠标移至图示位置,按鼠标右键	【从列表中拾取】对话框
零件造型环境	\CH05\CH05-3.prt	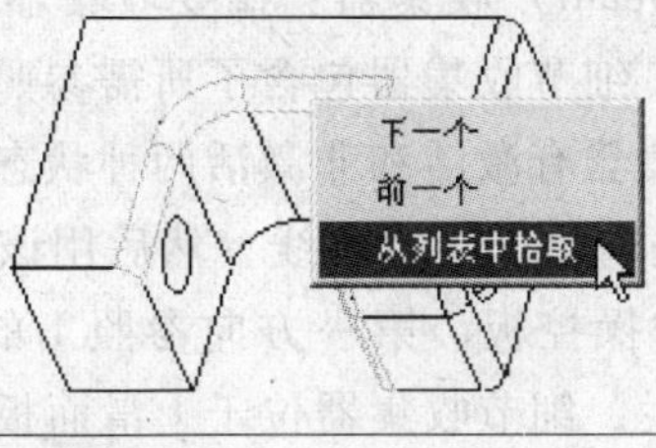 下一个 前一个 从列表中拾取	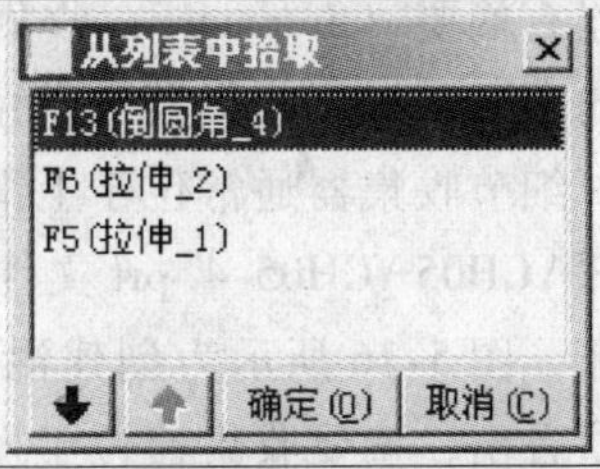 从列表中拾取 F13(倒圆角_4) F6(拉伸_2) F5(拉伸_1) ↓ ↑ 确定(0) 取消(C)
零件装配环境	\CH05\CH05_ASM-1\asm-1.asm	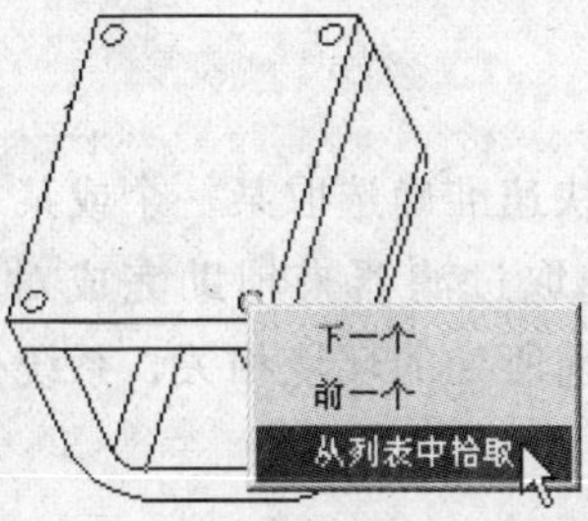 下一个 前一个 从列表中拾取	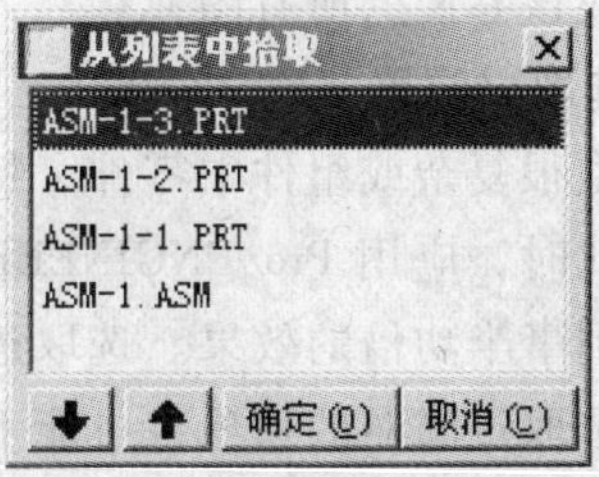 从列表中拾取 ASM-1-3.PRT ASM-1-2.PRT ASM-1-1.PRT ASM-1.ASM ↓ ↑ 确定(0) 取消(C)

5. 控制柄的捕捉

控制柄是用于在图形窗口中处理数据的图形对象，也可将控制柄捕捉至现有的几何参照（如基准平面、边、点、顶点或曲面）或用户定义的栅格增量，控制柄的捕捉见表 5-10（该图文件 \CH05 \curve_chain-2. prt）。

表 5-10 控制柄的捕捉

操作	操作过程、图例及说明		
创建拉伸切口特征	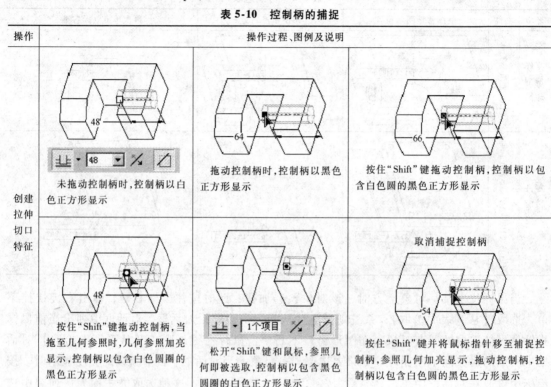 未拖动控制柄时,控制柄以白色正方形显示	拖动控制柄时,控制柄以黑色正方形显示	按住"Shift"键拖动控制柄,控制柄以包含白色圆的黑色正方形显示
	按住"Shift"键拖动控制柄,当拖至几何参照时,几何参照加亮显示,控制柄以包含白色圆圈的黑色正方形显示	松开"Shift"键和鼠标,参照几何即被选取,控制柄以包含黑色圆圈的白色正方形显示	取消捕捉控制柄 按住"Shift"键并将鼠标指针移至捕捉控制柄,参照几何加亮显示,拖动控制柄,控制柄以包含白色圆的黑色正方形显示

6. 收集器

在创建特征时，经常需要进行特征参照的选取，一般选取操作是通过收集器来进行的。

收集器有摘要（Summary）收集器和细节（Detail）收集器：摘要收集器是指所需的参照或选取的参照，摘要收集器通常位于对话栏上；细节收集器包含了所需参照或选取参照的详细信息，细节收集器通常位于上滑面板上。收集器有激活和非激活两种状态。

如打开 \CH05 \CH05-4. prt 文件，该文件先是构建了一组曲线，然后用该组曲线创建混合边界特征，图 5-26 所示为创建混合边界特征时操控板、第一方向参照 1 的细节收集器，从图中可以看出，摘要收集器位于操控板的对话栏，细节收集器位于上滑面板，细节收集器列出了组成该参照的所有图元。

二、选取过滤器

当模型很复杂或组件中零件、特征众多时，要快速准确选取某一个或某一类对象确实有些困难，此时，应用 Pro/ENGINEER 软件提供的选取过滤器来辅助完成对象的选取操作，有时会达到事半功倍的效果。选取过滤器与系统当前所处的环境相关，系统处于不同的环境状态时，选取过滤器的选项也可能不一样。

选取过滤器的操作比较简单，这里不再赘述。

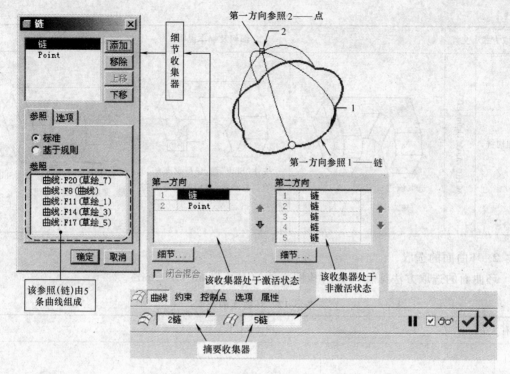

图 5-26　收集器

三、关联几何对象集的选取

在特征造型时，有时需选取具有几何关联关系的一组几何对象，如：创建倒圆角或倒角特征时，选取边线参照；创建拔模特征时，选取拔模曲面；创建可变截面扫描或边界混合特征时，选取曲线参照等等。为高效准确地选取有关的特征参照，Pro/ENGINEER 软件提供了几种关联几何选取方法，主要有曲线链、环曲面、种子面/边界面，在应用这些方法进行对象的选取操作时，都要用到"Shift"这一功能键。

1. 曲线链的选取

曲线链由相互关联（如通过公共的顶点或相切）的多条边或曲线组成。无论何时要构建曲线链，首先选取参照，然后按住"Shift"键，激活链构建模式，同时提供了工具提示、消息和标签等提示信息，指导操作者完成曲线链的构建，曲线链的选取见表 5-11（该图文件 \CH05 \curve_chain-1. prt）。

表 5-11　曲线链的选取

选取方式	文件	图例及操作说明		
曲面环	\CH05\curve_chain-1.prt	选取该边	按住"Shift"键，鼠标移至曲面，曲面加亮显示	单击鼠标左键，松开"Shift"键，完成曲面链的选取

（续）

选取方式	文件	图例及操作说明		
相切链	\CH05\curve_chain-1.prt	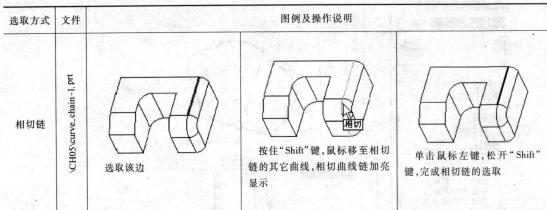 选取该边	按住"Shift"键,鼠标移至相切链的其它曲线,相切曲线链加亮显示	单击鼠标左键,松开"Shift"键,完成相切链的选取

2. 环曲面的选取

环曲面的选取方法见表 5-12（该图文件 \CH05 \loop_srf-1. prt）。

表 5-12　环曲面的选取

文件	图例及操作说明		
\CH05\loop_srf-1.prt	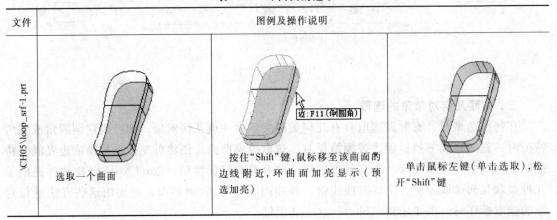 选取一个曲面	按住"Shift"键,鼠标移至该曲面的边线附近,环曲面加亮显示（预选加亮）	单击鼠标左键（单击选取）,松开"Shift"键

3. 种子面/边界面的选取

种子面/边界面的选取方法见表 5-13（该图文件 \CH05 \seed_bnd-1. prt）。

表 5-13　种子面/边界面的选取

文件	图例及操作说明		
\CH05\seed_bnd-1.prt	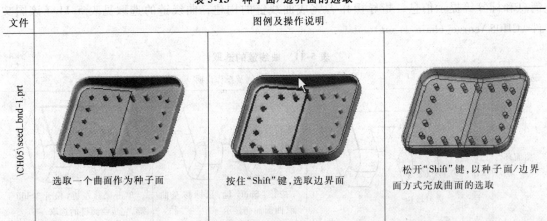 选取一个曲面作为种子面	按住"Shift"键,选取边界面	松开"Shift"键,以种子面/边界面方式完成曲面的选取

提示	1) 要选取零件的某些表面,可以选取这些表面中任何一个曲面为种子面,如欲选取零件所有的内表面,可以选取内表面中任何一个曲面作为种子面。 2) 种子面只能有一个,但边界面可以有多个。 3) 当所选的表面上有孔等结构时,还需进行其它补充操作,具体操作见第十二章。

4. 其它关联对象选取方法

其它关联对象的选取方法还有选取实体的所有表面、选取特征截面轮廓等,见表 5-14。

表 5-14 其它关联对象选取方法

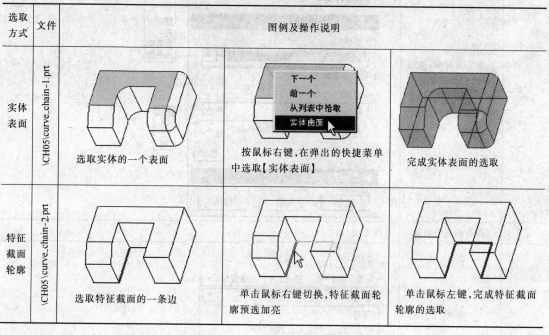

选取方式	文件	图例及操作说明		
实体表面	\CH05\curve_chain-1.prt	选取实体的一个表面	按鼠标右键,在弹出的快捷菜单中选取【实体表面】	完成实体表面的选取
特征截面轮廓	\CH05\curve_chain-2.prt	选取特征截面的一条边	单击鼠标右键切换,特征截面轮廓预选加亮	单击鼠标左键,完成特征截面轮廓的选取

第五节 图形的显示

一、〖视图〗工具栏

系统默认的〖视图〗工具栏如图 5-27 所示,其默认位置在上工具箱,工具栏中各按钮的功能见表 5-15。

图 5-27 系统默认的〖视图〗工具栏

表 5-15 〖视图〗工具栏各按钮的功能

按钮	功能	备 注
	重画当前视图	快捷键 "Ctrl + R"
	视图旋转中心	红、绿、蓝三个颜色轴线分别代表坐标系的 X、Y、Z 轴

（续）

按钮	功能	备　注
	视图定向模式	详见表 5-16
	放大	指定两位置来定义缩放区域
	缩小	单击该按钮,视图缩放 0.5 倍
	视图全屏显示	当视图太小(或超出图形窗口)时,单击该按钮,对图形进行放大(或缩小)使之全屏显示
	重定向视图:选取两个互相垂直的曲面或坐标系轴,定义一个新的视图方向	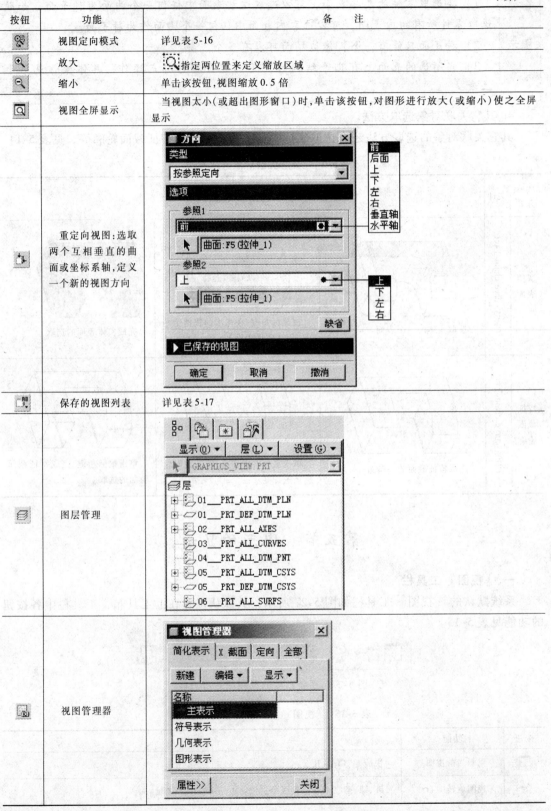
	保存的视图列表	详见表 5-17
	图层管理	
	视图管理器	

在〖视图〗工具栏中单击 ⚙ 按钮或在主菜单依次单击『视图』→『方向』→『定向类型』选项，其右键快捷菜单及菜单中各命令的功能见表 5-16。

表 5-16　视图定向模式

视图定向模式菜单	命令	方向中心图标	应用说明
隐藏旋转中心 ● 动态 　固定 　延迟 　速度 退出定向模式	动态	◈	指针移动时方向更新,模型绕着方向中心自由旋转
	固定	⚠	指针移动时方向更新,模型的旋转由指针相对于其初始位置移动的方向和距离控制
	延迟	▣	指针移动时方向不更新,释放鼠标中键时,指针模型方向更新
	速度	◉	指针移动时方向更新,速率(速度与方向)是指操作的速度,它受到光标从起始位置所移动距离的影响

注：当旋转中心（Spin Center）打开时，方向中心（Orientation Center）即为旋转中心（Spin Center）；当旋转中心（Spin Center）关闭时，在图形窗口中，鼠标指针当前位置即为方向中心。

提示	当指针在图形窗口时，按下 "Shift + Ctrl" 键并单击鼠标中键也可以激活定向模式，再按一次，则退出定向模式。

在〖视图〗工具栏单击 ⚙ 按钮，列出系统缺省的视图方向，其图例见表 5-17（该图文件为 \CH05 \graphics_view. prt）。

表 5-17　系统缺省的视图列表

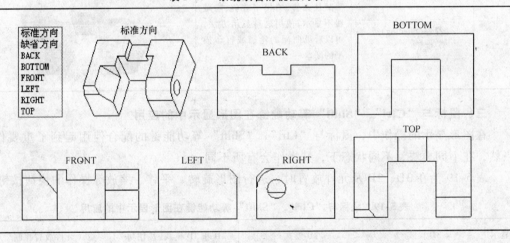

提示	标准方向显示的快捷键为 "Ctrl + D"。

二、模型显示

〖模型显示〗工具栏如图 5-28 所示，工具栏中各按钮、名称、功能及图例见表 5-18（该图文件为 \CH05 \graphics_view. prt）。

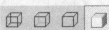

图 5-28　〖模型显示〗工具栏

表 5-18 〖模型显示〗工具栏的按钮、功能说明及图例

按钮	名　　称	功　　能	图　　例
	线框（Wireframe）	隐藏线显示为规则的白色线	
	隐藏线（Hidden Line）	隐藏线以灰色显示	
	无隐藏线（No Hidden Line）	移除隐藏线	
	着色（Shading）	默认设置，给模型着色、隐藏线不显示，使用这种显示方法，可以看见曲面的轮廓或打印模型的副本	

三、鼠标与"Ctrl"、"Shift"等功能键在图形显示中的应用

在图形显示的操作中，鼠标与"Ctrl"、"Shift"等功能键的配合使用起到了重要作用，当然，在不同模块、不同状态下，其操作会有所不同。

表 5-19 为在 3D、2D 及元件放置时，进行图形旋转、平移、缩放等操作的快捷按键。

表 5-19 鼠标与"Ctrl"、"Shift"等功能键在图形显示中的应用

显示操作	3D 模式（按住功能键，拖动鼠标）	2D 模式（按住功能键，拖动鼠标）	2D 和 3D 模式（按住功能键，滚动鼠标滚轮）	元件放置控制（按住功能键，拖动鼠标）
旋转				Ctrl + Alt +
平移	Shift +			Ctrl + Alt +

（续）

显示 操作	3D 模式 （按住功能键,拖动鼠标）	2D 模式 （按住功能键,拖动鼠标）	2D 和 3D 模式（按住功 能键,滚动鼠标滚轮）	元件放置控制 （按住功能键,拖动鼠标）
缩放	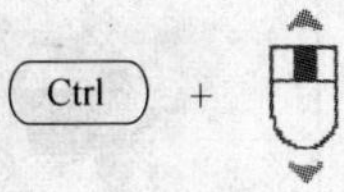 Ctrl +	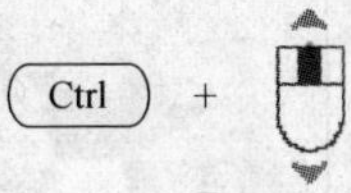 Ctrl +	 精确缩放 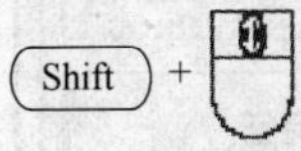　Shift + 粗略缩放 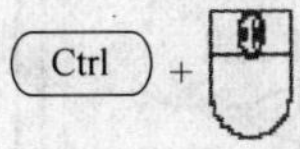　Ctrl +	
翻转	 Ctrl +			
元件 拖动				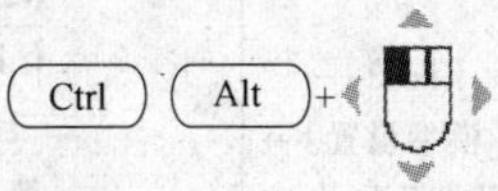 Ctrl Alt +

注：表中所提的功能键指的是"Ctrl"键或"Shift"键。

四、『视图』菜单

许多与图形显示有关的操作，需要通过主菜单中『视图』菜单中的命令进行设置，表 5-20 列出一些常用选项的设置在图形显示中的作用（该图文件为 \CH05\graphics_view.prt）。

表 5-20　『视图』菜单中一些选项的设置

菜单	选项设置	选项设置前图形	选项设置后图形
『视图』→ 『显示设置』→ 『模型显示』	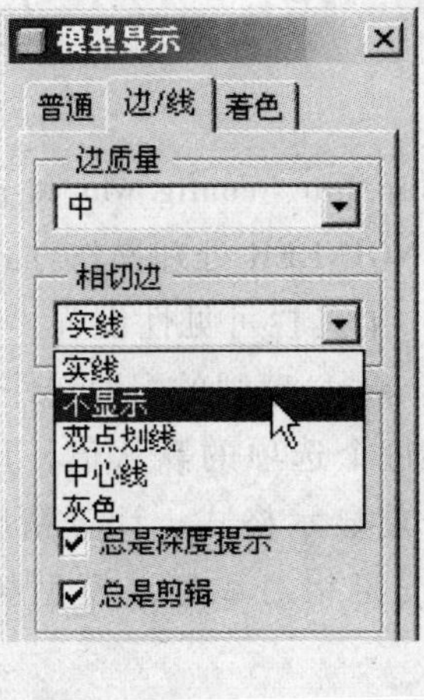 模型显示 普通　边/线　着色 边质量 中 相切边 实线 实线 不显示 双点划线 中心线 灰色 ☑ 总是深度提示 ☑ 总是剪辑	默认设置为【实线】，现修改为【不显示】 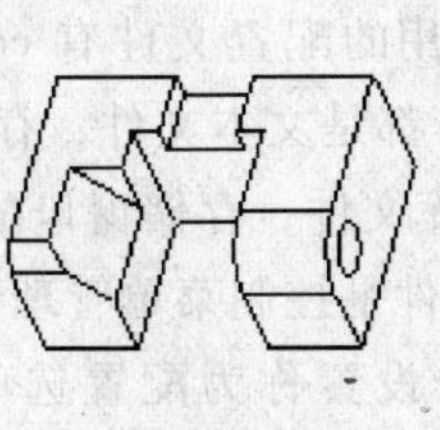 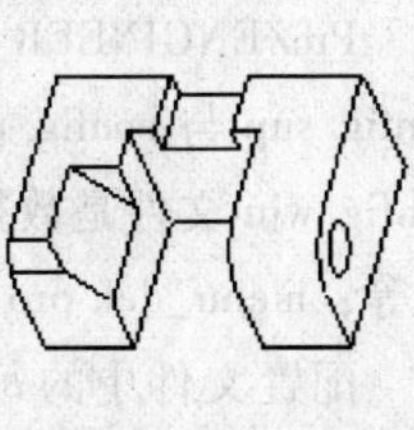	

119

（续）

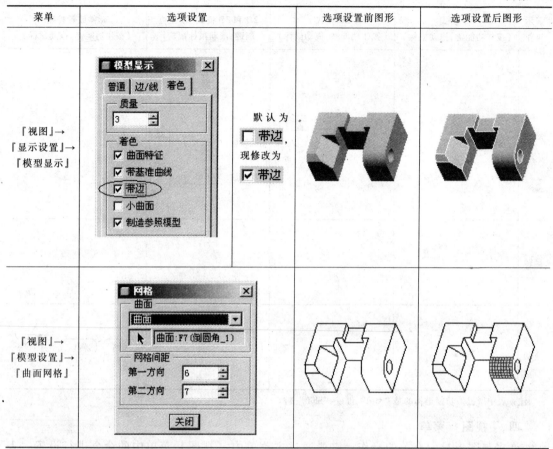

菜单	选项设置	选项设置前图形	选项设置后图形
『视图』→『显示设置』→『模型显示』	默认为 □ 带边，现修改为 ☑ 带边		
『视图』→『模型设置』→『曲面网格』			

第六节 配置文件的建立与应用

在应用 Pro/ENGINEER 软件时，通过对有关选项进行设置，建立起系统配置文件，使软件的工作环境更符合用户的需求和习惯。

一、配置文件的类型和建立

1. 配置文件类型

Pro/ENGINEER 常用的配置文件有 config. sup、config. pro、config. win 和 menu_def. pro。config. sup 与 config. pro 都是文本文件，存储定义 Pro/ENGINEER 处理操作方式的所有设置；config. win 文件是数据库文件，存储窗口配置设置，如：工具栏可见性设置、模型树位置设置等；menu_def. pro 文件是控制菜单管理器（Menu Manager）感观的配置文件。

配置文件中的每个设置称为配置选项，系统提供每个选项的默认值，用户也可以设置或改变配置选项的默认值，可设置的选项包括：公差显示格式、计算精度、草图器尺寸中使用的数字的位数、工具栏内容、工具栏上的按钮相对顺序、模型树的位置和大小等。

下面介绍一下 config. pro 和 config. win 配置文件的建立。

2. config. pro 配置文件的建立

在主菜单中依次单击『工具』→『选项』选项，系统弹出图 5-29 所示【选项】对话框，该对话框中有关图标的含义见表 5-21。

注：图 5-29 是从不同的配置文件中截取有关选项后拼凑而得，其选项并非来自某一个配置文件。

（1）打开配置文件　在【选项】对话框中单击 按钮，弹出【文件打开】对话框，用户可选择所需打开的配置文件。

（2）选项的设置与修改　选项的设置与修改大致步骤为：①在选项栏中输入选项名称。②在选项设置值栏中设置或修改选项的设置值。③单击 添加/更改 按钮。④单击 应用 按钮。⑤单击 按钮。⑥单击 关闭 按钮，如图 5-30 所示。

提示	1）带 " * " 的选项设置值为系统默认值。 2）选项的设置值可以是 "Yes" 或 "No"，也可能是一个数值，还可能是一个路径。

（3）选项的查找　Pro/ENGINEER 软件选项众多，选项名专业，名称较长且不易记住，如用上述方法对选项进行设置或修改具有较大难度，因此，Pro/ENGINEER 软件提供了选项查找功能。在【选项】对话框中单击 查找... 按钮，系统弹出【查找选项】对话框，在关键字栏中输入不同的信息，则有不同的查找结果，例如：输入 "sketch" 关键字，查找结果则列出所有含有 "sketch" 的选项；输入 " * sketch" 关键字，查找结果则列出所有以 "sketch" 结尾的选项；输入 "sketch * " 关键字，查找结果则列出所有以 "sketch" 开头的选项，如图 5-31 所示。

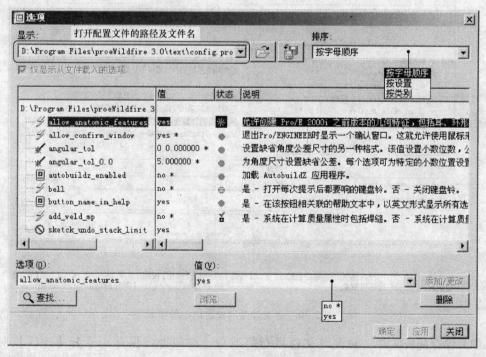

图 5-29　【选项】对话框

表 5-21　【选项】对话框中各图标的含义

图 标		含 义
状态栏	⬤　圆点形	选项已在应用状态,即该选项的设置值已起作用
	✳	选项的设置值已改变,但目前设置值无效,需单击对话框中 应用 按钮才起作用
	⬚　剖面线	该选项的设置值与其它配置文件中相同选项的设置值不同,因此存在冲突
	▓	该设置选项找到配置源文件,其设置值无效
选项前	⚡　闪电形	选项设置立即起作用
	✗　短杖形	创建下一对象产生时选项设置才会起作用
	▣　屏幕形	下一个进程选项设置才会起作用
	🚫	目前无法起作用(如该参数必须在"Sketch"模式下有用,在当关"Part"模式下不起作用)

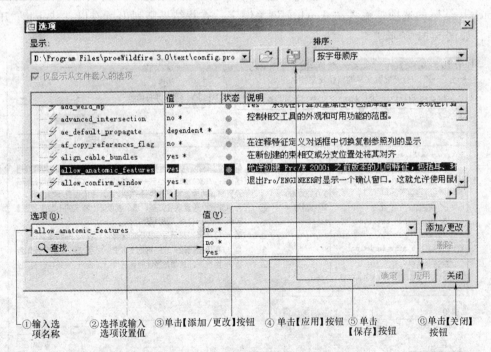

①输入选　　②选择或输入　　③单击【添加/更改】按钮　　④单击【应用】按钮　　⑤单击　　⑥单击【关闭】
项名称　　选项设置值　　　　　　　　　　　　　　　　　　　　　　　　　　保存】按钮　　按钮

图 5-30　选项设置或修改的一般步骤

（4）保存配置文件　对配置文件进行修改后,必须进行保存。单击【选项】对话框
🖫 按钮,选择适当的路径和文件名进行保存。

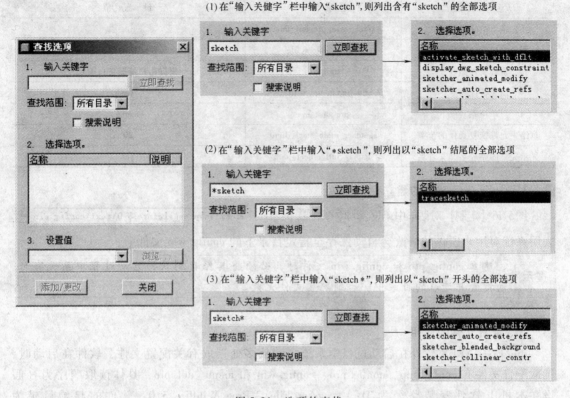

(1) 在"输入关键字"栏中输入"sketch",则列出含有"sketch"的全部选项

(2) 在"输入关键字"栏中输入"*sketch",则列出以"sketch"结尾的全部选项

(3) 在"输入关键字"栏中输入"sketch*",则列出以"sketch"开头的全部选项

图 5-31 选项的查找

提示	1）有时，用户对配置文件所作改变保存到 current_ session. pro 文件中，该文件在当前工作目录中由系统自动创建。 2）保存配置文件时，其保存路径和文件名必须是软件启动过程中有搜索、读取的路径和文件名，有关保存路径的选择请参见随后内容。

（5）常用选项的设置　一些常用选项的设置见表 5-22。

表 5-22　常用选项的设置

选 项 功 能	选 项 名 称	设 置 值
中英文界面设置	menu_translation	both
模板文件	template_solidpart	软件安装目录\templates\mmns_part_solid. prt
	template_designasm	软件安装目录\templates\mmns_asm_design. asm
	template_sheetmetalpart	软件安装目录\templates\mmns_part_sheetmetal. prt
	template_mfgmold	软件安装目录\templates\mmns_mfg_mold. mfg
工程图格式文件	drawing_setup_file	软件安装目录\text\cns_cn. dtl
预览工程图文件	save_drawing_picture_file	both
以实体模式预览文件	save_model_display	shading_high

（续）

选 项 功 能	选 项 名 称	设 置 值
二维草绘文件预览	sketch_save_preview_image	yes
图形窗口颜色配置文件	system_colors_file	syscol. scl（该文件由用户自行创建）
轨迹文件路径	trail_dir	根据用户情况自行确定
高级特征命令	allow_anatomic_features	yes
单位系统	pro_unit_sys	mmns
草绘中允许恢复操作的步数	sketcher_undo_stack_limit	20
显示完整的路径名和文件名	display_full_object_path	yes

3. config. win 文件的建立

图 5-16【定制】对话框中，☑ 自动保存到(S) `D:\Program Files\proeWildfire 3.0\text\config.win` ▼

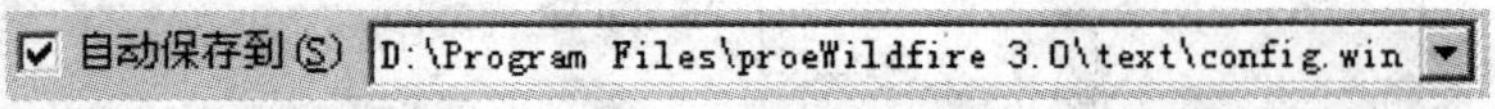

表明系统对用户所作的修改会自动保存至指定目录下的 config. win 文件中。

提示	建立 config. pro 和 config. win 文件时，必须将其保存到软件启动过程中系统有自动搜索并读取的目录中，否则配置文件无效。

二、配置文件的应用

Pro/ENGINEER 软件在启动过程中系统自动从多处读取有关配置文件，软件在启动时，读取配置文件有 config. sup、config. pro、config. win 和 menu_ def. pro，具体读取顺序为（假设在本机上软件安装路径为 D：\ Program Files \ Proe Wildfire 3.0，软件的起始目录为 D：\MYDOC）：

1）搜索并读取 D：\Program Files \Proe Wildfire 3.0 \text \config. sup。

2）搜索并读取 D：\Program Files \Proe Wildfire 3.0 \text \config. pro。

3）搜索并读取软件起始目录 D：\MYDOC \config. pro。

提示	1）config. sup 是一个受系统保护的配置文件，即使随后读取的配置文件 config. pro、config. win 和 menu_def. pro 中有些选项的设置与 config. sup 设置不同，config. sup 选项设置不会被其它文件的设置覆盖，仍以 config. sup 配置文件设置为准。 2）软件起始目录中的配置文件 config. pro、config. win 和 menu_def. pro 是最后读取的配置文件，因此，它们将覆盖任何冲突的配置文件选项条目（config. sup 文件除外）。

第六章

二维草图绘制

在 Pro/ENGINEER 软件中，造型特征按创建方式可分为草绘型特征和点放型特征，其中在创建草绘型特征时，必须首先绘制一个二维截面；而对于一个零件模型，其主体结构一般是通过草绘型特征创建得到的，由此可见，二维截面的绘制在 Pro/ENGINEER 几何建模中的重要作用。此外，熟练掌握二维草图的绘制，不仅可以大大提高零件实体建模的速度，还可以提高实体建模的质量。

本章将介绍二维草图绘制的工作环境、二维草图的绘制与编辑、拓扑约束的设置、尺寸的标注等内容，最后介绍两个草图绘制的实例。

第一节　二维草图绘制概述

一、草绘器用户界面

在 Pro/ENGINEER 软件中，进入二维草图绘制状态通常有三种途径：

（1）新建二维草图文件　在『文件』工具栏中单击 按钮或在主菜单中依次单击『文件』→『新建』选项或按快捷键 "Ctrl + N"，则系统弹出【新建】对话框，在【新建】对话框中选择文件类型为 草绘，输入文件名，若不更改默认文件名则按鼠标中键或单击 确定 按钮，系统进入二维草图绘制状态，如图 6-1 所示。

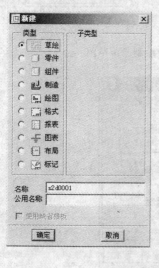

图 6-1　草绘途径——新建草绘文件

125

（2）创建草绘型特征过程中绘制二维截面　在草绘型特征创建过程中，通过特征操控板中 放置 按钮（见图6-2a）或特征对话框【截面】选项（见图6-2b），选取草绘平面和参考平面，便进入绘制二维截面的环境。

（3）应用〖基准〗工具栏的草绘工具　在〖基准〗工具栏中单击 按钮，系统弹出【草绘】对话框，其有关设置与图6-2a相同如图6-3所示。【草绘】对话框有关选项将在第七章中详细介绍。

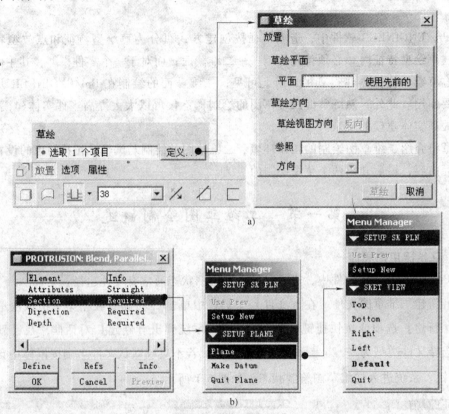

图6-2　草绘途径二——草绘型特征创建过程中绘制二维草图

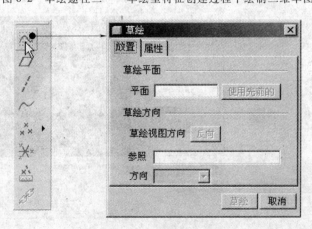

图6-3　草绘途径三——〖基准〗工具栏的草绘工具绘制二维草图

二、〖草绘器工具〗工具栏和〖草绘器〗工具栏

1.〖草绘器工具〗工具栏

〖草绘器工具〗工具栏如图 6-4 所示。

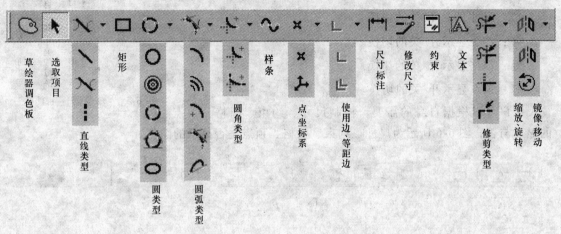

图 6-4 〖草绘器工具〗工具栏

：草绘器调色板。功能是 Pro/ENGINEER Wildfire 3.0 的新增功能，用户可以直接将系统提供的调色板调入二维草图。

：选取项目。

：绘制直线。有画两点线、画相切线和画中心线三个子命令。

：绘制矩形。

：绘制圆。有指定圆心及圆上一点画圆、画同心圆、三点画圆、画相切圆和画椭圆四个子命令。

：绘制圆弧，有三点画弧，同心圆弧，圆心和端点方式画圆弧，三个图元相切画弧和锥形弧等五个子命令。

：创建圆角或椭圆角。

：绘制样条。

：绘制点或坐标系。

：使用边或等距边，该命令在二维草图绘制模块中不能使用。

：尺寸标注。

：修改尺寸值、样条几何或文本。

：约束设置。

：绘制文本。

：图元修剪。有动态修剪、修剪和打断三个子命令。

：镜像、缩放/旋转和平移图元。

：完成草绘。

：取消草绘。

2.〖草绘器〗工具栏

【草绘器】工具栏如图 6-5 所示。

↺：撤销最后一步操作。

↻：回复最后一次撤销。

⊢⊣：尺寸显示开/关的切换。

⊥：约束显示开/关的切换。

▦：栅格显示开/关的切换。

◿：顶点显示开/关的切换。

图 6-5 【草绘器】工具栏

用户可以根据自身的需要，控制尺寸、约束、栅格、顶点的显示与否，图 6-6 所示为尺寸、约束、栅格、顶点是否显示的图例。

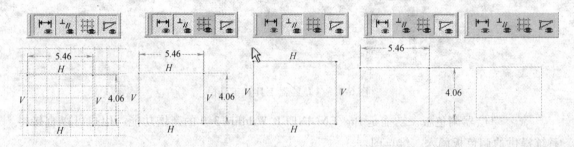

图 6-6 尺寸、约束、栅格、顶点显示控制图例

三、目的管理器的使用

草绘时，目的管理器使用户能够动态地标注和约束几何。对现有截面启用目的管理器之前，确保该截面已成功再生。草绘器找到的任何附加尺寸都将被转换成参照尺寸。

要设置草绘器以在默认情况下使用目的管理器，需将配置选项"sketcher_intent_manager"设置为"yes"。

在主菜单中依次单击『草绘』→『目的管理器』选项，当前打开的目的管理器便关闭了，图 6-7 所示为目的管理器关闭时的【菜单管理器】。

四、草图绘制环境的设置

在主菜单中依次单击『草绘』→『选项』选项，系统显示【草绘器优先选项】对话框，对话框中有【杂项】、【约束】和【参数】三个选项卡（见图 6-8）。通过必要的设定，量身定制用户自身习惯、个性化的绘制环境。

草绘器优先选项可完成下列项目的设定：

1）显示/隐藏屏幕栅格、顶点、约束、尺寸和弱尺寸。

2）设置草绘器约束优先选项。

3）改变栅格参数。

4）设置草绘器的精度和尺寸的小数位数。

【草绘器优先选项】对话框中有关选项的含义：

菜单管理器
▼ SKETCHER（草绘器）
Sketch（草绘）
Dimension（尺寸）
Constraints（约束）
AutoDim（自动尺寸标注）
Modify（修改）
Regenerate（再生）
Unregenerate（撤消再生）
Delete（删除）
Alignment（对齐）
Geom Tools（几何形状工具）
Sec Tools（截面工具）
Relation（关系）
Done（完成）
Quit（退出）
▼ GEOMETRY（几何）
Mouse Sketch（鼠标草绘）
Point（点）
Line（直线）
Rectangle（矩形）
Arc（弧）
Circle（圆）
Adv Geometry（高级几何）

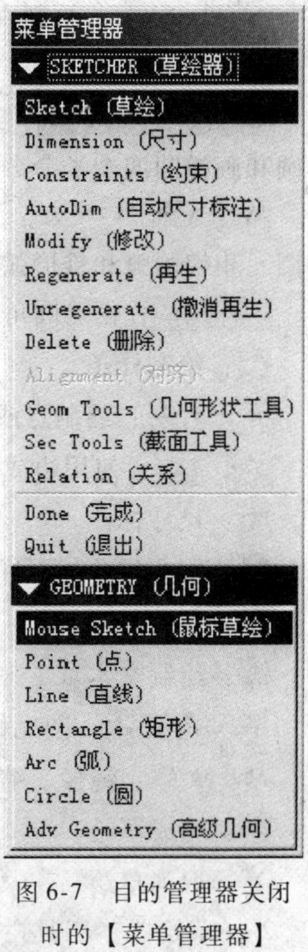

图 6-7 目的管理器关闭时的【菜单管理器】

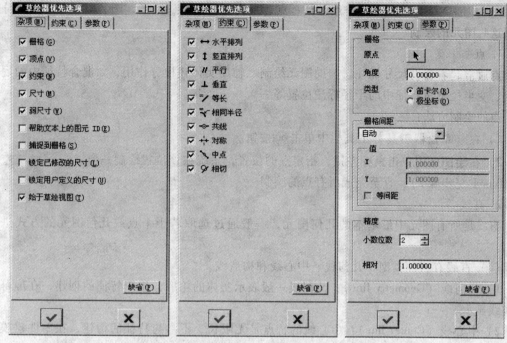

图 6-8 【草绘器优先选项】对话框

1）【帮助文本上的图元 ID】：显示帮助文本中的图元 ID。该选项复选框为"√"时，当鼠标位于某一图元附近时，系统会同时在图元旁和信息提示区显示该图元在系统中的 ID 号，如图 6-9 所示。

2）【捕捉栅格】：当该选项复选框为"√"时，用户在绘制图元时，可以捕捉到栅格。

3）【锁定已修改的尺寸】：尺寸修改后，该尺寸将被锁定。

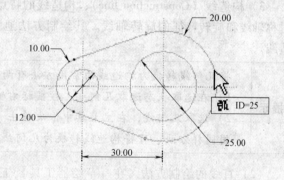

图 6-9 帮助文本上的图元 ID

4）【锁定用户定义的尺寸】：用户进行标注尺寸时，所标注的尺寸将自动被锁定。

第二节 几何图元的绘制与编辑

一、基本几何图元的绘制

当绘制几何图元时，用户可以单击『草绘器工具』工具栏中的按钮（工具栏中包含草图绘制的常见命令）、单击下拉菜单中『草绘』的有关命令（包含草图绘制的所有命令）或按鼠标右键弹出的快捷菜单中的相关选项（包含草图绘制的最常用命令）等三种方法进行绘制，下面以第一种方法为主介绍图元的绘制。

提示	在进行图元的绘制或编辑过程中，单击鼠标中键，可以执行完成当前操作、结束或取消当前命令等操作，系统切换至选取状态。

Pro/ENGINEER 基本图元一般包括：点、直线与中心线、矩形、圆、圆弧等，下面分别介绍这些图元的绘制。

1. 点

点通常起着辅助尺寸标注、辅助图元绘制、辅助实体建模等作用，如混合特征中的混合顶点、变半径圆角特征中的半径标注位置等。

点的绘制方法：

1）在〖草绘器工具〗工具栏中单击 × 按钮。

2）在绘图区内单击鼠标左键，指定点的位置，系统在该位置绘制一个点。

3）重复步骤2），直至完成所有点的绘制。

2. 直线

直线是所有图元中最基本的几何图元，一般通过选取若干个点或几何图元的方式进行绘制。

（1）直线有三种类型　几何线、中心线和构造线。

1）几何线（Geometry line）：几何线一般表示实体的轮廓，用于特征的创建，在屏幕上以实线显示。

2）中心线（Center line）：中心线的特点是无限长、不参与特征的构建，在零件建模中一般起到辅助绘图作用（如作为几何图元的对称轴线、旋转特征的旋转轴线等）。

3）构造线（Construction line）：构造线的特点是有限长、不参与特征的构建、不能作为对称轴线和旋转特征的旋转轴线。其绘制方法通常是先绘制几何线，再将几何线转换为构造线。

> **提示**
>
> 将几何线转换为构造线的常用方法有两种：
> 1）在选取状态选取几何线，按鼠标右键，在快捷菜单中选择"构建"命令。
> 2）选取几何线，在主菜单中依次单击〖编辑〗→〖转换构造〗命令。
> 用同样方法，可将构造线转换为几何线。转换构造命令的快捷键是"Ctrl + G"。

（2）直线的绘制方法　在〖草绘器工具〗工具栏中单击 \ 按钮右侧的·展开按钮，显示直线的三种绘制方式 \ \ ⁞：两点画线 \、画切线 \、两点画中心线 ⁞。

1）两点画线（中心线）的方法：

步骤1：在〖草绘器工具〗工具栏中单击 \（⁞）。

步骤2：在绘图区内单击鼠标左键，作为线的起点，移动鼠标，绘图区便显示一条直线动态橡皮筋。

步骤3：在绘图区单击线的终点位置，Pro/ENGINEER 便在两点间创建一条线，并开始另一条橡皮筋线。

步骤4：重复步骤3，直至完成所有线的绘制。

2）画切线的方法：

步骤1：在〖草绘器工具〗工具栏中单击 \ 按钮。

步骤2：选取与直线相切的第一个图元，移动鼠标，绘图区便显示一条直线动态橡皮筋。

步骤3：选取与直线相切的第二个图元，一条切线便绘制完毕。

步骤4：重复步骤2、3，直至完成所有切线的绘制。

3）用切线方式画中心线的方法：

步骤1：在主菜单中依次单击『草绘』→『线』→『中心线相切』选项。

步骤2：选取与中心线相切的第一个图元，移动鼠标，绘图区便显示一条直线动态橡皮筋。

步骤3：选取与中心线相切的第二个图元，一条中心线便绘制完毕。

提示	用画切线方式绘制直线时，选取的图元只能是圆或圆弧。

3. 矩形

矩形的绘制步骤：

步骤1：在〖草绘器工具〗工具栏中单击 □ 按钮。

步骤2：选取矩形的一个顶点。

步骤3：移动鼠标，选取矩形的另一个顶点。

步骤4：完成一个矩形的绘制。

提示	矩形的四条线是相互独立的，用户可以对它们单独进行处理（修剪、删除等）。

4. 圆

圆有几何圆和构造圆两种类型：几何圆和构造圆，其含义与几何线和构造线相同，几何圆与构造圆互相转换的方法也与几何线与构造线转换的方法相同。

在〖草绘器工具〗工具栏中单击 ⊙ 按钮右侧的·展开按钮，弹出 ○○○◎○ 工具条，此工具条有五种绘制圆的方式：⊙ 3 点画圆、⊙ 3 相切画圆、⊙ 中心/点画圆、◎ 同心画圆和 ○ 椭圆。

（1）◎ 3 点画圆

步骤1：单击 ○○○◎○ 工具条中的按钮。

步骤2：选取圆上第一个点。

步骤3：选取圆上第二个点，移动鼠标，绘图区显示圆形动态橡皮筋，用户可进行预览。

步骤4：选取圆上第三个点，完成圆的绘制。

（2）⊙ 3 相切画圆

步骤1：单击 ○○○◎○ 工具条中的 ⊙ 按钮。

步骤2：选取与圆相切的第一个图元。

步骤3：选取与圆相切的第二个图元，移动鼠标，绘图区显示圆形动态橡皮筋，用户可进行预览。

步骤4：选取与圆相切的第三个图元，完成圆的绘制。

提示	用 3 相切画圆时，相切的图元只能选取圆、圆弧或直线。

（3）◉中心/点画圆

步骤1：单击◯◯◯◉◎工具条中的◉按钮。

步骤2：选取圆的圆心点。

步骤3：移动鼠标，绘图区显示圆形动态橡皮筋，选取圆上一点，即圆通过通过该点，完成圆的绘制。

（4）◎同心画圆

步骤1：单击◯◯◯◉◎工具条中的◎按钮。

步骤2：选取一个圆或圆弧，绘制的圆则与该圆或圆弧同心。

步骤3：移动鼠标，绘图区显示圆形动态橡皮筋，选取圆上一点，即圆通过该点，完成圆的绘制。

5. 圆弧

在〖草绘器工具〗工具栏中单击⌒按钮右侧的·展开按钮，弹出⌒⌒⌒⌒⌒工具条，有五种方式绘制圆弧：⌒3点画圆弧、⌒3相切画圆弧、⌒中心/点画圆弧、⌒同心画圆弧和⌒锥形弧。

圆弧的绘制方式与圆相似，这里不再赘述。

二、高级几何图元的绘制

1. 草绘器调色板

草绘器调色板是 Pro/ENGINEER Wildfire 3.0 的新增功能，草绘器调色板其实就是一个预定义形状的定制库，用户需要的草绘形状调色板已经提供时，可从调色板中调出已定义好的几何图形插入到草图中，并对它进行必要的平移、旋转和缩放。

在〖草绘器工具〗工具栏中单击◐按钮，系统弹出【草绘器调色板】对话框，如图6-10所示，对话框中有四种预定义形状的选项卡：【多边形】选项卡（包含常规多边形）、【星形】选项卡（包含常规的星形形状）、【轮廓】选项卡（包含常见的轮廓）和【形状】选项卡（包含其它常见形状），每种类型的选项卡包含了若干种截面，单击鼠标左键可以预览截面，双击鼠标左键可以选取截面。

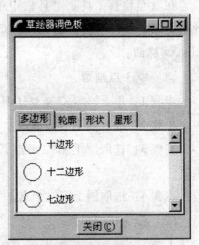

图6-10 【草绘器调色板】对话框

如要在草绘中插入一个六边形截面，具体操作步骤如下：

1）在〖草绘器工具〗工具栏中单击◐按钮。

2）拖动【多边形】选项卡右侧的滚动条，找到并双击【六边形】截面图标（见图6-11a）。

3）在绘图区中将鼠标移至【六边形】截面放置位置附近，单击鼠标左键，该点为截面的放置点（见图6-11b）。

4）系统弹出【缩放旋转】对话框，设置截面缩放比例及旋转角度（见图6-11c）。

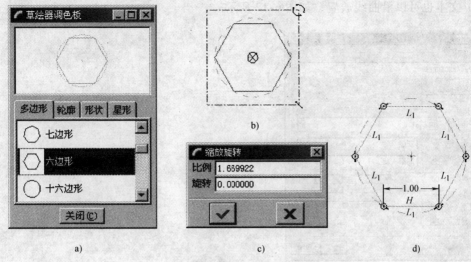

图 6-11 【草绘器调色板】应用实例

5）设置完毕后，单击对话框中 ✓ 按钮，结果如图 6-11d 所示。

提示	参数 "sketcher_ palette_ path" 可指定草绘器形状目录的路径（系统默认路径为系统默认安装目录 \text\sketcher_ palette），该选项卡的标签与工作目录的名称相对应。工作目录中的截面文件（扩展名为 sec 的文件）会作为可用形状显示在草绘器调色板中。用户可以将自己常用的截面绘制好，保存在该路径中供使用时调用。

2. 坐标系

在创建图形基准特征、旋转混合特征、一般混合特征等场合时，系统要求截面必须有坐标系。

坐标系的绘制方法：在〖草绘器工具〗工具栏中单击 ✕ 按钮右侧的 展开按钮，弹出 ✕ 人 工具条，单击 人 按钮，然后在绘图区单击某一位置来定位该坐标系。

坐标轴的确定：在草图绘制时，水平方向为 X 轴，向右为正方向；竖直方向为 Y 轴，向上为正方向；Z 轴用右手法则确定，朝用户方向为正方向。

3. 样条

样条是平滑通过多个中间点的一条光滑曲线，绘制方法如下：

1）在〖草绘器工具〗工具栏中单击 ∿ 按钮。

2）单击鼠标左键，添加样条的插入点，移动鼠标，样条拉成橡皮筋状。

3）继续添加样条插入点直至完成所有插入点的添加，单击鼠标中间键结束样条绘制。

4. 文本

文本的输入方法如下：

1）在〖草绘器工具〗工具栏中单击 Ⓐ 按钮。

2）指定两点以确定文本的高度和方位。

3）输入文本内容。

4）选择字体。

5）确定文本长宽比和倾斜角度。

6）文本也可以沿曲线放置，如图 6-12 所示。

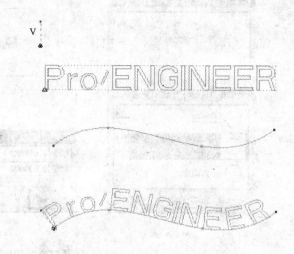

图 6-12　文本的绘制

三、几何图元的编辑

1. 删除

操作步骤如下：

1）选取要删除的图元。

2）在主菜单依次单击『编辑』→『删除』选项，也可以按键盘"DEL"键删除。

提示	1）要删除多个图元时，在选取时按住"Ctrl"键可一次选取多个图元。 2）按"Ctrl + Alt + A"键选取全部。

2. 圆角

圆角是在两个选取的任意图元之间创建一个过渡圆角，圆角的大小和位置取决于选取图元时的位置。圆角有圆形圆角和椭圆形圆角两类，这两类圆角的绘制方法是相同的，这里一并进行叙述。

1）选取第一个图元。

2）选取第二个图元，完成圆角的绘制。

提示	1）两条平行线间不能创建圆角。 2）当在两个图元之间绘制一个圆角时，系统自动在圆角相切点处分割这两个图元。 3）如果在两条非平行线之间添加圆角，则这两条直线被自动修剪出圆角。 4）如果在任何其它图元之间添加圆角，则必须用户自行删除剩余的段。

3. 使用边/偏移边

使用边是通过将所选图元投影到草绘平面上的方式创建几何图形；偏移边创建图元首先是将原始图元（如线、圆弧或样条）上的每一点首先被投影到草绘平面上，然后每个点沿投影图元法向偏移一个指定距离。

提示	用使用边创建的图元具有"～"约束符号。

4. 镜像

镜像是指以一条中心线为镜像轴线，将所选的几何图元进行复制的操作。只有截面绘制了中心线后，才能进行镜像操作。镜像操作步骤如下：

1）选取要进行镜像的图元。

2）在〖草绘器工具〗工具栏中单击■按钮。

3）选取作为镜像轴线的中心线，即完成镜像操作，如图 6-13 所示。

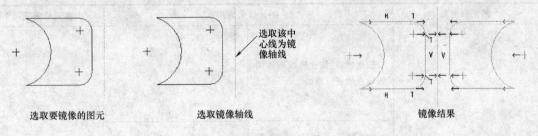

选取要镜像的图元　　　　　选取镜像轴线　　　　　镜像结果

图 6-13　图元的镜像

提示	1）进行镜像操作时，镜像的对象只能是几何图元，而无法镜像尺寸、文本图元、中心线等。 2）镜像轴线只能是中心线，其它图元不能作为镜像轴线。

5. 缩放旋转

可以对已绘制的图元进行缩放、旋转等操作，具体操作步骤如下：

1）选取要进行缩放旋转操作的图元。

2）在〖草绘器工具〗工具栏中单击◙按钮。

3）弹出【缩放旋转】对话框，可以通过该对话框输入缩放的比例和旋转的角度。

4）也可以通过拖移句柄动态地缩放旋转图元：单击鼠标左键选取句柄，按住左键并进行拖动，则图形会动态地缩放或旋转；按鼠标中键完成操作，按鼠标右键可以移动句柄，如图 6-14 所示。

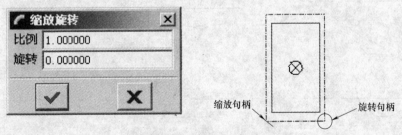

图 6-14　图形的缩放与旋转

6. 图元修剪与分割

在〖草绘器工具〗工具栏中单击■按钮右侧的展开按钮，弹出■■■工具条，即■动态修剪、■剪切或延伸和■分割图元 3 种修剪方式。

（1）动态修剪　动态修剪是 3 种修剪方式中最常用的一种。

具体操作步骤：在〖草绘器工具〗工具栏中单击■按钮，选取要修剪的图元，则该图元以绿色显示，表示该图元已被预选，单击鼠标左键，该图元则被修剪，依次选取圆外的直线，则把圆外的四条直线都修剪掉了。

如果一次需修剪多个图元时，可用下述方法以提高速度：在〖草绘器工具〗工具栏中单击 ✕ 按钮，按住鼠标左健，移动鼠标，画出一条红色显示的橡皮筋，与该橡皮筋相交的图元以红色显示，放开左键，则以红色显示的图元都将被修剪，见表 6-1。

表 6-1　图元动态修剪

图元修剪前	图元修剪方法		图元修剪后
	依次修剪：依次选取圆外的四段直线进行修剪		
	动态修剪：按住鼠标左健，移动鼠标，画出一条红色显示的橡皮筋，与该橡皮筋相交的图元以红色显示，放开左键，则红色显示的图元都将被修剪		

提示　动态修剪操作也可以删除图元。

（2）剪切或延伸　在〖草绘器工具〗工具栏中单击 ┼ 按钮，该命令具有剪切或延伸的功能，即选取的图元若没有相交，则对图元进行延伸；若选取的图元已有相交，则执行剪切。

如图 6-15 所示图形，当用户在不同的位置选取不同的图元时，其剪切或延伸的结果是不同的。

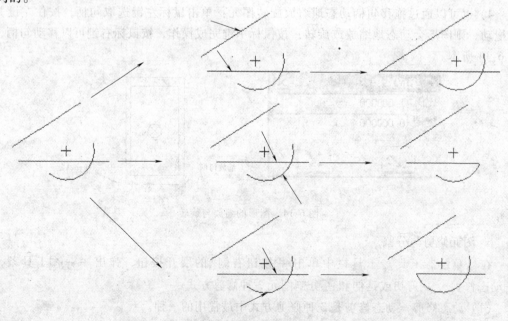

图 6-15　剪切或延伸

提示	进行图元的剪切与延伸操作时，图元的选取位置对结果影响很大。

（3）分割图元　分割图元是将已存在的几何图元在选定点处打断，将其打断成若干个几何图元，如图 6-16 所示。

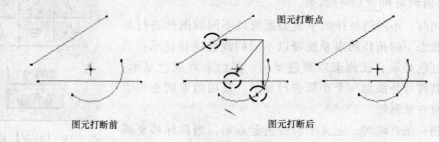

图 6-16　分割图元

7. 复制与粘贴

当草图中有多处相同的结构时，使用复制与粘贴。

1）选取要复制的几何图元。

2）在主菜单中依次单击『编辑』→『复制』或按快捷键"Ctrl + C"。

3）在主菜单中依次单击『编辑』→『粘贴』或按快捷键"Ctrl + V"。

4）弹出【缩放旋转】对话框，设置有关参数后，在绘图区中选取图元的放置点。

5）完成图元的复制与粘贴，如图 6-17 所示。

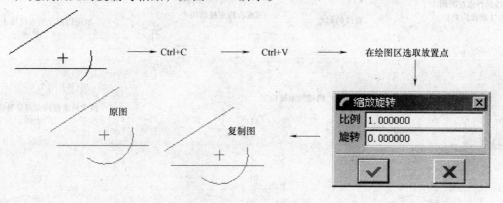

图 6-17　图元的复制与粘贴

第三节　拓扑约束

在 CAD/CAM 技术中，约束一般分为几何约束和工程约束，而几何约束又分为拓扑（结构）约束和尺寸约束。拓扑约束用来控制草图中有关图元间的拓扑关系，尺寸约束则是指草图中用来控制图元大小、位置的参数化驱动尺寸。在绘制截面时，完成图元的绘制后，通常先设置合理的约束，然后再进行尺寸的标注与修改。本节介绍 Pro/ENGINEER 软件中的拓扑约束。

一、拓扑约束的类型及显示

在〖草绘器工具〗工具栏中单击 按钮，或在主菜单中依次单击『草绘』→『约束』选项，系统显示如图6-18所示【约束】对话框。对话框中共有9种拓扑约束，分别为 ⬍ 竖直约束、↔ 水平约束、⊥ 垂直约束、⧤ 相切约束、↘ 中点约束、⊙ 重合约束、⊹ 对称约束、= 等值约束和 ∥ 平行约束。

在使用时，不同的拓扑约束类型系统以不同的图标进行显示，不同状态下的拓扑约束系统则以不同的颜色进行显示：当前约束以红色显示、强约束以黄色显示、弱约束以灰色显示、锁定约束其符号外添加一个小圆进行显示、禁用约束则在约束符号上画有一条斜线。

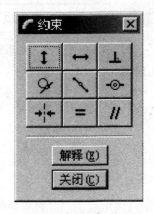

图6-18 【约束】对话框

如绘制一条直线时，定义了直线的起点后，当鼠标移至圆周附近，系统默认以点在圆周上（即重合约束 ⊙ ）的方式定义直线的终点；若直线终点只在圆周附近并不圆周上时，单击鼠标右键，则重合约束 ⊙ 被禁用，如图6-19a所示。又如绘制一个椭圆，当显示椭圆与圆相切约束时，按住"Shift"键，再单击鼠标右键，相切约束则被锁住，如图6-19b所示。图6-19c所示为约束禁用、锁定的应用实例。

表6-2中所示为拓扑约束的类型、使用说明及图例。

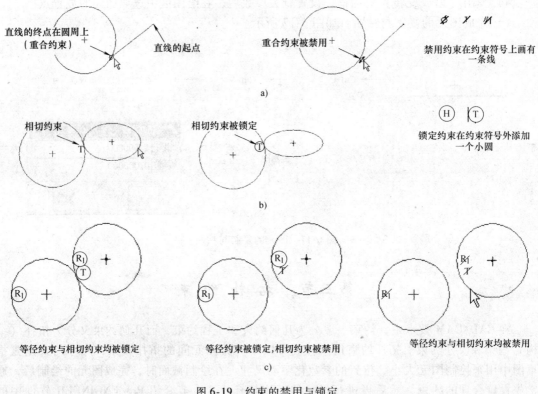

a)

b)

c)

图6-19 约束的禁用与锁定

| 提示 | 约束被禁用后，单击鼠标右键，取消禁用；约束被锁定后，按住"Shift"键，再单击鼠标右键，取消锁定。 |

表 6-2　拓扑约束的类型、使用说明及图例

类　型	说　明	约束使用的图元类型	符　号	图　例
竖直 ↕	直线竖直或两顶点竖直排列	①直线 ②两点	V |	
水平 ↔	直线水平或两顶点水平排列	①直线 ②两点	H — —	H
垂直 ⊥	使两图元互相垂直	①两条直线 ②直线与圆(弧)	$\perp n$	
切 ⌒	使两图元相切	①直线与圆(弧) ②圆(弧)与圆(弧) ③直线与椭圆 ④圆(弧)与椭圆 ⑤椭圆与椭圆	T	
中点 ⟋	点在线的中点位置	点和直线	M	
重合 ◎	使两图元重合	两图元(点、线、圆、弧、样条、面等)	○ ─○ ⟍ ⟍	
对称 →←←	使两点或顶点对称于一条中心线	中心线和两顶点	→←←	
等值 =	使图元等长度、等半径或等曲率	①两直线等长 ②两弧/圆/椭圆等径 ③样条与线或弧等曲率	L_n R_n C_n	
平行 //	使两线平行	若干条直线	$// n$	
使用边偏移边			~	

注：表中 $\perp n$、$// n$、L_n、R_n 表示该截面中互相垂直、平行、等长、等径的一组图元，如"R_1"表示有显示"R_1"约束符号的圆、圆弧或椭圆其半径值相等；C 表示样条与线（或圆弧）在该点处等曲率，如图 6-20 所示。

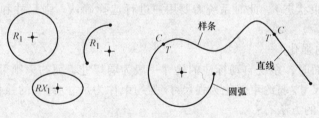

图 6-20　特定约束符号的含义

二、拓扑约束设置的一般流程

在设置拓扑约束时，其一般流程为：

1）在〖草绘器工具〗工具栏中单击 🔲 按钮或在主菜单中依次单击『草绘』→『约束』选项，屏幕显示出【约束】对话框。

2）在【约束】对话框中选择约束图标按钮。

3）按照系统提示，选取有关图元，完成该约束的设置。

4）重复步骤 2）、3），设置其它约束。

5）完成约束的设置，单击对话框中的 关闭 (C) 按钮或按鼠标中键。

例：绘制一矩形，然后在矩形的四个角点处倒圆角，欲将这四个圆角设置为等半径，操作步骤如图 6-21 所示。

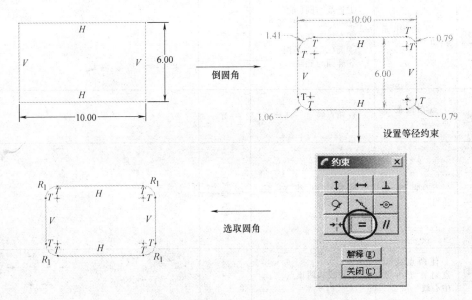

图 6-21　约束设置的一般流程

三、弱尺寸/弱约束、强尺寸/强约束与尺寸/约束的强化

1. 弱尺寸/弱约束和强尺寸/强约束

在没有用户确认的情况下，草绘器可以自动移除的尺寸或约束称为弱尺寸或弱约束。由草绘器自动创建的尺寸都是弱尺寸。标注尺寸时，如果尺寸或约束冲突，草绘器自动移除多余的弱尺寸或弱约束。弱尺寸和约束系统默认以灰色显示。

草绘器不能自动删除的尺寸或约束被称为强尺寸或强约束。由用户创建的尺寸和约束都是强尺寸或强约束。如果几个强尺寸或强约束存在过约束，则草绘器要求将其中一个或几个移除（即解除过约束状态），此时系统需要用户进行选择确认。强尺寸和强约束系统默认以黄色显示。

2. 尺寸/约束的强化

当用户绘制截面时，系统自动标注的尺寸一般为弱尺寸，而约束则可能是弱约束，也可能是强约束。将弱尺寸/弱约束转化为强尺寸/强约束称为尺寸/约束的强化。

强化尺寸/约束的方法有：

1）用鼠标左键选取欲强化的尺寸/约束，该尺寸/约束便以红色显示表示选中。

2）在主菜单中依次单击『编辑』→『转换到』选项，并在菜单中选取【强】；或按鼠标右键，在弹出的菜单中选择【强化】选项，如图6-22所示。

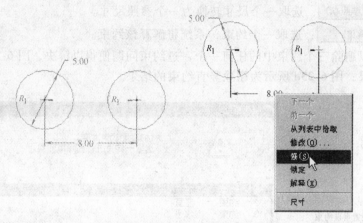

图6-22 尺寸/约束的强化

提示	1）"Ctrl + T"是强化尺寸/约束的快捷键，用户进行强化尺寸/约束的操作时，可先选取要强化的尺寸/约束，然后在键盘是按"Ctrl + T"即可。 2）加强某组中一个约束时（如一组直线等长或一组圆弧等径），则整个组的约束都将被加强。

Pro/ENGINEER 软件是基于全约束（包括拓扑约束和尺寸约束）状态下进行工作的，约束不足（欠约束）或约束太多（过约束）都无法进行正常的工作。欠约束时，用户必须添加约束，使其成为全约束；而过约束时，用户必须删除多余约束，使其成为全约束。欠约束的问题较好解决，这里介绍一下如何解决过约束的情况。

四、尺寸/约束的解释与删除

当用户欲了解某一约束的含义时，系统可以对该约束进行解释，常用方法有三种：

1）在草绘器窗口，单击一个尺寸/约束，在消息区则显示该尺寸/约束的说明。

2）选取尺寸/约束符号，按住鼠标右键，在弹出菜单上选择"解释"选项。

3）在主菜单中依次单击『草绘』→『约束』选项，系统显示【约束】对话框，单击 解释(E) 选项，然后选取欲进行解释的尺寸/约束。

当用户欲删除某一约束时，选取约束，按"DEL"键即可。删除约束后，系统会自动添加一个尺寸，使截面保持全约束状态。

提示	弱约束可以删除，但弱尺寸是不能删除的。

五、草绘中尺寸/约束冲突的解决

当添加的尺寸和约束与现有的强尺寸或强约束相互冲突或多余时，草绘器就会加亮冲突的尺寸或约束，并要求用户移除加亮的尺寸或约束之一。如图6-23a所示，分别绘制一条水平线和竖直线，其约束为 H 和 V，且均为强约束。若此时再添加约束，将该两条直线设置垂直，则图形已处于过约束状态，系统弹出图6-23b所示【解决草绘】对话框，提示用户必须从对话框中的三个约束中删除一个，使截面处于全约束状态。

该对话框有四个选项，分别为：

1) 撤消(U) ：撤消刚才的操作（约束或尺寸），使截面进入冲突前的状态。

2) 删除(D) ：选取要移除的约束或尺寸。

3) 尺寸 > 参照(R) ：选取一个尺寸转换为一个参照尺寸。

4) 解释(E) ：选取一个约束，系统将解释该约束。

此时，可以删除三个约束中的任何一个，过约束问题便得以解决，图6-23c所示为删除水平约束的结果；图6-23d所示为删除竖直约束的结果。

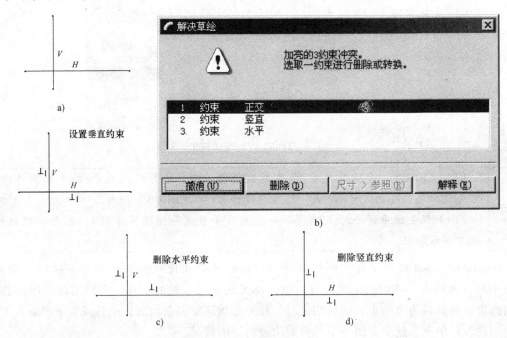

图 6-23 约束冲突的解决（一）

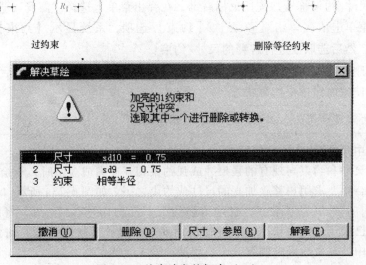

图 6-24 约束冲突的解决（二）

当然，并非只有拓扑约束才存在约束冲突问题，尺寸约束也可能存在约束冲突问题。如图 6-24 所示，两个圆设置等径约束（强约束），同时两个圆又分别标注了半径尺寸（强尺寸），此时便处于过约束状态。

> **提示**　解决约束冲突问题时，用户需根据具体的设计意图有选择性地删除多余约束。

第四节　尺寸的标注

在 Pro/ENGINEER 系统中，尺寸分为强尺寸和弱尺寸两种（强尺寸、弱尺寸的有关内容已在上一节中作了介绍）。用户绘制二维截面时，系统会自动对所绘制的图元进行尺寸标注，由系统自动标注的尺寸均为弱尺寸，系统在创建和删除它们时不进行任何提示。有时，系统自动标注的尺寸并非用户所需要的，此时用户需要进行手动标注，标注后的尺寸如果尺寸值不对，则需要进行必要的修改。

> **提示**　手动标注的尺寸均为强尺寸，添加强尺寸时，系统自动删除不必要的弱尺寸和约束。

一、尺寸标注

1. 尺寸的类型

尺寸可分为长度尺寸、距离尺寸、角度尺寸和径向尺寸四种，各种类型又可分为若干种子类型，表 6-3 列出了尺寸的类型、标注方法及图例。

表 6-3　尺寸的类型、标注方法及图例

类　型	标注方法	符　号	备　注
线长度	①单击该线 ②单击鼠标中键以放置该尺寸	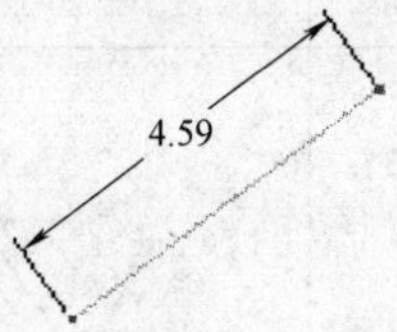 4.59	
长度尺寸 周长	①选取一个或一组图元 ②在主菜单中依次单击〖编辑〗→〖转换到〗→〖周长〗选项 ③选取一个由周长尺寸驱动的尺寸 ④单击所选取图元上的一个尺寸	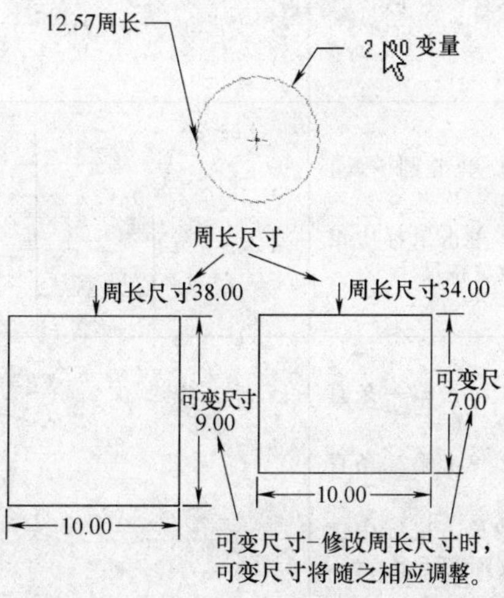 12.57周长　2.00变量 周长尺寸 周长尺寸38.00　周长尺寸34.00 可变尺寸9.00　可变尺寸7.00 10.00　10.00 可变尺寸-修改周长尺寸时，可变尺寸将随之相应调整。	

（续）

类 型		标注方法	符 号	备 注
距离尺寸	两平行线间距离	①单击这两条直线 ②单击鼠标中键以放置该尺寸	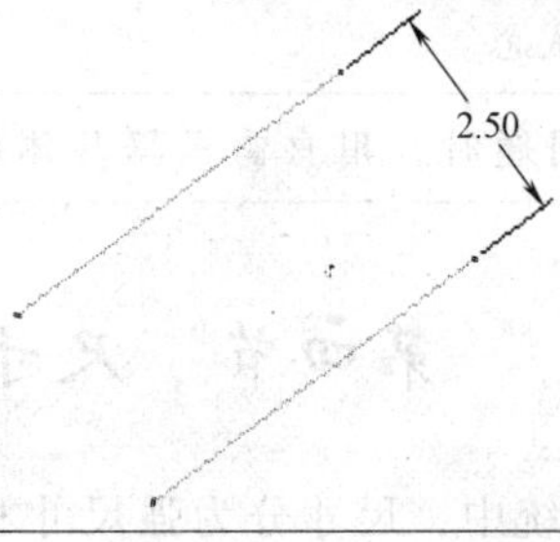 2.50	
	点线距离	①单击该直线 ②单击该点 ③单击鼠标中键以放置该尺寸	 2.47	
	两点距离	①单击这两点 ②单击鼠标中键以放置该尺寸	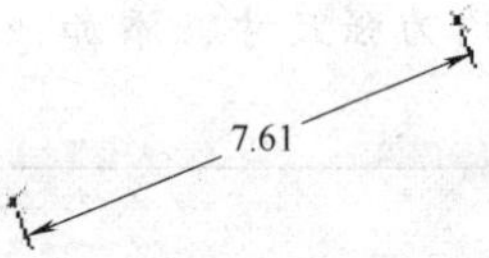 7.61	
	两圆（弧）距离	①单击两圆弧 ②按鼠标中键 ③弹出尺寸定向对话框 ④用户选择尺寸定向方式 ⑤按鼠标中键或单击 接受(A)	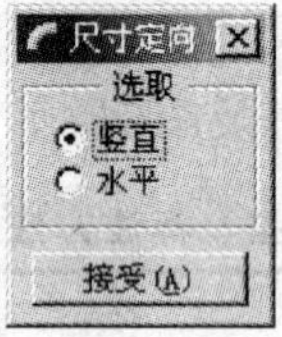 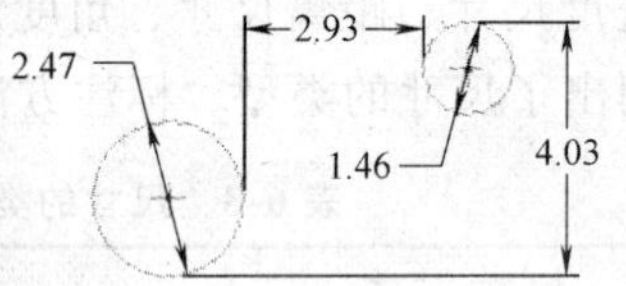 尺寸定向 选取 竖直 水平 接受(A) 2.47　2.93 1.46　4.03	
	圆（弧）与直线距离	①单出圆（弧）与直线 ②单击鼠标中键以放置该尺寸	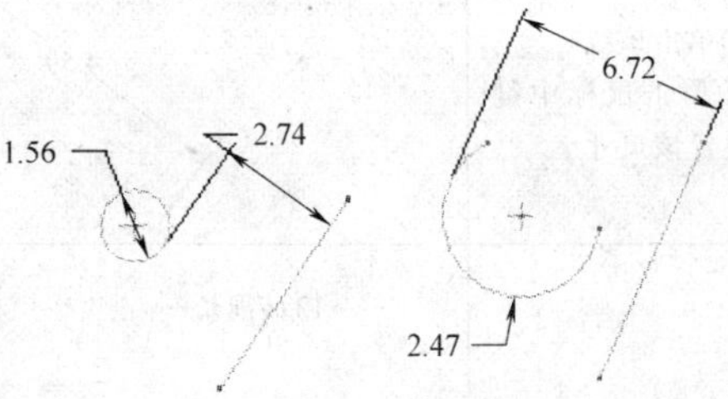 1.56　2.74　6.72 2.47	
	圆（弧）与点距离	①单击圆（弧）和点 ②单击鼠标中键以放置该尺寸	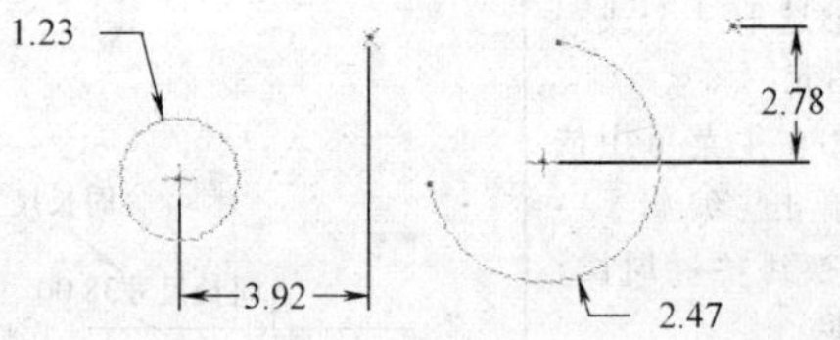 1.23　2.78 3.92　2.47	系统以中键的位置确定标注水平尺寸还是竖直尺寸
角度尺寸	两相交线间角度	①单击第一条直线 ②单击第二条直线 ③单击鼠标中键以放置该尺寸	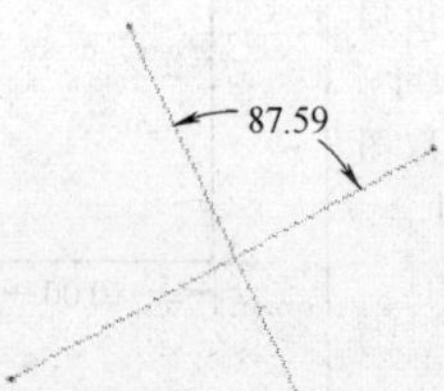 87.59	放置尺寸的位置决定了角度的标注方式（锐角还是钝角）

（续）

类　型	标注方法	符　号	备　注
角度尺寸	圆弧角度	①单击圆弧和两个端点 ②单击鼠标中键以放置该尺寸	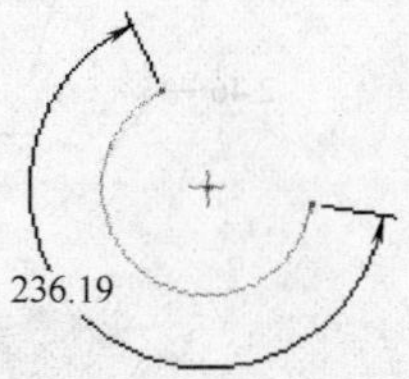 236.19	选取圆弧和两个端点时，其顺序可以随意
	非圆曲线的角度	该标注方式要选取三个对象：非圆曲线端点、非圆曲线和直图元（如：中心线、直线、实体边线等），三者的选取顺序没有严格要求	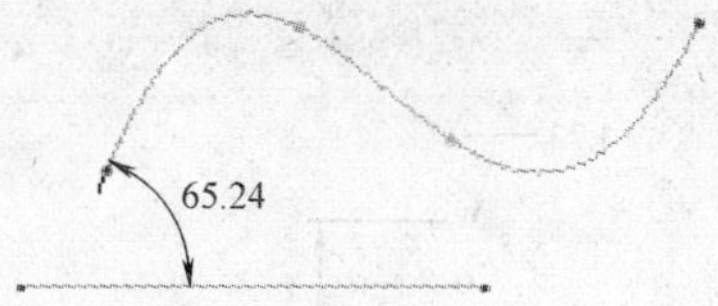 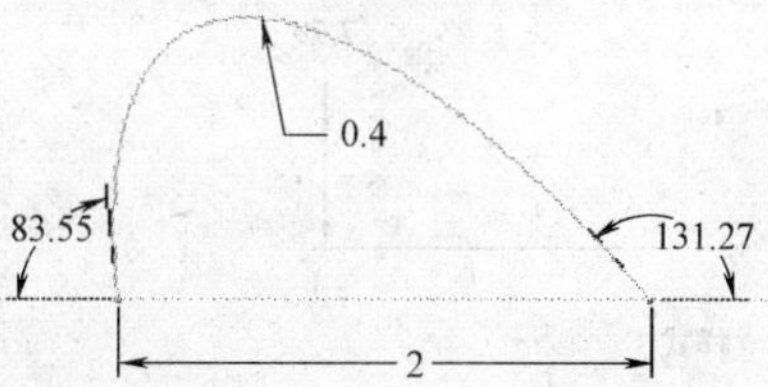 65.24 0.4 83.55　131.27 2	
径向尺寸	圆（弧）直径尺寸	①双击圆（弧） ②单击鼠标中键来放置该尺寸	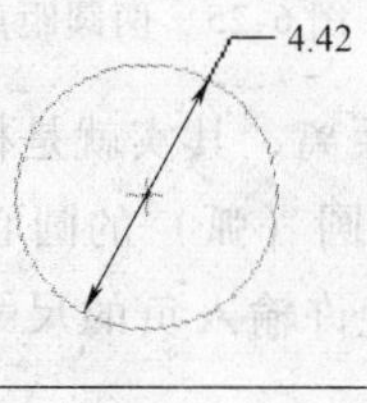 4.42	
	圆（弧）半径尺寸	①单击圆（弧） ②单击鼠标中键来放置该尺寸	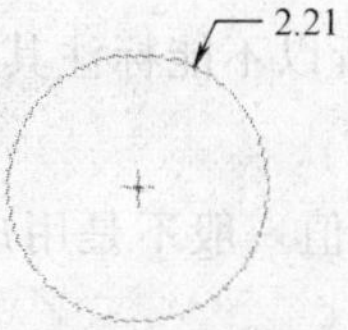 2.21	
	旋转截面直径尺寸	①单击要标注的图元（旋转轴的中心线） ②单击作为旋转轴的中心线（图元） ③再次单击要标注的图元（中心线） ④单击鼠标中键来放置该尺寸	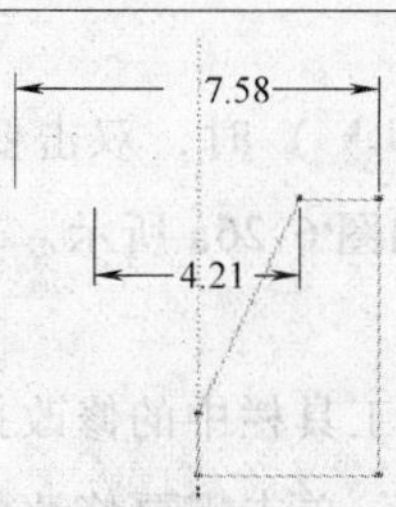 7.58 4.21	要选取三次对象，即若先选取中心线，则选取标注图元后还要选取一次中心线；反之亦然

2. 尺寸标注的注意事项

1）在标注两圆（弧）距离尺寸或圆（弧）与直线距离尺寸时，可以以水平方式和垂直方式标注，尺寸界线的标注位置是距离用户选取两圆弧时的选取点最近的切点，如图 6-25 所示为两圆距离竖直尺寸标注的四种情形。

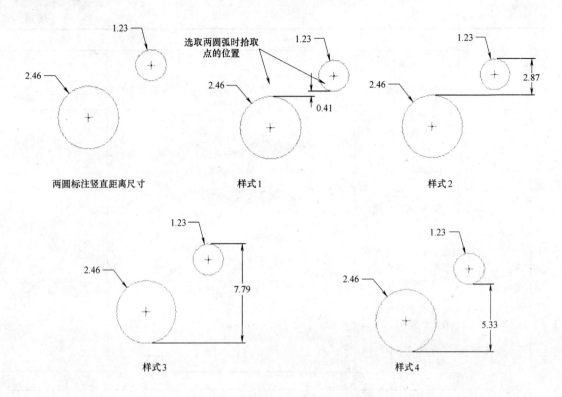

图 6-25　两圆距离竖直尺寸的标注

2）标注圆（弧）与点的距离，其实就是标注圆（弧）的圆心点与点的距离，而不论用户选取的是圆（弧）还是选取圆（弧）的圆心点。

3）对于某些尺寸，系统允许输入负的尺寸值，当输入负的尺寸值时，会改变对象的几何方向。

4）中心线是无限长的，所以不能标注其长度尺寸。

二、尺寸修改

系统自动标注尺寸的尺寸值一般不是用户所需要的，因此需要对尺寸值进行修改。修改尺寸常用的方法有两种：

1. 尺寸修改方法一

草绘器处于选取状态（即　）时，双击要修改尺寸值的尺寸文本，在文本框中输入新的尺寸值，按键盘回车键，如图 6-26a 所示。

2. 尺寸修改方法二

1）单击〖草绘器工具〗工具栏中的修改按钮　，弹出【修改尺寸】对话框。

2）在该"尺寸"列表中，单击需要修改的尺寸值，然后输入一个新值；也可以单击并拖动要修改的尺寸右侧的旋转轮盘：要增加尺寸值，向右拖动该旋转轮盘；要减少该尺寸值，则向左拖动该旋转轮盘。在拖动该轮盘的时候，Pro/ENGINEER 会动态地更新几何图元。

3）重复步骤 2），修改其它尺寸，如图 6-26b 所示。

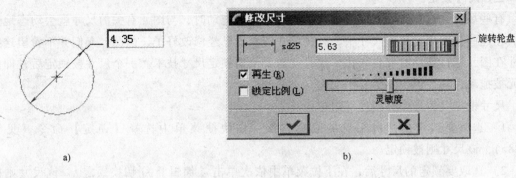

图 6-26　尺寸修改

3.【修改尺寸】对话框

【修改尺寸】对话框中再生、锁定比例和灵敏度三个选项的含义：

1）再生：用户每修改一个尺寸后，系统自动按新的尺寸求解二维草图。

2）锁定比例：【修改尺寸】对话框中所列出的尺寸，其中某一尺寸的数值修改变化时，其它尺寸也随之等比例地变化，如图 6-27 所示。

3）灵敏度：拖动旋转轮盘可以调整尺寸，该选项设置拖动旋转轮盘调整尺寸的灵敏程度。

提示	当修改一个弱尺寸的尺寸值或在一个关系中使用该弱尺寸时，该尺寸则变为强尺寸。

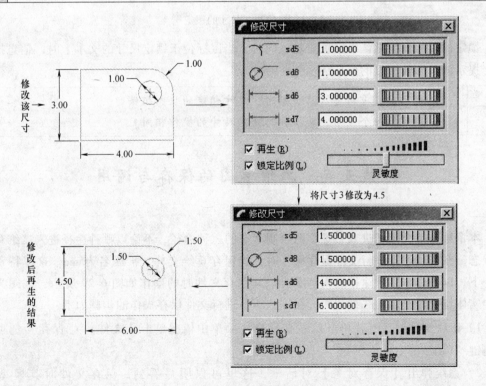

图 6-27　锁定比例

三、尺寸锁定

有些场合，需要对图元进行拖动，对图元进行拖动时，与图元有关的尺寸就会动态地变化。在这些会发生变化的尺寸中，有些尺寸的数值已经修改好了，因此，人们并不希望这些尺寸在图元进行拖动时发生变化，此时就需要使用锁定尺寸技术。一个尺寸被锁定后，即使图元被拖动，其数值也不会发生变化。

尺寸锁定具体操作有两种常用途径：

1）选取要锁定的尺寸后，按鼠标右键，在快捷菜单中选择【锁定】命令（见图6-28a)，该尺寸则被锁定。

2）选取要锁定的尺寸后，在下拉菜单中依次单击『编辑』→『切换锁定』，该尺寸则被锁定（见图6-28b)。

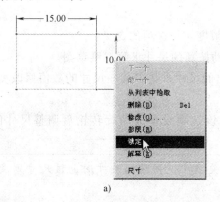
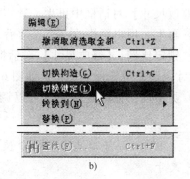

图 6-28 尺寸的锁定

锁定的尺寸系统默认以橙色显示，同时，当鼠标位于锁定尺寸的文本上时，信息提示区也会提示该尺寸被锁定的信息 sd0 = 10.00 （锁定）。

提示	1）在退出或重新进入草绘器时，尺寸锁定的状态仍保留。 2）要解锁一个尺寸，其操作与锁定尺寸的操作相同。

第五节 二维草图的保存与调用

一、二维草图的保存

本章第一节介绍了进入二维草图绘制状态的三种途径，不论以哪种途径进入二维草图绘制状态，在该状态下进行文件保存操作时，均保存草绘文件，扩展名为 sec。这里特别要说明一下，以第二、三种途径进入草绘时，其保存文件时的操作如图 6-29 所示，该图为创建拉伸实体特征时绘制的二维截面，在该状态下进行文件保存操作的步骤如下：

1）在〖文件〗工具栏单击 按钮或在主菜单中依次单击『文件』→『保存』选项或按快捷键"Ctrl + S"；

2）系统弹出【保存对象】对话框，这里可以明显看到，保存文件时其模型名为 s2d0001.sec，即说明该文件为 sec 草绘文件。

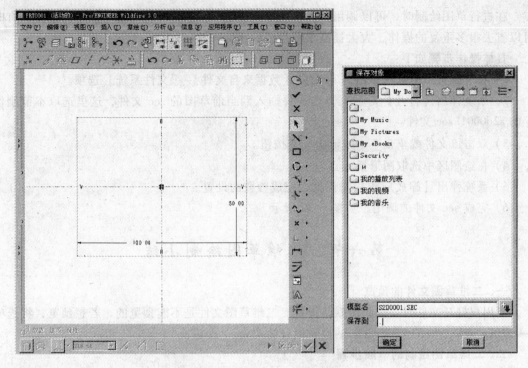

图 6-29 实体造型绘制截面时保存文件

二、二维草图文件的打开与调用

1. 打开二维草图文件

草绘文件（sec 文件）可以由 Pro/ENGINEER 软件直接打开，这里不作太多说明。

2. 调用二维草图文件

图 6-30 sec 文件的调用

在进行草图绘制时，可以调用已存在的 sec 文件，将它插入到当前草图中，这样，有时可以省去很多重复的操作，大大提高草图绘制的速度。

具体操作步骤如下：

1）在下拉菜单中依次单击『草绘』→『数据来自文件』→『文件系统』选项。

2）系统弹出【打开】对话框，选择要插入到当前草图的 sec 文件，这里选取本节刚保存的 s2d0001. sec 文件。

3）双击该文件或单击 ▩▩▩▩ 打开(0) ▩▩▩▩ 按钮。

4）在绘图区中选取图形插入点。

5）系统弹出【缩放旋转】对话框，完成参数的设置。

6）完成 sec 文件的调用，如图 6-30 所示。

第六节 二维草图绘制小结

一、二维草图文件的预览

当用户打开文件时，按系统默认设置，二维草图文件是不能预览的，若想预览，将选项"sketcher_ save_ preview_ image"的设置值设为"yes"即可。

二、二维草图绘制的一般步骤

1）仔细阅读零件图，理解设计人员的设计意图。

2）启动 Pro/ENGINEER 软件，选择适当的途径进入草绘状态。

3）绘制草图的几何图元。首先绘制草图中的最大轮廓（或主要轮廓），设置合理的约束，修改尺寸至尺寸值；然后绘制其它轮廓并进行约束设置、尺寸修改，直至完成草图的绘制。

4）如果需要，可添加截面尺寸间的关系，通过尺寸关系式来控制截面形状。

5）完成草图的绘制，保存草图并退出。

三、点在二维草绘中的辅助作用

如图 6-31a 所示，$2 \times \phi16$ 圆对称于两条轴线的交点，如何通过设置适当的约束体现设计者的设计意图？

具体操作步骤如下：

1）绘制一矩形：矩形长 100mm、宽 60mm，对称于水平中心线和竖直中心线，如图 6-31b所示。

2）绘制两个圆和一个点：两个圆设置等径约束，标注两个圆心点距离的水平尺寸和竖直尺寸并修改尺寸至图示尺寸值，如图 6-31c 所示。

3）设置点与两个圆心点分别对称于水平中心线和竖直中心线，如图 6-31d 所示。

4）修改两个圆心点的距离尺寸，此时则能保证两个圆对称于两条轴线的交点。

四、构造线在二维草绘中的辅助作用

在图形或产品中，经常会有多处均布的结构，在零件造型中体现这样的结构则一般需要用到构造线。

如图 6-32a 所示，在 $\phi100$ 的圆周上均布了三处相同的结构。在应用 Pro/ENGINEER 软件进行草绘时，如何将这样的结构用约束体现出来呢？具体做法是：

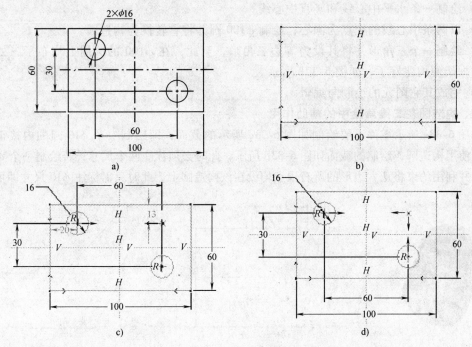

图 6-31　点在二维草绘中的辅助作用

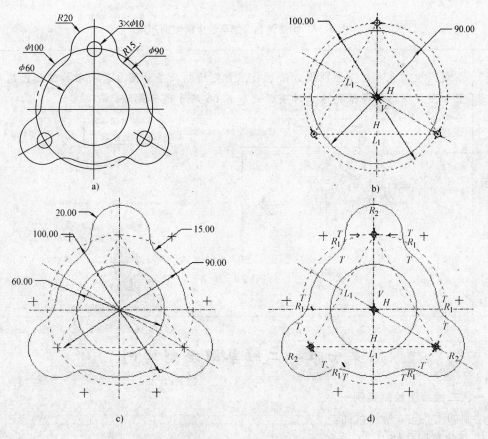

图 6-32　构造线在二维草绘中的辅助作用

1）绘制一条水平中心线和竖直中心线。

2）以两条中心线的交点为圆心，绘制 $\phi100$ 圆并将它转换为构造圆。

3）绘制一个三角形并将其设为等边三角形，至此，在 $\phi100$ 的圆周上均布了三处相同结构的框架便构建好了，如图 6-32b 所示。

4）完成其它图元的绘制与编辑。

五、构造圆在二维草绘中的辅助作用

如图 6-33a 所示零件，要绘制如图 6-33c 所示的截面，即绘制一个 $\phi10$ 圆的内接正六边形。不使用构造圆，绘制的截面如图 6-33b 所示，此时必须标注两个尺寸；若绘制一个 $\phi10$ 构造圆，并利用约束将正六边形的所有顶点均设在该构造圆上，此时只需标注 $\phi10$ 尺寸即可。

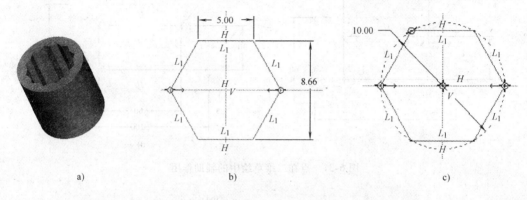

图 6-33　构造圆在二维草绘中的辅助作用

提示	该例中，也可用下图所示方法进行：首先绘制两条如图 a 箭头所构造线，然后设置如图 b 所示的等长约束，冲突时选取 8.66 尺寸进行删除。 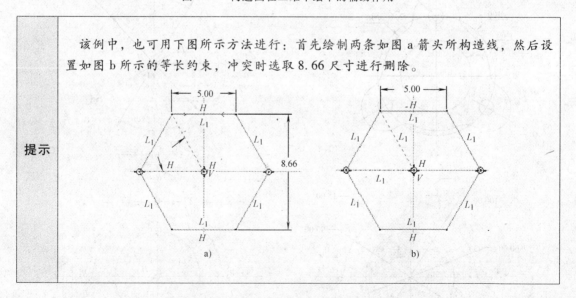

第七节　二维草图绘制实例

一、二维草图绘制实例一

绘制如图 6-34a 所示截面。

1. 新建草图文件

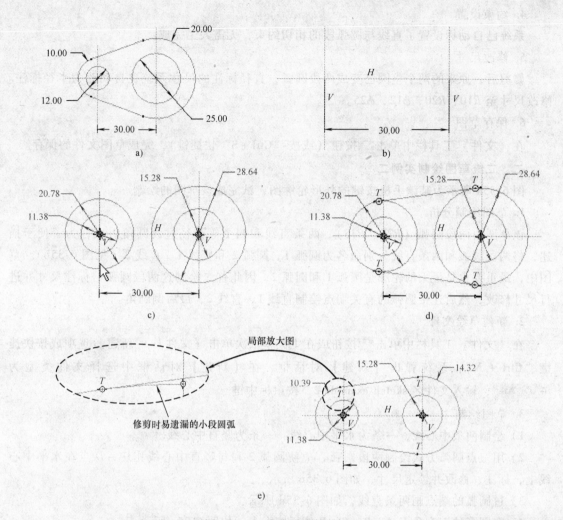

图 6-34 二维草图绘制实例一

在『文件』工具栏中单击 □ 按钮或在主菜单依次单击『文件』→『新建』选项或按快捷键"Ctrl + N"，系统弹出【新建】对话框，在【新建】对话框中选择文件类型为 ○ ▦ 草绘 ，输入文件名 sketch-example-1。

2. 草图绘制

1）绘制中心线。按鼠标右键，在快捷菜单中选择【中心线】命令，绘制如图 6-34b 所示三条中心线。

2）标注并修改两条竖直中心线距离至尺寸 30mm。

3）画圆。按鼠标右键，在快捷菜单中选择【圆】命令，绘制四个圆，如图 6-34c 所示。

4）在『草绘器工具』工具栏中单击 \ 按钮，用画切线方式绘制两条直线，如图 6-34d 所示。

3. 草图编辑

在『草绘器工具』工具栏中单击 ≁ 按钮，修剪整圆中多余的圆弧段，如图 6-34e 所示。进行图元修剪时，尤其要注意容易被遗漏的小段圆弧。

4. 约束设置

系统已自动标设置了直线与圆弧段的相切约束，无需人工完成。

5. 修改尺寸

修剪后，原来的两个整圆已变成两段圆弧，直径标注的尺寸系统也自动改为半径标注。修改尺寸至 $R10$、$R20$、$\phi12$、$\phi25$。

6. 保存草图

在〖文件〗工具栏中单击 ▣ 按钮（或按"Ctrl + S"快捷键），完成草图文件的保存。

二、二维草图绘制实例二

图 6-35a 所示为某款手机按键的外形轮廓图，试完成该草图的绘制。

1. 草图绘制分析

该草图由两段圆弧（$R25$、$R35$）、两条直线和四个等半径过渡圆角组成，为了便于描述，将两段圆弧和两条直线分别命名为圆弧 1、圆弧 2 和直线 1、直线 2（见图 6-35b）。草图中，最重要也是最大的轮廓是圆弧 1 和圆弧 2，因此首先绘制这两段圆弧、标注尺寸并进行尺寸修改，然后连接圆弧的有关端点绘制直线 1、直线 2，最后倒圆角。

2. 新建草绘文件

在〖文件〗工具栏中单击 ▣ 按钮或在主菜单依次单击『文件』→『新建』选项或按快捷键"Ctrl + N"，系统弹出【新建】对话框，在【新建】对话框中选择文件类型为 ⊙▨ 草绘，输入文件名 sketch-example-2，按鼠标中键。

3. 草图绘制

1）绘制两条中心线，一条为水平中心线，一条为竖直中心线。

2）用三点圆弧方式绘制两段圆弧，应使圆弧 2 和与竖直中心线相切，D 点在水平中心线上，标注、修改并锁定尺寸，如图 6-35c 所示。

3）过圆弧的端点画两条直线，如图 6-35d 所示。

4）在图形的四个角点 A、B、C、D 处画四个点，如图 6-35e 所示。

4. 草图编辑

1）在四个角点处倒圆角，如图 6-35f 所示。

2）删除或裁剪倒圆角后多余的曲线，如图 6-35g 所示。

5. 约束设置

1）等径约束：四段过渡圆角半径相等。

2）点在实体上约束：A 点在直线 1 和圆弧 2 上，B 点在直线 1 和圆弧 1 上，C 点在直线 2 和圆弧 1 上，D 点在直线 2 和圆弧 2 上。

约束设置后草图如图 6-35h 所示。

6. 标注、修改尺寸

1）标注尺寸。尺寸标注如图 6-35i 所示。注意：几个线性尺寸应标注在点上。

2）修改尺寸，尺寸修改后如图 6-35a 所示。

7. 保存草图

在〖文件〗工具栏中单击 ▣ 按钮（或按"Ctrl + S"快捷键），完成草图文件的保存。

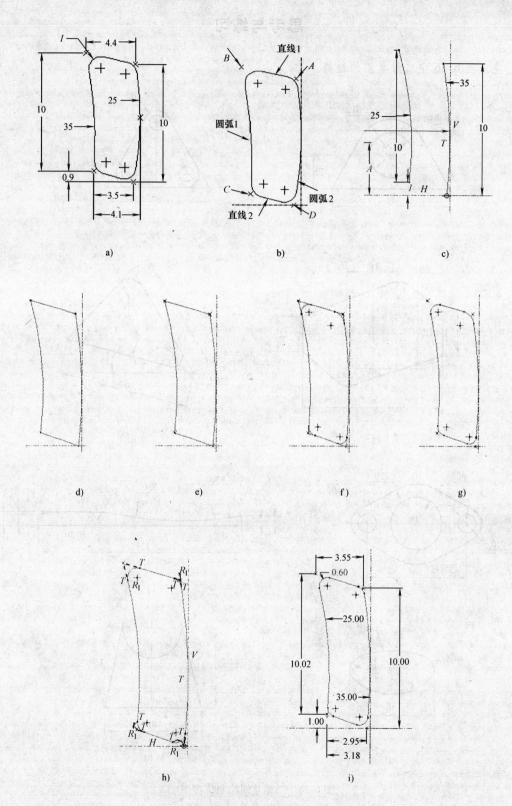

图 6-35 二维草图绘制实例二

思考与练习

完成图 6-36 中二维草图的绘制。

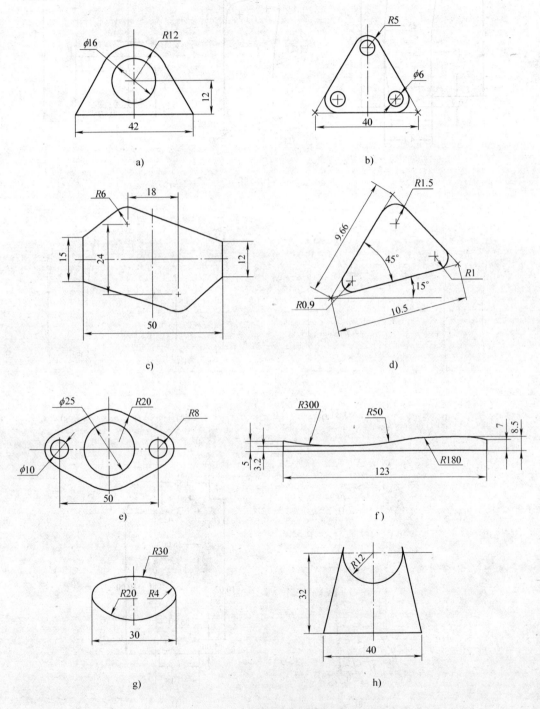

图 6-36 二维草图绘制练习图

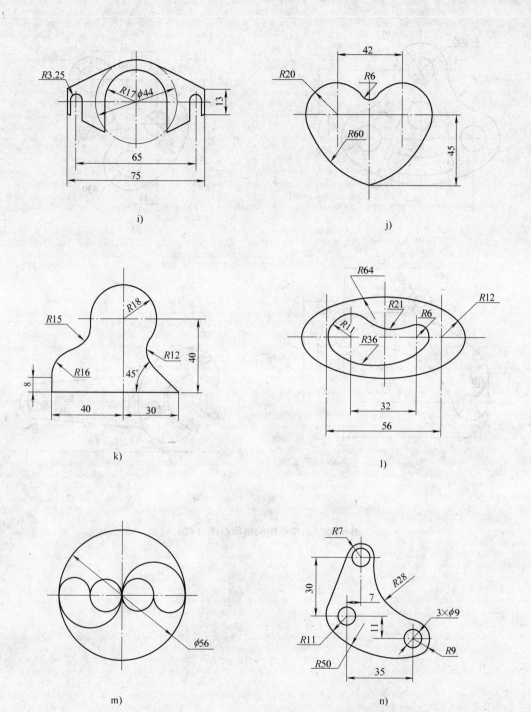

i)

j)

k)

l)

m)

n)

图 6-36 二维草图绘制练习图（续）

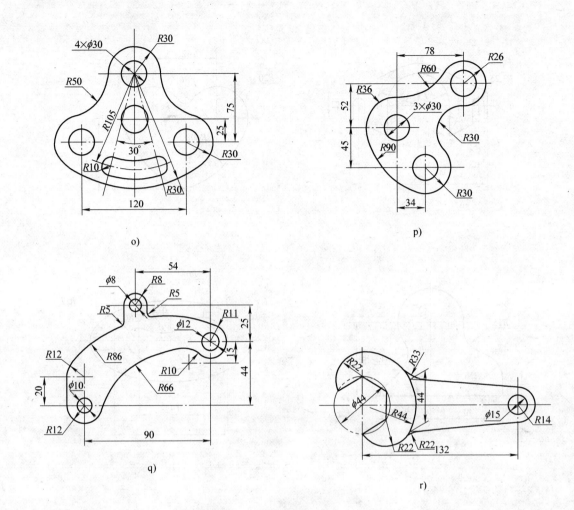

o)

p)

q)

r)

图 6-36　二维草图绘制练习图（续）

第 七 章

基准特征的创建

Pro/ENGINEER 软件中，基准特征可分为一般基准特征和高级基准特征。一般基准特征包括：基准平面、基准轴、基准点、基准坐标系和基准曲线等；高级基准特征则包括：分析特征、参照特征、图形特征、带特征等，图 7-1 所示为一般基准特征、高级基准特征和〖基准〗工具栏。本书主要介绍一般基准特征，部分高级基准特征在随后章节的应用中再作介绍。

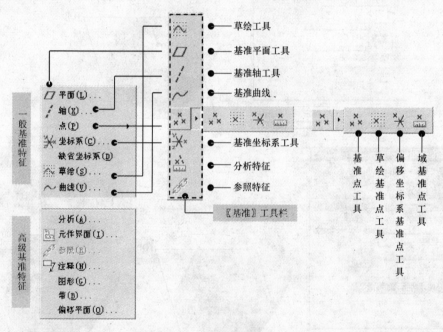

图 7-1　一般基准特征、高级基准特征和〖基准〗工具栏

第一节　基准平面

一、基准平面概述

1. 基准平面的应用

基准平面是零件建模过程中最重要、最常用的基准特征，基准平面的应用有以下几个方面：

1）作为创建特征时的草绘平面或参考平面。

2）作为创建放置特征时的放置平面。

3）作为尺寸标注或零件装配的参照。

4）作为镜像操作时的镜像平面等。

2. 基准平面的显示

基准平面的显示有颜色和大小两个方面。

根据基准平面的显示角度的不同，用户可以观看到基准平面的正法线方向和负法线方向，此时，基准平面默认以褐色和灰色进行显示：当用户观看到基准平面的正法线方向时，基准平面以褐色显示；当用户观看到基准平面的负法线方向时，基准平面以灰色显示。

基准平面虽然是无限大的，但其显示的大小是有界的，且显示的大小可进行调整与设置：指定基准平面显示轮廓的高度和宽度值（见图 7-2a），或使其与零件、特征、曲面、边或轴的大小相吻合（见图 7-2b），或拖动基准平面的控制滑块调整基准平面的显示边界（见图 7-2c）。

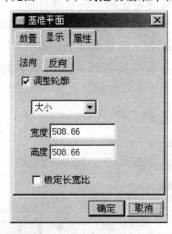
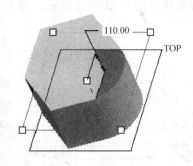

a)

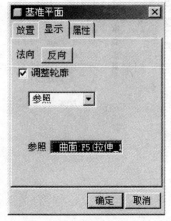
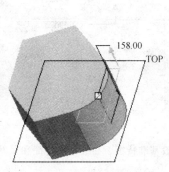
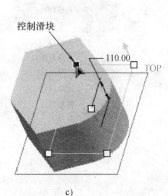

b)

c)

图 7-2　基准平面显示大小的调整

提示

1）当进行元件装配、定向视图或确定草绘参照而选取基准平面时，应注意基准平面的颜色。

2）用户可以设置基准特征的显示颜色，具体操作是：在主菜单中依次单击『视图』→『显示设置』→『系统颜色』选项，系统弹出【系统颜色】对话框，单击【基准】选项卡，进行颜色设置，如图 7-3 所示。

3）指定为基准平面的显示轮廓高度和宽度的值不是 Pro/ENGINEER 尺寸值，也不会显示这些值。

3. 基准平面的名称

创建基准平面时，系统以 DTM1、DTM2、…的名称依创建顺序进行命名，若要更改基准平面的名称，可以通过下列途径实现：

1）在【基准平面】对话框的【属性】选项卡中输入新的名称，如图 7-4a 所示。

2）在模型树中双击该基准平面的名称，如图 7-4b 所示。

3）在模型树中右键单击相应基准特征，然后在弹出的快捷菜单上选取【重命名】，如图 7-4c 所示。

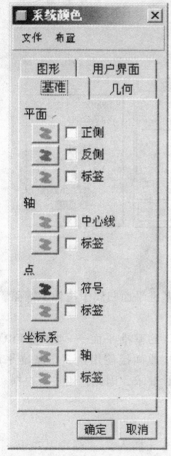

图 7-3　基准特征显示颜色的设置

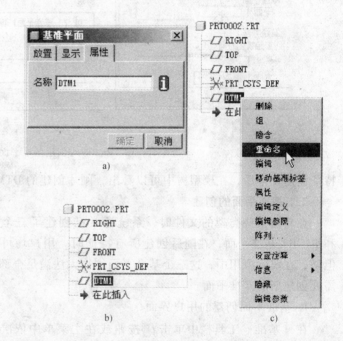

图 7-4　基准平面名称的修改

4. 基准平面的选取

要选取一个基准平面，可以在绘图区中选取其名称或选取其边界，也可以从模型树中单击其名称进行选取。如要选取 TOP 基准面，可在绘图区中选取 TOP 名称（见图 7-5a）、选取它的边界（见图 7-5b）或在模型树中单击其名称（见图 7-5c）。

5. 即时创建基准平面（外部基准平面和内部基准平面）

在特征创建过程中，系统允许通过单击【基准】工具栏中 ▱ 按钮或在主菜单中依次单击『插入』→『模型基准』→『平面』选项来即时创建基准平面，此时，该基准平面归属于该特征。如图 7-6 所示，创建拉伸实体特征，在选取草绘平面时（见图 7-6a），单击【基准】工具栏中 ▱ 按钮，弹出【基准平面】对话框，用图 7-6b 所示方式创建基准平面，拉伸实体

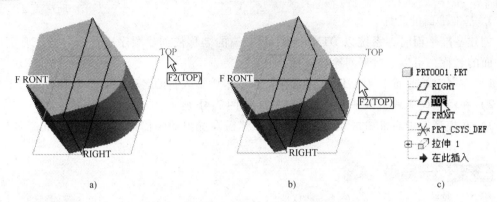

图 7-5　基准平面的选取

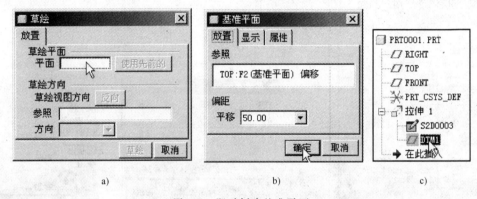

图 7-6　即时创建基准平面

特征创建完毕后，在模型树中可以看出，刚才创建的 DTM1 基准平面归属于拉伸 1 特征。

二、基准平面的创建

在新建某些类型的文件时，系统通常已创建了三个默认的基准平面——TOP、FRONT 和 RIGHT 基准平面，在随后创建所有特征时，用户均可直接或间接使用这 3 个基准平面。但是，在实际应用中，这三个基准平面往往无法满足全部设计要求，因此，用户需根据实际需要创建新的基准平面。

1. 基准平面创建的用户界面

在『基准』工具栏中单击 ▱ 按钮或在主菜单中依次单击『插入』→『模型基准』→『平面』选项，系统弹出【基准平面】对话框。该对话框共有三个选项卡：【放置】选项卡、【显示】选项卡和【属性】选项卡，如图 7-7 所示。

1）【放置】选项卡包括【参照】收集器和【偏距】。【参照】收集器用于用户选取参照来创建基准平面，参照主要有平面、曲面、边、点、坐标系、轴、顶点、基于草绘的特征、曲线、草绘基准曲线、基准坐标系和非圆柱曲面等，每个选取参照均设置一个约束；约束的类型有穿过、偏移、平行、法向、相切、角度和混合截面等。【偏距】主要是指基准平面偏移的距离或旋转的角度。

2）【显示】选项卡主要控制基准平面的显示，包括法向和大小，调整轮廓复选框打 ☑，系统则允许用户对基准平面的大小进行调整。基准平面的大小可用数值确定，也可以用选取参照，使基准平面到选取的参照上。

图 7-7　创建基准平面用户界面

3）【属性】选项卡中可对基准平面进行重命名，还可在 Pro/ENGINEER 浏览器中查看关于当前基准平面特征的相关信息。

2. 基准平面创建的基本步骤

步骤 1：在〖基准〗工具栏中单击 □ 按钮或在主菜单中依次单击『插入』→『模型基准』→『平面』选项，系统弹出【基准平面】对话框。

步骤 2：在【放置】选项卡状态下，选取有关参照，若要选取多个参照，必须按住"Ctrl"键。

步骤 3：若需要，在【放置】选项卡的【偏距】栏中输入平移距离或旋转角度。

步骤 4：若需要，在【显示】选项卡中设置基准平面的法线方向和大小。

步骤 5：若需要，在【属性】选项卡中修改基准平面的名称。

步骤 6：在【基准平面】对话框中单击 确定 按钮，完成基准平面的创建。

基准平面是通过选取参照、应用约束进行创建的，参照图元可以是点、顶点、平面、曲面、基准平面、轴、边、坐标系等，约束主要有通过、垂直、平行、偏移、角度、相切、混合截面等，当用户选取不同类型的参照图元时，系统将自动给予不同的约束。

3. 基准平面的创建

创建基准平面的约束类型及图例详见表 7-1。

表 7-1　创建基准平面的约束类型及图例

约束类型	约束描述	选取的约束参照	图　　例
穿过 Through	基准平面通过选取的参照	轴、边、曲线、点、顶点、平面、圆柱	
法向 Normal	基准平面垂直选取的参照	轴、边、曲线、平面	

（续）

约束类型	约束描述	选取的约束参照	图　例
平行 Parallel	基准平面平行选 取的参照	平面	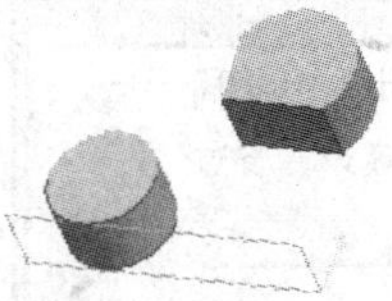
偏移 Offset	基准平面偏移选 取的参照，输入平移 或旋转偏移值	平面、坐标系	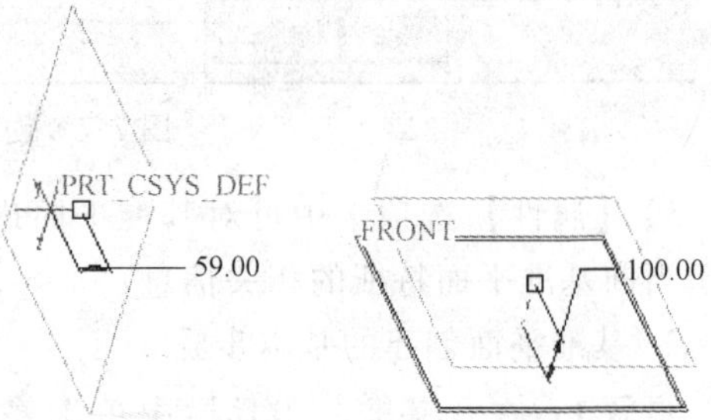 PRT_CSYS_DEF — 59.00　FRONT 100.00
角度 Angle	基准平面与选取 的参照成一定夹角	平面	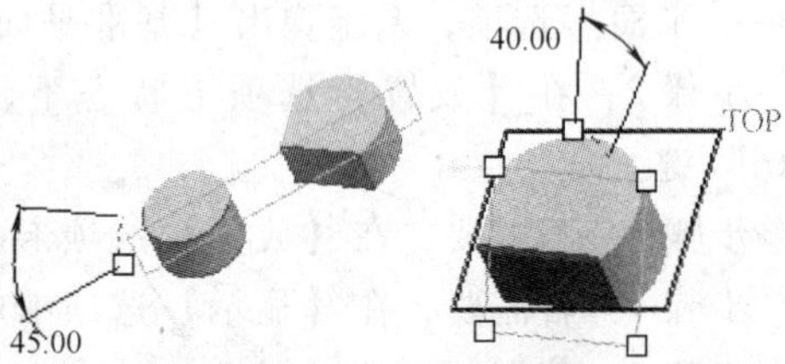 40.00　TOP 45.00
相切 Tangent	基准平面与选取 的参照相切	圆柱	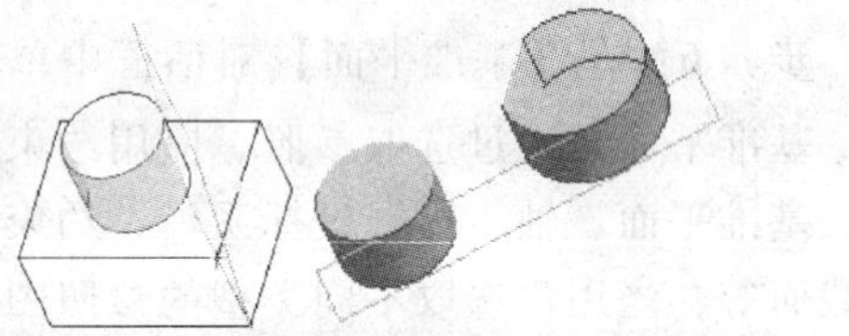
混合截面 Blend Section	指定混合特征的 某个截面，所创建的 基准平面通过该 截面	混合特征	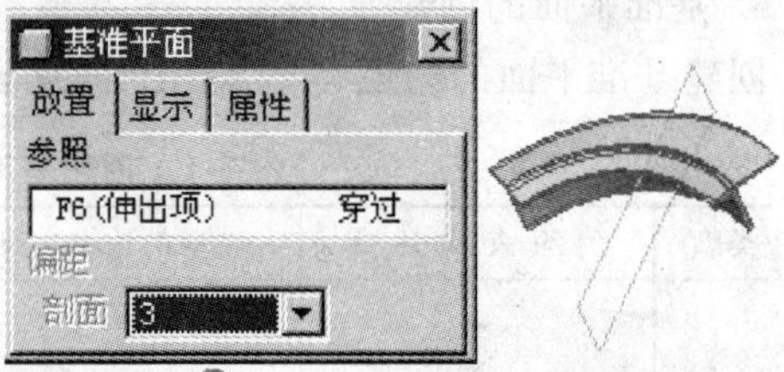 基准平面 放置 显示 属性 参照 F6(伸出项) 穿过 偏距 剖面 3

在有些场合（如创建扫描、混合、螺旋扫描等特征时产生基准的操作），基准平面是通过菜单管理器创建的，如图7-8所示，其菜单中选项的含义与表7-1约束类型的含义相同。

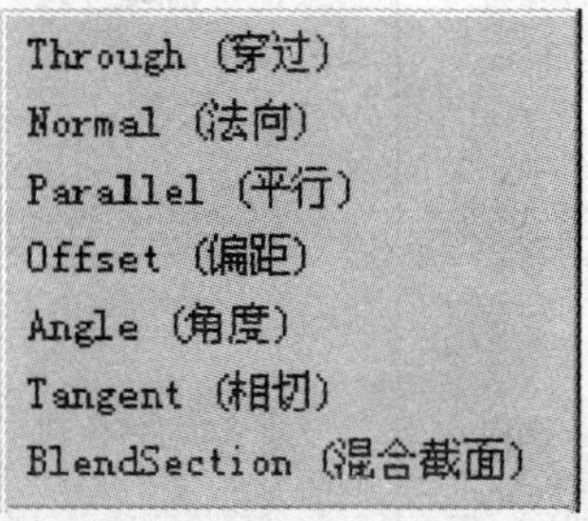

当用户选取某个参照后，有多种可能的约束情况，而系统只显示默认的约束类型，此时，可单击该约束类型，便会弹出下拉菜单，菜单中提供了该参照的所有可能的约束类型。如图7-9所示，选取 TOP 基准面为参照创建基准平面，当前在【基准平面】对话框中，约束类型是显示【偏移】约束类

Through (穿过)
Normal (法向)
Parallel (平行)
Offset (偏距)
Angle (角度)
Tangent (相切)
BlendSection (混合截面)

图 7-8　创建基准平面
的菜单管理器

图 7-9　一个参照多个约束的操作

型，此时，单击【偏移】约束类型，便会弹出下拉菜单，菜单中提供了四种可能的约束类型：穿过、偏移、平行和法向，用户可根据自己的实际需要选择其中的一种约束类型。

在创建基准平面时，有时存在约束参照选取错误，此时，在【基准平面】对话框【参照】栏中，选取错误的参照，按鼠标右键，在弹出的菜单中选择【移除】命令，如图7-10a 所示；也可以按住"Ctrl"键，单击鼠标左键，移除某个约束参照，如图7-10b 所示。

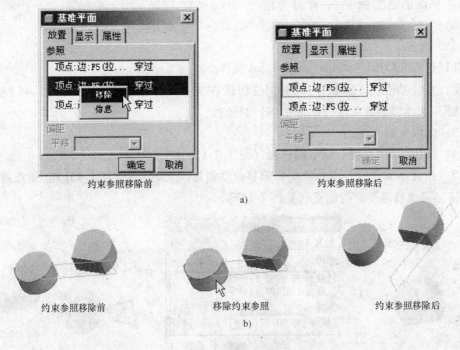

图 7-10　约束参照的移除

基准平面的法向有两个方向，创建基准平面时，系统确定一个缺省方向为该基准平面的法向。如果要改变基准平面的方向，常用的方法有两种：

1）鼠标左键单击基准平向法向箭头，如图 7-11a 所示。

2）在【基准平面】对话框的【显示】选项卡中单击 反向 按钮，如图 7-11b 所示。

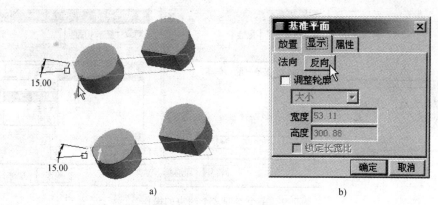

图 7-11　基准平面法向的改变

控制滑块的捕捉。在选取基准平面或平面作为创建基准平面的参照，且默认约束是"偏距"时，屏幕会显示一个控制滑块，可使用该控制滑块将基准平面拖动到所需的偏移距离处，如图 7-12 所示。

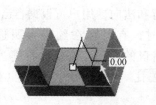

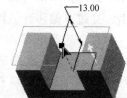

图 7-12　控制滑块的使用

4. 基准平面创建实例 1——穿过与角度偏移约束

操作步骤如下：

步骤 1：打开 \ CH07 \ datum_plane-1. prt 文件。

步骤 2：在〖基准〗工具栏中单击 ▱ 按钮或在主菜单中依次单击『插入』→『模型基准』→『平面』选项，系统弹出【基准平面】对话框。

步骤 3：选取平面（见图 7-13a）。

步骤 4：按住"Ctrl"键，选取圆柱面（见图 7-13a）。

步骤 5：在【基准平面】对话框中将偏移角度值修改为 30°（见图 7-13b），单点对话框 确定 按钮，完成基准平面的创建（见图 7-13c）。

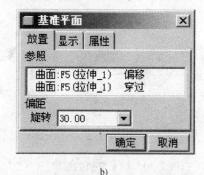

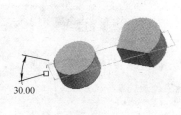

　　　　a)　　　　　　　　　　　　b)　　　　　　　　　　　　c)

图 7-13　基准平面创建实例 1

5. 基准平面创建实例 2——相切约束

操作步骤如下：

步骤 1：打开 \ CH07 \ datum_plane-2. prt 文件。

步骤2：在〖基准〗工具栏中单击□按钮或在主菜单中依次单击『插入』→『模型基准』→『平面』选项，系统弹出【基准平面】对话框。

步骤3：选取圆柱面 A，按住"Ctrl"键，选取圆柱面 B（见图7-14a）。

步骤4：在【基准平面】对话框中将系统默认的"穿过"约束改为"相切"约束，如图7-14b、c所示。

步骤5：单点对话框 确定 按钮，完成基准平面的创建（见图7-14d）。

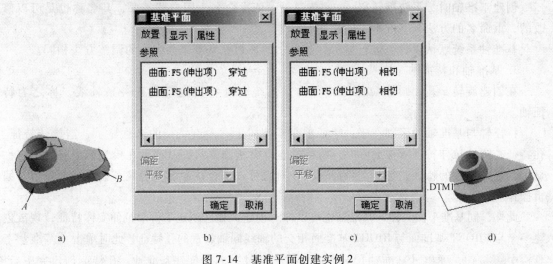

a)　　　　　　　　　b)　　　　　　　　　c)　　　　　　　　　d)

图7-14　基准平面创建实例2

选取两个圆柱面以相切的约束方式创建基准平面，其结果应该有四种情况，如图7-15所示，至于创建基准平面的结果如何，这取决于用户选取圆柱面时的选取位置。

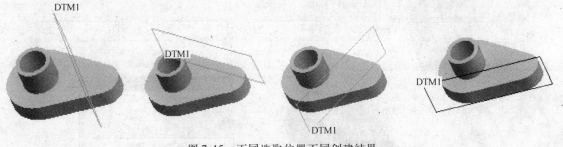

图7-15　不同选取位置不同创建结果

提示	1）应用偏移或穿过平面这两种方式创建基准平面时，只需选取一个参照，应用其它方式创建基准平面时，一般需要两个或两个以上参照。 2）创建基准特征时，系统支持预选取功能，即用户先选取基准参照，再单击相关命令或按钮。

第二节　基　准　轴

一、基准轴概述

1. 基准轴的应用

1）创建其它特征的参照。

2）旋转特征的旋转轴线。

3）孔特征的同轴放置参照。

4）径向阵列的旋转参照。

5）在装配中的装配参照等。

2. 基准轴的名称与显示

创建基准轴时，系统默认以 A_1、A_2……依次命名，用户若需要，其名称也是可以修改的，重命名的方法与基准平面的相同。

基准轴系统默认以褐色进行显示，其显示的长短与基准平面大小的调整方法相同。

3. 基准轴和特征轴

在创建旋转、孔、圆柱拉伸等特征时，系统会随特征自动创建一条轴线，称之为特征轴。

特征轴与基准轴的区别在于：特征轴在模型树上并没有特征的名称显示，当旋转特征、孔特征、圆柱拉伸特征等被删除时，特征轴也一并被删除；而基准轴在模型树中有特征名称显示，是个单独的特征，与其它特征一样，对它可以进行重命名、隐藏、删除、创建组等编辑操作。

此外，同基准平面一样，基准轴也可以即时创建，如已创建了一个拉伸实体特征，现欲创建一个与 FRONT 基准面与 RIGHT 基准面相交的轴线同轴放置的孔特征，此时单击〖基准〗工具栏中 ╱ 按钮，弹出【基准轴】对话框，用"穿过"方式创建基准轴，孔特征创建完毕后，在模型树中可以看出，刚才创建的 A_1 基准轴归属于孔 1 特征，如图 7-16 所示。

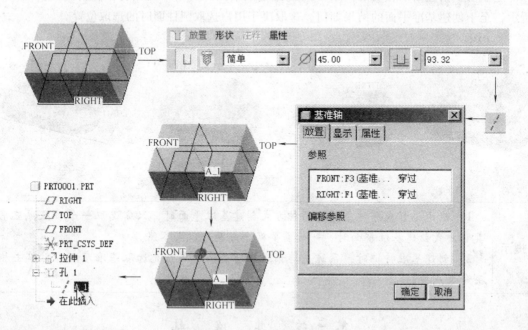

图 7-16　即时创建基准轴

二、基准轴的创建

1. 基准轴创建的用户界面

在〖基准〗工具栏中单击 按钮或在主菜单中依次单击『插入』→『模型基准』→『轴』选项，系统弹出【基准轴】对话框。该对话框共有三个选项卡：【放置】选项卡、【显示】选项卡和【属性】选项卡（如图7-17所示），其中【显示】选项卡和【属性】选项卡中的选项含义和基准平面的相似，这里不再赘述。

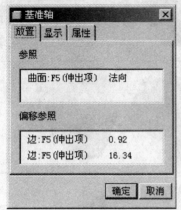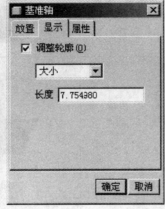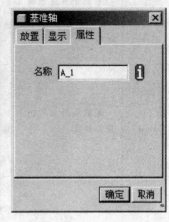

图7-17　创建基准轴用户界面

【放置】选项卡包括参照收集器和偏移参照。参照收集器用于用户选取参照来创建基准平面，参照主要有平面、曲面、边、点、坐标系、轴、顶点、基于草绘的特征、曲线、草绘基准曲线、基准坐标系和非圆柱曲面等，每个选取参照均设置一个约束；约束的类型有穿过、法向、相切和中心等。偏移参照是用于当约束类型为"法向"时，选取偏移参照并标注尺寸进行基准轴的定位。

2. 基准轴创建的一般步骤

步骤1：在〖基准〗工具栏中单击 按钮或在主菜单中依次单击『插入』→『模型基准』→『轴』选项，系统弹出【基准轴】对话框。

步骤2：在【放置】选项卡状态下，选取有关参照，若要选取多个参照，必须按住"Ctrl"键。

步骤3：若需要，在【放置】选项卡的【偏移参照】栏中选取偏移参照并标注修改尺寸。

步骤4：若需要，在【显示】选项卡中调整基准轴的大小。

步骤5：若需要，在【属性】选项卡中修改基准轴的名称。

步骤6：在【基准轴】对话框单击 确定 按钮，完成基准轴的创建。

3. 基准轴的创建

创建基准轴的约束类型及图例详见表7-2。

4. 基准轴创建实例1

操作步骤如下：

步骤1：打开 \ CH07 \ datum_axis-1. prt 文件。

步骤2：在〖基准〗工具栏中单击 按钮或在主菜单中依次单击『插入』→『模型基准』→『轴』选项，系统弹出【基准轴】对话框。

表 7-2　创建基准轴的约束类型及图例

约束类型	约束描述	选取约束参照类型	图　　例
穿过 Through	基准轴通过选取的参照	轴、直边、点、顶点、基准面、平面、圆柱	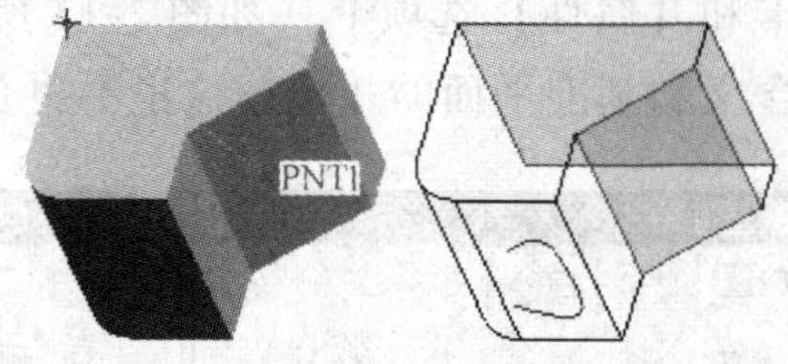
法向 Normal	基准轴垂直于选取的参照	轴、边、曲线、平面、基准点、曲面	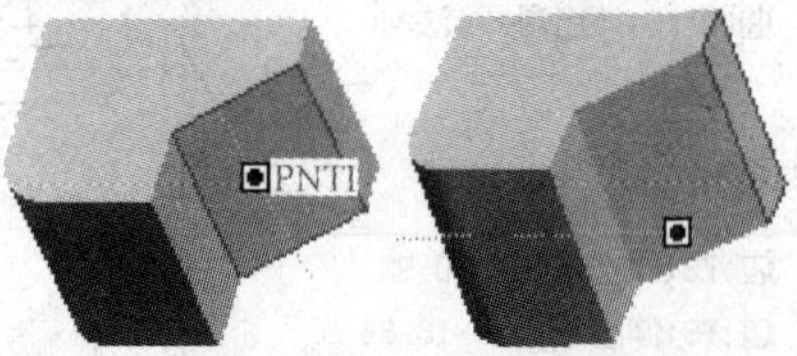
相切 Tangent	基准轴与选取的参照相切	曲线、边及其中的一个端点或基准点	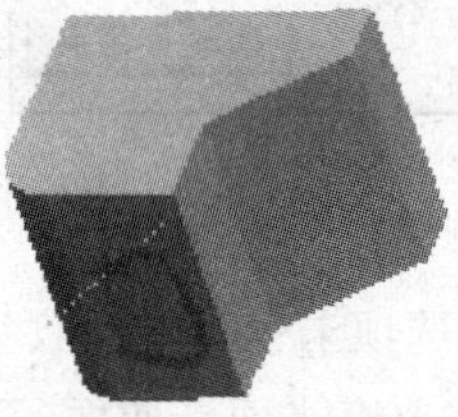
中心 Center	基准轴通过选取平面圆边或曲线的中心,且垂直于选定曲线或边所在平面	平面圆边或曲线、基准曲线或圆柱曲面的边	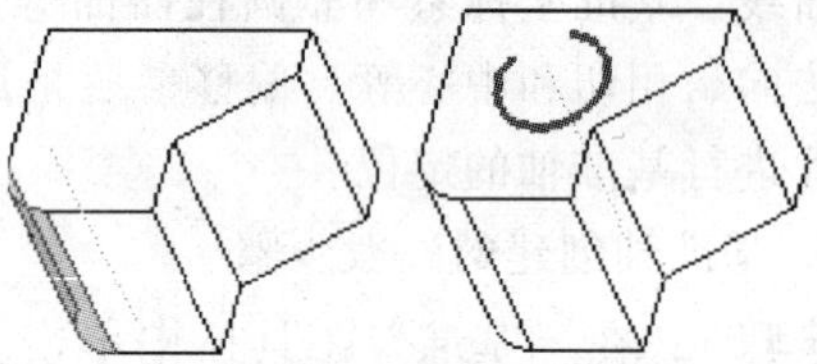

步骤 3：选取平面，如图 7-18a 所示，系统默认的约束类型为"法向"。

步骤 4：单击【偏移参照】栏，其底色变成黄色，表明系统进入偏移参照选取状态，如图 7-18b 所示，选取如图 7-18c 所示两条直边为偏移参照，结果如图 7-18d 所示。

步骤 5：单击如图 7-18d 所示的偏移尺寸，修改为图 7-18e 所示数值。

步骤 6：在【基准轴】对话框中单击 确定 按钮，完成基准轴的创建，结果如图 7-18f 所示。

5. 基准轴创建实例 2

操作步骤如下：

步骤 1：打开 \ CH07 \ datum_axis-2. prt 文件。

步骤 2：在〖基准〗工具栏中单击 / 按钮或在主菜单中依次单击『插入』→『模型基准』→『轴』选项，系统弹出【基准轴】对话框，按住"Ctrl"键，选取曲线和曲线的端点（见图 7-19a），创建结果如图 7-19b 所示，基准轴创建参照如图 7-19c 所示。

步骤 3：在〖基准〗工具栏中单击 / 按钮，按住"Ctrl"键，选取曲线的端点和 PNT1 基准点（见图 7-19d），创建结果如图 7-19e 所示，基准轴创建参照如图 7-19f 所示。

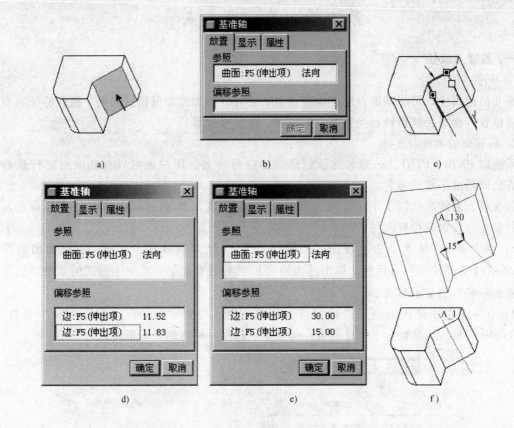

图 7-18 基准轴创建实例 1

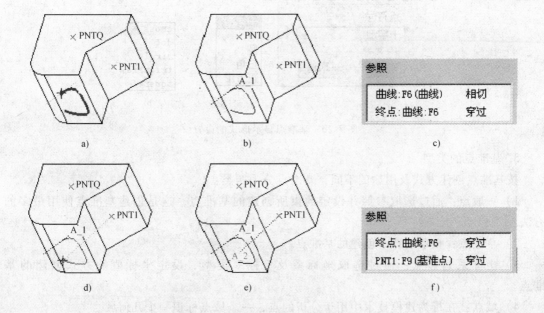

图 7-19 基准轴创建实例 2

第三节 基 准 点

一、基准点概述

1. 基准点的应用

在几何建模中，可将基准点用作构造元素、进行计算和模型分析已知点、混合特征截面的放置位置、变半径圆角特征半径值设定位置、装配参照等。

2. 基准点的名称与显示

系统以 PNT0、PTN1、…的名称依创建顺序进行命名，用户也可以对基准点进行重命名，方法同基准平面重命名。

基准点，系统默认以十字叉形式进行显示，通过设置，也可以以点、圆、三角形或正方形进行显示，设置途径有两种：

1）在主菜单中依次单击『视图』→『显示设置』→『基准显示』选项，系统弹出如图7-20a所示【基准显示】对话框，单击【点符号】栏▼按钮，显示点显示形式的菜单，从菜单中选择一种点的显示形式。

2）在主菜单中依次单击『工具』→『选项』选项，设置"datum_point_symbol"参数，如图 7-20b 所示，该参数有 5 个设置值，从菜单中选择一种点的显示形式即可。

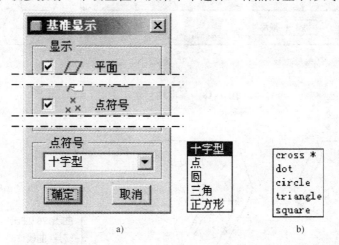

图 7-20　基准点显示形式的设置

3. 基准点的类型

按基准点创建方式及用途的不同，基准点分为四类：

1）一般点：通过选取参照并设定约束所创建的基准点，这是创建基准点使用最多的方法。

2）草绘点：在草绘器中创建的基准点。

3）坐标系偏移点：通过选取坐标系及坐标系类型，设定坐标值的方式创建的基准点。

4）域点：在行为建模技术中用于分析的点，一个域点标识一个几何域。

在四类基准点中，前三种类用于常规建模，第四类用于用户定义的分析（UDA）。

二、通过一般点创建基准点

1. 一般点创建基准点的用户界面

在〖基准〗工具栏中单击 ⚹⚹ 按钮或在主菜单中依次单击『插入』→『模型基准』→『点』→『点』选项，系统弹出【基准点】对话框。对话框有两个选项卡：【放置】选项卡和【属性】选项卡，如图7-21所示。

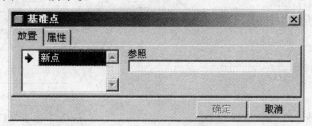

图7-21　一般点创建基准点的用户界面

【放置】选项卡用于选取创建基准点的参照并设置相关参数，【属性】选项卡中可对基准点进行重命名，还可在 Pro/ENGINEER 浏览器中查看关于当前基准点特征的信息。

2. 一般基准点的创建

一般基准点可以放置在下列位置：

1）曲线、边或轴上。

2）圆形或椭圆形图元的中心。

3）在曲面或面组上，或自曲面或面组偏移。

4）顶点上或自顶点偏移。

5）自现有基准点偏移。

6）从坐标系偏移。

7）图元相交位置，如：三个平面相交的位置、曲线和曲面的相交处、两条曲线的相交处等。

创建基准点的约束类型及图例详见表7-3。

表7-3　创建基准点的约束类型及图例

约束类型	约束描述	选取约束参照类型	图　例
在图元上 On	基准点在选取的参照上	基准轴、边、曲线、平面、曲面	
偏移 Offset	基准点在选取的参照上或按选取的偏移参照偏移一定的距离	平面、曲面、坐标系、坐标轴、顶点、基准点	

（续）

约束类型	约束描述	选取约束参照类型	图　例
相交 Intersect	在曲线、边或轴与另一图元（例如平面、曲面、曲线、边或轴）相交的位置创建基准点	曲线、边、轴、平面、曲面	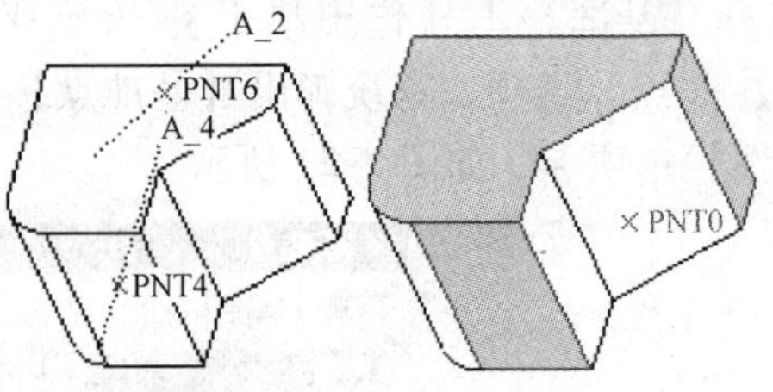 （图）
中心 Center	在圆形（或椭圆形）边（或基准曲线）的中心创建基准点	圆形（或椭圆形）边（或基准曲线）	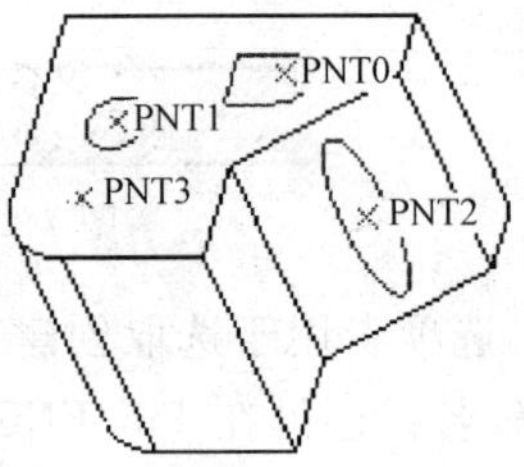 （图）

3. 基准点创建实例1

操作步骤如下：

步骤1：打开 \ CH07 \ datum_point-1. prt 文件。

步骤2：在【基准】工具栏中单击 按钮或在主菜单中依次单击『插入』→『模型基准』→『点』→『点』选项，系统弹出【基准点】对话框。

步骤3：选取直边，如图 7-22a 所示，系统默认的约束类型为"在…上"，如图 7-22b 所示。

步骤4：图 7-22c 所示三个图分别为比率偏移为 0.75、实际长度为 15、单击下一端点实际长度为 10 的结果。

步骤5：单击 参照，选取图 7-22d 所示平面为参照 曲面:F5(伸出项)，偏移 −7，结果如图 7-22d 所示。

图 7-22b 所示对话框有关选项的说明：

【曲线末端】：从曲线、曲线链或边的选定端点作为起始位置测量距离。

【下一端点】：从曲线、曲线链或边的另一个端点作为起始位置测量距离。

【参照】：从用户选取的参照图元作为起始位置测量距离。

指定偏移距离的方式有两种：

1）【比率】：即偏移比率。比率是一个 0 到 1 之间的小数值，是指基准点的位置到选定端点之间的距离与该曲线、曲线链或边的总长度二者之比。

2）【实际】：即实际长度。是指从基准点到选定端点（或参照）实际曲线的长度。

从此例图 7-22d 的结果可知，创建基准点时，该基准点可以位于所选取的参照上，也可以延伸到参照之外。

4. 基准点创建实例2

操作步骤如下：

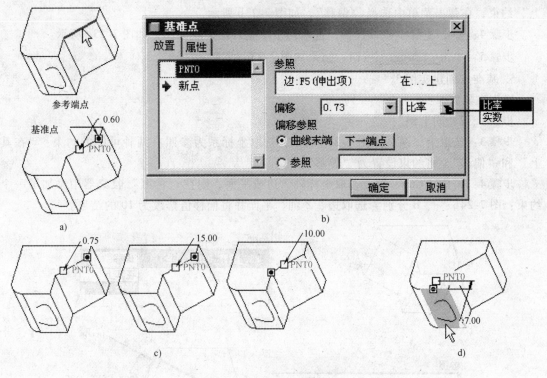

图 7-22 基准点创建实例 1

步骤 1、2：同上例。

步骤 3：选取平面，如图 7-23a 所示，系统默认的约束类型为"在其上"，单击"在其

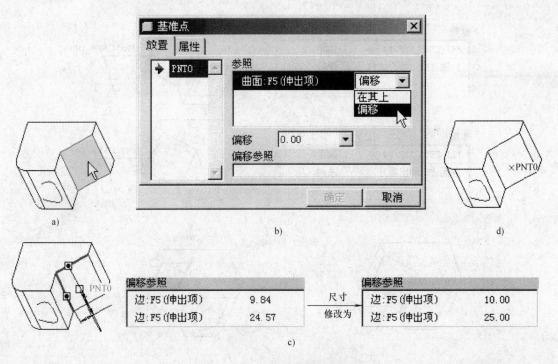

图 7-23 基准点创建实例 2

上"约束，在弹出菜单中选择"偏移"，如图 7-23b 所示。

步骤 4：单击【偏移参照】栏，选取两个参照以定义点偏移，如图 7-23c 所示。

步骤 5：单击 确定 按钮，结果如图 7-23d 所示。

5. 基准点创建实例 3

操作步骤如下：

步骤 1、2：同上例。

步骤 3：选取坐标系，如图 7-24a 所示，选取坐标系为参照有两种可能的约束："在其上"和"偏移"，将约束设置为"偏移"。

步骤 4：按住"Ctrl"键，选取坐标轴、边或平面，则在"参照"收集器中添加了一个约束：图 7-24b、c、d 分别为选取边、Z 轴、平面并将偏移值修改为 10 的结果。

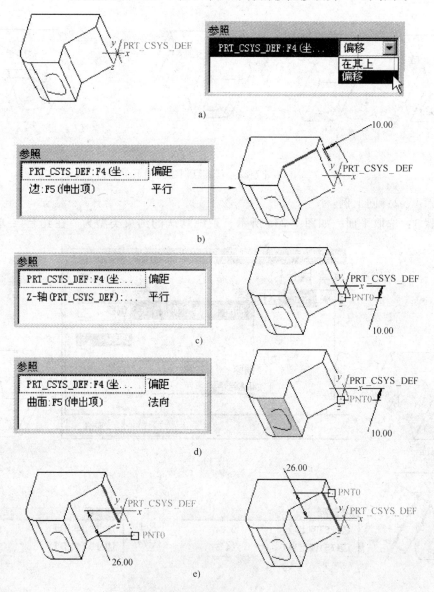

图 7-24　基准点创建实例 3

步骤 5：偏移值可以输入正值（如 偏移 <u>26.00</u> ▼ ），也可以输入负值（如 偏移 <u>-26.00</u> ▼ ），正、负值的区别在于其结果在参照的不同侧，如图 7-24e 所示。

> **提示** 当选取顶点或已存在的基准点时，可能的约束有两种："在其上"和"偏移"，其操作与基准点创建实例 3 相同。

三、草绘方式创建基准点

使用草绘方式创建基准点的〖草绘器工具〗工具栏如图 7-25 所示。可以看出，草绘方式创建基准点时的〖草绘器工具〗工具栏与二维草图绘制状态的〖草绘器工具〗工具栏是略有不同的，但二者的主要命令与功能完全相似，因此，使用草绘方式创建基准点这部分内容请读者参阅第六章中的有关章节。

图 7-25　草绘方式创建基准点时的〖草绘器工具〗工具栏

四、偏移坐标系创建基准点

1. 坐标系偏移创建基准点的用户界面

在〖基准〗工具栏中单击 ✕✕ 按钮右侧·按钮或在主菜单中依次单击『插入』→『模型基准』→『点』→『偏移坐标系』选项，系统弹出【偏移坐标系基准点】对话框，对话框有两个选项卡：【放置】选项卡和【属性】选项卡，如图 7-26 所示。

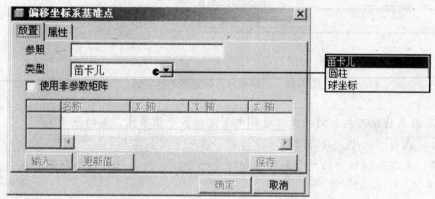

图 7-26　【偏移坐标系基准点】对话框

【偏移坐标系基准点】对话框有关选项的说明：

【参照】：选取一个坐标系作为创建基准点的参照坐标系。

【类型】：三种坐标系类型——笛卡儿坐标系、圆柱坐标系和球坐标系。

【使用非参数矩阵】：移除尺寸并将点数据转换为非参数矩阵。注意：一旦转为非参数矩阵，就不能通过快捷菜单上的"编辑"命令来编辑点了，而只能通过点表或文本编辑器在非参数矩阵中进行添加、删除或修改点等操作。

【输入】：将数据文件输入到模型中。

【更新值】：使用文本编辑器显示点表中列出的所有点的值，也可使用文本编辑器添加新的点、修改已存在点的数值或删除点。

【保存】：将点坐标保存到扩展名为 PTS 的文件。

2. 坐标系偏移创建基准点实例

操作步骤如下：

步骤 1：打开 \ CH07 \ datum_point-1. prt 文件。

步骤 2：在〖基准〗工具栏中单击 ✕✕ 按钮右侧 ▸ 按钮或在主菜单中依次单击『插入』→『模型基准』→『点』→『偏移坐标系』选项，系统弹出【偏移坐标系基准点】对话框。

步骤 3：选取 PRT_CSYS_DEF 坐标系，坐标系类型为"笛卡儿"。

步骤 4：输入如图 7-27a 所示的点坐标，创建结果如图 7-27b 所示。

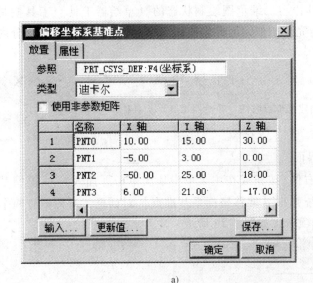

a)

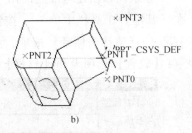

b)

图 7-27　坐标系偏移创建基准点实例

提示	基准点特征可包含同一操作过程中创建的多个基准点，其特点是： 1）在模型树中，所有的基准点均显示在一个特征名称。 2）基准点特征中的所有基准点相当于一个组，删除一个特征会删除该特征中的所有点。 3）要删除基准点特征中的个别点，必须使用编辑定义进行删除。

第四节　基准坐标系

一、基准坐标系概述

1. 基准坐标系的应用

1）计算质量属性。

2）装配元件参照。

3）在有限元分析中放置约束。

4）在制造中，为刀具轨迹提供制造操作参照。

5）用作定位其它特征的参照等。

2. 基准坐标系的类型和名称

在 Pro/ENGINEER 软件中，坐标系有三种类型：笛卡儿坐标系、圆柱坐标系和球坐标系，不论哪种坐标系，坐标轴都显示 *X*、*Y*、*Z* 轴。

使用不同坐标系时，需要输入的坐标值是不同的，具体如下：

1）笛卡儿坐标系（Cartesian）：输入 *X*、*Y* 和 *Z* 坐标值。

2）圆柱坐标系（Cylindrical）：输入半径 *r*(rho)、*θ*(theta) 和 *Z* 坐标值。

3）球坐标系（Spherical）：输入半径 *r*(rho)、*θ*(theta) 和 *φ*(phi) 坐标值，如图 7-28 所示。

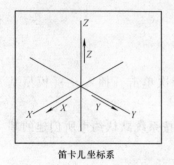 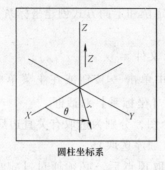 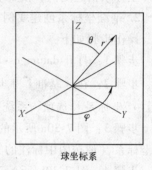

　　笛卡儿坐标系　　　　　　　圆柱坐标系　　　　　　　球坐标系

图 7-28　三种类型坐标系

基准坐标系系统默认以 CS0、CS1、…依次进行命名，用户也可以对它进行重命名。

二、基准坐标系的创建

1. 基准坐标系创建的用户界面

在【基准】工具栏中单击 ※ 按钮或在主菜单中依次单击『插入』→『模型基准』→『坐标系』选项，系统弹出【坐标系】对话框，对话框有三个选项卡：【原始】选项卡、【定向】选项卡和【属性】选项卡，如图 7-29 所示，其中【属性】选项卡与其它基准特征的【属性】选项卡内容相似。

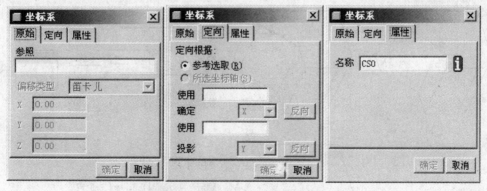

图 7-29　基准坐标系创建的用户界面

（1）【原始】选项卡

【参照】：坐标系参照收集器。

【偏移类型】：只有选取了坐标系，使用偏移坐标系方式创建基准坐标系时，该选项才能使用。偏移类型有四种：笛卡儿（设置 *X*、*Y* 和 *Z* 向的偏移值）、圆柱（设置半径*r*(rho)、

θ(theta) 和 Z 三者的偏移值)、球坐标（设置半径 r(rho)、θ(theta) 和 φ(phi) 三者的偏移值）和自文件（从转换文件输入坐标系的位置）。

（2）【定向】选项卡

【参照选取】：通过选取有关参照，确定坐标系中任意两根轴的方向。

【所选坐标轴】：该选项也只有选取了坐标系后才能使用。绕着作为放置参照使用的坐标系的轴旋转该坐标系。

【设置 Z 轴垂直于屏幕】：只有用户选取了有关参照后，对话框才显示此选项，该选项允许坐标系快速定向，使 Z 轴垂直于屏幕。

2. 基准坐标系创建实例 1（定位和定向方式创建坐标系）

操作步骤如下：

步骤 1：打开 datum_cs-1. prt 文件。

步骤 2：在〖基准〗工具栏中单击 ✳ 按钮或在主菜单中依次单击『插入』→『模型基准』→『坐标系』选项，系统弹出【坐标系】对话框。

步骤 3：图 7-30a 所示的三个图，分别为选取有关直边后，按系统默认约束所创建的基准坐标系（请按图中标注的 1、2 顺序选取）。

步骤 4：图 7-30b 所示为选取顶点后，必须通过【定向】选项卡继续进行坐标系的创建。

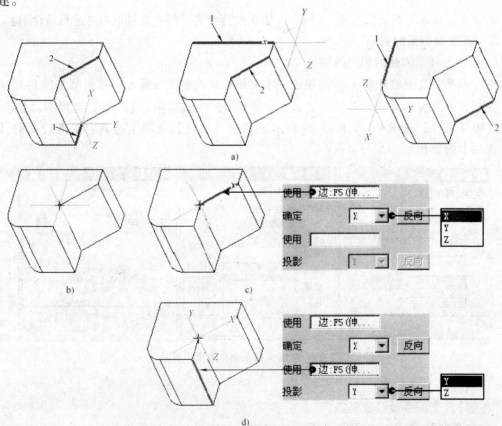

图 7-30　基准坐标系创建实例 1

步骤5：选取图7-30c所示直边为 X 轴，选取图7-30d所示直边为 Y 轴，结果如图7-30d所示。

提示 选取直边参照后，该参照为 X 轴、Y 轴还是 Z 轴，可根据用户的需要来确定。

3. 基准坐标系实例2（坐标系偏移方式创建坐标系）

操作步骤如下：

步骤1、2：同上例。

步骤3：选取如图7-31a所示坐标系 PRT_CSYS_DEF 为参照，用笛卡儿坐标系方式设置坐标系偏移值：X、Y、Z 向分别偏移 -30、25、15，结果如图7-31a所示。

步骤4：偏移类型有四种，如图7-31b所示。

步骤5：在【定向】选项卡中，创建的坐标系可以绕参照坐标系旋转，如图7-31c所示。

步骤6：在【定向】选项卡中，坐标系绕参照坐标系 X、Y、Z 轴分别旋转45°、-30°、60°，结果如图7-31d所示。

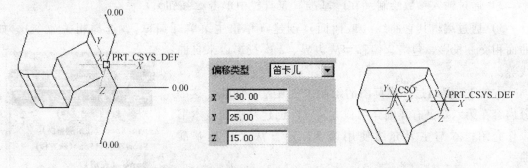

图7-31 基准坐标系创建实例2

第五节　基　准　曲　线

一、基准曲线概述

1. 基准曲线的应用

1）作为草绘特征的二维截面：作为创建有关特征的二维截面，如拉伸特征、旋转特征、扫描混合特征、可变剖面扫描等。

2）作为有关特征的轨迹线：可作为扫描、扫描混合、可变剖面扫描等特征的轨迹线。

3）作为有关特征的参照：作为创建拔模、圆角、折弯等特征的参照。

4）作为装配参照：作为零件装配时的参照。

2. 基准曲线的创建途径

1）使用草绘工具直接绘制（在〖基准〗工具栏中单击 按钮）。

2）通过输入参数绘制（在〖基准〗工具栏中单击 按钮）。

3）通过编辑其它曲线（或曲面）创建（单击主菜单『编辑』，选择相关命令），如：曲面相交、投影、包络、偏移、从边界、2 次投影、来自曲线等。

方法 1）是通过二维草图的绘制来创建基准曲线，这部分内容在第六章已有详细介绍；方法 3）创建基准曲线本书未作介绍；本节主要介绍使用第 2）种方法来创建基准曲线。

二、通过输入参数创建基准曲线

在〖基准〗工具栏中单击 按钮，弹出图 7-32 所示菜单，该菜单有四个选项：【经过点】、【自文件】、【使用剖截面】和【从方程】。

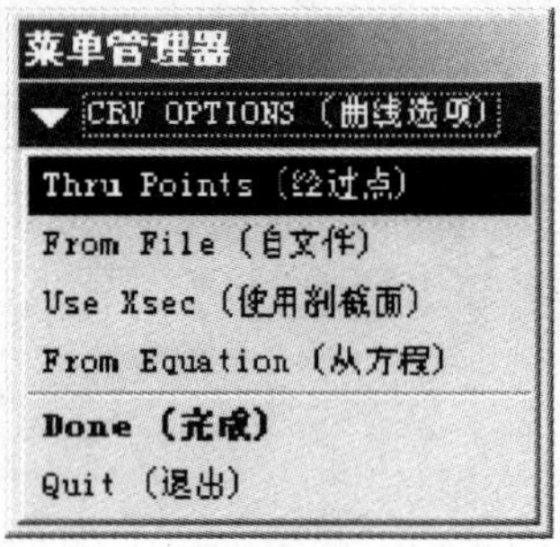

图 7-32　通过输入参数
绘制基准曲线菜单

1.【经过点】方式

（1）【经过点】方式创建曲线步骤如图 7-33 所示

1）对对话框中的【属性】选项进行定义，弹出【曲线类型】菜单，该菜单有两个选项：

【自由】：连接点，而不需要曲线位于曲面上，此选项是默认情况下的设置。

【面组/曲面】：选取一曲面或基准平面来创建曲线，使创建的曲线位于该面上，同时系统提示将删除不在该面上的选取点。

2）对对话框中的【曲线点】选项进行定义，弹出【连接类型】菜单，该菜单有九个选项：

【样条】：使用通过选定基准点和顶点的三维样条构建曲线。

【单一半径】：使用贯穿所有折弯的同一半径来构建曲线。

【多重半径】：通过指定每个折弯的半径来构建曲线。

【单个点】：选取单独的基准点和顶点。可以单独创建或作为基准点阵列创建这些点。

【整个阵列】：以连续顺序，选取基准点/偏移坐标系特征中的所有点。

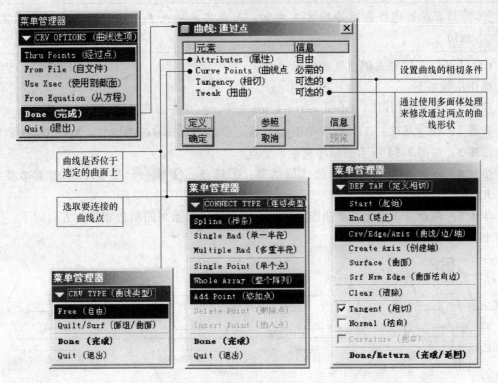

图 7-33　经过点方式创建曲线步骤

【添加点】：向曲线定义添加一个该曲线将通过的现存点、顶点或曲线端点。

【删除点】：从曲线定义中删除一个该曲线当前通过的已存点、点或曲线端点。

【插入点】：在已选定的点、顶点和曲线端点之间插入一个点。

3）对对话框中的【相切】选项进行定义，弹出【定义相切】菜单，该菜单有九个选项：

【起始】：在曲线的起点处应用相切条件。系统在曲线的起点处显示一个带有十字叉丝的红点或圆。

【终止】：在曲线的终点处应用相切条件。系统在曲线的终点处显示一个红色的带十字叉丝的圆。

【曲线/边/轴】：根据提示，选取一条边、曲线或轴来指定起点或终点处的切向或法向。

【创建轴】：使用基准轴命令创建一条轴线来指定起点或终点处的切向或法向。

【曲面】：选取一个曲面来指定切向或法向。

【曲面法向边】：选取一个要在曲线起点或终点处和曲线相切的曲面。选取要在曲线起点或终点处和曲线正交的曲面的一条边。

【清除】：移除选定端点处的当前相切约束。要使每一个端点处都没有相切约束，应对两个端点同时选择清除。

【相切】：使曲线在该端点处与参照相切。

【法向】：使曲线在该端点处与参照垂直。

【曲率】：为指定相切条件的曲线端点设置连续曲率。在该选项之前放置选中标记可激活该选项，这使得曲线端点处的曲率等于相切图元连接端点处的曲率。

提示	只有在创建样条时才能定义相切，而创建单一或多个半径的曲线时不能定义相切。

（2）【经过点】方式创建基准曲线实例

操作步骤如下：

步骤1：打开 \ CH07 \ datum_curve-1. prt 文件。

步骤2：在〖基准〗工具栏中单击 ～ 按钮，单击 Thru Points (经过点) → Done (完成) 选项。

步骤3：按图7-34所示的顺序选取5个点。

步骤4：三种方式创建基准曲线的结果：①样条；②单一半径 R4；③多重半径 R1、R2、R3。

步骤5：两种方式创建基准曲线的结果：①样条、起始与图示边相切、方向向下，②在面组上、样条。

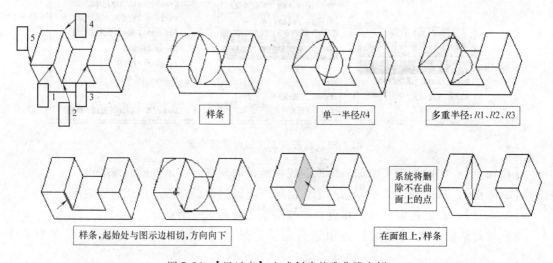

图 7-34 【经过点】方式创建基准曲线实例

提示	1）用【单一半径】或【多重半径】选项定义曲线时，元素不能设置为【面组/曲面】。 2）曲线至少有一条终止线段是样条时，才能定义【相切】选项。

2. 【自文件】方式

（1）【自文件】方式创建曲线步骤如图7-35所示

图 7-35 【自文件】方式创建基准曲线步骤

Pro/ENGINEER 可以读取 ibl、iges、set、vda 等格式的数据文件，读取 iges 或 set 文件时所创建的曲线，结果为样条曲线。

Ibl 文件格式为：

Open Arclength

Begin section！1

Begin curve！1

1	1.29	0	−1.61
2	1.26	−0.32	−1.41
3	1.16	−0.63	−1.1
4	1.09	−0.88	−0.82
5	1.11	−1.12	−0.48
6	1.16	−1.51	−0.23

Begin curve！2

1	0.44	0	−1.69
2	0.52	−0.21	−1.32
3	0.63	−0.43	−0.91
4	0.8	−0.68	−0.54
5	0.98	−1	−0.24
6	1.11	−1.44	0

Begin section！2

Begin curve！1

1	−1.29	0	−1.61
2	−1.26	−0.32	−1.41
3	−1.16	−0.63	−1.1
4	−1.09	−0.88	−0.82
5	−1.11	−1.12	−0.48
6	−1.16	−1.51	−0.23

Begin curve！2

1	−0.44	0	−1.69
2	−0.52	−0.21	−1.32
3	−0.63	−0.43	−0.91
4	−0.8	−0.68	−0.54
5	−0.98	−1	−0.24
6	−1.11	−1.44	0

（2）【自文件】方式创建基准曲线实例

操作步骤如下：

步骤 1：打开 \ CH07 \ datum_curve-2. prt 文件，该文件为一个空文件。

步骤 2：在〖基准〗工具栏中单击 ∼ 按钮，单击 From File（自文件）→ Done（完成）。

步骤 3：系统提示选取坐标系，这里选取 PRT_CSYS_DEF。

步骤 4：在打开对话框中选择 \ CH07 \ datum_curve-2.ibl 文件，创建结果如图 7-36 所示。

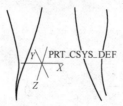

图 7-36 【自文件】方式创建基准曲线实例

提示	1）若要连接曲线段，应确保第一点的坐标与先前段的最后一点的坐标相同。 2）读入的文件一段中只有两点的，则系统创建一条直线，三个或三个以上的点，创建一个样条。

3．【使用剖截面】方式

（1）【使用剖截面】方式创建曲线步骤如图 7-37 所示

（2）【使用剖截面】方式创建基准曲线实例操作步骤如下：

步骤 1：打开 \ CH07 \ datum_curve-3.prt 文件，该文件有两个截面 XSEC0001 和 XSEC0002。

步骤 2：在〖基准〗工具栏中单击 ～ 按钮，

单击 `Use Xsec (使用剖截面)` → `Done (完成)`。

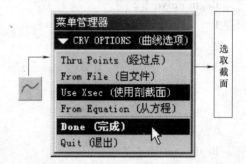

图 7-37 【使用剖截面】方式创建基准曲线步骤

步骤 3：系统提示在菜单管理器中选取截面名称，这里选取 XSEC0001 截面。

步骤 4：用同样的方法，选取 XSEC0002 截面创建基准曲线，创建结果如图 7-38 所示。

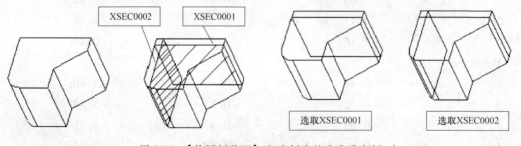

图 7-38 【使用剖截面】方式创建基准曲线实例

提示	【使用剖截面】方式创建基准曲线时，只能使用平面截面（`Planar (平面)`）的边界创建基准曲线，而不能使用偏距截面（`Offset (偏距)`）的边界创建基准曲线。

4．【从方程】方式

【从方程】方式创建基准曲线步骤如图 7-39 所示。

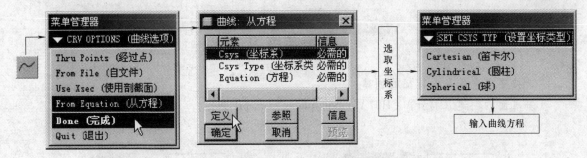

图 7-39　【从方程】方式创建基准曲线步骤

表7-4为常见曲线的方程（一种曲线可能可以用有多种方程来表达，因此，表中曲线的方程并不是唯一的表达方式）。

表 7-4　常见曲线的方程

曲线名称	方　　程	坐标系类型	曲线图例	备　注
正弦曲线	$x = 360 * t$ $y = 100 * \sin(360 * t)$ $z = 0$	笛卡尔坐标系		方程中的角度单位为度,振幅为 100
	$angle = 360 * t$ $x = PI * angle/180$ $y = 2 * \sin(angle)$ $z = 0$	笛卡尔坐标系		方程中的角度单位为弧度,振幅为 2
螺旋曲线	$x = 6 * \cos(4 * 360 * t)$ $y = 6 * \sin(4 * 360 * t)$ $z = 5 * t$	笛卡尔坐标系		方程中的"6"为螺旋线的半径、"4"为螺旋线的圈数
渐开线	$r = 1$ $angle = 360 * t$ $s = 2 * PI * r * t$ $x0 = s * \cos(angle)$ $y0 = s * \sin(angle)$ $x = x0 + s * \sin(angle)$ $y = y0 - s * \cos(angle)$ $z = 0$	笛卡尔坐标系		r 为基圆半径
球面螺旋线	$rho = 10$ $theta = 180 * t$ $phi = 360 * 6 * t$	球坐标系		方程中的"10"为球面半径、"6"为球面螺旋线的圈数
心形线	$a = 15$ $r = a * [1 + \cos(theta)]$ $theta = 360 * t$ $z = 0$	圆柱坐标系		将方程 $theta = 360 * t$ 改为 $theta = 180 * t$,则为一半心形线

注：表中五种曲线均已保存在 datum_curve-4. prt 文件中。

思考与练习

请按要求完成基准特征的创建。

基准面的创建（打开 \ CH07 \ datum_plane_exer. prt 文件）

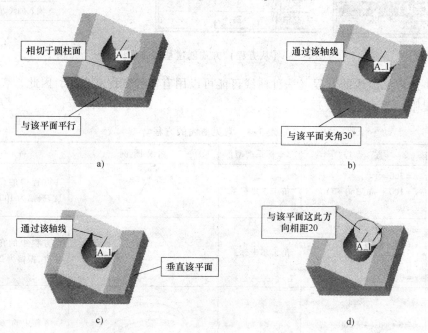

图 7-40　基准特征创建练习图

草绘实体特征的创建

第一节 草绘实体特征的基础知识

一、草绘实体特征创建概述

1. Pro/ENGINEER 特征简介

Pro/ENGINEER 特征按使用可分为造型特征和过程特征，造型特征包括：实体特征、曲面特征、基准特征和修饰特征。

按特征创建的顺序，Pro/ENGINEER 将构成零件的造型特征分为基本特征和构造特征。最先创建的实体特征是基本特征，它通常反映了零件的主体形状，是零件最重要的特征。在创建基本特征后，再创建其它特征，将这些特征统称为构造特征。

按照特征生成方法的不同，Pro/ENGINEER 又可将构成零件的造型特征分为草绘特征和放置特征。创建草绘特征时，用户必须先绘制二维截面或选取应用草绘工具已经绘制好的曲线，即特征的创建总是从草绘截面开始，因此，将这些特征称为草绘特征（Sketched Feature）。创建放置特征时，用户不需要草绘截面，只需通过选取特征的参照即可，因此，将这些特征称为放置特征（Pick & Place Feature，有的教材将它称为点放特征）。

> **提示** 特征是 Pro/ENGINEER 零件模型中的最小组成部件。

2. 零件属性设置

零件属性包括：材料类型、零件精度、单位制、名称、质量属性、收缩率等。在"PART"或"ASSEMBLY"等功能模块中，在主菜单中依次单击『编辑』→『设置』选项，系统弹出【零件设置】菜单管理器，如图 8-1 所示，用户可以根据自身需要进行选择性的设置。

3. 伸出项（增材，Protrusion）与切口（切材，Cut）

在创建基本特征后，零件的主体形状就构建出来了，随后要在此基础上继续创建特征，对所创建的实体特征而言，要对其进行添加材料操作，或对其进行去除材料操作，因此，Pro/ENGINEER 软件进行零件建模时，有两种相应的方法——伸出项和切口，伸出项即为添加材料，切口即为去除材料。

Pro/ENGINEER 野火版软件对特征的创建进行了有效的整合，将Pro/ENGINEER2001 原有的 76 种特征整合为 23 种特征，在特征操控板中，通过单击有关按钮即可实现伸出项与切口、实体与曲面间的切换。

菜单管理器

▼ PART SETUP（零件设置）

Material（材料）
Accuracy（精度）
Units（单位）
Name（名称）
Notes（注释）
Symbol（符号）
Mass Props（质量属性）
Dim Bound（尺寸边界）
Dimension（尺寸）
Ref Dim（参考尺寸）
Shrinkage（收缩）
Geom Tol（几何公差）
Surf Finish（表面光洁度）
Grid（网格）
Tol Setup（公差设置）
Interchange（替换）
Ref Control（参照控制）
Designate（指定）
Flexibility（挠性）
Done（完成）

图 8-1 零件属性设置

提示	1）零件的第一个实体特征可以是伸出项、加厚材料特征或实体化特征，但不能是切口。 2）对于某一特征，当创建实体和曲面时，其对截面的要求有时是有区别的。

4. 草绘平面和参考平面

对于草绘特征，特征的创建总是从草绘截面开始，草绘截面时，必须先选取一个草绘平面，二维草图就在该平面上进行绘制。草绘平面可以是基准平面，也可以是实体表面。草图绘制时，草绘平面系统初始为平行于屏幕显示。

选取草绘平面后，需进一步确定草绘方向，草绘方向包括：草绘视图方向、参考平面和参考平面方向，图 8-2 为相同草绘平面、不同草绘视图方向的情况（该图文件为 \CH08 \CH08-01. prt）。

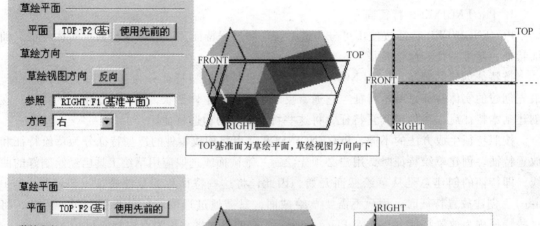

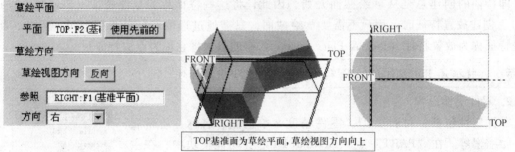

图 8-2　草绘视图方向

为了确定草绘平面在屏幕中的显示方位，选取草绘平面后，必须选取一个与草绘平面垂直的平面，该平面称为参考平面。参考平面的定义分为两个步骤：①选取参考平面参照；②定义该参考平面法线方向的朝向，参考平面的法向可以是顶、底、左或右，用户选取参考平面并确定其方向后，草绘平面在屏幕中的显示方位便完全确定了。图 8-3 所示为选取 TOP 基准面为草绘平面，RIGHT 基准面为参考平面，参考平面的方向分别为右、左时，草绘平面在屏幕中的显示方式。

 参考平面的方向有顶、底、左、右四个方向，为何没有前、后方向？

5. 草绘标注参照

创建草绘特征绘制二维截面时，一般需要定义截面的标注参照。一个截面的尺寸可分为

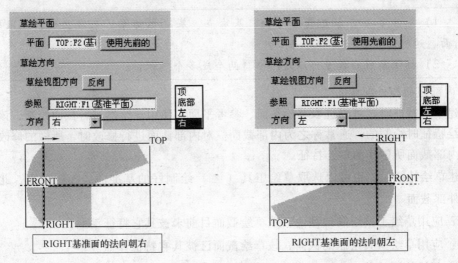

图 8-3　参考平面的方向

定形尺寸和定位尺寸两类。定形尺寸用来确定草绘图形的大小，定位尺寸用来确定截面在草绘平面中的位置，截面标注参照就是用来标注定位尺寸的。图 8-4 所示为创建拉伸实体特征草绘截面时，选取不同的标注参照的情形（该图文件为 \CH08 \CH08-02. prt）。

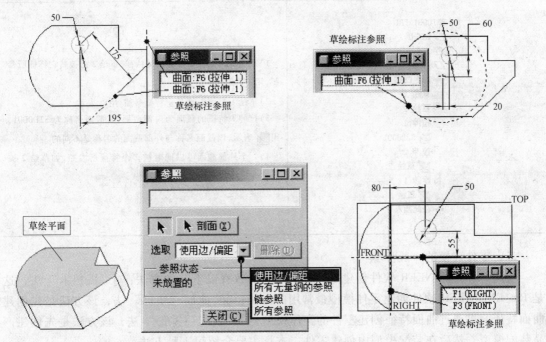

图 8-4　选取不同标注参照的情形

【参照】对话框中有关选项的说明：

🔲：选取垂直曲面、边或顶点，截面将相对于它们进行尺寸标注或约束设置。

🔲 剖面⑧：选择曲面、面组或基准平面，它们与草绘平面的交线或投影进行尺寸标注或约束设置。

提示	1）标注参照可以是基准平面、基准点、基准坐标系、基准曲线、基准轴、曲面、边、顶点等。 2）标注参照的数量可以是一个、两个或多个。

6. 内部截面与外部截面

创建草绘特征时，可以选取草绘平面、参考平面，使用草绘器进行截面绘制，该截面是创建草绘特征时绘制的，通常称之为内部截面。对内部截面进行修改时，所做的修改仅影响使用该内部截面所创建的草绘特征。

创建草绘特征时，也可以选取草绘工具（ ）绘制好的基准曲线作为截面，此时，称截面为外部截面。

 ：应用草绘工具绘制的截面，该草绘截面目前未被其它特征参照。

 ：应用草绘工具绘制的截面，该草绘截面已被其它特征参照。

 ：草绘特征的截面，该截面为内部截面，展开特征便能剖面。

内部截面与外部截面见表8-1。

表8-1　内部截面与外部截面

模　型　树	模型树选项说明
PRT0001.PRT 　RIGHT 　TOP 　FRONT 　PRT_CSYS_DEF 　草绘 1 　草绘 2 　拉伸 1 　　S2D0001 　拉伸 2 　　草绘 2 　旋转 1 　　草绘 2 　→ 在此插入	1）草绘 2 是拉伸 2 特征的父特征,草绘 2 已被其它特征所参照,用 表示 2）草绘 1 当前未被其它特征参照,用 表示 3）拉伸 1 特征的截面为内部截面,其截面名称为S2D0001,用 表示,该截面名称与外部截面的名称是不同的 4）一个外部截面可以同时被多个特征所参照,如草绘 2 被拉伸 2 特征和旋转 1 特征所参照

二、零件建模的一般步骤

应用 Pro/ENGINEER 软件创建零件模型时，大致有以下三种方法：①"搭积木"法，这是 Pro/ENGINEER 软件创建零件模型最常用的方法；②"曲面→实体"法，该方法是先创建曲面特征，再通过曲面特征创建零件的实体模型；③"装配→零件"法，该方法是先创建产品装配模型，然后在装配模型中创建零件。本章主要介绍第 1 种方法。

对于第 1 种方法，其零件建模的一般步骤为：

1）分析零件结构，确定建模方案。

2）新建文件，文件类型为 PART。

3）设置零件属性。

4）创建基本特征。

5）创建构造特征。

6）完成零件建模，保存文件。

第二节　拉伸实体特征的创建

拉伸是创建三维几何的一种常用方法，是通过将二维截面沿垂直于草绘平面的方向拉伸到指定距离处来实现的。

一、激活拉伸工具的几种途径

1）在『基础特征』工具栏中单击 按钮。

2）在主菜单中依次单击『插入』→『拉伸』选项。

3）选取现有草绘基准曲线（外部截面），然后单击 按钮，通常将该方法称为"对象→操作"。

4）单击 按钮，绘制内部截面，通常将该方法称为"操作→对象"。

5）选取一个基准平面或平面作为草绘平面，然后单击 按钮。

二、拉伸工具操控板

拉伸工具操控板及上滑面板如图 8-5 所示。

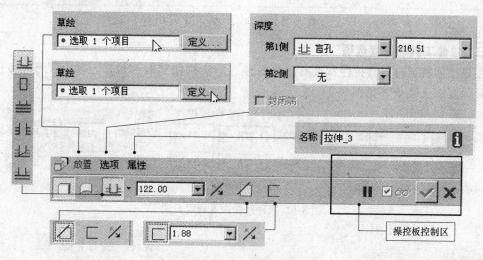

图 8-5　拉伸工具操控板

【放置】上滑面板：使用该上滑面板定义特征的截面。单击 定义... 创建或修改截面；单击草绘收集器 选取 1 个项目 ，添加或移除参照。

【选项】上滑面板：定义草绘平面每一侧拉伸的特征深度；创建曲面时，【封闭端】选项可设定为封闭端（ 封闭端 ）或不封闭（ 封闭端 ）。

【属性】上滑面板：编辑特征名或在 Pro/ENGINEER 浏览器中打开特征信息。

：创建拉伸实体特征。

：创建拉伸曲面特征。

：15.00 深度数值框，指定拉伸的深度值。

：选取 1 个项 深度参照收集器，如果深度使用参照确定深度，则在框中列出选取的参照。

：该按钮在不同的状态有不同的含义：

在□或□状态：切换拉伸方向，将拉伸深度方向更改为草绘平面的另一侧。

在□状态：将去除材料的方向更改为草绘的另一侧。

在□状态：在草绘的一侧、另一侧或两侧间更改拉伸方向。

□：去除材料，使用拉伸特征创建切口。

□：创建加厚（薄壳）拉伸特征。

Ⅱ：暂停当前特征工具，访问其它特征工具。在工具暂停期间所创建的所有特征，在其完成后与原特征一起放置在模型树中的一个组内。

▶：退出暂停状态，恢复原来被暂停的特征工具。

☑∞：特征预览，若特征存在错误，系统提示错误的原因。

□∞：几何预览，可以预览到特征的截面。

✓：确认当前创建的重定义的特征，保存所有更改并关闭拉伸工具操控板。

✗：取消特征的创建或重定义。

> **提示** 拉伸为曲面时，只有当截面为封闭时，才有【封闭端】选项的设置。

三、拉伸工具的深度选项

创建拉伸特征时，其拉伸深度有单侧拉伸、两侧拉伸和对称拉伸三种（见图8-6），拉伸工具深度定义菜单（见图8-7）。

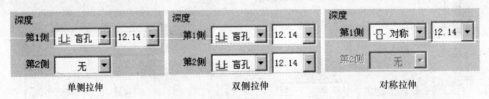

图 8-6　三种拉伸深度确定方式

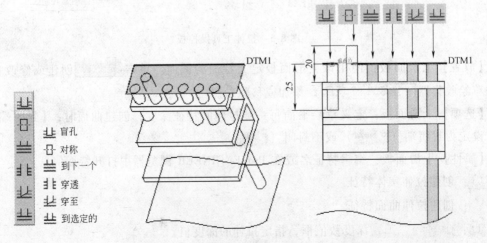

图 8-7　拉伸工具深度定义菜单及各定义方式图例

拉伸工具的深度定义菜单有六个选项：

盲孔（Blind）：自草绘平面以指定深度值拉伸截面，若输入负值，则更改拉伸方向。

对称（Symmetric）：按给定的拉伸深度值以草绘平面为对称面进行对称拉伸，草绘平面两侧的拉伸深度值均为给定深度值的一半。

到下一个（To Next）：截面沿指定方向拉伸至下一个曲面，即截面到达第一个曲面时终止，注意此时不能选取基准平面。

穿透（Through All）：截面沿指定方向拉伸使其与所有曲面相交，即截面到达最后一个曲面时终止。

穿至（Through Until）：截面沿指定方向拉伸至选定的曲面、平面或面组。

到选定的（To Selected）：截面沿指定方向拉伸至选定的点、曲线、平面或曲面。

图 8-7 为拉伸工具深度定义菜单及各定义方式图例（该图文件为 \CH08 \extrude-1. prt)

四、拉伸特征创建要点

1. 深度定义选项

对于"穿至"和"到下一个"深度选项，拉伸的轮廓必须位于终止曲面的边界内，修改终止曲面，特征深度随之改变。

2. 截面有关的创建要点

通过拉伸工具，既可创建伸出项，也可创建切口；既可创建拉伸实体、加厚特征，也可创建拉伸曲面。对于这些不同的创建场合，其对截面的要求也有所不同。

1）对于实体拉伸伸出项的截面。拉伸截面可以是开放的或封闭的；开放截面只允许一个轮廓，所有的开放端点必须与零件边对齐；封闭截面可以是单一或多个不叠加的封闭环，也可以是嵌套环，其中最大的环用作外部环，而将其它所有环视为最大环中的孔，这些环不能彼此相交。

2）可使用开放或封闭截面创建拉伸切口或加厚拉伸，但截面不能含有相交图元。

3）当创建拉伸曲面特征时，截面可以是开放的，也可以是封闭的；当截面是开放时，只允许有一个开放环，而不允许有多个开放环；截面的图元可以自交。

4）有多个轮廓的截面。可同时在草绘平面上绘制多个轮廓，这些轮廓不能重叠，但可以嵌套；所有轮廓使用一个的深度定义选项，选取时同时被选中。

五、拉伸实体特征创建实例

1. 拉伸实体特征创建实例 1——绘制内部截面

操作步骤如下：

步骤 1（新建文件）：在〖文件〗工具栏中单击 按钮或在主菜单依次单击『文件』→『新建』选项或按快捷键"Ctrl + N"，在【新建】对话框中，选择【类型】为零件，【子类型】为实体。

步骤 2（选取模板）：不使用缺省模板，文件名为 extrude_ example-1. prt，在【新文件选项】对话框中选择 mmns_ part_ solid. prt 模板。

步骤 3（创建拉伸实体特征）：在〖基础特征〗工具栏中单击 按钮或在主菜单中依次单击『插入』→『拉伸』选项，系统弹出拉伸工具操控板。

步骤 4 （选取草绘平面和参考平面）：单击操控板中 放置 按钮，在【放置】上滑面板中单击 定义... 按钮，选取 TOP 基准面为草绘平面，RIGHT 基准面为参考平面，方向朝右，按鼠标中键或在【草绘】对话框中单击 草绘 按钮，如图 8-8a 所示。

步骤 5 （绘制截面）：按系统默认的截面标注参照，绘制图 8-8b 所示截面。

步骤 6 （设置特征深度）：特征深度为 10mm。

步骤 7：预览特征，按鼠标中键或在操控板控制区单击 ✓ 按钮，完成特征创建，如图 8-8c 所示。

步骤 8：保存文件。

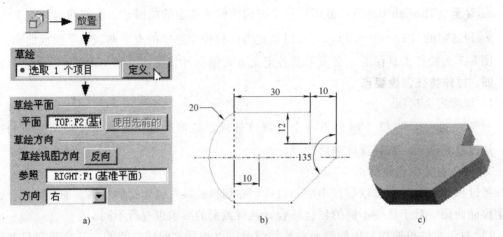

图 8-8　拉伸实体特征创建实例 1

2. 拉伸实体特征创建实例 2——选取外部截面

操作步骤如下：

步骤 1 （打开文件）：在〖文件〗工具栏中单击 按钮或在主菜单依次单击『文件』→『打开』选项或按快捷键 "Ctrl + O"，打开 \CH08 \extrude_ example-2. prt 文件。

步骤 2 （选取草绘为拉伸特征的截面）：选取草绘 1，在【基础特征】工具栏中单击 按钮，弹出拉伸工具操控板。

步骤 3 （设置特征深度）：在深度数值框中输入特征深度 10。

步骤 4：预览特征，按鼠标中键或在操控板控制区单击 ✓ 按钮，完成特征创建，如图 8-9 所示。

步骤 5：保存文件。

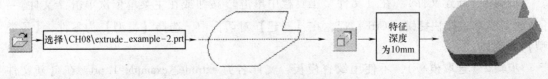

图 8-9　拉伸实体特征创建实例 2

在将现有草绘基准曲线作为特征截面时，不能选取复制的草绘基准曲线，若选取了，系统提示 "此工具不能使用选定的几何，请选取新参照"。

断开... 按钮的有关说明：

1）绘制截面方式和选取草绘方式创建拉伸特征，其 放置 选项的上滑面板是不同的，如图 8-10 所示。

图 8-10　两种不同方式创建拉伸特征时 放置 按钮的上滑面板

2）用选取草绘方式创建拉伸特征时， 放置 选项上滑面板中 断开... 按钮的含义：

① 系统在默认情况下，当选取草绘基准曲线作为特征截面时，该特征截面与基准曲线相关。

② 若要断开二者的联系，在操控板中单击 放置 按钮，在上滑面板单击 断开... 按钮，特征截面与基准曲线相互独立，执行断开操作时，草绘基准曲线同时被复制到特征中并将成为内部草绘，该操作将反映到模型树中，如图 8-11 所示。

3）如果草绘基准曲线是在处于"拉伸"或"旋转"工具状态中创建的，Pro/ENGI-NEER 则会创建一个组，组包括曲线和特征，如图 8-12 所示。

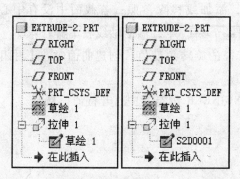

图 8-11　 断开... 操作对草绘基准曲线的影响　　　　图 8-12　特征中的组

第三节　旋转实体特征的创建

旋转工具是指截面绕中心线旋转来创建特征，与拉伸工具一样，旋转工具既可以创建实体，也可以创建曲面；既可以创建伸出项，也可以创建切口。

一、激活旋转工具的几种途径

激活旋转工具与激活拉伸工具类似，也有五种途径：

1）在〖基础特征〗工具栏中单击 按钮。

2）在主菜单中依次单击『插入』→『旋转』选项。

3）选取现有草绘基准曲线（外部截面），然后单击 按钮，通常将该方法称为"对象→操作"。

4）单击 ⊕ 按钮，绘制内部截面，通常将该方法称为"操作→对象"。

5）选取一个基准平面或平面作为草绘平面，然后单击 ⊕ 按钮。

二、旋转工具操控板

旋转工具操控板及上滑面板如图 8-13 所示。

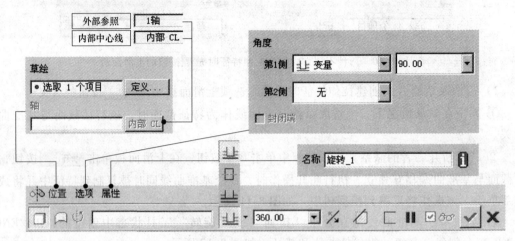

图 8-13　旋转工具操控板及上滑面板

【位置】上滑面板：使用该上滑面板定义特征的截面及旋转轴。单击 定义... 创建或修改截面；单击"草绘"收集器 ● 选取 1 个项目 ，添加或移除参照；若截面中没有中心线，则需要选取一个参照作为旋转轴线，单击 选取 1 个项目 ，激活轴线收集器。

【选项】上滑面板：定义草绘平面每一侧特征的旋转角度值；创建曲面时，【封闭端】选项可设定为封闭（☑ 封闭端）或不封闭（☐ 封闭端）。

【属性】上滑面板：编辑特征名或在 Pro/ENGINEER 浏览器中打开特征信息。

☐：创建旋转实体特征。

⌒：创建旋转曲面特征。

↻：指定旋转轴。

⊥：⊥· 15.00 ▼ ╱ 角度数值框，指定旋转特征的旋转角度。

⊥：⊥· ● 选取 1 个项 ╱ 角度参照收集器，如果角度使用参照确定，则在框中列出选取的参照。

╱：该按钮在不同的状态有不同的含义：

在 ☐ 或 ⌒ 状态：切换旋转方向，将旋转角度方向更改为草绘平面的另一侧。

在 ◿ 状态：将去除材料的方向更改为草绘的另一侧。

在 ☐ 状态：在草绘的一侧、另一侧或两侧间更改旋转方向。

◿：去除材料，使用旋转特征创建切口。

☐：创建加厚（薄壳）旋转特征。

▮▮：暂停当前特征工具，访问其它特征工具。在工具暂停期间所创建的所有特征，在其完成后与原特征一起放置在模型树中的一个组内。

▶：退出暂停状态，恢复原来被暂停的特征工具。

☑∞：特征预览，若特征存在错误，系统提示错误的原因。

☐∞：几何预览，可以预览到特征的截面。

✓：确认当前创建的重定义的特征，保存所有更改并关闭旋转工具操控板。

✗：取消特征的创建或重定义。

三、旋转工具的角度选项

在旋转特征中，将截面绕一旋转轴旋转至指定角度。通过选取下列角度选项之一可定义旋转角度：

可变（Variable）：从草绘平面开始，截面以设定的方向和给定的角度值进行旋转。在文本框中键入角度值或选取一个预定义角度值（90、180、270、360）；角度值可以是正值，也可以是负值，若为负值，则截面旋转方向与当前设定的方向相反。

对称（Symmetric）：按给定的旋转角度值以草绘平面为对称面对称旋转，草绘平面两侧的旋转角度值均为给定角度值的一半。

至选定参照（To Selected）：截面旋转至选定的基准点、顶点、平面或曲面。注意：若选取平面或曲面，旋转轴必须位于该平面或曲面上。

四、旋转特征创建要点

1. 旋转特征旋转轴的定义

旋转特征的旋转轴线定义有两种方法：

1）绘制内部中心线——在截面中绘制中心线。

2）选取外部参照——使用现有的有关图元作为参照，这些图元可以是直曲线、直边、基准轴或坐标轴。

2. 旋转特征中旋转轴的变更

不论使用上述的哪种方法定义旋转轴线，对其均可作变更，即可以选取外部参照替代内部中心线，也可以使用内部中心线替代外部参照，具体操作步骤为：在【位置】上滑面板单击 内部 CL 按钮，原有的 内部 CL 则变为 选取 1 个项目 ，选取一个参照后（如 边:F5(拉伸_1) ），则以新选取的参照为旋转轴线（见图 8-14）；由外部参照改变为内部中心线的方法相同。

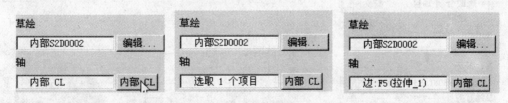

图 8-14　旋转轴线的变更

3. 旋转特征的截面

1）截面中的所有图元必须位于旋转轴线的一侧，否则在零件上会生成非正则体。

2）当选取外部参照作为旋转轴线时，该轴线必须位于旋转特征截面的草绘平面上。

3）当截面有多条中心线时，系统默认以用户绘制的第一条中心线作为旋转轴线，用户也可以定义其中的任意一条中心线作为旋转轴线，具体操作步骤为：选取要作为旋转轴线的中心线，在右键快捷菜单中选择【旋转轴】或在主菜单中依次单击『草绘』→『特征工具』→『旋转轴』选项。

4）创建旋转特征时，截面可以是封闭的，也可以是开放的。

五、旋转实体特征创建实例

1. 旋转实体特征创建实例 1——草绘截面、内部中心线

操作步骤如下：

步骤 1（新建文件）：在【文件】工具栏中单击 按钮或在主菜单依次单击『文件』→『新建』选项或按快捷键"Ctrl + N"，在【新建】对话框中，选择【类型】为零件，【子类型】为实体。

步骤 2（选取模板）：不使用缺省模板，文件名为 revolve_ example-1. prt，在【新文件选项】对话框中选择 mmns_ part_ solid. prt 模板。

步骤 3：在【基础特征】工具栏中单击 按钮或在主菜单中依次单击『插入』→『旋转』选项，系统弹出旋转工具操控板。

步骤 4（选取草绘平面和参考平面）：单击操控板中 位置 按钮，在【位置】上滑面板中单击 定义 按钮，选取 FRONT 基准面为草绘平面，方向向后，RIGHT 基准面为参考平面，方向朝右，按鼠标中键或在【草绘】对话框中单击 草绘 按钮，如图 8-15a 所示。

步骤 5（绘制截面）：按系统默认的截面标注参照、绘制截面，注意该截面有两条中心线：竖直中心线和水平中心线，先绘制竖直中心线，两条中心线分别在 RIGHT 和 TOP 基准面上。

绘制如图 8-15b 所示截面，绘制完毕后，在【草绘器工具】工具栏中单击 按钮，结束截面的绘制。

步骤 6（设置特征角度）：特征角度为 360°，预览特征，按鼠标中键或在操控板控制区，完成特征创建，如图 8-15c 所示。

步骤 7：保存文件。

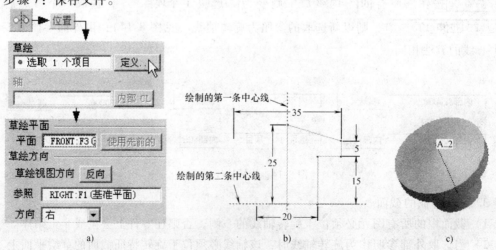

图 8-15　旋转实体特征创建实例 1

在该实例中，系统以竖直中心线为旋转轴线，若需要，用户可设定水平中心线为旋转轴线，具体操作步骤为：①在模型树中单击 旋转1，在右键快捷菜单中选择【编辑定义】，如图 8-16a 所示。②单击操控板中 位置 按钮，在【位置】上滑面板中单击 编辑... 按钮，进入草绘状态，如图 8-16b 所示。③选取水平中心线，在右键快捷菜单中选择【旋转轴】，如图 8-16c 所示。④完成草绘的编辑，退出草绘。⑤完成特征的重定义，结果如图 8-16d 所示。

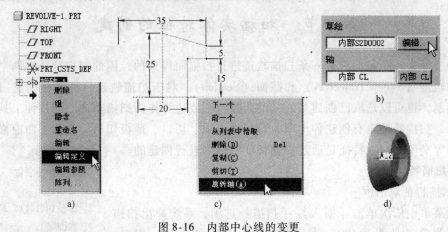

图 8-16　内部中心线的变更

2. 旋转实体特征创建实例 2——选取截面、外部参照

操作步骤如下：

步骤 1（打开文件）：在〖文件〗工具栏中单击 按钮或在主菜单依次单击『文件』→『打开』选项或按快捷键"Ctrl + O"，打开 \CH08 \revolve_example-2. prt 文件。

步骤 2（选取草绘为旋转特征的截面）：选取草绘 1，在〖基础特征〗工具栏中单击 按钮，弹出旋转工具操控板。

步骤 3（选取旋转轴线和角度）：分别选取图示直边、X 轴、Y 轴为旋转轴线，特征角度 90°。

步骤 4：预览特征，按鼠标中键，完成特征创建，如图 8-17 所示。

步骤 5：保存文件。

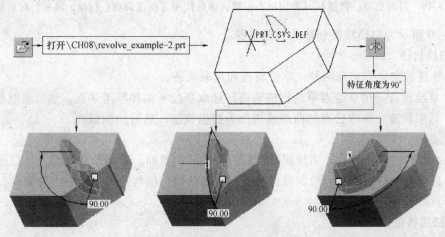

图 8-17　旋转实体特征创建实例 2

1）该实例草绘 1 中没有中心线，因此，系统提示用户必须选取一条参照为旋转轴线，如果草绘已绘制中心线，结果如何？在草绘 2 中已绘制了中心线，请实践。

2）在该例中，能否选取 Z 轴为旋转轴？为什么？

第四节　扫描实体特征的创建

扫描特征是一个截面沿着一条扫描轨迹进行扫描而得到的，因此扫描特征有两个组成要素：扫描轨迹（Sweep Trajectory）和截面（Section）。对于扫描轨迹，可以在创建扫描特征时进行绘制，也可以选取已创建好的基准曲线特征或边界作为扫描轨迹。同拉伸工具和旋转工具一样，扫描特征也有创建伸出项、薄板伸出项、切口、薄板切口、曲面、曲面修剪和薄曲面修剪等类型。扫描特征是通过扫描特征对话框进行创建的。

一、扫描特征概述

1. 扫描特征对话框

在主菜单中依次单击『插入』→『扫描』选项，系统弹出扫描特征类型菜单（见图 8-18）。对于伸出项、薄板伸出项、切口、薄板切口、曲面、曲面修剪和薄曲面修剪，其特征对话框的选项是有所不同的，图 8-19 所示为【伸出项：扫描】、【伸出项：扫描，薄板】和【曲面裁剪：扫描，薄板】对话框。

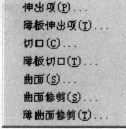

图 8-18　扫描特征类型菜单

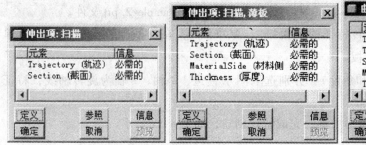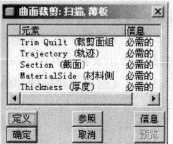

图 8-19　【伸出项：扫描】、【伸出项：扫描，薄板】和【曲面裁剪：扫描，薄板】对话框

图 8-20 所示为扫描特征创建的一般步骤。

2. 扫描轨迹

扫描轨迹的定义方式有两种：草绘轨迹和选取轨迹。

（1）草绘轨迹　用草绘器草绘扫描轨迹。选取草绘平面和参考平面，然后绘制截面。

（2）选取轨迹　选取已有的曲线或边作为扫描轨迹，然后绘制截面。

3. 截面

选取或草绘扫描轨迹后，系统提示绘制扫描特征的截面。截面草绘平面通过扫描轨迹的扫描起点且垂直于扫描轨迹。绘制截面时，系统默认以扫描轨迹的扫描起点为原点，截面的绘制请参看第五章。

二、扫描特征创建要点

1. 扫描特征的特点

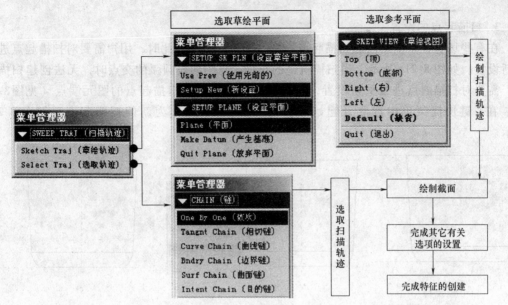

图 8-20 扫描特征创建的一般步骤

扫描特征具有两个重要特点：

1）扫描特征的截面在沿扫描轨迹进行扫描时，截面始终与扫描轨迹垂直。

2）扫描特征的截面在扫描过程中，其形状和大小不会变化。

2. 扫描轨迹的两种情形

对于扫描轨迹，可以是开放的扫描轨迹（扫描轨迹的起点和终点不重合），也可以是封闭扫描轨迹（扫描轨迹的起点和终点重合）。

对于开放轨迹或封闭轨迹，在创建实体扫描特征时，有不同的属性设置菜单，对截面也有着不同的要求，见表 8-2。

表 8-2 扫描轨迹的两种情形

扫描轨迹性质	特征属性选项	属性选项	截面要求	图 例
开放扫描轨迹	ATTRIBUTES（属性） Merge Ends（合并终点） Free Ends（自由端点）	合并终点：把扫描的端点合并到相邻实体	必须封闭	
		自由端点：不将扫描端点连接到相邻几何		
封闭扫描轨迹	ATTRIBUTES（属性） Add Inn Fcs（增加内部因素） No Inn Fcs（无内部因素）	增加内部因素	必须开放	
		无内部因素	必须封闭	

3. 扫描起点的设置

在有些场合，系统默认的扫描起点不满足用户的需要，此时，用户需要对扫描起点进行重新设置。如图 8-21a 所示，当扫描轨迹的扫描起点为两段圆弧的交点时，无法创建扫描特征，需要对扫描起点进行重新设置，其方法为：选取作为扫描起点的图元端点（见图 8-21 b），在右键快捷菜单中选取【起始点】，则系统将该点作为新的扫描起点，如图 8-21c 所示。

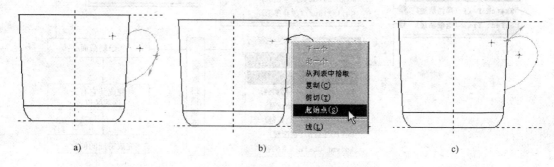

图 8-21　扫描起点的设置

4. 扫描特征小结

对于扫描特征，扫描轨迹（开放或封闭）与截面（开放或封闭）形成下列四种情形（见表 8-3）：

1）开放的扫描轨迹与开放的截面。对于该情形，系统无法创建实体，但可以创建曲面。

2）开放的扫描轨迹与封闭的截面。这是扫描特征最常用的情形，此时，如果创建扫描特征之前已创建了实体特征，则扫描特征对话框中增加了【属性】选项，【属性】菜单管理器中有【合并终点】和【自由端点】两个选项，其意义参见表 8-2。

3）封闭的扫描轨迹与开放的截面。

4）封闭的扫描轨迹与封闭的截面。

表 8-3　扫描轨迹与截面的四种情形

扫描轨迹性质	截面性质	属性设置	能否生成实体	能否生成曲面
开放	封闭	合并终点/自由端点	能	能
	开放		能	能
封闭	封闭	增加内部因素	不能	不能
		无内部因素	能	能
	开放	增加内部因素	能	能
		无内部因素	不能	能

三、扫描实体特征创建实例

1. 扫描实体特征创建实例 1——开放扫描轨迹、封闭截面

操作步骤如下：

步骤 1（打开文件）：在〖文件〗工具栏中单击 按钮或在主菜单依次单击『文件』→『打开』选项或按快捷键 "Ctrl + O"，打开 \CH08 \sweep_example-1. prt 文件。

步骤 2（创建扫描实体特征）：在主菜单中依次单击『插入』→『扫描』→『伸出项』选项，系统弹出实体扫描特征对话框。

步骤 3（绘制扫描轨迹）：在【扫描轨迹】中选取【草绘轨迹】，选取 FRONT 基准面为草绘平面，按缺省方向设置（朝内），TOP 基准平面为"顶"参考平面，绘制如图 8-22a 所示扫描轨迹。

步骤 4（设置属性）：在【属性】中选取【合并终点】/【完成】，如图 8-22b 所示。

步骤 5（绘制截面）：绘制如图 8-22c 所示扫描特征截面。

步骤 6：预览特征，完成特征创建，如图 8-22d 所示。

步骤 7：保存文件。

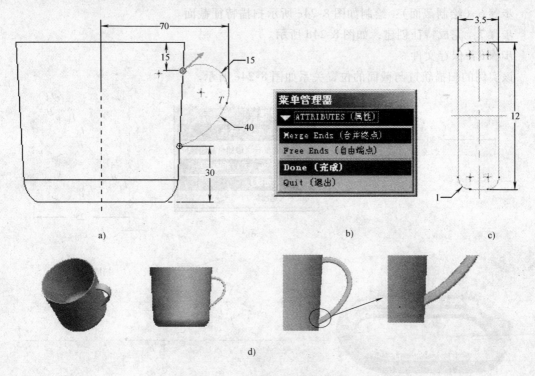

图 8-22　扫描实体特征创建实例 1

将该实例中的【属性】设置更改为【自由端点】，则结果为图 8-23 所示。

图 8-23　扫描特征属性为【自由端点】

2. 扫描实体特征创建实例 2——封闭扫描轨迹、封闭截面

操作步骤如下：

步骤 1（新建文件）：在『文件』工具栏中单击 □ 按钮或在主菜单依次单击『文件』→『新建』选项或按快捷键"Ctrl + N"，在【新建】对话框中，选择【类型】为零件，

【子类型】为实体。

步骤2（选取模板）：不使用缺省模板，文件名为 sweep_ example-2. prt，在【新文件选项】对话框中选择 mmns_ part_ solid. prt 模板。

步骤3（创建扫描实体特征）：在主菜单中依次单击『插入』→『扫描』→『伸出项』选项，系统弹出实体扫描特征对话框。

步骤4（绘制扫描轨迹）：在【扫描轨迹】菜单中选取【草绘轨迹】，选取 TOP 基准面为草绘平面，按缺省方向设置（朝下），RIGHT 基准平面为"右"参考平面，绘制如图8-24 a 所示扫描轨迹。

步骤5（设置属性）：在【属性】中选取【无内部因素】/【完成】，如图 8-24b 所示。

步骤6（绘制截面）：绘制如图 8-24c 所示扫描特征截面。

步骤7：完成特征创建，如图 8-24d 所示。

步骤8：保存文件。

该实例的扫描轨迹与截面的位置关系如图 8-24e 所示。

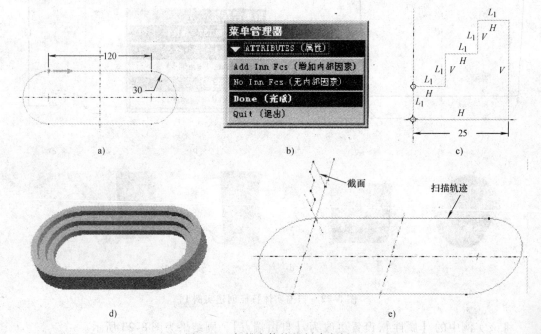

图 8-24　扫描实体特征创建实例 2

注意：对于封闭的扫描轨迹，属性设置为无内部因素时，截面必须封闭。

3. 扫描实体特征创建实例3——封闭扫描轨迹、开放截面

操作步骤如下：

步骤1～4：同扫描实体特征创建实例2，文件名为 sweep_example-3. prt。

步骤5（设置属性）：在【属性】菜单中选取【增加内部因素】/【完成】，如图 8-25a 所示。

步骤6（绘制截面）：绘制如图 8-25b 所示扫描特征截面。

步骤7：完成特征创建，如图 8-25c 所示。

步骤8：保存文件。

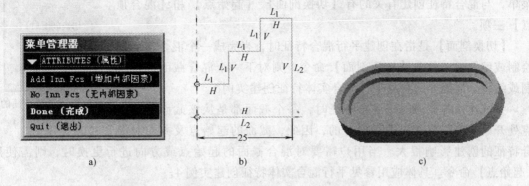

a)　　　　　b)　　　　　c)

图 8-25　扫描实体特征创建实例 3

注意：对于封闭的扫描轨迹，属性设置为增加内部因素时，截面必须是开放的。

第五节　混合实体特征的创建

混合特征是由两个或两个以上平面截面以指定方式进行融合所生成的特征。在主菜单中依次单击『插入』→『混合』→『伸出项』选项，系统弹出图 8-26 所示菜单管理器。

一、混合特征概述

1. 混合特征的类型

混合特征根据特征的创建特点可分为三类：平行混合（Parallel blend）、旋转混合（Rotational blend）和一般混合（General blend）。

（1）【平行】　特征的所有混合截面都平行于草绘平面，完成截面的绘制后必须指定各截面间的距离。

图 8-26　混合实体特征菜单
　　　　　管理器

（2）【旋转的】　特征的混合截面可绕截面的 Y 轴旋转（旋转角度范围为 0°~120°）。

（3）【一般】　特征的混合截面可以绕截面的 X、Y 和 Z 轴旋转，还可以沿这三个轴平移。

2. 混合特征的截面

【规则截面】（Regular Sec）：混合特征的截面为在草绘平面上所绘制的截面。

【投影截面】（Project Sec）：完成混合特征截面的绘制后，截面需投影到选定的曲面上。该选项只适用于平行混合特征。

【选取截面】（Select Sec）：选取草绘曲线或图形边界为混合特征的截面。该选项不能用于平行混合。

【草绘截面】（Sketch Sec）：草绘混合特征的截面。

3. 混合特征截面的特征工具与起始点

在创建混合特征时，经常需要使用到特征工具，特征工具是指在草绘混合截面时可能使用到的一些命令。在主菜单中依次单击『草绘』→『特征工具』选项，系统显示图 8-27 所示菜单，与混合特征创建有关的有【切换剖面】、【起始点】和【混合顶点】三项。

【切换剖面】是指在创建平行混合特征时，当完成一个混合截面的绘制或编辑后，单击【切换剖面】命令，则对下一个混合截面进行绘制或编辑。详细介绍参见平行混合实体特征创建实例1。

系统连接各截面创建混合特征时，每个截面都是从该截面的起始点处开始并按箭头方向进行混合的，因此，截面的起始点及方向对混合特征的创建影响很大。当用户需要对混合截面的起始点或方向进行更换时，则需使用【起始点】命令。具体应用参见平行混合实体特征创建实例4。

对于混合特征，要求每个混合截面的图元数量必须相等，这里所指的图元包括圆、圆弧、直线、样条、混合顶点等类型。对于某些应用场合，若截面的图元数量不相等，此时可在适当的位置添加混合顶点以使各截面的图元数量相等，添加混合顶点即应用【混合顶点】命令完成。具体应用参见平行混合实体特征创建实例3。

4. 点截面

对于混合特征，允许某个混合截面仅有一个点（图元），通常将这样的截面称为点截面。必须注意的是，在所有混合截面中，点截面只允许作为第一个混合截面或最后一个混合截面，而不允许作为中间的混合截面。具体应用参见一般混合实体特征创建实例2。

5. 截面中的坐标系在旋转混合特征与一般混合特征创建中的作用

创建混合特征时，需要两个或两个以上截面，每个截面间如何确定它们的空间位置关系呢？对于平行混合特征，每个截面通过截面标注参照标注定位尺寸，从而建立起每个截面在空间中的相互关系；对于旋转混合特征和一般混合特征，由于截面可绕坐标轴旋转，截面间的空间位置关系则是通过每个截面绘制的坐标系来确定的：首先，第一个截面中绘制的坐标系，通过约束（尺寸约束或拓扑约束）确定它在截面中的位置；然后，每个截面中绘制的坐标系重合（旋转混合特征）成一定距离（一般混合特征），这样每个截面在空间的位置就确定了。具体应用参见旋转混合实体特征创建实例和一般混合实体特征创建实例1、2。

> **提示**　在创建旋转混合特征或一般混合特征时，在截面绘制时，需绘制坐标系，这样的坐标系只在该特征中有效，因此，通常将这样的坐标系称为局部坐标系（Local Coordinate System）；也因为它只能在该特征内部使用，因此在模型树中并没有该坐标系的名称。

 1）在我们已学过的特征中，有哪些特征在创建时需要局部坐标系？

2）在随后学习的特征中，有哪些特征在创建时需要局部坐标系，请读者予以关注。

6. 混合特征创建要点

1）混合特征至少需要两个混合截面，一个混合截面无法创建混合特征。

2）在混合特征中，所有混合截面的图元数量必须相等（点截面除外）。

3）各截面的起始点的位置及方向应一致，否则所生成的特征可能存在严重扭曲现象，如平行混合实体特征创建实例4。

4）对于平行混合、旋转混合、一般混合三种混合类型，其主要区别见表8-4。

表8-4　三种混合特征的区别

混合特征类型	截面创建方式 与处理方式	混合截面是否 需要坐标系	截面能否旋转	是否需要输入 截面间距离	是否允许 点截面
平行混合	【规则截面】/【投影截面】 【草绘截面】	不需要	不能	是	是
旋转混合	【规则截面】 【选取截面】/【草绘截面】	需要	可绕截面的 Y 轴旋转	否	是
一般混合	【规则截面】 【选取截面】/【草绘截面】	需要	可绕截面的 X、Y、Z 轴旋转	是	是

二、平行混合实体特征的创建

平行混合特征中，所有截面均平行于特征的草绘平面并在同一个窗口中完成截面的绘制。

1. 平行混合实体特征创建实例1——规则截面、草绘截面

操作步骤如下：

步骤1（新建文件）：在〖文件〗工具栏中单击 按钮或在主菜单依次单击『文件』→『新建』选项或按快捷键"Ctrl + N"，在【新建】对话框中，选择【类型】为零件，【子类型】为实体。

步骤2（选取模板）：不使用缺省模板，文件名为 parallel_blend_example-1. prt，在【新文件选项】对话框中选择 mmns_part_solid. prt 模板。

步骤3：在主菜单中依次单击『插入』→『混合』→『伸出项』选项，系统弹出【混合选项】菜单。

步骤4（创建平行混合实体特征）：在【混合选项】菜单中，选取【平行】/【规则截面】/【草绘截面】/【完成】。

步骤5（设置特征属性）：在【属性】菜单中，选取【直的】/【完成】。

步骤6（选取草绘平面和参考平面）：选取 TOP 基准面为草绘平面，按缺省方向设置（朝上），RIGHT 基准面为"右"参考平面，至此，系统进行草绘截面状态。

步骤7（绘制第一个截面）：首先绘制两条中心线，分别在 RIGHT 基准面和 FRONT 基准面上，然后绘制一个矩形，该矩形对称于两条中心线，如图8-28a 所示，此时该截面的图元以黄色显示。

步骤8（切换剖面）：在图形显示区内，单击鼠标右键，在弹出的右键快捷菜单中选取【切换剖面】选项（见图8-28b），此时，第一个截面的图元则以暗灰色显示，表明系统已进入绘制第二个截面状态。

切换剖面也可以通过另一种途径进行：主菜单中依次单击『草绘』→『特征工具』→『切换剖面』选项。

步骤9（绘制第二个截面）：首先绘制两条中心线，分别在 RIGHT 基准面和 FRONT 基准面上，然后绘制一个矩形，该矩形对称于两条中心线，如图8-28c 所示，此时该截面的图元以黄色显示。

步骤10（切换剖面，绘制第三个截面）：按上述方法切换剖面，第一、二个截面的图元则以暗灰色显示，系统进入绘制第三个截面的状态。

首先绘制两条中心线，分别在 RIGHT 基准面和 FRONT 基准面上，然后绘制一个矩形，该矩形对称于两条中心线，如图 8-28d 所示，此时该截面的图元以黄色显示。

步骤 11（完成截面绘制）：在〖草绘器工具〗工具栏中单击 ✓ 按钮，结束截面绘制。

步骤 12（输入截面间的深度）：系统在数据输入区提示用户输入截面间的深度，依次输入 50、40，如图 8-28e 所示。

步骤 13：完成特征创建，如图 8-28f 所示。

步骤 14：保存文件。

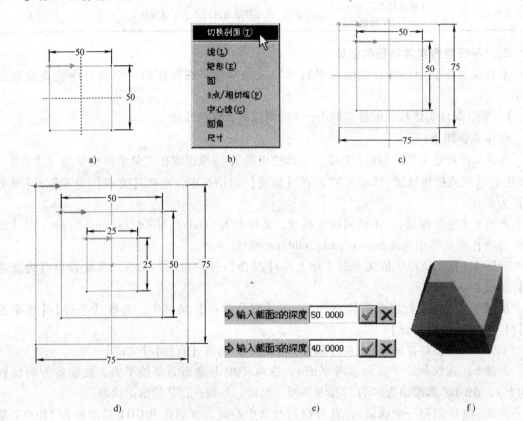

图 8-28　平行混合实体特征创建实例 1

在该例中，若将【属性】设置为【光滑】，其结果则如图 8-29 所示。

|提示| 进行【切换剖面】操作时应注意的问题：
1）切换剖面是创建平行混合特征时常用的操作。若用户完成了第一个截面的绘制进行剖面切换操作后，系统则进入第二个截面绘制的状态；如果用户不进行第二个截面的绘制，又进行一次剖面切换操作，则系统又返回到第一个截面状态。
2）当前截面系统默认黄色显示，非当前截面系统默认灰色显示。
3）系统只能对当前截面进行编辑修改等操作，对非当前截面无法进行编辑修改等操作。
4）当用户欲对某一截面进行编辑修改时，必须将该截面设置为当前截面。|

2. 平行混合实体特征创建实例2——投影截面、草绘截面

操作步骤如下：

步骤1：（打开文件）打开 \CH08\parallel_blend_example-2.prt 文件。

步骤2：在主菜单中依次单击『插入』→『混合』→『伸出项』选项，系统弹出【混合选项】菜单。

图8-29 【属性】为【光滑】的平行混合特征

步骤3（创建平行混合实体特征）：在【混合选项】菜单中，选取【平行】/【投影截面】/【草绘截面】/【完成】。

步骤4（选取草绘平面和参考平面）：选取零件的上表面为草绘平面，按缺省方向设置（朝下），FRONT基准面为"底部"参考平面，至此，系统进行草绘截面状态，如图8-30a所示。

步骤5（选取标注参照）：选取 FRONT 基准面和 RIGHT 基准面为截面标注参照，如图8-30b所示。

步骤6（绘制第一个截面）：绘制如图8-30c所示截面。

步骤7（切换剖面，绘制第二个截面）：切换剖面，绘制如图8-30d所示截面。

步骤8（完成截面绘制）：在『草绘器工具』工具栏中单击✔按钮，结束截面绘制。

步骤9（输入截面间的深度）：系统提示选取两曲面为交截边界（ ⬦选取两曲面为交截边界。），按住"Ctrl"键选取图8-30e所示的两个实体表面。

步骤10：完成特征创建，如图8-30f所示。

步骤11：保存文件。

3. 平行混合实体特征创建实例3——混合顶点

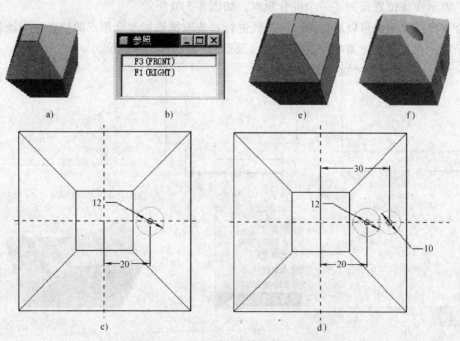

图8-30 平行混合实体特征创建实例2

操作步骤如下：

步骤 1~2：同平行混合实体特征创建实例 1，新建文件名为 parallel_blend_example-3.prt，选择 mmns_part_solid.prt 模板。

步骤 3：在主菜单中依次单击『插入』→『混合』→『伸出项』选项，系统弹出【混合选项】菜单。

步骤 4（创建平行混合实体特征）：在【混合选项】菜单中，选取【平行】/【规则截面】/【草绘截面】/【完成】选项。

步骤 5（设置特征属性）：在【属性】菜单中，选取【直的】/【完成】选项。

步骤 6（选取草绘平面和参考平面）：选取 TOP 基准面为草绘平面，按缺省方向设置（朝上），RIGHT 基准面为"右"参考平面，至此，系统进行草绘截面状态。

步骤 7（绘制第一个截面）：绘制如图 8-31a 所示截面，矩形的左下角点在 RIGHT 基准面和 FRONT 基准面上。

步骤 8（切换剖面，绘制第二个截面）：切换剖面，绘制如图 8-31b 所示截面，三角形的 90°角点在 RIGHT 基准面和 FRONT 基准面上。

若此时单击『草绘器工具』工具栏的 ✔ 按钮，系统提示每个截面的图元数必须相等（ 🚫 每个截面的图元数必须相等。）。这是因为第一个截面为一个矩形，图元数为 4；而第二个截面为一个三角形，图元数为 3，因此两个截面的图元数不相等。

在图元数量少的截面的适当位置添加混合顶点是解决该类问题一种常用的方法，对于该实例，在第二个截面的适当位置添加一个混合顶点即可。下面介绍一下混合顶点的应用。

步骤 9（添加混合顶点）：选取图 8-31c 所示的顶点，此时该顶点以红色显示；然后在主菜单中依次单击『草绘』→『特征工具』→『混合顶点』选项，此时该端点位置显示为一个小圆圈，表示在该位置添加了一个混合顶点，如图 8-31d 所示。

混合顶点的添加也可以通过另一种途径进行：选取欲添加混合顶点的位置，当该顶点以红色显示后，在右键快捷菜单中选取【混合顶点】，如图 8-31e 所示。

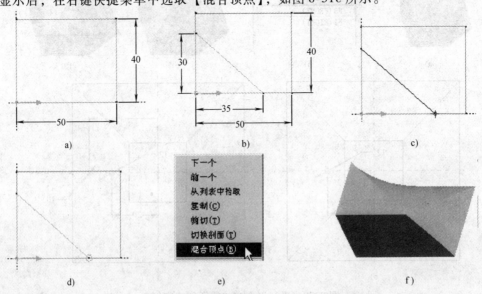

图 8-31　平行混合实体特征创建实例 3

添加了一个混合顶点后，第二个截面的图元数也是4，这样两个截面的图元数就相等。

步骤10（完成截面绘制）：在〖草绘器工具〗工具栏中单击✔按钮，结束截面绘制。

步骤11（输入截面间的深度）：系统在数据输入区提示输入截面间的深度30。

步骤12：完成特征创建，如图8-31f所示。

步骤13：保存文件。

提示	混合顶点使用时需注意以下事项： 1）若截面是封闭的，则在起始点位置不能添加混合顶点。 2）混合顶点只能添加在图元（如直线、圆弧、样条等）端点的位置上，在其它位置无法添加。 3）在截面中的不同位置添加混合顶点，其造型结果也不一样，如图8-32b与图8-31f所示的造型结果就不一样。 4）一个截面中，可以添加一个混合顶点，也可以添加多个混合顶点，如图8-32c所示。 5）在同一个位置上，可以添加一个混合顶点，也可以添加多个混合顶点，添加一个混合顶点，在该位置显示一个小圆圈；添加两个混合顶点，则显示两个小圆圈；以此类推，如图8-32d、e所示。注意：在同一位置添加多个混合顶点时，特征造型结果容易存在严重扭曲现象。

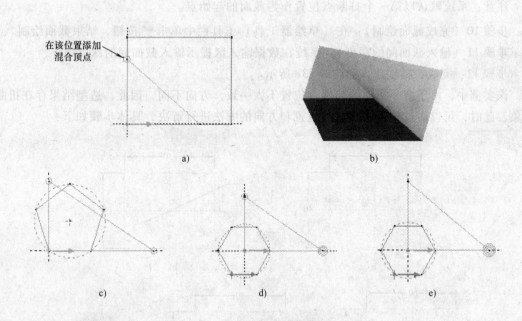

图8-32　混合顶点的不同应用

4. 平行混合实体特征创建实例4——起始点

当截面的图元数不相等时，除应用实例3中所介绍的在适当位置添加混合顶点的方法外，还有一种常用的方法就是将有关图元打断，实例4介绍该方法的应用。

操作步骤如下：

步骤 1~2：同平行混合实体特征创建实例 1，新建文件名为 parallel_blend_example-4. prt，选择 mmns_part_solid. prt 模板。

步骤 3：在主菜单中依次单击『插入』→『混合』→『伸出项』选项，系统弹出【混合选项】菜单。

步骤 4（创建平行混合实体特征）：在【混合选项】菜单中，选取【平行】/【规则截面】/【草绘截面】/【完成】。

步骤 5（设置特征属性）：在【属性】菜单中，选取【直的】/【完成】。

步骤 6（选取草绘平面和参考平面）：选取 TOP 基准面为草绘平面，按默认方向设置（朝上），RIGHT 基准面为"右"参考平面，至此，系统进行草绘截面状态。

步骤 7（绘制第一个截面）：首先绘制两条中心线，分别在 RIGHT 基准面和 FRONT 基准面上，然后绘制一个矩形，该矩形对称于两条中心线，如图 8-33a 所示。

步骤 8（切换剖面，绘制第二个截面）：切换剖面，绘制如图 8-33b 所示截面，该截面为一个圆，很明显，两个截面的图元数不相等。

为了使两个截面的图元数相等，这里将圆在适当位置打断成四段圆弧，这样两个截面的图元数便相等了。

步骤 9（打断图元）：首先绘制两条中心线，中心线通过圆心和矩形的角点，如图 8-33c 所示，在『草绘器工具』工具栏中单击 右侧的展开按钮，在弹出菜单中单击 按钮，分别选取两条中心线与圆的交点处进行打断，打断后截面如图 8-33d 所示。

注意：系统默认以第一个打断点位置作为截面的起始点。

步骤 10（完成截面绘制）：在『草绘器工具』工具栏中单击 按钮，结束截面绘制。

步骤 11（输入截面间的深度）：系统在数据输入区提示输入截面间的深度 20。

步骤 12：完成特征创建，如图 8-33e 所示。

该实例中，由于两个截面的起始点位置不太一致，方向不同，因此，造型结果存在扭曲现象，此时，可以通过修改起始点的位置和方向的方法进行解决，具体步骤如下：

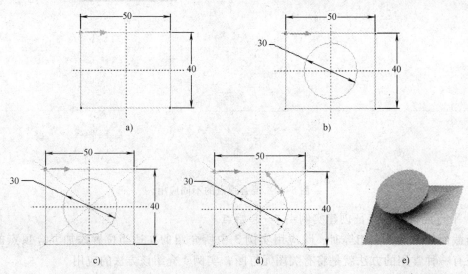

图 8-33 平行混合实体特征创建实例 4

1）选取将作为起始点的图元端点，如图 8-34a 所示。

2）在主菜单中依次单击『草绘』→『特征工具』→『起始点』选项，系统则以刚才选取的位置作为起始点，如图 8-34b 所示。

3）由图 8-34b 可知，第一个截面的方向为顺时针方向，第二个截面的方向为逆时针方向，因此，两个截面的方向不一致，需要继续对方向进行设置，此时，选取起始点位置，如图 8-34c 所示。

4）在主菜单中依次单击『草绘』→『特征工具』→『起始点』选项，系统则改变了方向但不改变起始点位置，如图 8-34d 所示。

5）造型结果如图 8-34e 所示。

起始点的设置也可以通过另一种途径进行：选取欲作为起始点的位置，该端点以红色显示后，在右键快捷菜单中选取【起始点】，如图 8-34f 所示。

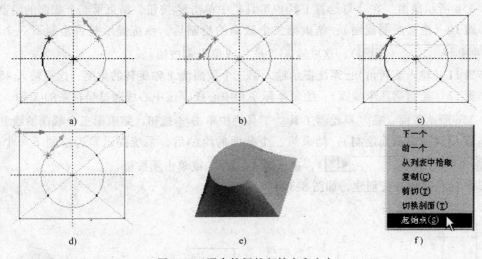

图 8-34　混合特征的起始点和方向

三、旋转混合实体特征的创建

旋转混合特征与平行混合特征相比，其最大的不同之处在于：

1）旋转混合特征的截面必须绘制坐标系。

2）旋转混合特征的截面可以绕草绘平面中的 Y 轴旋转。

3）旋转混合特征只需输入每个截面绕 Y 轴的旋转角度，而无需输入各截面间的深度。

1. 旋转混合实体特征实例

操作步骤如下：

步骤 1（新建文件）：在〖文件〗工具栏中单击 □ 按钮或在主菜单依次单击『文件』→『新建』选项或按快捷键 "Ctrl + N"，在【新建】对话框中，选择【类型】为零件，【子类型】为实体。

步骤 2（选取模板）：不使用缺省模板，文件名为 rotational_blend_example-1. prt，在【新文件选项】对话框中选择 mmns_part_solid. prt 模板。

步骤 3：在主菜单中依次单击『插入』→『混合』→『伸出项』选项，系统在弹出【混合选项】菜单。

步骤4（创建旋转混合实体特征）：在【混合选项】菜单中，选取【旋转】/【规则截面】/【草绘截面】/【完成】选项。

步骤5（设置特征属性）：在【属性】菜单中，选取【直的】/【开放】/【完成】选项。

步骤6（选取草绘平面和参考平面）：选取 TOP 基准面为草绘平面，按缺省方向设置（朝下），RIGHT 基准面为"右"参考平面，至此，系统进行草绘截面状态。

步骤7（绘制第一个截面）：绘制坐标系，该坐标系在 RIGHT 基准面和 FRONT 基准面上，绘制图形，如图 8-35a 所示，在〖草绘器工具〗工具栏中单击 ✓ 按钮，结束第一个截面的绘制。

步骤8（输入旋转角）：系统提示输入第二个截面绕 Y 轴旋转的角度，这里输入 45，（为截面2 输入y_axis 旋转角(范围: 0 - 120) 45.0000 ✓ ✗ ）。

步骤9（绘制第二个截面）：绘制坐标系和中心线，该中心线通过坐标系的 X 轴，绘制如图 8-35b 所示截面，在〖草绘器工具〗工具栏中单击 ✓ 按钮，结束第二个截面的绘制。

步骤10（继续绘制截面）：结束第二个截面的绘制后，系统提示是否绘制下一个截面（回答是或否 是 是 否 ），这里输入"是"或单击 是 按钮。

步骤11（输入旋转角）：系统提示输入第三个截面绕 Y 轴旋转的角度，这里输入 45。

步骤12（绘制第三个截面）：绘制坐标系和中心线，该中心线通过坐标系的 X 轴，绘制如图 8-35c 所示截面，在〖草绘器工具〗工具栏中单击 ✓ 按钮，结束第三个截面的绘制。

步骤13（退出截面绘制）：结束第三个截面的绘制后，系统提示是否绘制下一个截面（继续下一截面吗? (Y/N): 否 是 否 ），这里输入"否"或单击 否 按钮。

步骤14：完成特征创建，如图 8-35d 所示。

步骤15：保存文件。

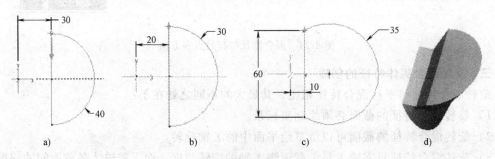

a)　　　　　　　　b)　　　　　　　　c)　　　　　　　　d)

图 8-35　旋转混合实体特征创建实例

在该实例中，若将【属性】设置为【光滑】/【开放】，结果如图 8-36a 所示；若将【属性】设置为【光滑】/【封闭】，结果如图 8-36b 所示。

2. 旋转混合特征创建注意事项

1）在绘制旋转混合特征的

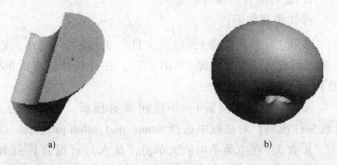

a)　　　　　　　　b)

图 8-36　旋转混合属性不同设置时的特征创建结果

截面时，必须绘制一个坐标系，用以确定各截面在空间中的相对位置，即每个截面的坐标系均在同一位置上，旋转混合实体特征创建实例的截面如图 8-37 所示。

2）旋转混合特征的截面可以绕 Y 轴进行旋转，其旋转角度的范围为 [0°，120°]，注意旋转角度不能为负值。

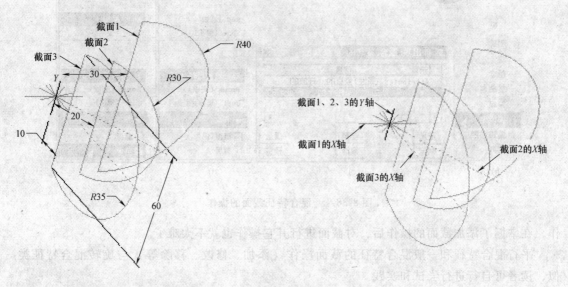

图 8-37　旋转混合特征的截面与坐标系

3）对于截面较多的混合特征，为了避免在造型过程中电脑或软件存在意外而造成往往选完两个截面的绘制后，便结束混合特征的创建并保存文件，然后再依次添加截面直至完成所有截面的绘制。

如在旋转混合实体特征创建实例中，该特征有 3 个截面，完成第 1、2 个截面的绘制后，结束特征的创建（特征创建结果如图 8-38a 所示）并保存文件，然后再添加第 3 个截面。添加第 3 个截面的操作步骤大致为：

步骤 1：在模型树中，鼠标右键单击该特征名称，在右键快捷菜单中选取【编辑定义】（见图 8-38b），弹出旋转混合实体特征对话框（见图 8-38c）。

步骤 2：在特征对话框中，双击【截面】选项或选取【截面】选项后，单击 定义 按钮，显示【截面】菜单管理器，如图 8-38d 所示，此时该特征包含两个截面：截面 1 和截面 2。

步骤 3：单击【添加】选项，此时菜单显示截面 2 和截面 3 两个截面，选取截面 3，如图 8-38e 所示。

步骤 4：输入截面 3 的旋转角度 30°，系统进入草绘状态。

步骤 5：绘制如图 8-35c 所示截面，在〖草绘器工具〗工具栏中单击 ✔ 按钮，结束截面的绘制，返回【截面】菜单管理器。

步骤 6：单击【完成】选项或鼠标中键，完成所有截面的绘制，退回至特征对话框。

步骤 7：单击对话框中的 确定 按钮或鼠标中键，完成特征的创建，结果如图 8-35d 所示。

旋转混合特征的截面除了可以进行添加的操作外，还可以进行移除、显示、修改等操

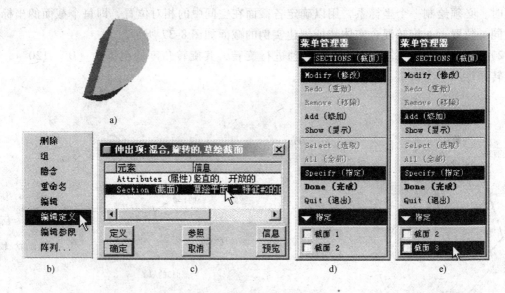

图 8-38   混合特征截面的操作

作，在掌握了添加截面的操作后，对截面进行其它操作也就不太难了。

平行混合特征和一般混合特征的截面操作（添加、修改、移除等）与旋转混合特征类似，读者可自行进行尝试和实践。

1）旋转混合特征各截面可以绕 Y 轴旋转，Y 轴是如何确定的？它就是基准坐标系中的 Y 轴吗？

2）在创建旋转混合特征中，当选取不同的参照为草绘平面时，Y 轴是否相同？当选取相同的参照为草绘平面、不同的参照为参考平面时，Y 轴是否相同？当选取相同的参照为草绘平面、相同的参照为参考平面、参考平面的方向设置不同时，Y 轴是否相同？

3）如果旋转混合特征各截面绕 Y 轴的旋转角度为 $0°$，是否可以认为它就是平行混合特征？

四、一般混合实体特征的创建

一般混合特征，其混合截面不仅可以绕截面的 X、Y、Z 轴进行旋转，而且可沿 X、Y、Z 轴进行平移，因此，在三种混合特征中，一般混合特征最难学习，也最难掌握。

1. 一般混合实体特征创建实例——规则截面、选取截面

操作步骤如下：

步骤 1（新建文件）：在『文件』工具栏中单击 🗋 按钮或在主菜单依次单击『文件』→『新建』选项或按快捷键"Ctrl + N"，在【新建】对话框中，选择【类型】为零件，【子类型】为实体。

步骤 2（选取模板）：不使用缺省模板，文件名为 general_blend_example-1. prt，在【新文件选项】对话框中选择 mmns_part_solid. prt 模板。

步骤 3：在主菜单中依次单击『插入』→『混合』→『伸出项』选项，系统弹出【混合选

项】菜单。

步骤4（创建平行混合实体特征）：在【混合选项】菜单中，选取【一般】/【规则截面】/【草绘截面】/【完成】选项。

步骤5（设置特征属性）：在【属性】菜单中，选取【光滑】/【完成】选项。

步骤6（选取草绘平面和参考平面）：选取TOP基准面为草绘平面，按默认方向设置（朝上），RIGHT基准面为"右"参考平面，至此，系统进行草绘截面状态。

步骤7（调入第一个截面）：在主菜单中依次单击『草绘』→『数据来自文件』→『文件系统』选项，选取general-blend-1.sec文件，双击该文件或选取该文件后单击 打开(O) 按钮。

系统提示为草绘选取或创建一个水平或垂直的参照（ 为草绘选取或创建一个水平或垂直的参照 ），此时，在图形区中单击鼠标左键，选取一个位置以放置该截面，放置后如图8-39a所示，截面比例设置为1，角度为0，如图8-39b所示。

将调入的截面的中心平移到RIGHT和FRONT基准面上或使用重合约束将截面中心约束到RIGHT和FRONT基准面上（该部分操作详见第六章的第三节、第五节），约束后截面如图8-39c所示。

在〖草绘器工具〗工具栏中单击✔按钮，结束第一个截面的绘制。

说明：该截面已经绘制了坐标系，因此这里就不需重复绘制。

步骤8（输入旋转角）：系统提示输入第二个截面绕X轴旋转的角度，这里输入0（缺省为0，因此可直接回车），同样，输入截面2绕Y轴、Z轴旋转的角度分别为0、15。

步骤9（绘制第二个截面）：第二个截面也是调用general_blend_example-1.sec文件，方法同上，在〖草绘器工具〗工具栏中单击✔按钮，结束第二个截面的绘制。

步骤10（继续绘制截面）：结束第二个截面的绘制后，系统提示是否绘制下一个截面（ 回答是或否 是 是 否 ），这里单击 是 按钮。

步骤11（输入旋转角）：第三个截面绕X轴、Y轴、Z轴旋转的角度分别为0、0、15。

步骤12（绘制第三个截面）：第三个截面也是调用generalblend-1.sec文件，方法同上，在〖草绘器工具〗工具栏中单击✔按钮，结束第三个截面的绘制。

步骤13（退出截面绘制）：结束第三个截面的绘制后，系统提示是否绘制下一个截面（ 继续下一截面吗？(Y/N) 否 是 否 ），这里单击 否 按钮。

步骤14（输入截面间的深度）：截面2、3的深度均为10。

步骤15：完成特征创建，单击特征对话框中 确定 按钮，结果如图8-39d所示。

步骤16：保存文件。

2. 一般混合实体特征创建注意事项

1）一般混合特征各截面绕X、Y、Z轴旋转角度的范围为［-120°，120°］，其正负方向用右手螺旋定则确定。

2）若混合特征的截面中存在点截面，该截面必须作为第一个或最后一个截面，而不能作为中间截面。

3）点截面同样也需要绘制坐标系。

4）对于旋转混合特征，若截面中有点截面，则特征属性不能设为封闭。

5）当混合特征的属性设为【光滑】且截面中有点截面时，系统将弹出【端点类型】菜

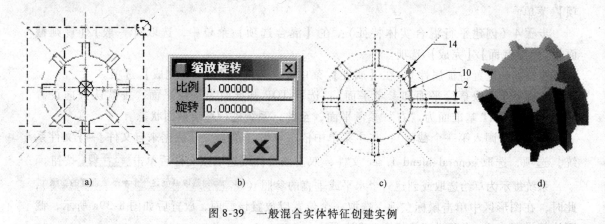

a)   b)   c)   d)

图 8-39   一般混合实体特征创建实例

单（即特征的收尾方式），该菜单有【尖点】和【光滑】两个选项，图 8-40 所示为二者的区别。

6）对于一般混合特征，其坐标系更为复杂，图 8-41 为一般混合实体特征创建实例 2 的截面图，一般混合特征的各截面位置关系确定的方法是：相邻两个截面的坐标系在前一个截面草绘平面上的投影是重合的，具体而言，在该例中的三个截

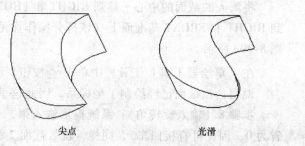

尖点   光滑

图 8-40   【端点类型】的区别

面中，图 8-41a 所示为三个截面的轴侧图，图 8-41b 所示为截面 1、2 的 TOP 投影视图，图 8-41c、d 所示分别为截面 1、3 和截面 2、3 的 TOP 投影视图，从图中可以清楚地看到，截面 1、2 在截面 1 的草绘平面（TOP 基准面）上的投影是重合的，截面 2、3 在截面 2 的草绘平面的投影也是重合的，但截面 1、3 和截面 2、3 在 TOP 基准面上的投影并不重合，如图 8-41f 所示（图 8-41e 为截面 2、3 的轴侧图）。

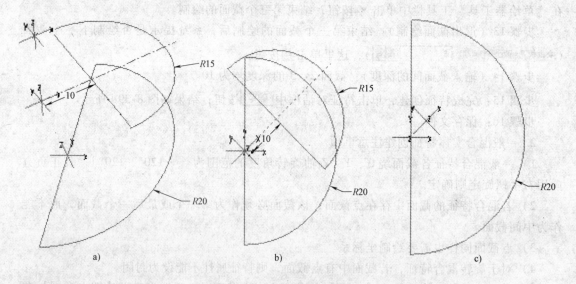

a)   b)   c)

图 8-41   一般混合特征的截面

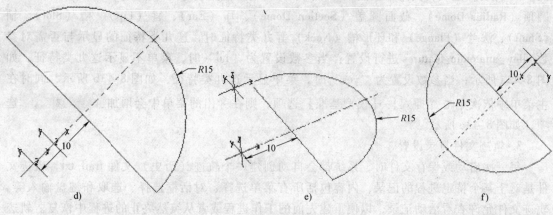

d)　　　　　　　　　　　　　　e)　　　　　　　　　　　　　　f)

图 8-41　一般混合特征的截面（续）

1）一般混合特征中，混合截面可以绕截面的 X、Y、Z 轴旋转，这里的 X、Y、Z 轴如何确定？它们就是基准坐标系的 X、Y、Z 轴吗？

2）如果一般混合特征各截面绕 X、Z 轴的转角均为 0°，且各截面间的距离均为 0，是否可以认为它就是旋转混合特征？

第六节　系统参数的设置与创建草绘特征的常用技巧

一、常用系统参数的设置

1. 零件造型缺省模板的设置

新建实体零件文件时，系统提供了四种模板：空模板、inlbs_part_ecad 模板（英制 EC-AD 文件模板）、inlbs_part_solid 模板（英制实体零件模板）和 mmns_part_solid 模板（公制实体零件模板），如果用户未对文件模板做过任何的设置和修改，则系统缺省的文件模板是 inlbs_part_solid，如图 8-42 所示。在我国，最常用的是 mmns_part_solid 模板，因此，将该模板设置为缺省模板，则可减少新建文件时的操作，提高工作效率。

假设 Pro/ENGINEER Wildfire3.0 软件的安装目录是 D：\ Program Files \ ProeWildfire 3.0，则将参数"template_solidpart"设置为"D：\ Program Files \ ProeWildfire 3.0 \ templates \ mmns_part_solid. prt"。

2. allow_anatomic_features 参数的设置

按系统默认设置，在主菜单中依次单击『插

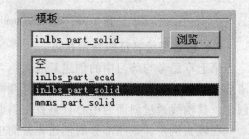

图 8-42　系统提供的四种实体零件模板

入』→『高级』选项，其菜单如图 8-43a 所示，当用户需要创建局部推拉（Local Pull）、半径圆顶（Radius Dome）、截面圆盖（Section Dome）、耳（Ear）、唇（Lip）、槽（Slot）、轴（Shaft）、法兰（Flange）和环形槽（Neck）等九类特征时，这九类特征的显示与否需对参数 allow_anatomic_features 进行设置：当参数设置为"no"时，菜单不显示这九类特征，如图 8-43a 所示；当参数设置为"yes"时，菜单显示这九类特征，如图 8-43b 所示，同时在主菜单中依次单击『插入』→『模型基准』选项，则在弹出的菜单中会增加 评估(E)... 选项，如图 8-43c 所示。

3. 轨迹文件目录设置

每一次启动或保存文件时，系统都会自动创建一个轨迹（历史）文件 trail.txt，轨迹文件是对于某个特定进程的记录，内容包括所有菜单选择、对话框选择、选取和键盘输入等。轨迹文件允许查看活动记录，以便重建先前的工作进程或者从突然终止的进程中恢复。轨迹文件是可编辑的文本文件（TXT 文件）。

因为轨迹文件不会自动删除，因此，最好将其所保存的目录进行设置，假设用户希望将轨迹文件保存在 D:\user 目录中，则需将参数"trail_dir"设置为"D:\user"。

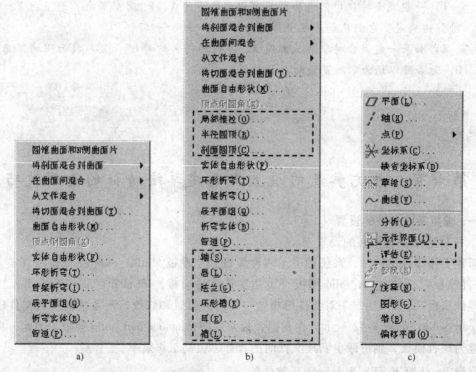

图 8-43　allow_anatomic_features 参数设置前后的菜单

二、创建草绘特征的常用技巧

第七章思考与练习中的创建基准面练习，该零件如图 8-44a 所示，零件由基座和圆柱体两部分组成：基座用拉伸特征创建，其截面如图 8-44b 所示；圆柱体可用拉伸、旋转等特征创建，其轴线通过斜面的中心且垂直于斜面。

在该实例中，基座部分的创建非常简单，圆柱体部分的结构也不复杂，难点在于如何使用拓扑约束来保证圆柱体的轴线通过斜面的中心且垂直于斜面。若圆柱体使用拉伸特征进行创建，创建拉伸特征时选取斜面为草绘平面，则圆柱体的轴线垂直于斜面就已经得到保证了，那么轴线通过斜面中心又是如何保证的呢？本节就从该处着眼，谈谈创建草绘特征时的一些小技巧。

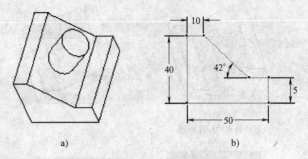

图 8-44　创建基准面练习图

1. 拓扑约束的逆向使用

对于拓扑约束，通常以正向思维去使用它，但有时可以以逆向思维去挖掘它的其它用途，如对称约束，该约束要求选取的对象是一条中心线和两个顶点，平时用得最多的是两个顶点对称于一条已知的中心线，反过来想想，有时已知两个顶点，而中心线是未知的，可否用对称约束去确定这条未知的中心线呢？

解决步骤如下：

步骤 1（打开文件）：打开 \ CH08 \ datum_plane_exer. prt 文件。

步骤 2（创建拉伸实体特征）：在『基础特征』工具栏中单击 按钮或在主菜单中依次单击『插入』→『拉伸』选项，系统弹出拉伸工具操控板。

步骤 3（选取草绘平面和参考平面）：选取斜面为草绘平面，如图 8-45a 所示，系统默认以图 8-45b 所示表面为参考平面，方向朝前，接受系统默认的设置，按鼠标中键或在【草绘】对话框中单击 草绘 按钮，进入草绘状态。

步骤 4（选取标注参照）：系统默认选取了基座拉伸特征中斜面的一条边为截面的标注参照，如图 8-45c、d 所示，此时，若单击【参照】对话框中的 关闭(C) 按钮，系统则提示标注参照不足（见图 8-45e），要求用户选取更多的标注参照。

单击【参照】对话框中的 按钮，选取如图 8-45f 箭头所指的边。

单击【参照】对话框中的 剖面(X) 按钮，选取如图 8-45g 箭头所指的两条边。

此时，【参照】对话框中共有四个标注参照，如图 8-45h 所示，单击【参照】对话框中的 关闭(C) 按钮，完成参照的选取。

步骤 5（绘制截面）：首先，绘制三个点，三个点分别在斜面的右上、右下和左下角点处，如图 8-45i 所示，绘制两条中心线，一条为水平中心线，一条竖直中心线，如图 8-45j 所示；然后，设置对称约束：水平中心线对称于右上和右下角点，竖直中心线对称于左下和右下角点，结果如图 8-45k 所示；最后，以两条中心线的交点为圆心位置，绘制一个圆，修改直径尺寸为 20mm，如图 8-45l 所示。

步骤 6（设置特征深度）：特征深度为 25mm。

步骤 7：完成特征创建，如图 8-44a 所示。

步骤 8：保存文件。

2. 构造线的应用

如果只是为了定义轴线通过斜面中心，上述方法中绘制了两条中心线则略显繁琐，实际上只要绘制一条构造线即可，具体方法如下：

步骤 1～4：同上例。

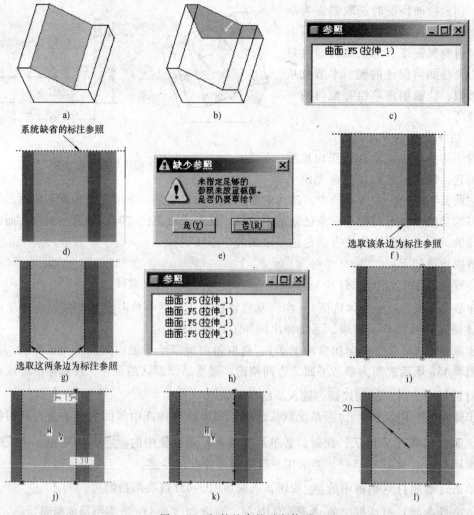

图 8-45　拓扑约束的逆向使用

步骤 5（绘制截面）：首先，绘制一条直线，直线的两个端点分别在斜面的左上角点和右下角点，如图 8-46a 所示；然后，将该直线切换为构造线，结果如图 8-46b 所示；最后，以构造线的中点为圆心，绘制一个圆，修改直径尺寸为 20mm，如图 8-46c 所示。

步骤 6（设置特征深度）：特征深度为 25mm。

步骤 7：完成特征创建，如图 8-44a 所示。

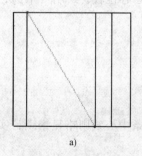

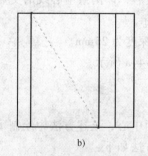

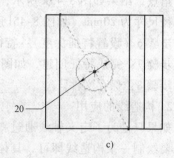

图 8-46　构造线的应用

第七节　草绘实体特征综合实例

完成如图 8-47a 所示零件的实体造型。

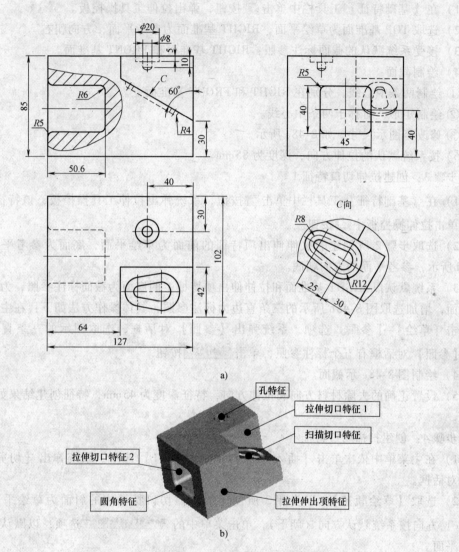

a)

b)

图 8-47　草绘实体特征创建实例零件结构分析

一、零件造型分析

该零件总体来说比较简单，较难之处是位于斜面上的扫描特征，其在斜面的前后方向上并未标注定位尺寸，表明扫描特征的对称轴线位于斜面在前后方向上的对称中心线上。

零件特征组成：如图 8-47b 所示。

实体特征：拉伸伸出项、拉伸切口特征、扫描切口特征、孔特征、圆角特征，其中孔特征和圆角特征将在第九章中学习。

练习重点：截面标注参照的选取。

二、零件造型

步骤 1（新建文件）：新建文件，文件名为 CH08_train. prt，选择 mmns_part_solid. prt 模板。

步骤 2：创建拉伸伸出项特征。

1）在〖基础特征〗工具栏中单击 ⬚ 按钮，弹出拉伸工具操控板。

2）选取 TOP 基准面为草绘平面，RIGHT 基准面为参考平面，方向朝右。

3）接受系统默认的截面标注参照：RIGHT 基准面和 FRONT 基准面。

4）绘制截面：

① 绘制两条中心线，分别在 RIGHT 和 FRONT 基准面上。

② 绘制矩形，对称于两条中心线。

③ 修改至图示尺寸，如 8-48a 所示。

5）按系统默认的拉伸方向，深度为 85mm。

步骤 3：创建拉伸切口特征 1

1）在〖基础特征〗工具栏中单击 ⬚ 按钮，系统弹出拉伸工具操控板，该特征为切口，因此单击拉伸操控板中 ◿ 按钮。

2）选取步骤 2 所创建的拉伸伸出项特征的前面为草绘平面，底面为参考平面，如图 8-48b 所示，参考平面的方向朝底。

3）系统默认以 RIGHT 基准面和拉伸伸出项特征 1 的底面为截面标注参照，为了方便绘制截面，增加选取图 8-48b 所示的三条直边为标注参照，具体操作方法如下：在主菜单中依次单击『草绘』→『参照』选项，系统弹出【参照】对话框，选取图示的三条直边，选取后，【参照】对话框有五个标注参照，单击 关闭(C) 按钮。

4）绘制图 8-48c 示截面。

5）设置正确的去除材料方向和拉伸方向，特征深度为 45mm，特征创建结果如图 8-48c 所示。

步骤 4：创建扫描切口特征

1）在主菜单中依次单击『插入』→『扫描』→『切口』选项，系统弹出【切剪：扫描】特征对话框。

2）选取【草绘轨迹】：以步骤 3 所创建的拉伸切口特征中的斜面为草绘平面（见图 8-48c），方向按系统默认方向（朝下），单击菜单中的 Default（缺省）选项，以默认方式定义参考平面。

3）系统弹出【参照】对话框，对话框中只有一个标注参照，需要继续选取参照，选取图 8-48c 所示的两条直边为标注参照，具体操作方法如下：单击【参照】对话框中 ▶ 按钮，选取图 8-48c 所示直边①，单击【参照】对话框中 ▶ 剖面(X) 按钮，选取图 8-48c 所示直边②，选取后，【参照】对话框有三个标注参照，单击【参照】对话框 关闭(C) 按钮。

4）绘制扫描轨迹和截面：

① 绘制一条水平中心线和两个点，两个点的位置是斜面的右上角点和右下角点（即参照的交点），然后设置对称约束，两个点对称于中心线。

② 绘制图 8-48c 所示扫描轨迹。

③ 完成扫描轨迹绘制后，单击〖草绘器工具〗工具栏中 ✓ 按钮，结束扫描轨迹的绘制。

④ 在【属性】菜单中选择【无内部因素】选项。

⑤ 绘制截面，截面为一个 $R4$ 的圆，圆心位于十字叉交点处。

5）圆的内侧为去除材料方向，特征创建结果如图 8-48c 所示。

步骤 5：创建拉伸切口特征 2

1）在〖基础特征〗工具栏中单击 按钮，系统弹出拉伸工具操控板，该特征为切口，因此单击拉伸操控板中 按钮。

2）按图 8-48d 所示选取步骤 2 所创建的拉伸伸出项特征的左面为草绘平面，方向朝右，底面为参考平面，参考平面的方向朝底。

3）绘制截面：绘制一条竖直中心线和一条水平中心线，竖直中心线在 FRONT 基准面上；绘制一矩形，矩形分别对称于两条中心线，如图 8-48d 所示，完成截面的绘制，单击〖草绘器工具〗工具栏中 ✓ 按钮。

4）特征深度为 50.6mm。

5）截面内侧方向为去除材料方向，拉伸方向朝右，特征创建结果如图 8-48d 所示。

孔特征和圆角特征将在下一章中学习，因此，请学习了这些特征后，再打开该文件继续创建特征，直至完成整个零件的造型。

步骤 6：保存文件。在〖文件〗工具栏中单击 按钮或在主菜单中依次单击『文件』→『保存』选项或按快捷键 "Ctrl + S"，系统弹出【保存对象】对话框，按鼠标中键或在对话框中单击 确定 按钮，完成文件的保存。

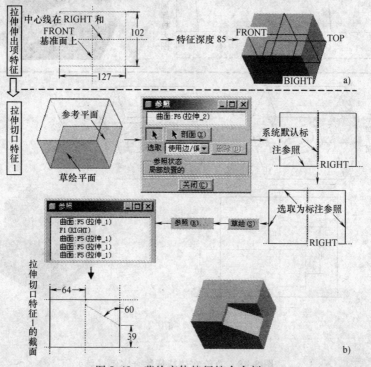

图 8-48　草绘实体特征综合实例

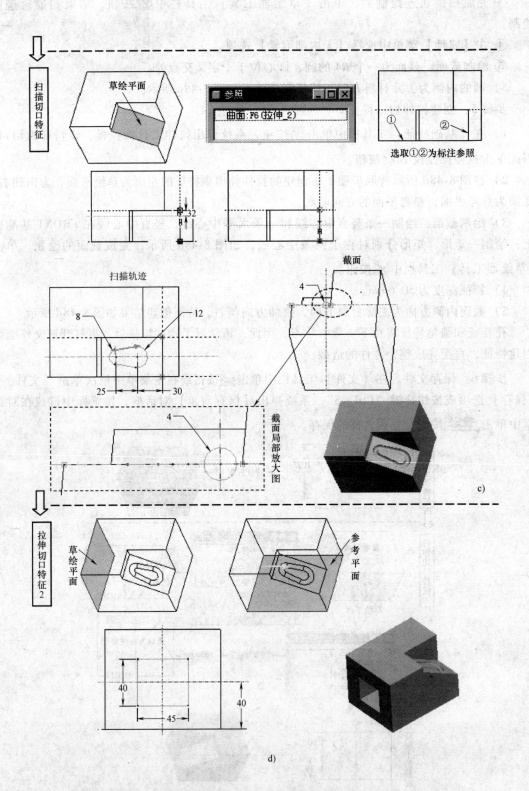

图 8-48　草绘实体特征综合实例（续）

思考与练习

1. 思考题

1）简述草绘平面和参考平面在零件设计过程中的作用及对零件实体造型的影响。

2）简述拉伸特征的创建流程，比较创建拉伸实体特征、拉伸曲面特征、拉伸切口特征时截面的异同。

3）简述扫描特征的创建流程。

4）简述扫描特征的创建流程和封闭、开放扫描轨迹与封闭、开放截面不同组合时，创建特征的注意事项。

5）简述混合特征的创建流程，比较三种混合特征的异同。

6）简述混合顶点、点截面、局部坐标系、起始点等在混合特征创建中的作用。

2. 练习题

完成图 8-49 所示零件的实体造型。

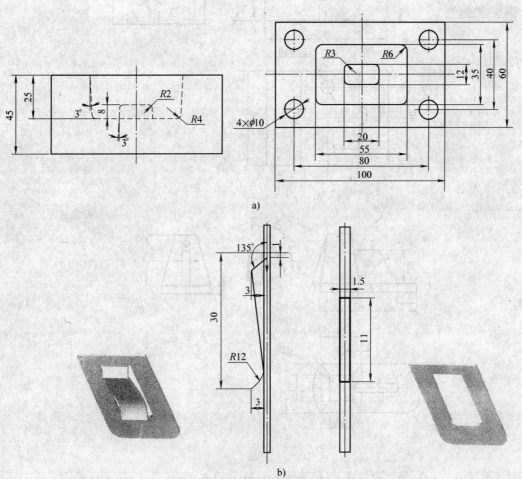

图 8-49　草绘实体特征练习图

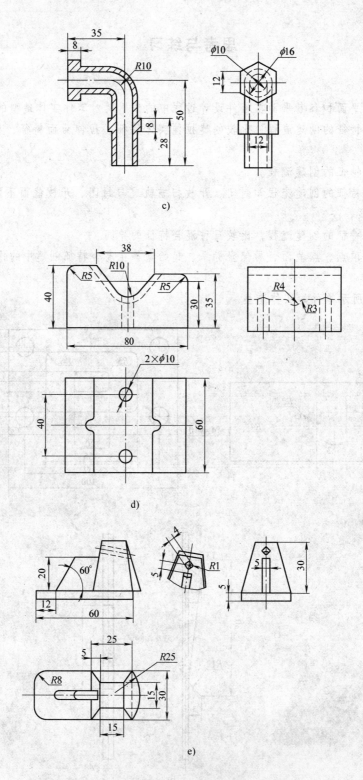

c)

d)

e)

图 8-49　草绘实体特征练习图（续）

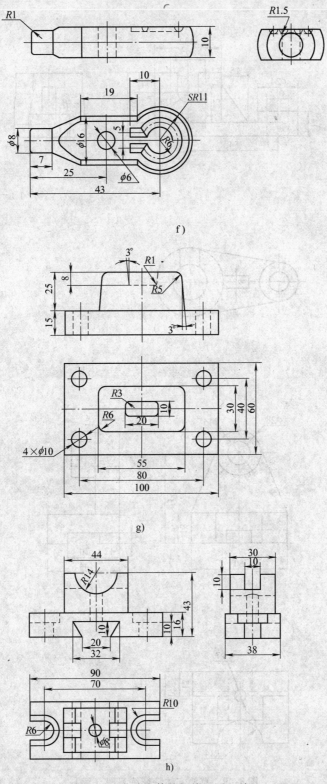

图 8-49　草绘实体特征练习图（续）

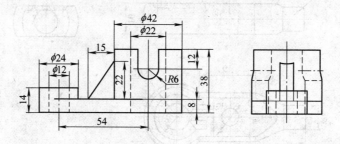

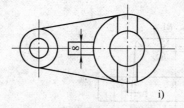

i)

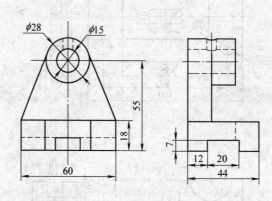

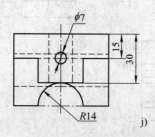

j)

图 8-49　草绘实体特征练习图（续）

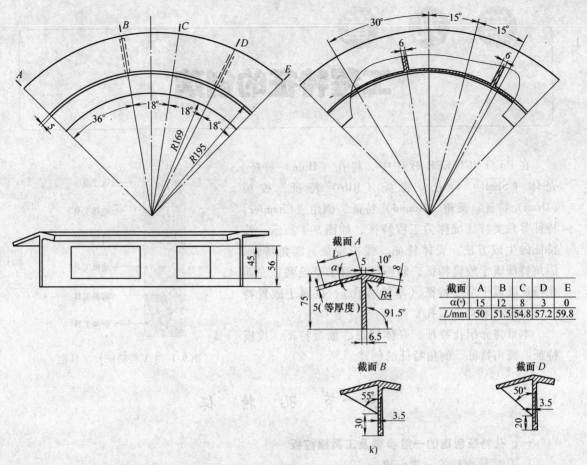

截面	A	B	C	D	E
α(°)	15	12	8	3	0
L/mm	50	51.5	54.8	57.2	59.8

说明：该图为 2004 年第一届全国数控技能大赛学生组数控铣/加工中心软件应用竞赛样题。

图 8-49　草绘实体特征练习图（续）

第 九 章

工程特征的创建

在 Pro/ENGINEER 软件中，将孔（Hole）特征、壳体（Shell）特征、筋板（Rib）特征、拔模（Draft）特征、圆角（Round）特征、倒角（Chamfer）特征等六类特征统称为工程特征，如图 9-1 所示。按特征的生成方法，壳体特征、拔模特征、圆角特征、倒角特征属于放置特征，筋板特征属于草绘特征，而孔特征既属于草绘特征（草绘直孔），也属于放置特征（标准孔和简单直孔）。

本章将介绍孔特征、壳体特征、筋板特征、拔模特征、圆角特征、倒角特征的创建。

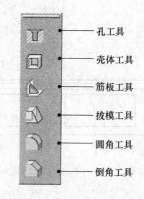

孔工具
壳体工具
筋板工具
拔模工具
圆角工具
倒角工具

图 9-1 〖工程特征〗工具栏

第一节 孔 特 征

一、孔特征创建的一般步骤及工具操控板

1. 孔特征创建的一般步骤

步骤 1：在〖工程特征〗工具栏中单击 按钮或在主菜单中依次单击『插入』→『孔』，弹出孔工具操控板。

步骤 2：选取孔的类型。

步骤 3：选取孔的放置参照，包括主参照和次参照。

步骤 4：选取孔的放置类型（见表 9-1）。

步骤 5：修改孔的尺寸参数，如：孔的定位尺寸、孔径、孔深、埋头孔尺寸、沉孔尺寸等。

步骤 6：必要时进行其它选项的设置。

步骤 7：完成孔特征的创建。

2. 孔工具操控板

图 9-2 为直孔工具操控板和右键快捷菜单，图 9-3 为标准孔工具操控板，图 9-4 为草绘孔工具操控板。

二、孔特征概述

孔特征包括孔的类型、放置参照和放置类型三要素，在创建一个孔特征时，必须定义这三个要素。

1. 孔的类型

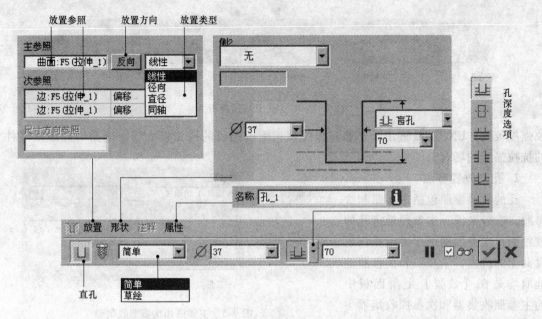

图 9-2　直孔工具操控板

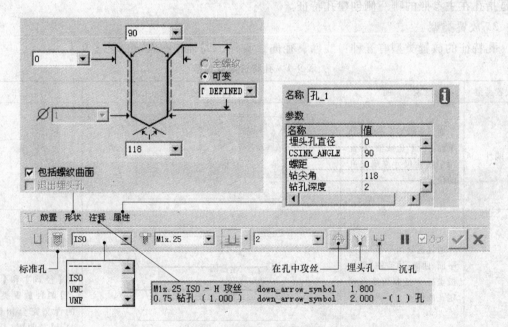

图 9-3　标准孔工具操控板

孔分为直孔和标准孔两类，其中直孔又分为简单直孔和草绘直孔。

（1）直孔　由矩形剖面的旋转切口特征而生成，直孔分为简单直孔和草绘直孔。草绘直孔是使用草绘器的命令，绘制孔特征的轮廓。

（2）标准孔　是指符合有关标准的标准螺纹孔。标准孔有 ISO（国际标准化组织）、UNC（粗牙系列螺纹）和 UNF（细牙系列螺纹）三类，其中，UNC 和 UNF 均为英制普通螺纹，UNC 螺纹适用于要求快速拆装或有可能产生腐蚀和轻微损伤的部位，其选用材料的抗

草绘孔   打开孔的草绘轮廓   绘制孔的草绘轮廓

图 9-4 草绘孔工具操控板

拉强度较低；UNF 螺纹适用于要求外螺纹和相配内螺纹的脱扣强度等于或高于外螺纹零件的抗拉强度的场合。

2. 孔的放置参照

孔的放置参照包括主参照和次参照，一般来说，主参照是指孔的放置面，次参照则用于确定孔在放置面上的位置，主参照和次参照的选取均是在【放置】上滑面板中的主参照收集器和次参照收集器中完成的，如图 9-5 所示。放置方向则是指孔在主参照的哪一侧创建孔特征。

图 9-5 主参照和次参照收集器

3. 放置类型

孔特征的放置类型有五种：线性、径向、直径、同轴和在点上，见表 9-1。

表 9-1 孔特征放置类型

放置类型	说　　明	图　　例	备　　注
线性	通过选取两个参照(如平面、曲面、边或轴)标注两个线性尺寸来确定孔的位置	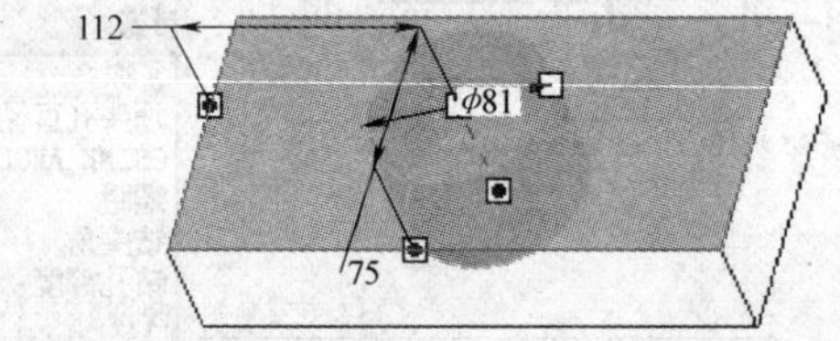 112 $\phi 81$ 75	
径向	通过选取两个参照(如平面、曲面、边或轴)标注极坐标半径和角度来确定孔的位置	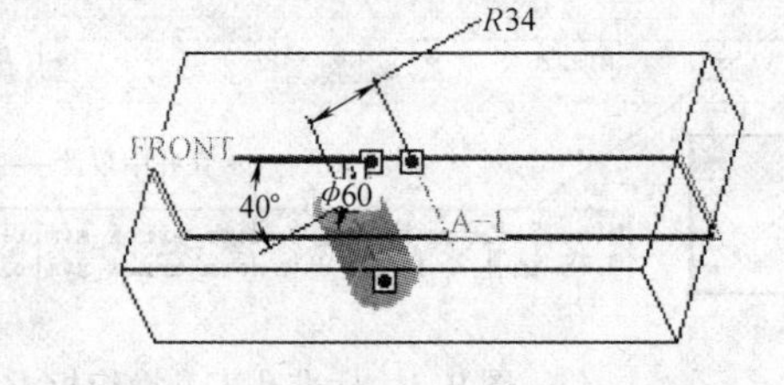 $R34$ FRONT 40° $\phi 60$ A-1	【径向】和【直径】两种放置类型的含义完全相似，只是【径向】放置类型标注的是极坐标的极轴半径，而【直径】放置类型标注的是极坐标的极轴直径
直径	通过选取两个参照(如平面、曲面、边或轴)标注极坐标直径和角度来确定孔的位置	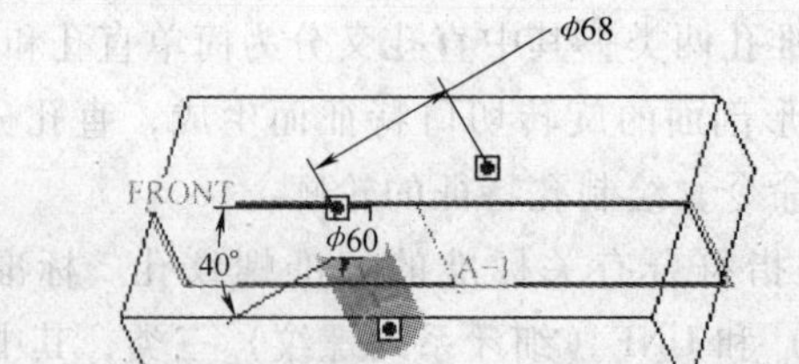 $\phi 68$ FRONT 40° $\phi 60$ A-1	

（续）

放置类型	说　明	图　例	备　注
同轴	创建与选取的基准轴同轴的孔特征	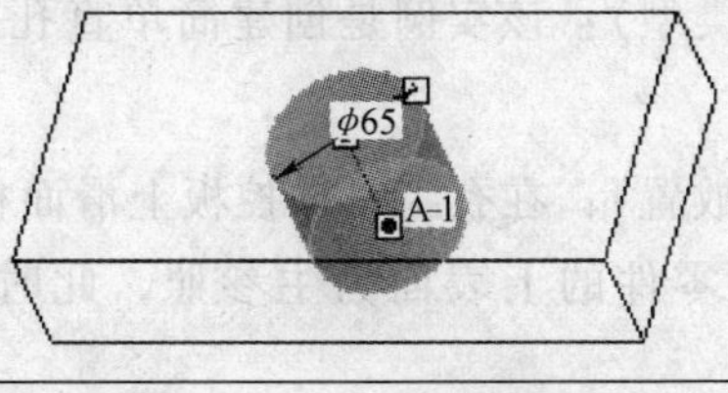 $\phi65$　A-1	当主参照选取一条基准轴时，其放置类型只有【同轴】
在点上	当主参照选取一个曲面上的基准点时，则放置类型为【在点上】	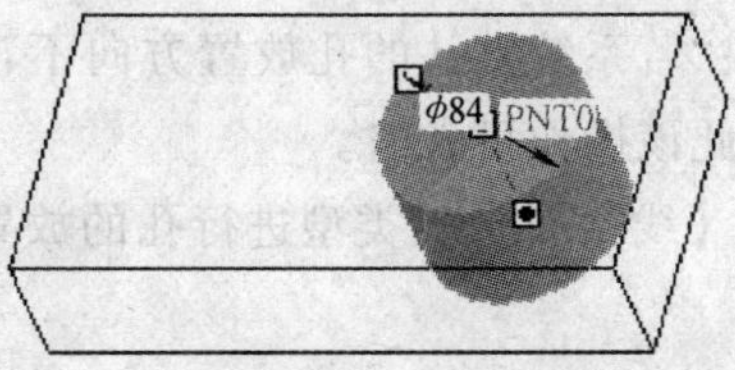 $\phi84$　PNT0	以曲面在该点处的法线方向为孔特征的轴线方向

提示　当选取基准点为主参照时，系统要求基准点必须在平面或曲面上，【在点上】放置类型不需要选取次参照。

4. 孔深度选项

在放置面的两侧均可创建孔特征，而且两侧的深度定义方式是相同的，有可变、对称、到下一个、穿透、穿至和至选定六种选项，具体介绍如下：

⬇：从放置参照钻孔到指定深度，即可变（Variable），该选项为 Pro/ENGINEER 的默认选项。

⬇：在放置参照两侧的方向上，各以指定深度值的一半进行钻孔，即对称（Symmetric）。

⬇：孔直至下一曲面，即到下一个（To Next）。

⬇：孔直到与所有曲面相交，即穿透（Through All）。

⬇：孔到与选定曲面相交，即穿至（Through Until）。

⬇：孔至选定点、曲线、平面或曲面，即至选定项（To Selected）。

提示
1）孔深度选项与拉伸特征深度定义选项的含义相似。
2）在孔工具操控板中，所选的孔深度定义选项均为孔在主参照一个方向上的深度，若要定义孔在主参照另一个方向上的深度，单击操控板【形状】选项卡，在【形状】上滑面板中的【侧2】深度选项进行定义。
3）当孔深度定义方式为对称（⬇）时，无需也不能定义孔特征第2侧的深度。

三、孔特征创建实例

1. 孔特征创建实例1——简单直孔、放置类型为线性

步骤1（打开文件）：打开 \CH09 \hole_example-1. prt 文件。

步骤 2（创建孔特征）：在〖工程特征〗工具栏中单击 🔳 按钮或在主菜单中依次单击『插入』→『孔』选项，系统弹出孔工具操控板。

步骤 3（选取孔的类型）：该实例是创建简单直孔，这也是系统默认的孔类型，因此该操作可省略。

步骤 4（定义孔的放置）：在孔工具操控板上滑面板中单击 放置 按钮。

选取主参照：选取零件的上表面为主参照，此时则显示孔的直径和深度，如图 9-6a 所示。

定义孔的放置方向：若系统默认的孔放置方向不正确，则单击 反向 按钮，这里接受系统的默认放置方向，因此该操作可省略。

选取放置类型：以【线性】放置类型进行孔的放置，这也是系统默认的孔的放置类型，因此该操作可省略。

选取次参照：选取次参照常用的方法有两种：

1）单击次参照收集器，次参照收集器则以黄色显示，表明系统已进入次参照选取状态（见图 9-6b），按住"Ctrl"键选取零件上表面的左侧边和前侧边（见图 9-6c）。

2）鼠标移至次放置控制滑块处，此时滑块以黑框显示（见图 9-6d），按住鼠标左键，将滑块拖拽至零件上表面的左侧边（见图 9-6e），用同样的方法将另一个次放置控制滑块拖拽至前侧边上，结果如图 9-6c 所示。

修改放置尺寸：修改放置尺寸可在图形区中双击尺寸进行修改（见图 9-6f），也可以在次参照收集器中单击尺寸进行修改（见图 9-6g），这里将尺寸 169 修改为 30，将尺寸 75 修改为 20；至此，完成孔放置的定义，在上滑面板中单击 放置 按钮，退出孔放置操作。

步骤 5（修改孔的直径和深度）：修改孔直径可以在图形区中双击尺寸进行，也可以在操控板中单击直径尺寸进行，这里将直径修改为 15。

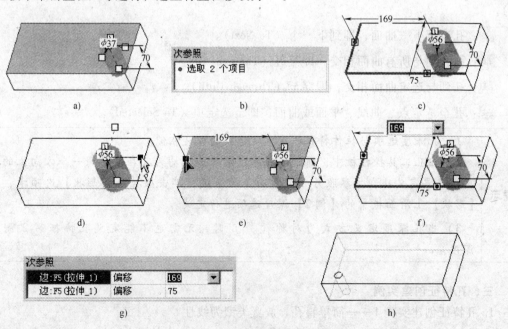

图 9-6　孔特征创建实例 1

深度定义：单击深度选项按钮 的 按钮，在弹出的工具栏中选取 按钮（即穿透）。

步骤6：在操控板中单击 ✔ 按钮或按鼠标中键，完成孔特征的创建，结果如图9-6h所示。

应用其它放置类型（径向、直径、同轴）创建孔特征的操作步骤与实例1相似，这里不再举例说明。

2. 孔特征创建实例2——草绘孔、放置类型为同轴

步骤1~2：同上例。

步骤3：在〖基准显示栏〗工具栏中单击 按钮，使系统显示基准轴特征。

步骤4（选取孔的类型）：在操控板中，单击 简单 旁的 ▼ 按钮，选取 **草绘** 选项。

步骤5（绘制孔的轮廓）：在操控板中单击 按钮，进入孔轮廓草图绘制状态，绘制如图9-7a所示轮廓，在〖草绘器工具〗工具栏中单击 ✔ 按钮，完成孔轮廓的绘制。

步骤6（定义孔的放置）：在孔工具操控板上滑面板中单击 放置 按钮。

选取主参照：选取零件的A_1基准轴为主参照，当选取基准轴为主参照时，孔的放置类型则只能为同轴。

定义孔的放置方向：若系统默认的孔放置方向不正确，则单击 反向 按钮，这里接受系统的默认放置方向，因此该操作可省略。

选取次参照：单击次参照收集器，选取零件上表面为次参照。

步骤7：在操控板中单击 ✔ 按钮或按鼠标中键，完成孔特征的创建，结果如图9-7b所示。

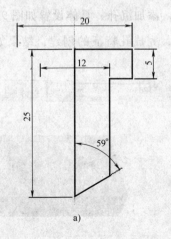

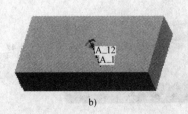

a)　　　　　　　　　　b)

图9-7　孔特征创建实例2

提示	创建草绘直孔其本质就是创建一个旋转特征，因此其创建与旋转特征的创建相似。 1）必须有一条竖直中心线，该中心线作为孔的轴线。 2）轮廓中至少有一个与轴线垂直的图元，系统将该图元与主参照对齐。 3）如果轮廓中有多条与轴线垂直的图元，轮廓从上往下看，系统以第一个与轴线垂直的图元与主参照对齐。

 若将实例 2 中的轮廓修改为图 9-8a、b 所示轮廓，草绘孔特征创建的结果如何？

3. 孔特征创建实例 3——标准孔、放置类型为在点上

步骤 1 ~ 2：同上例。

步骤 3：在『基准显示栏』工具栏中单击 按钮，不显示基准轴特征，单击 按钮，显示基准点特征。

步骤 4（选取孔的类型）：在操控板中，单击 按钮，创建标准孔。

步骤 5（定义孔的放置）：在孔工具操控板上滑面板中单击 放置 按钮。

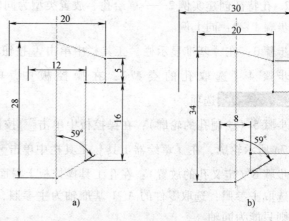

图 9-8　草绘孔特征轮廓

选取主参照：选取 PNT0 基准点为主参照，当选取基准点为主参照时，孔的放置类型则只能为在点上。

定义孔的放置方向：若系统默认的孔放置方向不正确，则单击 反向 按钮，这里接受系统的默认放置方向，因此该操作可省略。

步骤 6：选取标准孔类型为 ISO，螺钉尺寸为 M10 × 1.5。

步骤 7：系统默认为添加埋头孔，单击 按钮，添加沉孔，具体设置如图 9-9a 所示。

步骤 8：在操控板中单击 按钮或按鼠标中键，完成孔特征的创建，结果如图 9-9b、c所示。

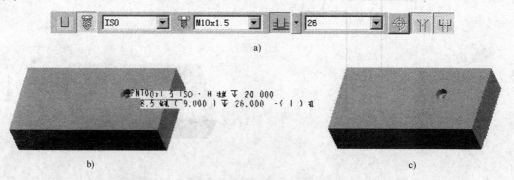

图 9-9　孔特征创建实例 3

	1）创建标准孔时，当孔深度定义方式为 ⊥ 时，在孔中攻螺纹 ⊕ 按钮无法操作。 2）当创建标准孔特征时，系统默认显示该孔特征的注释（如图9-9b所示），若不想显示该注释，有两种方法：①单击模型树中【设置】选项卡，在【模型树项目】对话框中选中【注释】复选框（见图9-10a），然后在模型树中单击标准孔中的【Note】选项，单击鼠标右键，在弹出的快捷菜单中选取【拭除】选项（见图9-10b），若要恢复显示，则在右键快捷菜单中选取【显示】选项。②在主菜单中依次单击『工具』→『环境』，显示【环境】对话框，不选中【3D注释】复选框（见图9-10c），不显示注释的结果如图9-9c所示。
提示	

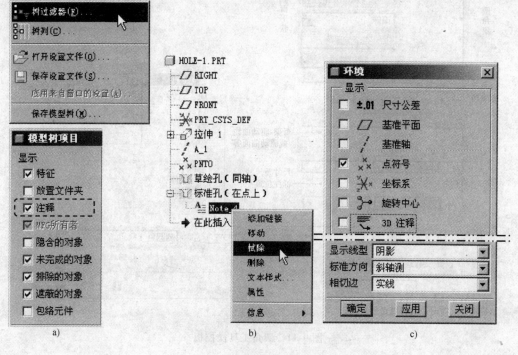

图9-10　标准孔注释的显示设置

第二节　圆角特征

圆角是产品（零件）中广泛使用的一种工程特征，它不仅可以使产品的外观更美观，而且通过圆角特征的光滑过渡对产品的力学性能也非常重要；同时，圆角特征在六类工程特征中，特征的设置选项最多、造型难度较大。

一、圆角特征创建的一般步骤及工具操控板

1. 圆角特征创建的一般步骤

步骤1：在【工程特征】工具栏中单击 ⌐ 按钮或在主菜单中依次单击『插入』→『倒圆角』，弹出倒圆角工具操控板。

步骤2：选取圆角特征放置参照（见表9-3）。

步骤3：选取圆角的类型（见表9-2）。

步骤4：确定圆角的半径（见表9-4）。

步骤5：设置圆角截面形状。

步骤6：设置圆角的过渡模式（见表9-5）。

步骤7：必要时进行其它选项的设置。

步骤8：完成圆角特征的创建。

2. 圆角工具操控板

圆角工具操控板如图9-11所示。

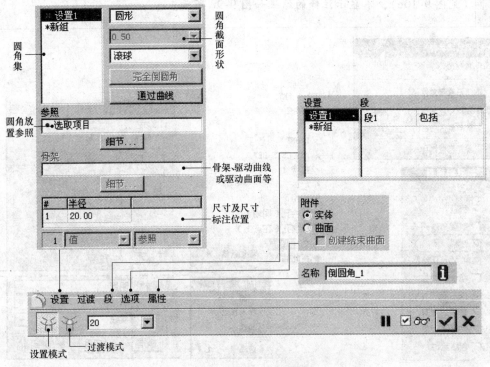

图 9-11　圆角工具操控板

二、圆角特征概述

1. 圆角特征的类型

圆角特征有恒定半径圆角（等半径圆角，Constant）、可变半径圆角（变半径圆角，Variable）、由曲线驱动倒圆角（Curve Driven）和完全圆角（Full）四类，见表9-2（该图文件为 \CH09 \round-1. prt）。

表 9-2　圆角特征类型

圆角类型	说　　明	倒圆角前及圆角放置参照	圆角特征创建结果
恒定半径圆角	圆角半径值在圆角特征放置参照各处均相等		

（续）

圆角类型	说　明	倒圆角前及圆角放置参照	圆角特征创建结果
可变半径圆角	圆角半径值在圆角特征放置参照各处不相等	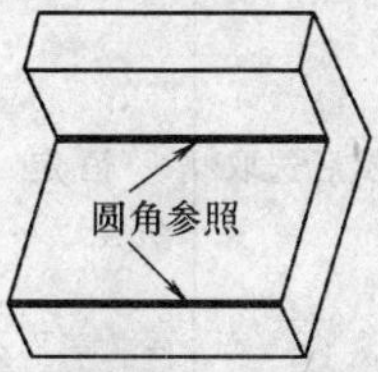 圆角参照	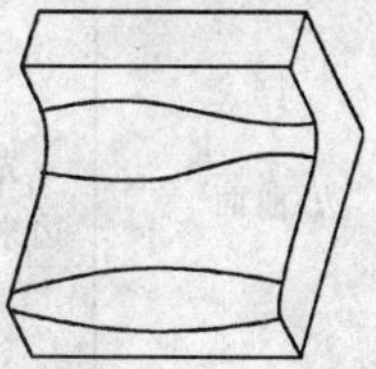
由曲线驱动倒圆角	圆角半径值由参照曲线确定	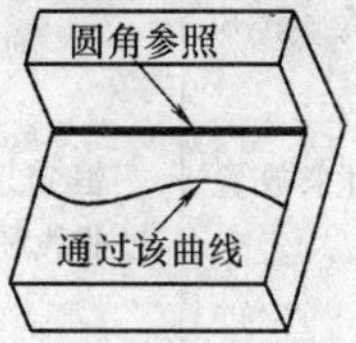 圆角参照 通过该曲线	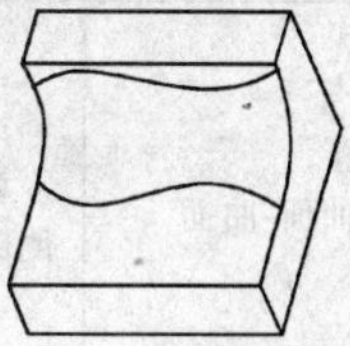
完全圆角	圆角半径值由选取的圆角特征放置参照确定	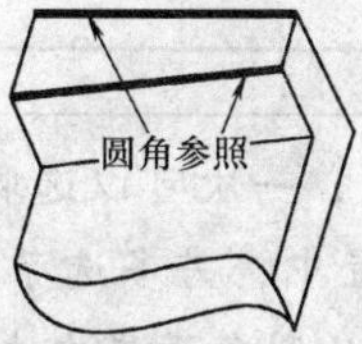 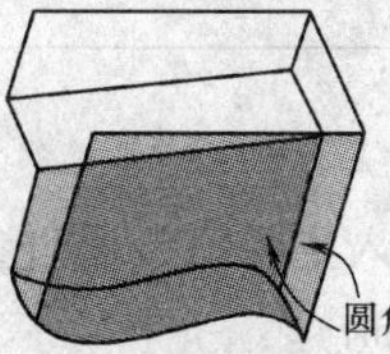 圆角参照 选取两个表面 圆角参照	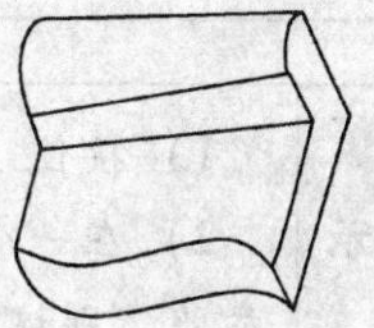 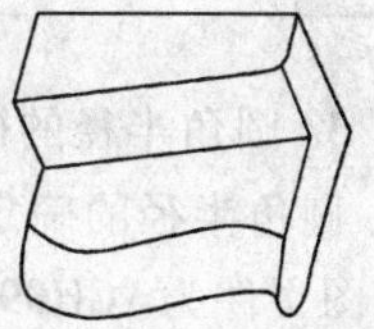

提示	完全倒圆角时，选取的放置参照一般有以下两种情形： 　　1）当选取边为参照时，则这些参照的边必须具有公共曲面，完全倒圆角后该公共曲面将全部转换为圆角面。 　　2）当选取两个曲面为参照时，则必须选取另一个曲面为驱动曲面，驱动曲面决定了倒圆角的位置，有时还决定圆角的大小，完全倒圆角后驱动曲面全部转换为圆角面。

2. 圆角特征放置参照

　　圆角特征从生成方式看属于放置特征，因此，创建圆角特征时，无需绘制截面，只要选取圆角特征放置参照即可。圆角特征放置参照有边（或边链）、曲面与曲面、边与曲面三种情况，见表9-3（该图文件为\CH09\round-1.prt）。

表9-3　圆角特征放置参照

放置参照类型	说　明	可创建的圆角类型	倒圆角前及圆角放置参照	圆角特征创建结果
边/边链	通过选取一条或多条边或者使用一个边链来放置倒圆角	恒定、可变、通过曲线、完全	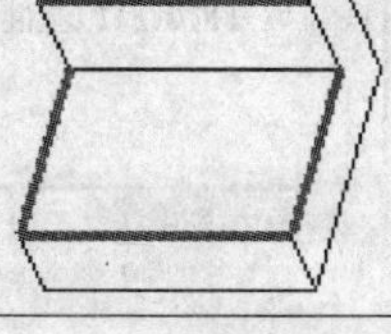	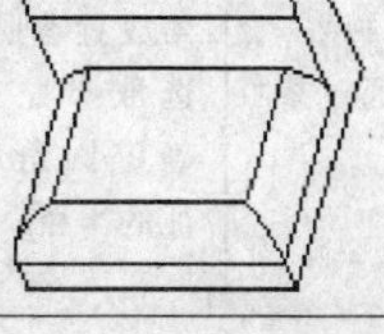

（续）

放置参照类型	说　明	可创建的圆角类型	倒圆角前及圆角放置参照	圆角特征创建结果
边-曲面	先选取曲面,然后选取边来放置倒圆角	恒定、可变和完全	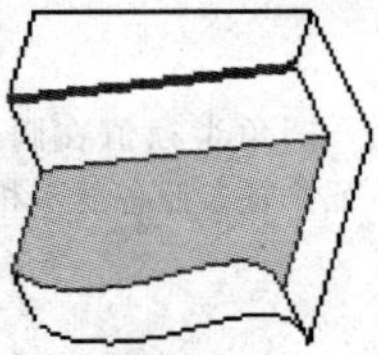	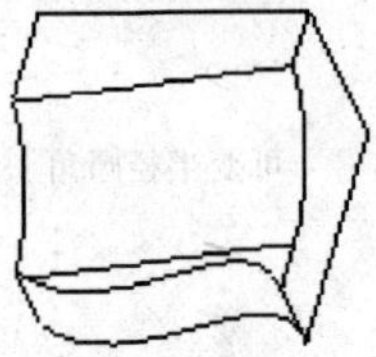
曲面-曲面	选取两个曲面来放置倒圆角	恒定、可变、通过曲线和完全	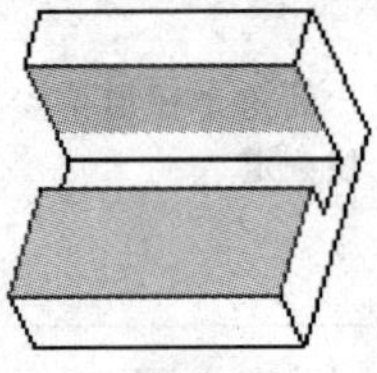	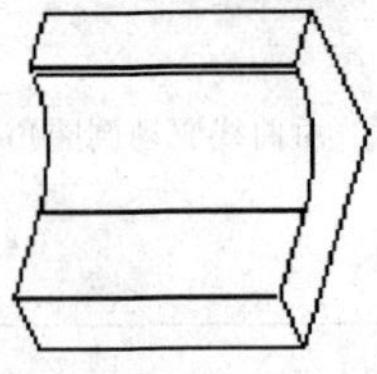

提示	1）按住"Ctrl"键,一次可以选取多个圆角放置参照。 2）在一个圆角设置中,若多选了放置参照,按住"Ctrl"键,选取多选的放置参照,则这些参照将从圆角设置中去除。

3. 圆角半径的确定

圆角半径的确定方式有输入半径值、通过参照（顶点、基准点、基准曲线等），见表9-4（该图文件为\CH09\round-1.prt）。

表9-4　圆角半径的确定方式

确定方式	说　明	操作界面或操作说明	倒圆角前及圆角放置参照	圆角特征创建结果
半径值	用输入数值方式确定圆角特征的半径	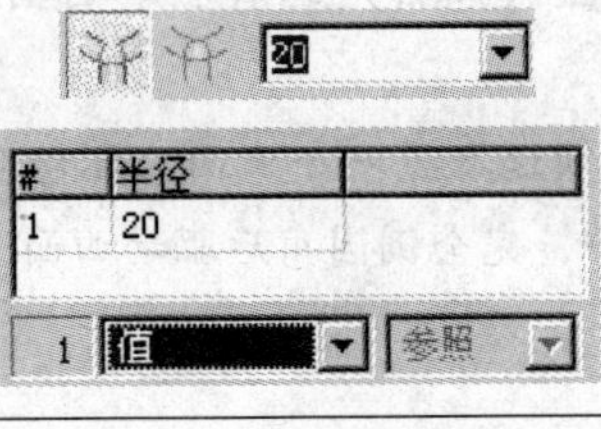	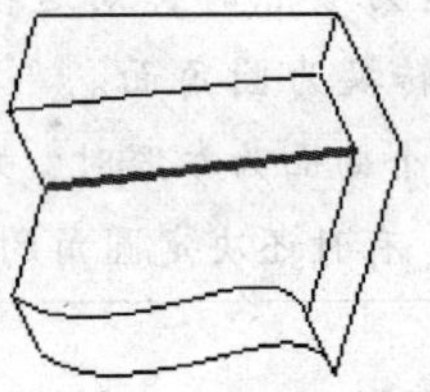	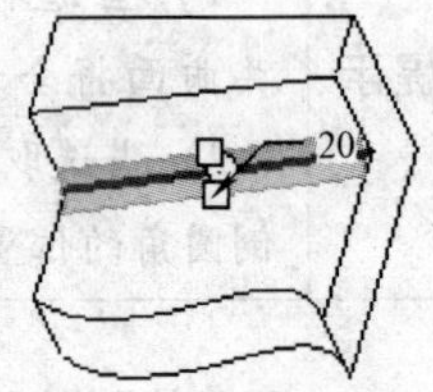
拖动图柄	拖动圆角半径图柄改变圆角的半径	拖动圆角半径图柄,此时圆角半径值会动态地变化	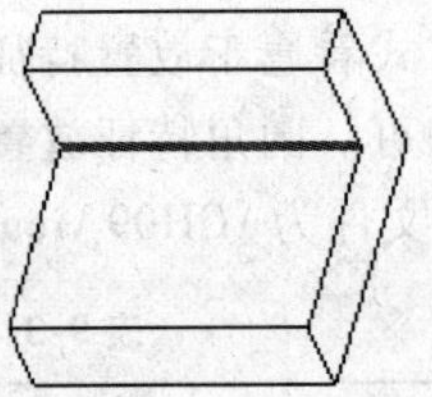	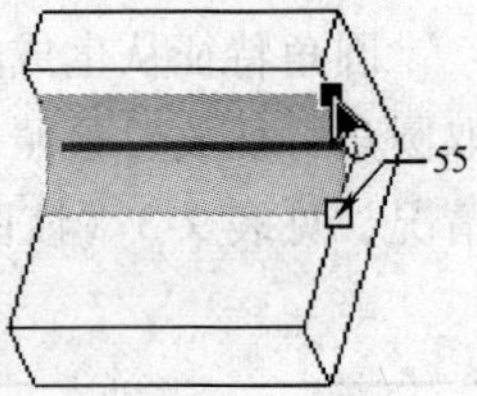
通过参照	先选取圆角放置参照,选取参照来确定圆角特征的半径	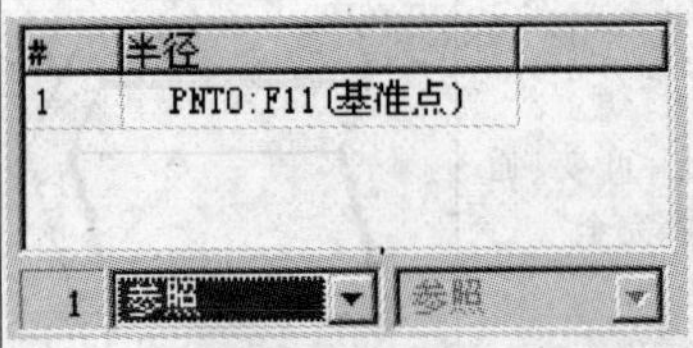	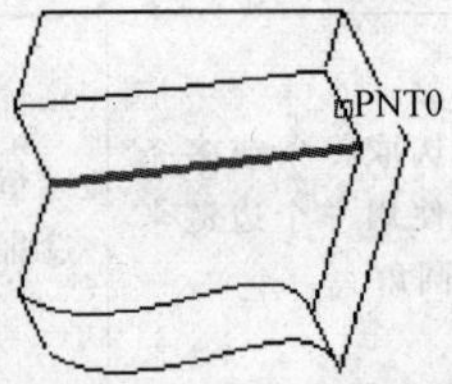	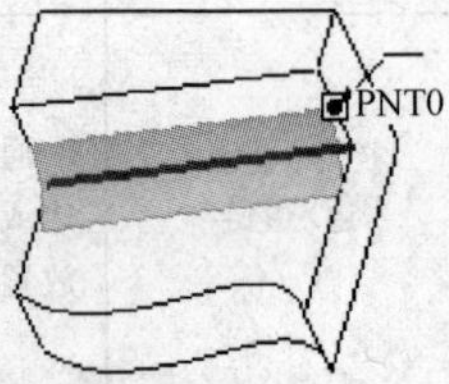

244

<table>
<tr><td rowspan="4">提示</td><td>1）当创建完全圆角时，不需要确定圆角的半径值。</td></tr>
<tr><td>2）应用通过参照创建圆角时，也可以按住"Shift"键，拖动半径图柄，将鼠标移至圆角特征将通过的参照。</td></tr>
<tr><td>注意：拖动半径图柄和按住 Shift 键拖动半径图柄，系统显示的图标是不一样的，二者的区别如下图所示（左图为拖动半径图柄的图标，右图为按住"Shift"键拖动半径图柄的图标）。</td></tr>
<tr><td>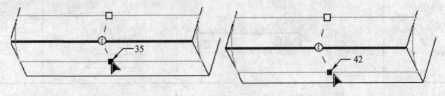</td></tr>
</table>

4. 圆角的过渡模式

在创建倒圆角特征中，若出现重叠或不连续的倒圆角段时，则需要设定圆角的过渡模式。在创建倒圆角特征后，系统使用默认过渡模式，在一般情况下，使用默认过渡便可得到满意的结果。但是，在某些特定情况下，用户需要修改现有过渡模式才能获得满意的倒圆角结果。

常用的过渡模式有：仅限于倒圆角 1、仅限于倒圆角 2、拐圆角球、曲面片、相交、混合等，见表 9-5（该图文件为 \CH09 \round-1. prt 和 round-2. prt）。

表 9-5　圆角的过渡模式

过渡模式	操作界面	倒圆角前及圆角放置参照	圆角特征创建结果
仅限倒圆角 2	 缺省(仅限倒圆角 2)	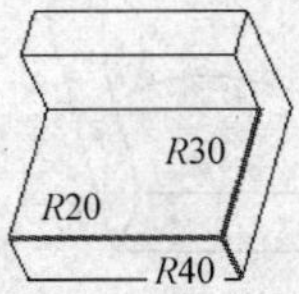	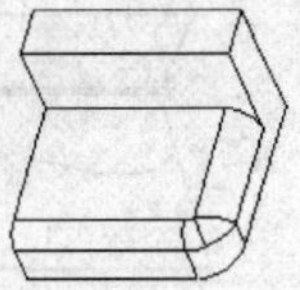
拐圆角球	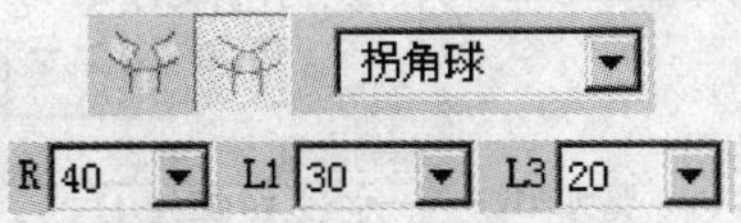 拐角球　　R 40　L1 30　L3 20	R30　R20　R40	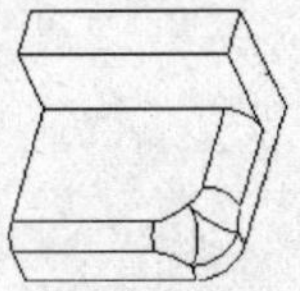
仅限倒圆角 1	 仅限倒圆角 1		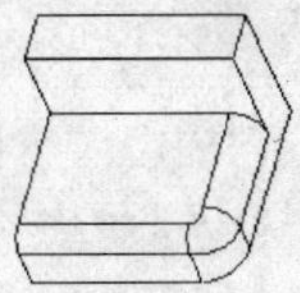
曲面片	 曲面片		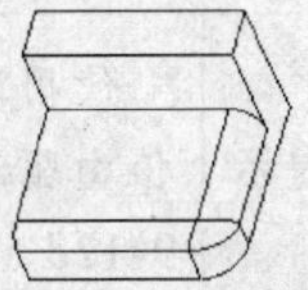

（续）

过渡模式	操作界面	倒圆角前及圆角放置参照	圆角特征创建结果
相交	相交	$R30$ $R20$ $R40$	
混合	混合	$R10$ $R10$	

三、圆角特征创建实例

1. 圆角特征创建实例 1——简单圆角

步骤 1（打开文件）：打开 \CH09\round_example-1.prt 文件。

步骤 2（创建圆角特征）：在『工程特征』工具栏中单击 按钮或在主菜单中依次单击『插入』→『倒圆角』选项，系统弹出倒圆角工具操控板。

步骤 3（选取圆角放置参照）：选取图 9-12a 所示边为圆角特征放置参照。

步骤 4（选取驱动曲线）：在操控板中单击【设置】选项卡，在【设置】上滑面板中单击 通过曲线 按钮，选取图 9-12b 所示曲线为驱动曲线。

步骤 5：在操控板中单击 按钮或按鼠标中键，结果如图 9-12c 所示。

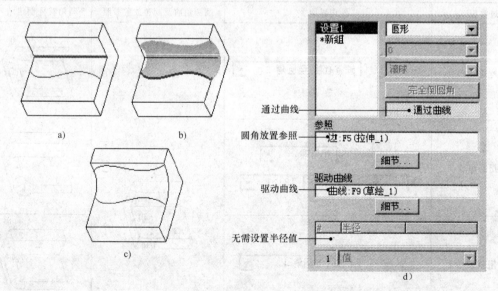

图 9-12　圆角特征创建实例 1

提示	使用通过曲线方式创建圆角特征时，需要选取曲线为驱动曲线，此时，圆角半径值由驱动曲线确定，半径文本框以灰色显示，表明无法输入圆角的半径值，如图 9-12d 所示。

2. 圆角特征创建实例 2——可变半径圆角

步骤 1～2：同实例 1。

步骤 3（选取圆角放置参照）：按住"Ctrl"键，选取图 9-13a 所示三条边为圆角特征放置参照。

步骤 4（设置半径值）：在操控板中单击【设置】选项卡，在【设置】上滑面板的半径表中单击鼠标右键，在弹出的快捷菜单中选取【添加半径】，如图 9-13b 所示，系统在三条边的四个端点处设置半径值（见图 9-13c），半径表如图 9-13d 所示。

步骤 5（添加半径值）：在半径表中单击鼠标右键，在弹出的快捷菜单中选取【添加半径】（见图 9-13e），半径表中按默认位置和默认半径值添加了第 5 点，单击位置列中【比率】选项，将它改为【参照】（见图 9-13f），选取图示 PNT1 基准点为参照。

用同样的方法在 PNT2 和 PNT3 基准点处添加半径值，至此，共在七个位置设置了半径值如图 9-13g 所示。按图 9-13h 所示修改各位置的半径值。

步骤 6：在操控板中单击✔按钮或按鼠标中键，结果如图 9-13i 所示。

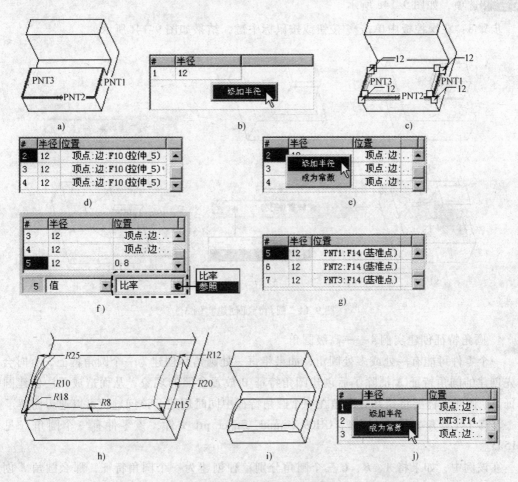

图 9-13　圆角特征创建实例 2

提示	若要将可变半径圆角恢复为恒定半径圆角，可在半径表中单击鼠标右键，在弹出的快捷菜单中选取【成为常数】（见图 9-13j），则圆角特征就成为恒定半径圆角。

3. 圆角特征创建实例3——圆角的过渡模式

步骤1（打开文件）：打开 \CH09 \round_ example-2. prt 文件。

步骤2（创建圆角特征）：在〖工程特征〗工具栏中单击 按钮或在主菜单中依次单击『插入』→『倒圆角』选项，系统弹出倒圆角工具操控板。

步骤3（选取圆角放置参照）：按住 "Ctrl" 键，选取图 9-14a 所示两条边为圆角特征放置参照，半径为 25mm。

步骤4（预览）：在操控板中单击 按钮，结果如图 9-14b 所示。

步骤5（设置圆角过渡模式）：在操控板中单击 按钮退出预览模式，再单击 按钮，进入圆角过渡模式设置状态，如图 9-14c 所示。

步骤6：系统显示 从屏幕上或从过渡页的过渡列表中选取过渡 ，选取如图 9-14d 所示过渡页。

步骤7（更改圆角过渡模式）：在操控板中单击 缺省(相交) ，在下拉菜单中选取 混合 选项，如图 9-14e 所示。

步骤8：在操控板中单击 按钮或按鼠标中键，结果如图 9-14f 所示。

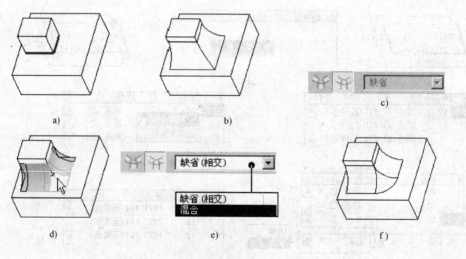

a)　　　　　　　　　　　b)　　　　　　　　　　　c)

d)　　　　　　　　　　　e)　　　　　　　　　　　f)

图 9-14　圆角特征创建实例 3

4. 圆角特征创建实例4——高级圆角

一个零件可能有一处或多处圆角，如果将每一处圆角都创建为一个圆角特征，有时会存在先创建的圆角特征 A 消除了后创建圆角特征 B 放置参照的现象，从而造成无法创建圆角特征 B，此时，需要将这几处圆角在一个圆角特征中同时创建，该问题就可以迎刃而解了。

步骤1（打开文件）：打开 \CH09 \round_ finger. prt 文件，该零件有三个圆角（见图 9-15a）。

在该例中，如果将 A、B、C 三个圆角分别单独创建为一个圆角特征，那么圆角 A 创建好后，创建圆角 B 的边参照就不存在了；若先创建圆角 B，创建圆角 B 后，创建圆角 A 的边参照也不存在了，因此，必须将圆角 A、B 在一个圆角特征中同时创建。

步骤2（创建圆角特征）：在〖工程特征〗工具栏中单击 按钮或在主菜单中依次单击『插入』→『倒圆角』选项，系统弹出倒圆角工具操控板。

步骤 3（创建圆角 A、B）：

圆角 A（设置 1）：按住"Ctrl"键，选取图 9-15a 所示两条边为圆角特征放置参照，在操控板中单击 设置 按钮，在【设置】上滑面板中单击 完全倒圆角 按钮。

圆角 B（设置 2）：选取图 9-15a 所示曲面参照，然后按住"Ctrl"键，选取边参照，修改半径值为 25，在操控板中单击 ✓ 按钮，结果如图 9-15b 所示。

步骤 4（创建圆角 C）：在〖工程特征〗工具栏中单击 按钮，修改半径值为 6，选取如图 9-15c 所示边为放置参照。

步骤 5：在操控板中单击 ✓ 按钮或按鼠标中键，结果如图 9-15a 所示。

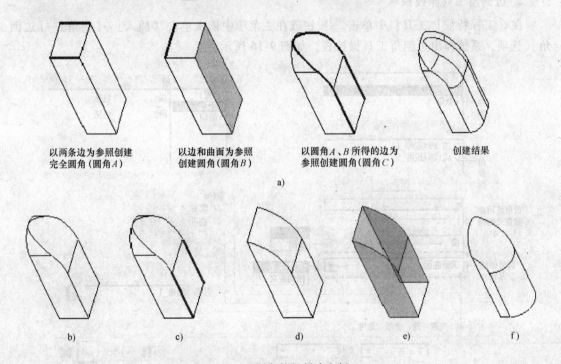

以两条边为参照创建 以边和曲面为参照 以圆角 A、B 所得的边为 创建结果
完全圆角（圆角 A） 创建圆角（圆角 B） 参照创建圆角（圆角 C）

a)

b)   c)   d)   e)   f)

图 9-15 圆角特征创建实例 4

在该例中，如果先创建圆角 B，结果如图 9-15d 所示，然后选取图 9-15e 所示的三个面为放置参照和驱动曲面，创建结果如图 9-15f 所示，虽然圆角特征可以创建，但该结果无法创建圆角 C 且与预期结构大相径庭了。

第三节　倒　角　特　征

倒角特征也是零件中较为常见的结构，倒角特征的创建方法与圆角特征的创建方法较为相似，但比圆角特征的创建相对简单。

一、倒角特征创建的一般步骤及特征界面

1. 倒角特征创建的一般步骤

步骤 1：在主菜单中依次单击〖插入〗→〖倒角〗选项（可创建边倒角和拐角倒角）或在〖工程特征〗工具栏中单击 按钮（只能创建边倒角），系统弹出边倒角工具操控板或

拐角倒角特征对话框。

步骤2：选择倒角类型——边倒角或拐角倒角（见表9-6）。

步骤3：选取倒角特征放置参照，创建边倒角时需选取一条边或一个边链，创建拐角倒角时需选取一个角点。

步骤4：选择倒角尺寸的标注形式（见表9-7）。

步骤5：选择倒角的过渡模式。

步骤6：必要时进行其它选项的设置。

步骤7：完成倒角特征的创建。

2. 边倒角工具操控板

在〖工程特征〗工具栏中单击 按钮或在主菜单中依次单击『插入』→『倒角』→『边倒角』选项，系统弹出边倒角工具操控板，如图9-16所示。

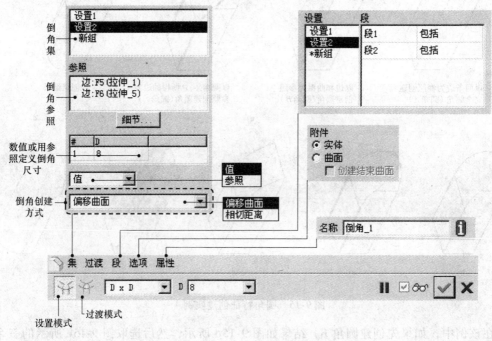

图9-16　边倒角工具操控板

3. 拐角倒角特征对话框

在主菜单中依次单击『插入』→『倒角』→『拐角倒角』选项，系统显示倒角（拐角）特征对话框，如图9-17所示。

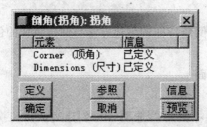

图9-17　拐角倒角特征对话框

二、倒角特征概述

1. 倒角类型及放置参照

倒角有边倒角、边-曲面倒角、曲面-曲面倒角和拐角倒角等四种类型，放置则有边（或边链）、曲面和拐角顶点。边倒角从选定边移除平整部分的材料，以在共有该选定边的两个原曲面之间创建斜角曲面；拐角倒角则是从零件的拐角处移除材料，以在共有该拐角的三个原曲面间创建斜角曲面，见表9-6（该图文件为 \CH09 \chamfer-1. prt）。

表 9-6　倒角类型和放置参照

倒角类型	参照类型	操作界面	倒角前及倒角参照	倒角后
边倒角	边或边链	集　过渡　段　选项　属性　D×D　D 8　D×D　D1×D2　角度×D　45×D　O×O　O1×O2		
边-曲面倒角	一个曲面和一个边	O×O　O 154　O×O　O1×O2		
曲面-曲面倒角	两个曲面	O×O　O 76　D×D　D1×D2　O×O　O1×O2		
拐角倒角	一个拐角参照和确定角倒角放置尺寸的三个边	倒角(拐角):拐角　元素　信息　Corner (顶角) 已定义　Dimensions (尺寸) 已定义　定义　参照　信息　确定　取消　预览		

> **提示**　边-曲面倒角时，要先选取曲面参照，然后再选取边参照。

2. 倒角尺寸的标注形式

倒角的尺寸标注有 D×D、D1×D2、角度×D、45×D、O×O 和 O1×O2 等六种形式，见表9-7（该图文件为 \CH09 \chamfer-1. prt）。

表 9-7　倒角尺寸的标注形式

标注形式	说　明	操作界面及图例
D×D	在各曲面上与参照边相距为 D 处创建倒角(默认选项)	D × D　D 44 设定 D 值
D1×D2	在一个曲面距选定参照边 D1、另一个曲面距选定参照边 D2 处创建倒角	单击 ％ 按钮 D1 × D2　D1 44　D2 50 设定 D1、D2 值和倒角距离尺寸切换
角度×D	创建一个倒角,它距相邻曲面的选定边距离为 D,与该曲面的夹角为指定角度	单击 ％ 按钮 角度 x D　角度 32　D 44 设定 D、值和倒角距离尺寸切换
45×D	创建一个倒角,它与两个曲面都成 45°,且与各曲面上的边的距离为 D	角度 x D　角度 45　D 12
O×O	在沿各曲面上的边偏移 O 处创建倒角	O X O　O 44 设定 O 值
O1×O2	在一个曲面距选定边的偏移距离 O1、在另一个曲面距选定边的偏移距离 O2 处创建倒角	单击 ％ 按钮 O1 X O2　O1 44　O2 50 设定 O1、O2 值和倒角距离尺寸切换

从表 9-7 可以清楚看出,对于 D×D 与 O×O 尺寸标注形式,虽然倒角尺寸均为 44,但其结果却大不相同,这是因为这两类尺寸标注形式所生成倒角的原理是不同的;同样,D1×D2 与 O1×O2 尺寸标注形式,当尺寸值相同时,其结果也大相径庭。下面以 D1×D2 与

O1×O2 尺寸标注形式来解释两类倒角的生成原理，D×D 与 O×O 尺寸标注形式则是 D1×D2 与 O1×O2 尺寸标注形式的特例（该图文件为 \CH09 \chamfer-1. prt）。

对于 D1×D2 倒角，在一个曲面上距离倒角参照边 50 确定点 A，在另一个曲面上距离倒角参照边 44 确定点 B，则 AB 连线就是 D1×D2 倒角最终的倒角面，如图 9-18a、b、c 所示。

对于 O1×O2 倒角，其生成原理比 D1×D2 倒角生成原理复杂得多（将图形投影到垂直于倒角参照边的平面上，以投影图形进行解释）：①选取倒角参照边（如图 9-18a 所示），倒角尺寸及结果如图 9-18b 所示。②做面Ⅰ的平行线，距离为 50（图 9-18c 中所示的平行约束符号∥1），做面Ⅱ的平行线，距离为 44（图 9-18c 中所示的平行约束符号∥2），两条平行线的交点为 C。③过 C 点做面Ⅰ的垂线（图 9-18c 中所示的垂直约束符号⊥1），垂足点为 A，做面Ⅱ的垂线（图 9-18c 中所示的垂直约束符号⊥2），垂足点为 B。④AB 连线就是 O1×O2 倒角最终的倒角面。

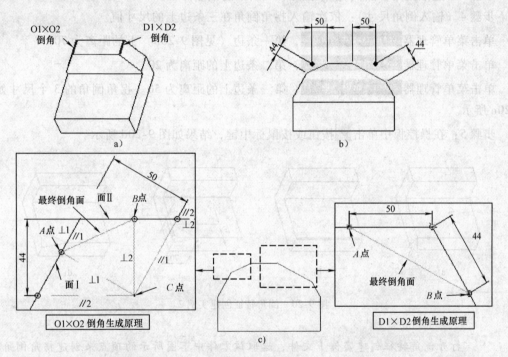

图 9-18　D1×D2 与 O1×O2 倒角的生成原理

提示	45×D 尺寸标形式仅适用于两个曲面夹角为 90°的场合（以两个曲面或两个曲面的交线为倒角参照）。

三、倒角特征创建实例

1. 倒角特征创建实例 1——边倒角

步骤 1（打开文件）：打开 \CH09 \chamfer_ example-1. prt 文件。

步骤 2（创建边倒角特征）：在『工程特征』工具栏中单击█按钮或在主菜单中依次单击『插入』→『倒角』→『边倒角』选项，系统弹出边倒角工具操控板。

步骤 3（选取倒角参照）：选取图 9-19a 所示的五条边。

步骤 4（选取倒角尺寸标注形式）：选取 D×D 尺寸标注形式。

步骤 5（修改尺寸值）：修改倒角尺寸值为 5。

步骤 6：在操控板中单击 ✔ 按钮或按鼠标中键，结果如图 9-19b 所示。

2. 倒角特征创建实例 2——拐角倒角

步骤 1（打开文件）：打开 \CH09\ chamfer_example-2. prt 文件。

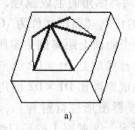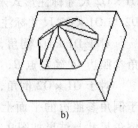

图 9-19 倒角特征创建实例 1

步骤 2（创建边倒角特征）：在主菜单中依次单击『插入』→『倒角』→『拐角倒角』选项，系统弹出拐角倒角特征对话框。

步骤 3（选取倒角参照）：选取图 9-20a 所示的顶点。

步骤 4（输入倒角尺寸）：依次输入拐角倒角在三条边上的尺寸值。

单击菜单管理器 `Enter-input（输入）`，第一条边（见图 9-20b）上的距离为 70。

单击菜单管理器 `Enter-input（输入）`，第二条边上的距离为 20。

单击菜单管理器 `Enter-input（输入）`，第三条边上的距离为 50。拐角倒角的 3 个尺寸如图 9-20c 所示。

步骤 5：在操控板中单击 ✔ 按钮或按鼠标中键，结果如图 9-20d 所示。

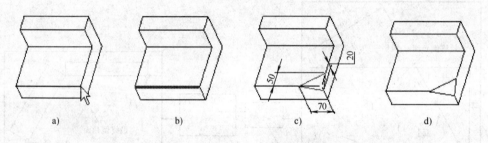

图 9-20 倒角特征创建实例 2

打开倒角特征创建实例 1 文件，选取该零件中下图所示的顶点来创建拐角倒角特征，能否创建？

第四节 筋 特 征

在零件中构建筋板结构，主要是为了提高零件的强度和力学性能。创建筋特征时，必须定义筋的参照（筋的截面、填料方向）、厚度和筋厚长出方向等。

一、筋特征创建的一般步骤及工具操控板

1. 筋特征创建的一般步骤

步骤1：在『工程特征』工具栏中单击 🗋 按钮或在主菜单中依次单击『插入』→『筋』选项，系统弹出筋工具操控板。

步骤2：定义筋特征的参照，包括筋特征的截面、填料方向。

步骤3：定义筋特征的厚度、筋厚长出方向。

步骤4：完成筋特征的创建。

2. 筋工具操控板

筋工具操控板如图9-21所示。

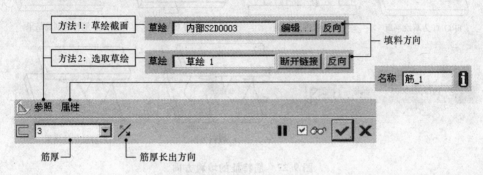

图9-21　筋工具操控板

二、筋特征概述

1. 筋特征的截面

草绘筋特征的截面时，其注意事项见表9-8（该图文件为 \CH09 \rib-1. prt）。

表9-8　筋特征的截面

序号	注意事项	图　例
1	截面必须开放，不能封闭	错误
2	截面只能有一个开放环,不能有多个开放环	正确　错误
3	开放环的两端必须与筋特征所连接的实体边界对齐	错误
4	草绘截面时应注意截面标注参照的选取	见筋特征创建实例1
5	对于相同的截面,当筋特征依附于不同的结构时,其结果可能不同	见筋特征创建实例2

2. 筋特征的填料方向

创建筋特征时，设置不同的填料方向，相同的截面所得的筋特征也就不同，如图 9-22 所示（该图文件为 \CH09 \rib-2. prt）。

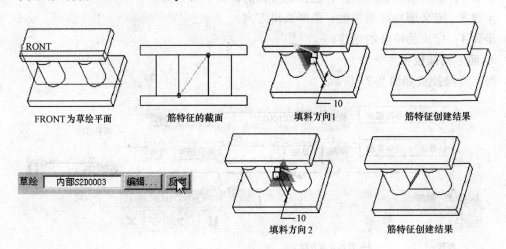

图 9-22　筋特征的填料方向

3. 筋厚长出方向

以筋特征的草绘平面为参照，筋厚长出方向有三种情况：对称于草绘平面、草绘平面侧 1、草绘平面侧 2，如图 9-23 所示（该图文件为 \CH09 \rib-1. prt）。

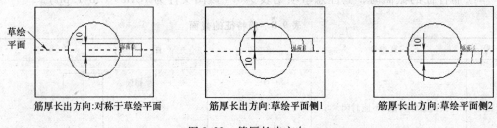

图 9-23　筋厚长出方向

三、筋特征创建实例

1. 筋特征创建实例 1——截面标注参照的选取

步骤 1（打开文件）：打开 \CH09 \rib_example-1. prt 文件，欲以 DTM1 基准面为草绘平面创建筋特征。

步骤 2（创建筋特征）：在『工程特征』工具栏中单击 按钮或在主菜单中依次单击『插入』→『筋』选项，系统弹出筋工具操控板。

步骤 3（选取草绘平面和参考平面）：在操控板中单击 参照 ，然后在 参照 上滑面板中单击 定义... ，选取 DTM1 基准面为草绘平面，草绘视图方向朝左，选取 TOP 基准面为参考平面，方向朝顶，如图 9-24a 所示。

步骤 4（选取截面标注参照）：系统默认以 TOP 基准面和 FRONT 基准面为截面标注参照，如图 9-24b 所示。

因为 DTM1 基准面不通过圆柱体的轴线，以 TOP 和 FRONT 基准面为截面标注参照，不能使截面的两端与筋特征所连接的实体边界对齐，因此必须选取新的截面标注参照。

在【参照】对话框中，单击 ▶剖面⯑ 按钮，选取圆柱面的表面，如图 9-24c 所示。

在【参照】对话框中，单击 ▶ 按钮，选取图 9-24d 所示表面，此时，【参照】对话框增加了两项参照，如图 9-24e 所示。

步骤 5（草绘截面）：绘制如图 9-24f 所示截面，在〖草绘器工具〗工具栏中单击 ✔ 按钮。

步骤 6（设置填料方向）：以图 9-24g 方向为填料方向。

步骤 7：厚度为 6，筋厚长出方向为对称于草绘平面。

步骤 8：在操控板中单击 ✔ 按钮或按鼠标中键，完成筋特征的创建，结果如图 9-24h 所示。

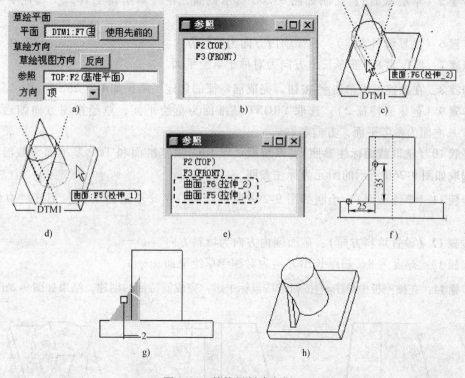

图 9-24　筋特征创建实例 1

1）在该例步骤 4 中，选取圆柱面的表面为截面标注参照时，为什么要用 ▶剖面⯑ 方式选取，而不能用 ▶ 方式选取？若用 ▶ 方式选取，其结果怎样？

2）在表 9-9 中，以 FRONT 基准面创建了一个筋特征（见图 9-25a），该筋特征与实例 1 所创建的筋特征有什么区别（见图 9-25b）？

2. 筋特征创建实例 2——相同截面不同的创建结果

步骤 1（打开文件）：打开 \CH09 \rib_example-2.prt 文件，欲以 FRONT 基准面为草绘平面创建筋特征。

步骤 2（创建筋特征 1）：在〖工程特征〗工具栏中单击 按钮或在主菜单中依次单击『插入』→『筋』选项，弹出筋工具操控板。

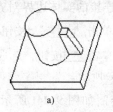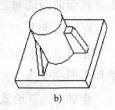

步骤 3（选取草绘平面和参考平面）：在操控板中单击 参照 ，然后在 参照 上滑面板中单击 定义... ，选取 FRONT 基准面为草绘

图 9-25　不同位置创建的筋特征

平面，草绘视图方向朝后，选取 RIGHT 基准面为参考平面，方向朝右。

步骤 4（选取截面标注参照）：系统默认以 RIGHT 基准面和 TOP 基准面为截面标注参照，选取如图 9-26a 所示的两条边为标注参照。

步骤 5（草绘截面）：绘制如图 9-26b 所示截面，在〖草绘器工具〗工具栏中单击 按钮。

步骤 6（设置填料方向）：截面朝内方向为填料方向。

步骤 7：厚度为 8，筋厚长出方向为对称于草绘平面。

步骤 8：在操控板中单击 按钮，完成筋特征的创建，结果如图 9-26c 所示。

步骤 9（创建筋特征 2）：选取 FRONT 基准面为草绘平面，草绘视图方向朝后，选取 RIGHT 基准面为参考平面，方向朝右。

步骤 10（选取截面标注参照）：系统默认以 RIGHT 基准面和 TOP 基准面为截面标注参照，选取如图 9-26d 所示的图元为标注参照。

步骤 11（草绘截面）：绘制如图 9-26e 所示截面，在〖草绘器工具〗工具栏中单击 按钮。

步骤 12（设置填料方向）：截面朝内方向为填料方向。

步骤 13：厚度为 8，筋厚长出方向为对称于草绘平面。

步骤 14：在操控板中单击 按钮或按鼠标中键，完成筋特征的创建，结果如图 9-26f 所示。

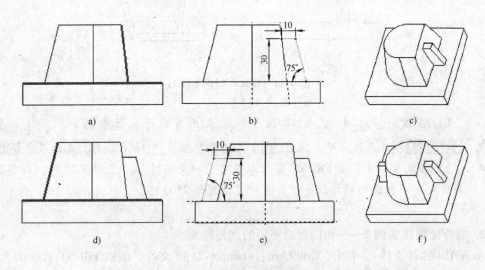

图 9-26　筋特征创建实例 2

第五节　壳　特　征

一、壳特征创建的一般步骤及工具操控板

1. 壳特征创建的一般步骤

步骤1：在〖工程特征〗工具栏中单击回按钮或在主菜单中依次单击『插入』→『壳』选项，系统弹出壳工具操控板。

步骤2：选取壳特征参照，包括选取要移除的曲面和非缺省厚度曲面。

步骤3：选取排除的曲面。

步骤4：定义壳特征的厚度和壳特征厚度方向。

步骤5：必要时进行其它选项的设置。

步骤6：完成壳特征的创建。

2. 壳工具操控板

壳工具操控板如图9-27所示。

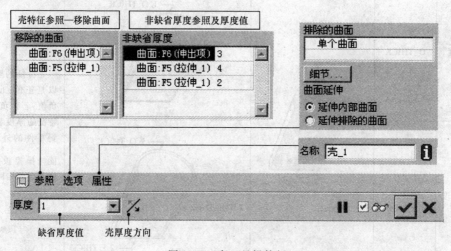

图9-27　壳工具操控板

二、壳特征概述

1. 壳特征类型

壳特征根据选取移除面的情况可分为有移除面壳特征和无移除面壳特征，壳特征类型见表9-9（该图文件为\CH09\shell-1. prt）。

表9-9　壳特征类型

壳特征类型	壳特征创建前及参照	壳特征创建后
有移除面创建壳特征（面抽壳）		

（续）

壳特征类型	壳特征创建前及参照	壳特征创建后
无移除面创建壳特征（体抽壳）	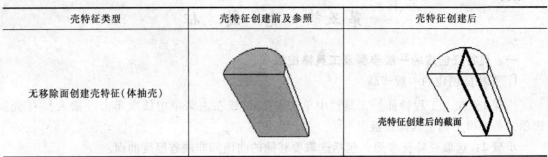	壳特征创建后的截面

2. 壳特征的厚度

壳特征的厚度有缺省厚度和非缺省厚度两类，见表 9-10（该图文件为 \CH09 \shell-1. prt）。

表 9-10　壳特征的厚度

壳特征厚度	显示符号	壳特征创建前及参照	壳特征创建后	备注
缺省厚度	O_THICK		1 O_THICK	壳特征的厚度值可以是正值，也可以是负值；若为负值，则壳特征的厚度将被添加到零件的外部，其功能与操控板中的 ⤬ 按钮功能相同
非缺省厚度	THICK		1 O_THICK　2 THICK　2.5 THICK	

3. 排除曲面

在零件的结构中，若某些曲面处不创建壳特征（即不被壳化），创建壳特征时，可以将该曲面选取为排除曲面，如图 9-28 所示（该图文件为 \CH09 \shell_ excluded. prt）。

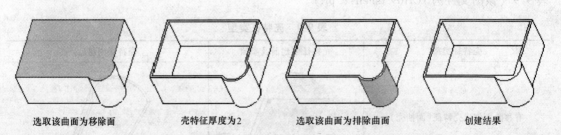

选取该曲面为移除面　　　壳特征厚度为2　　　选取该曲面为排除曲面　　　创建结果

图 9-28　壳特征中的排除曲面

4. 创建相切面的壳特征

当零件中存在相切面时（如图9-29a所示的三个曲面），若同时选取三个曲面为移除面创建壳特征，壳特征可以创建成功（见图9-29b）；但若只选取其中的一个或两个曲面为移除面创建壳特征，则系统提示创建失败（该图文件为 \CH09 \shell_ tanget. prt）。

对于相切曲面，还有非缺省厚度设定的问题。选取如图9-29c所示曲面创建壳特征，若选取图9-29a所示三个曲面设定相同厚度值（该厚度不是缺省厚度）时，壳特征可以创建；但若只选取其中的一个或两个曲面为设定厚度，则系统提示创建失败。

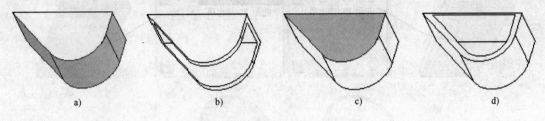

a)　　　　　　　b)　　　　　　　c)　　　　　　　d)

图9-29 壳特征中的相切面

5. 壳特征与其它特征的创建顺序

壳特征与零件中其它特征以不同的顺序进行创建时，其结果会大不一样，这里，以孔特征和壳特征不同的创建顺序为例来说明该问题（该图文件为 \CH09 \shell_ hole. prt）。

创建壳特征时以该零件上表面为参照，创建孔特征时，以 A_ 1 基准轴为主参照，以零件上表面为次参照，孔深度为穿透。图9-30a的创建顺序为：拉伸→基准轴→壳→孔，图9-30b 的创建顺序为：拉伸→基准轴→孔→壳。

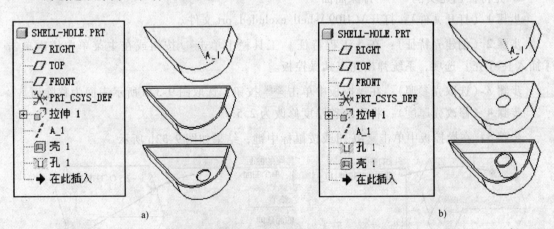

a)　　　　　　　　　　　　　　　　　　b)

图9-30 壳特征与其它特征的创建顺序

三、壳特征创建实例

1. 壳特征创建实例1——设定非缺省厚度

步骤1（打开文件）：打开 \CH09 \shell_ example-1. prt 文件。

步骤2（创建壳特征）：在〖工程特征〗工具栏中单击回按钮或在主菜单中依次单击『插入』→『壳』选项，系统弹出壳工具操控板。

步骤3（选取壳参照）：在操控板中单击 参照 按钮，按住 "Ctrl" 键，选取图9-31a所示表面为移除面。

步骤 4（修改壳厚度）：将壳缺省厚度修改为 1.5。

步骤 5：在操控板中单击 ✔ 按钮或按鼠标中键，结果如图 9-31b 所示。

对该例中有关表面设定不同厚度，在操控板中单击 参照 按钮，单击【非缺省厚度收集器】，选取图 9-31c 所示两表面，设定其厚度值分别为 2、3，结果如图 9-31d 所示。

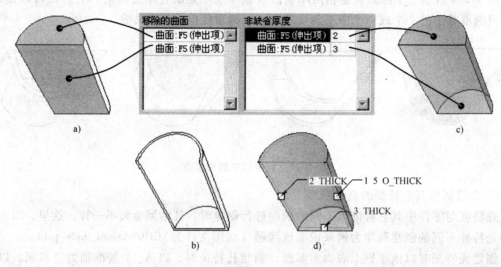

图 9-31　壳特征创建实例 1

2. 壳特征创建实例 2——排除曲面

步骤 1（打开文件）：打开 \CH09\shell-excluded. prt 文件。

步骤 2（创建壳特征）：在『工程特征』工具栏中单击 回 按钮或在主菜单中依次单击『插入』→『壳』选项，系统弹出壳工具操控板。

步骤 3（选取壳参照）：在操控板中单击 参照 按钮，选取图 9-32a 所示表面为移除面。

步骤 4（修改壳厚度）：将壳缺省厚度修改为 2.5。

步骤 5：在操控板中单击 ✔ 按钮或按鼠标中键，结果如图 9-32b 所示。

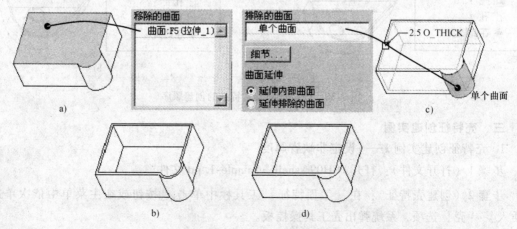

图 9-32　壳特征创建实例 2

对壳特征进行重定义。单击操控板中 选项 按钮，单击【排除曲面收集器】选项，选取图 9-32c 所示表面为排除曲面，结果如图 9-32d 所示。

第六节　拔模特征

一、拔模特征创建的一般步骤及工具操控板

1. 拔模特征创建的一般步骤

步骤 1：在〖工程特征〗工具栏中单击 按钮或在主菜单中依次单击『插入』→『拔模』选项，系统弹出拔模工具操控板。

步骤 2：选取拔模曲面。

步骤 3：选取拔模枢轴，拔模枢轴可以是平面（模型表面或基准面），也可以是曲线链。

步骤 4：确定拔模方向，选取平面、基准轴、坐标系的轴线或直边来指定拔模方向（以黄色箭头标明）。

步骤 5：确定拔模曲面是否进行分割，若进行分割，用何种方式进行。

步骤 6：输入恒定角度拔模或可变角度拔模的拔模角度。

步骤 7：必要时进行其它选项的设置。

步骤 8：完成拔模特征的创建。

2. 拔模工具操控板

图 9-33 所示为不分割拔模曲面时的拔模工具操控板，图 9-34 所示为分割拔模曲面时的拔模工具操控板。

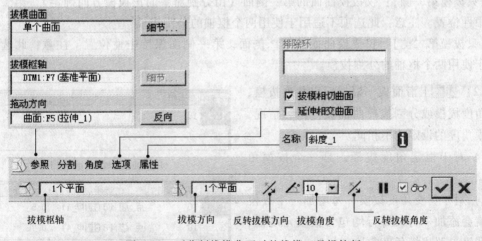

图 9-33　不分割拔模曲面时的拔模工具操控板

（1）分割方式及侧选项

1）分割方式的选项

【不分割】：不分割拔模曲面，整个拔模曲面绕拔模枢轴旋转。

【根据拔模枢轴分割】：以拔模枢轴分割拔模曲面。

【根据分割对象分割】：使用面组或草绘分割拔模曲面，如果选取此选项，则系统自动激活"分割对象"收集器。

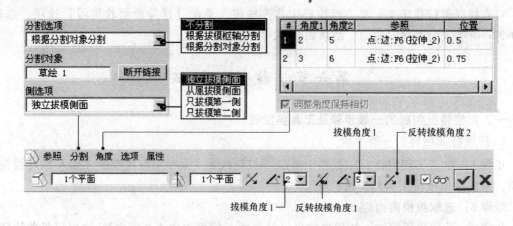

图 9-34 分割拔模曲面时的拔模工具操控板

分割对象有三种类型：①曲面面组，此时分割对象为此面组与拔模曲面的交线。②外部（现有的）草绘曲线，此时显示 断开链接 选项。③单击 定义... 按钮，在拔模曲面或其它平面上草绘分割曲线，如果草绘不在拔模曲面上，系统会以垂直于草绘平面的方向将其投影到拔模曲面上。

2）侧选项

【独立拔模侧面】：拔模曲面的每一侧指定独立的拔模角度。

【从属拔模侧面】：指定一个拔模角度，第二侧以相反方向拔模。注意：此选项仅在拔模曲面以拔模枢轴分割或使用两个枢轴分割拔模时可用。

【只拔模第一侧】：仅拔模曲面的第一侧面（由分割对象的正拔模方向确定），第二侧面保持中性位置。注意：此选项不适用于使用两个枢轴的分割拔模。

【只拔模第二侧】：仅拔模曲面的第二侧面，第一侧面保持中性位置。注意：此选项不适用于使用两个枢轴的分割拔模。

（2）角度 上滑面板 根据恒定角度拔模、可变角度拔模或分割拔模曲面拔模三种情况，其拔模角度的设定均不相同。

1）对于恒定角度拔模，是一个拔模角度值。

#	角度1
1	10

恒定角度拔模拔模角度的设定

2）对于可变角度拔模，每增加一个拔模角度就会添加一行，每行均包含拔模角度值、参照和沿参照拔模角度的控制位置。

#	角度1	参照	位置
1	10	点:边:F8 (拉伸_4)	0.5
2	10	点:边:F8 (拉伸_4)	0.75

可变角度拔模拔模角度的设定

3）对于带独立拔模侧面的分割拔模，每行均包含两个拔模角度值、参照和沿参照拔模角度值的设置位置，如图9-35所示。

#	角度1	角度2	参照	位置
1	10	1	点:边:F8 (拉伸_4)	0.5
2	10	1	点:边:F8 (拉伸_4)	0.75

分割拔模拔模角度的设定

在 角度 上滑面板中，单击鼠标右键，在弹出的快捷菜单中选取【添加角度】，恒定角度拔模则变为可变角度拔模（见图

图 9-35 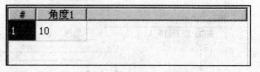角度 上滑面板

9-36a、b);在可变拔模 角度 上滑面板中，单击鼠标右键，弹出的快捷菜单有【添加角度】、【删除角度】、【反向角度】、【成为常数】等选项，若选取【成为常数】，则可变角度拔模又变为恒定角度拔模（见图9-36c、d）。

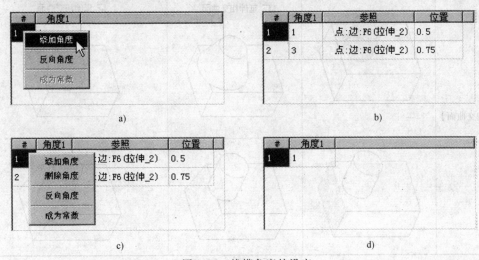

图 9-36 拔模角度的设定

（3） 选项 上滑面板 选项 上滑面板有【排除环】、【拔模相切曲面】和【延伸相交曲面】三个选项（该图文件为 \CH09 \draft_ split-4. prt）。

【排除环】：可用来选取要从拔模曲面排除的轮廓，仅在所选曲面包含多个环时可用。

【拔模相切曲面】：如选中，Pro/ENGINEER 会自动延伸拔模，以包含与所选拔模曲面相切的曲面，此复选框在默认情况下被选中。

【延伸相交曲面】：如选中，Pro/ENGINEER 将试图延伸拔模以与模型的相邻曲面相接触，如果拔模不能延伸到相邻的模型曲面，则模型曲面会延伸到拔模曲面中；如果以上情况均未出现，或如果未选中该复选框，则 Pro/ENGINEER 将创建悬于模型边上的拔模曲面。

选项 上滑面板三个选项的说明见表9-11。

表 9-11 选项 上滑面板的三个选项

选项设置	拔模曲面及拔模操作前	拔模操作后	
		无排除环	选取下图中灰色显示曲面为排除环
【排除环】			
		☑ 拔模相切曲面 （系统默认设置）	☐ 拔模相切曲面
【拔模相切曲面】			创建失败

（续）

选项设置	拔模曲面及拔模操作前	拔模操作后
【延伸相交曲面】		☐ 延伸相交曲面 ☑ 延伸相交曲面 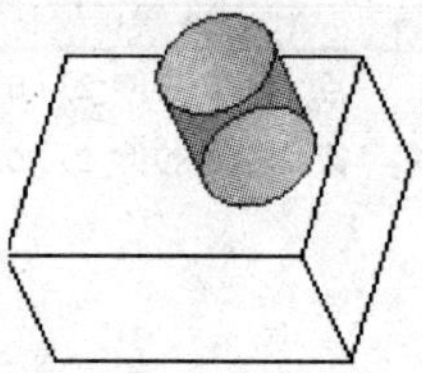 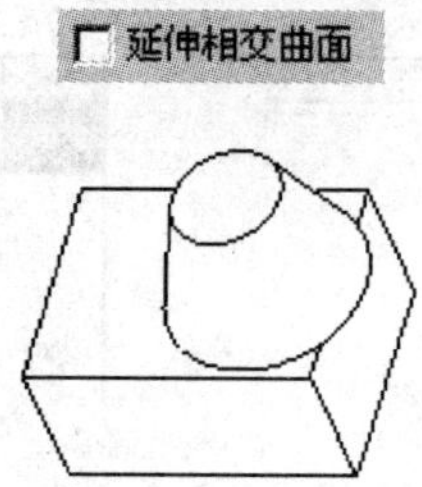 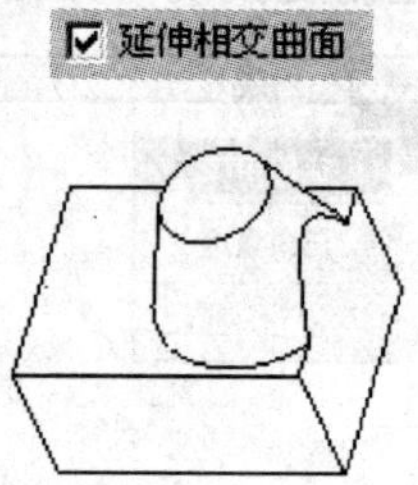

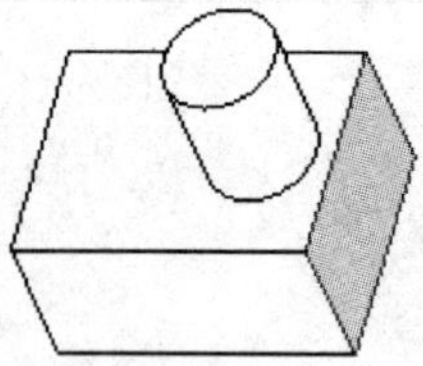

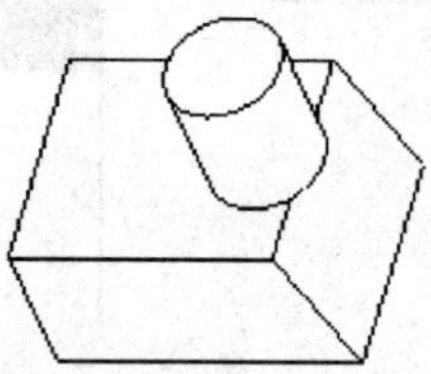

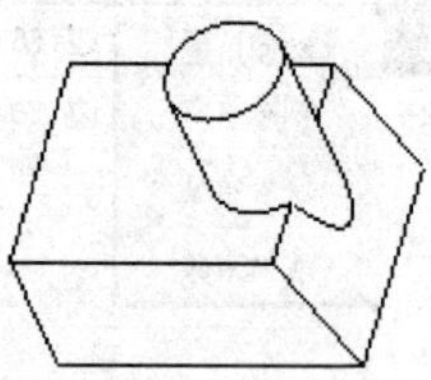

二、拔模特征概述

1. 与拔模特征有关的基本术语

与拔模特征有关的基本术语有拔模曲面、拔模枢轴、拔模方向（拖动方向）和拔模角度，见表9-12，这些既是专业术语，也是进行拔模操作时必须选取或定义的选项。正是由于这几个选项本身的多变性和各选项可以进行不同的组合，使得拔模操作显得既复杂又难懂。

表 9-12　与拔模特征有关的基本术语

术语	定　义	选取对象的类型	说　明
拔模曲面	进行拔模操作的对象	可以是模型的表面，也可以是曲面	拔模曲面可由拔模枢轴、曲线或草绘进行分割成多个区域，各个区域可设定是否进行拔模操作，若进行拔模操作，可单独设定拔模角度
拔模枢轴	拔模操作的参照	平面或拔模曲面上的曲线链	进行拔模操作时，拔模曲面绕曲线进行旋转：当选取平面为拔模枢轴时，曲线就是拔模曲面与该平面的交线；若选取拔模曲面上的曲线链为拔模枢轴时，则拔模曲面直接绕该曲线链旋转
拔模方向（拖动方向）	用于测量拔模角度的方向（通常为模具开模的方向）	可选取平面、直边、基准轴或坐标系的轴进行定义	当选取平面为拔模枢轴时，拖动方向垂直于该平面，此时拔模方向系统会自动设定，一般不需要人工设定；若选取曲线链为拔模枢轴时，则需要人工选取一个参照以定义拔模方向
拔模角度	拔模操作后的曲面与拔模方向的夹角		系统允许拔模角度的变化范围为 -30°~30°，并可在拔模曲面的不同位置设定不同的拔模角度；如果拔模曲面被分割，则可为拔模曲面的每侧定义两个独立的角度

提示	1）拔模曲面必须是列表圆柱面或可展开成平面的面，才可以进行拔模操作。
	2）拔模曲面既可以是实体模型的表面，也可以是面组曲面，但在同一个拔模特征中，只能选取其中的一类。

2. 拔模曲面的分割

拔模曲面在拔模操作中，可以对其进行分割，分割后拔模曲面成为几个区域，这几个区域可单独设定是否进行拔模操作；若进行拔模操作，也可以独立设定各区域的拔模角度。

对拔模曲面的分割有三种方式：应用拔模枢轴进行分割、选取分割对象进行分割和草绘分割，见表 9-13（该图文件为 \CH09 \draft_ split-1. prt 和 draft_ split-2. prt）。

表 9-13　拔模曲面的分割

分割类型		拔模曲面	分割参照	分割后
拔模枢轴分割	平面			
	曲线链			
选取分割对象分割				
草绘分割				

3. 多角度拔模

在进行拔模操作时，拔模角度可以是恒定的，也可以是变化的，如果拔模角度是变化的，则将它称为可变角度拔模或多角度拔模，如图 9-37 所示（该图文件为 \CH09 \draft_variable. prt）。

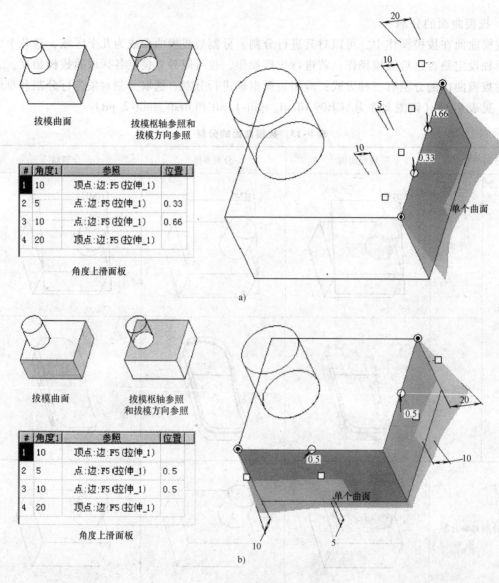

图 9-37　多角度拔模

三、拔模特征创建实例

1. 拔模特征创建实例 1——恒定角度拔模、拔模枢轴参照为平面

步骤 1（打开文件）：打开 \CH09 \draft_example-1. prt 文件。

步骤 2（创建拔模特征）：在〖工程特征〗工具栏中单击 按钮或在主菜单中依次单击〖插入〗→〖斜度〗选项，系统弹出拔模工具操控板。

步骤 3（选取拔模曲面）：按住 "Ctrl" 键，选取图 9-38a 所示两个曲面为拔模曲面。

步骤 4（选取拔模枢轴参照，确定拔模方向）：在操控板中单击 ⚡ •选取 1 个项目 ，选取图 9-38b 所示表面为拔模枢轴参照，系统自动将垂直于该表面的方向设定为拔模方向，接受系统的设定。

步骤 5（修改拔模角度值）：将拔模角度值修改为 5，结果如图 9-38c 所示。

步骤 6（确定角度方向）：在操控板中单击角度文本框 ∠ 5 后的 ✐ 按钮，结果如图 9-38d 所示。

步骤 7：在操控板中单击 ✔ 按钮或按鼠标中键，结果如图 9-38e 所示。

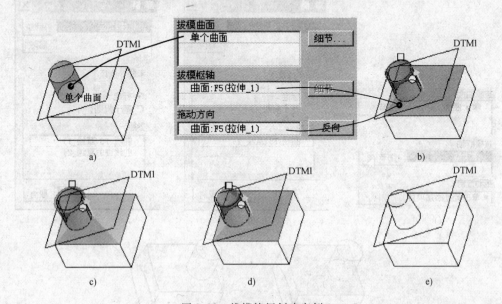

图 9-38　拔模特征创建实例 1

2. 拔模特征创建实例 2——拔模枢轴参照为曲线链

步骤 1（打开文件）：打开 \CH09\draft_example-2.prt 文件。

步骤 2（创建拔模特征）：在『工程特征』工具栏中单击 ⬚ 按钮或在主菜单中依次单击『插入』→『斜度』选项，系统弹出拔模工具操控板。

步骤 3（选取拔模曲面）：按住"Ctrl"键，选取图 9-39a 所示两个曲面为拔模曲面。

步骤 4（选取拔模枢轴参照）：欲选取图 9-39b 所示的两条曲线为拔模枢轴参照，此时，即使按住"Ctrl"键也无法一次选取两条曲线。

在操控板中单击 参照 选项卡，在 参照 上滑面板中单击 细节... 按钮（见图 9-39c），弹出【链】对话框，当前拔模枢轴参照只有一条曲线，如图 9-39d 所示。

按住"Ctrl"键，选取另一条曲线，则两条曲线均被选取为拔模枢轴参照了（见图 9-39e），单击【链】对话框中的 确定 按钮。

步骤 5（选取拔模方向参照）：选取图 9-39f 所示表面为拔模方向参照。

步骤 6（修改拔模角度值）：将拔模角度值修改为 10，按系统默认的角度方向。

步骤 7：在操控板中单击 ✔ 按钮或按鼠标中键，结果如图 9-39g 所示。

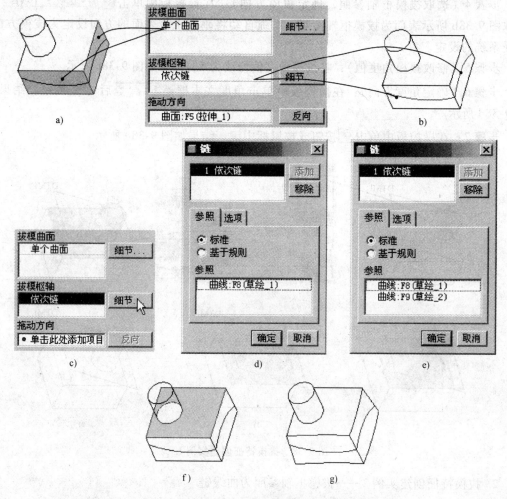

图 9-39 拔模特征创建实例 2

3. 拔模特征创建实例 3——草绘分割拔模

步骤 1（打开文件）：打开 \CH09\draft_example-3. prt 文件。

步骤 2（创建拔模特征）：在『工程特征』工具栏中单击 按钮或在主菜单中依次单击『插入』→『斜度』选项，系统弹出拔模工具操控板。

步骤 3（选取拔模曲面）：选取图 9-40a 所示曲面为拔模曲面。

步骤 4（选取拔模枢轴参照，确定拔模方向）：选取图 9-40b 所示的 TOP 基准面为拔模枢轴参照，系统自动将垂直于该平面的方向设定为拔模方向，接受系统的设定。

步骤 5（绘制分割参照）：在操控板中单击 分割 选项卡，在 分割 上滑面板中选取 根据分割对象分割 ▼ ，然后单击 定义... 按钮（见图 9-40c），选取图 9-40d 所示表面为草绘平面和参考平面。

绘制如图 9-40e 所示草绘。

步骤 6（设置侧选项）：在 分割 上滑面板【侧选项】中选取 只拔模第二侧 ▼ ，如图 9-40f 所示。

步骤7（修改拔模角度值）：将拔模角度值修改为15，按系统默认的角度方向。

步骤8：在操控板中单击 ✔ 按钮或按鼠标中键，结果如图9-40g所示。

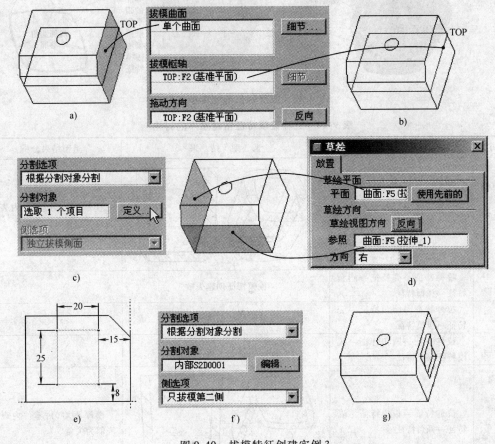

图9-40　拔模特征创建实例3

第七节　本章小结——拔模特征的创建顺序

在一个零件（尤其是塑料制件）中，在结构上往往同时存在圆角特征、壳特征、拔模特征等工程特征。对于这几类工程特征，在进行零件造型时，其创建顺序是有一定讲究的，顺序不合理或不正确，得到的零件造型结果可能就不正确甚至无法完成零件的造型。那么，对于零件中的圆角特征、壳特征和拔模特征，下面讨论一下其合理的造型顺序。

如图9-41所示零件（该图文件为\CH09\draft_ sequence. prt），该零件同时存在圆角特征（侧壁圆角和底部圆角）、拔模特征和壳特征，零件要求壁厚均匀，对于该零件，采用什么实体造型顺序比较合理呢？

就该零件而言，首先创建拉伸实体特征，然后创建拔模特征、壳特征和圆角特征，按拔模特征、壳特征和圆角特征创建顺序的不同，有六种造型方案，六种造型方案的结果及结果分析见表9-14。

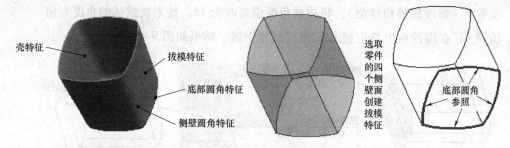

图 9-41　拔模特征的创建顺序

表 9-14　三种拔模特征创建顺序的讨论

造型方案	造型顺序	造型结果	造型结果分析
方案一	拉伸特征→壳特征→拔模特征→圆角特征	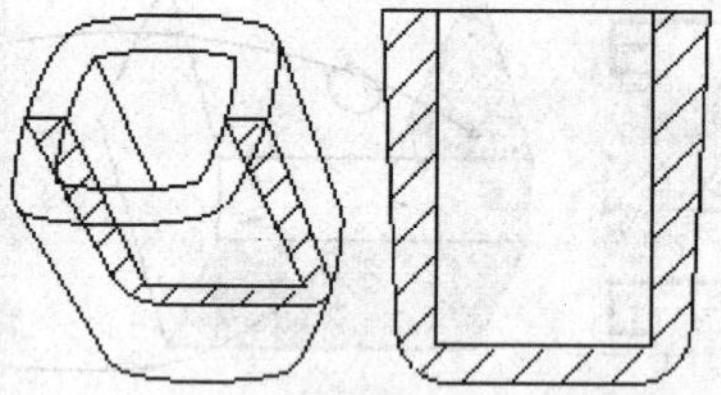	壁厚不均匀,零件内表面为直壁面且底部为尖角
方案二	拉伸特征→壳特征→圆角特征→拔模特征	拔模特征创建失败	
方案三	拉伸特征→圆角特征→壳特征→拔模特征	拔模特征创建失败	
方案四	拉伸特征→圆角特征→拔模特征→壳特征	拔模特征创建失败	
方案五	拉伸特征→拔模特征→壳特征→圆角特征	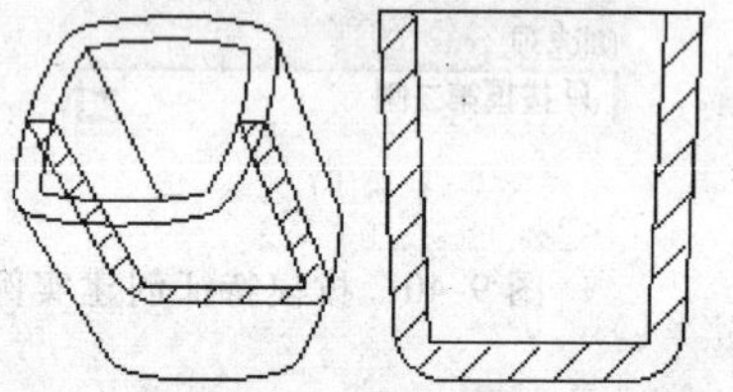	壁厚不均匀,零件内表面底部为尖角
方案六	拉伸特征→拔模特征→圆角特征→壳特征	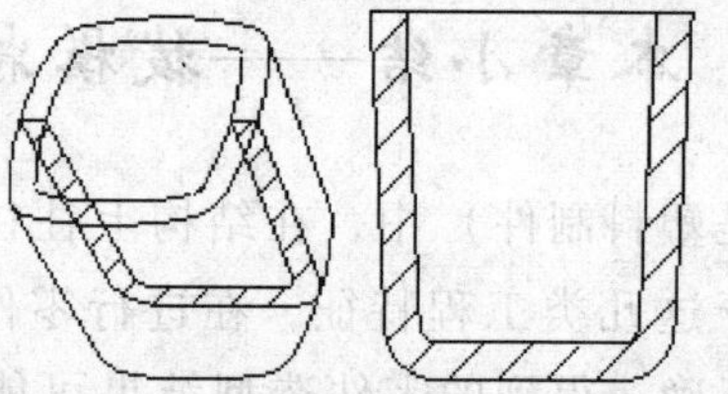	符合造型要求

　　从表 9-14 的造型结果及对结果的分析可以清楚看出，方案六的造型结果最优。从三种失败的造型方案来看，其造型顺序均是拔模特征在圆角特征之后创建，究其原因是因为创建圆角特征后，圆角面必须与相邻的表面（或曲面）相切，而三种造型方案中随后创建拔模特征会破坏其相切约束，因此造型最终失败。

第八节　拔模特征综合实例

　　图 9-42a 所示为某款手机外形造型图，请依次完成图中所示的拔模特征、拉伸切口

特征、下表面圆角特征和上表面圆角特征（在图 9-42b 所示零件的基础上完成上述特征的创建）。

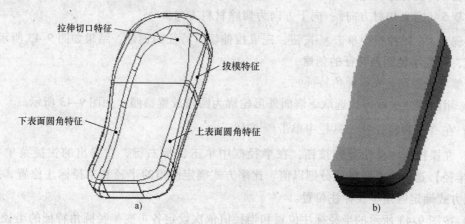

图 9-42　拔模特征创建实例零件结构分析

一、零件造型分析

1. 零件结构分析

手机作为一款 IT 产品，其外观造型要求较高，希望外观的造型既具有美感，又具有流线型，因此该款手机在上、下表面的外形轮廓线处均用可变半径圆角特征进行构造。

2. 训练重点

1）拔模特征：以曲线链为拔模枢轴、以拔模枢轴对拔模曲面进行分割。

2）可变半径圆角特征：半径尺寸位置的确定。

二、拔模特征的创建

步骤 1（打开文件）：打开 \CH09 \CH09_train. prt 文件。

步骤 2（创建拔模特征）：

1）在〖工程特征〗工具栏中单击 按钮。

2）选取图 9-43 所示曲面为拔模特征的拔模曲面、拔模枢轴和拔模方向。

3）在操控板中单击 分割 选项卡，在 分割 上滑面板【分割选项】中选取 根据拔模枢轴分割 ，在【侧选项】中选取 独立拔模侧面 。

4）将两个拔模角度均修改为 6°。

5）拔模特征创建结果如图 9-43 所示。

> 提示　应用环曲面选取方式选取拔模曲面，应用曲线链选取方式选取拔模枢轴。

三、拉伸切口特征的创建

步骤 1（创建拉伸切口特征）：在〖基础特征〗工具栏中单击 按钮，在弹出的操控板中单击 按钮，然后在操控板中单击 放置 选项卡，在 放置 上滑面板中单击 定义... 按钮。

步骤 2（选取草绘平面和参考平面）：选取 RIGHT 基准面为草绘平面，方向朝左，选取 TOP 基准面为参考平面，方向朝顶。

步骤 3（绘制截面）：绘制图 9-43 所示截面，在〖草绘器工具〗工具栏中单击 按钮，结束截面的绘制。

步骤4（拉伸深度定义）：两侧均用 ⬚（穿透）深度定义方式。

步骤5（定义切材方向）：向下方向为切除材料方向。

步骤6：在操控板中单击 ✔ 按钮，完成拉伸切口特征的创建，结果如图9-43所示。

四、可变半径圆角特征的创建

步骤1（创建下表面圆角特征）：

1）用曲线链选取方式选取下表面外形轮廓为圆角放置参照，如图9-43所示。

2）在〖工程特征〗工具栏中单击 ◝ 按钮。

3）在操控板中单击 设置 按钮，在半径框中单击鼠标右键，在弹出的快捷菜单中选取【添加半径】选项，系统默认分别以值、比率方式确定圆角的半径和半径标注位置，这里改用参照方式确定圆角半径标注位置。

4）按图9-43所示的半径标注位置和半径值依次设定各可变半径圆角特征的半径值。

5）在操控板中单击 ✔ 按钮，完成下表面圆角特征的创建，结果如图9-43所示。

步骤2（创建上表面圆角特征）：

1）用曲线链选取方式选取上表面外形轮廓为圆角放置参照，如图9-43所示。

2）在〖工程特征〗工具栏中单击 ◝ 按钮。

3）在操控板中单击 设置 按钮，在半径框中单击鼠标右键，在弹出的快捷菜单中选取【添加半径】选项，系统默认分别以值、比率方式确定圆角的半径和半径标注位置，这里改用参照方式确定圆角半径标注位置。

4）按图9-43所示的半径标注位置和半径值依次设定各可变半径圆角特征的半径值。

5）在操控板中单击 ✔ 按钮，完成上表面圆角特征的创建，结果如图9-43所示。

提示	创建可变半径圆角特征定义半径标注位置时，图中的位置不是很清晰，请读者按书中所介绍的方法大致定义即可。

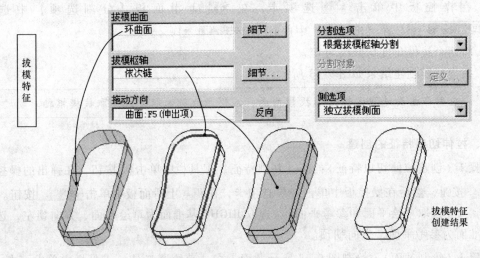

图9-43　拔模特征创建实例

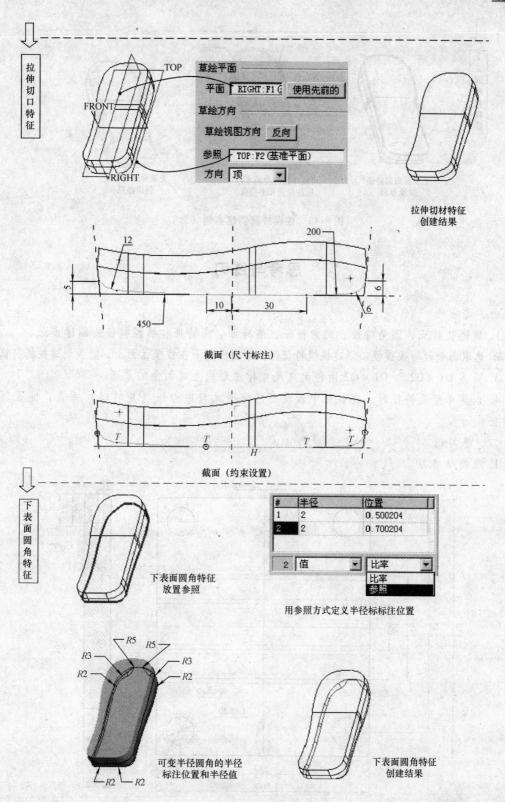

图 9-43 拔模特征创建实例（续）

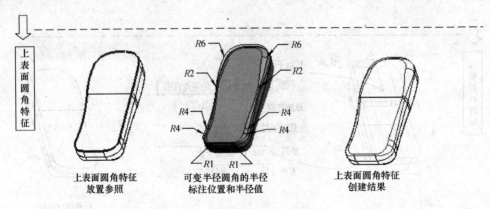

上表面圆角特征
放置参照

可变半径圆角的半径
标注位置和半径值

上表面圆角特征
创建结果

图 9-43　拔模特征创建实例（续）

思考与练习

一、思考题

1. 简述孔特征、圆角特征、倒角特征、筋特征、壳特征和拔模特征的创建步骤。

2. 选取曲线链为拔模枢轴创建拔模特征时，若曲线链不在拔模曲面上，能否创建拔模特征？

3. 简述 D1 × D2 和 O1 × O2 两种倒角尺寸标注形式生成倒角的原理。

4. 创建草绘孔特征时，在截面中若没有任何图元与中心线（旋转轴）垂直，能否创建孔特征？

二、练习题

1. 孔特征练习

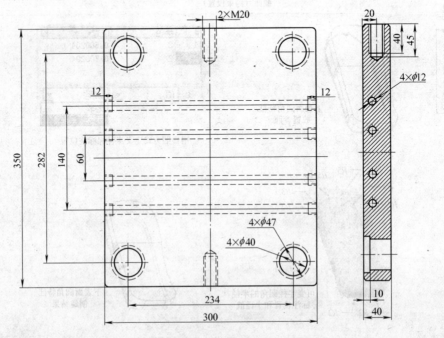

图 9-44　孔特征练习

完成图 9-44 所示零件的实体造型，请注意该零件中各类孔结构的创建。

2. 圆角特征练习

1）打开 \CH08 \CH08_ train. prt 文件，补齐该零件中的圆角特征和孔特征。

2）打开 \CH09 \chamfer_example-1. prt 文件，选取图 9-45a、b 所示两组参照（图中粗线所示）进行倒圆角，两处圆角用一个圆角特征进行创建和用两个圆角特征分别创建，其结果有无区别？

3. 壳特征练习

打开 \ CH09 \ shell_ exer-1. prt 文件，创建缺省厚度和非缺省厚度的壳特征。

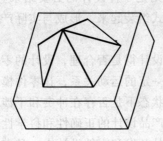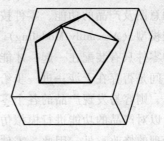

图 9-45 圆角特征练习

4. 拔模特征练习

打开 \CH09 \draft_exer-1. prt 文件（见图 9-46a），选取图 9-46b 所示表面为拔模曲面创建拔模特征，拔模角度为 3°，结果如图 9-46c 所示。

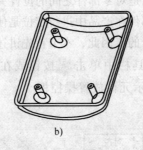

a)   b)   c)

图 9-46 拔模特征练习

装配特征

零件设计是零件装配的第一步工作，零件装配则是零件设计的必要结果。零件装配时，根据设计者的意图及产品的功能，零件按一定的方式组装起来，形成与实际产品一致的装配结构，即装配模型（Assembly Modeling）。

设计好的零件只有装配在一起，才能检验零件设计得是否合理，设计的零件能否实现正常装配，零件间是否存在干涉；进一步给零件赋予一定的运动关系，让零件模拟产品的工作状态运动起来，则容易发现产品的各个零件在工作状态下是否存在冲突和干涉；此外，应用装配模型还可以对产品的功能进行模拟仿真，评估产品设计的正确性和科学性，进而对零件的设计提出合理的修改意见。因此，零件装配在产品开发和零件设计中，具有很重要的实际意义和指导作用。

第一节　Pro/ENGINEER 元件放置操控板

Pro/Assembly 环境下的装配就是对零部件之间的位置关系添加约束，从而最终实现各零部件在产品中的定位。用户对各零部件在产品中进行定位是使用装配约束实现的，而装配约束的设置则是通过元件放置操控板进行的，因此，本节首先讲述元件放置操控板和装配约束。

在右工具箱〖工程特征〗工具栏中单击 ☑ 按钮或在主菜单中依次单击『插入』→『元件』→『装配』，弹出如图 10-1 所示元件放置操控板。

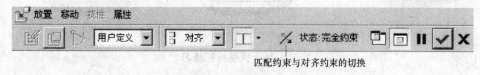

匹配约束与对齐约束的切换

图 10-1　元件放置操控板

一、元件放置操控板的选项卡

1.【放置】上滑面板

该面板启用和显示元件放置和连接定义，它包含两个区域：左侧为导航和收集区，右侧为约束属性区，如图 10-2 所示。

1）导航和收集区——显示集和约束。将为预定义约束集显示平移参照和运动轴。集中的第一个约束将自动激活。在选取一对有效参照后，一个新约束将自动激活，直到元件被完全约束为止。

2）约束属性区域——与在导航和收集区中选取的约束或运动轴上下文相关。"允许假设"（Allow Assumptions）复选框将决定系统约束假设的执行情况。

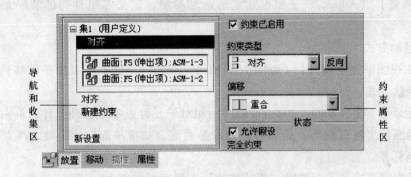

导航和收集区

约束属性区

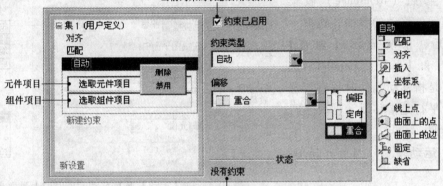

图 10-2 【放置】上滑面板

2.【移动】上滑面板

【移动】上滑面板如图 10-3 所示,通过【移动】上滑面板可移动正在装配的元件,使元件参照的选取更加方便。当【移动】上滑面板处于激活状态时,将暂停所有其它元件的放置操作。要移动元件,必须要封装或用预定义约束集配置该元件。

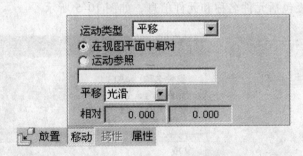

图 10-3 【移动】上滑面板

（1）运动类型（Motion type） 有四种运动类型:定向模式、平移、旋转和调整。

1）【定向模式】（Orient Mode）——使用定向模式定向零组件。

2）【平移】（Translate）——沿指定的运动参照平移零组件,该类型为系统默认运动类型。

3）【旋转】（Rotate）——沿指定的运动参照旋转零组件。

4)【调整】（Adjust）——根据指定的运动参照，定义零组件与已装配元件相配合或对齐。

（2）运动方式

1)【在视图平面中相对】（Relative to view plane）——相对于视图平面移动元件，该方式为系统默认方式。

2)【运动参照】（Motion Reference）——相对于元件或参照移动元件，单击该单选按钮时，运动参照收集器被激活。运动参照可以是曲面、基准平面、边、轴、两点（顶点或基准点）或坐标系。

以运动参照方式移动元件时，其【移动】上滑面板如图 10-4 所示。

（3）参照（Reference）收集器 收集元件移动的参照，选取一个参照后，系统显示【垂直】（Normal）和【平行】（Parallel）选项。垂直是指移动元件时垂直于选定参照；平行是指移动元件时平行于选定参照。

（4）运动增量（Motion Increments）

1)【光滑】——零件组在平移或旋转运动时光滑连续进行。

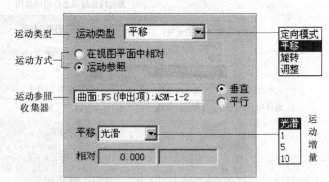

图 10-4 以【运动参照】移动元件时的上滑面板

2)【1/5/10】——零件组在进行平移或旋转运动时，以上述所示数值的距离或角度进行运动。

（5）【相对】（Relative） 显示元件相对于移动操作前位置的当前位置。

3.【属性】上滑面板

【属性】上滑面板包括元件名称和元件信息，如图 10-5 所示。

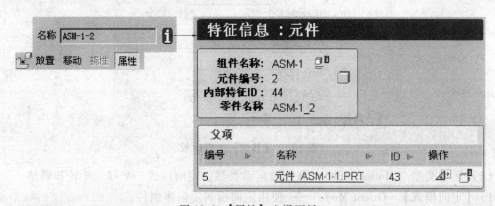

图 10-5 【属性】上滑面板

1)名称（Name）——显示元件名称。

2) ⓘ——在 Pro/ENGINEER 浏览器中显示详细的元件信息。

二、元件放置操控板的对话栏

图 10-6 所示为元件放置操控板的对话栏。

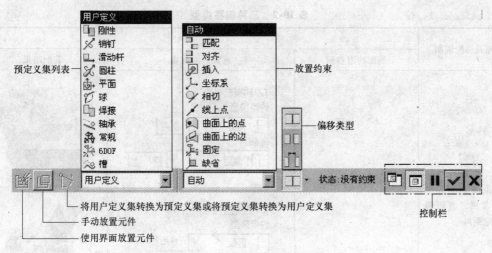

图 10-6　元件放置操控板对话栏

1. 预定义集列表

预定义集（Predefined Set）列表显示预定义的约束，见表 10-1。

表 10-1　预定义集的约束

约束类型		图 例
	刚性	在组件中不允许任何移动
	销钉	包含移动轴和平移或旋转约束
	滑动杆	包含移动轴和移动约束
	圆柱	包含只允许进行 360° 移动的旋转轴
	平面	包含一个平面约束，允许沿着参照平面旋转和平移
	球	包含允许进行 360° 移动的点对齐约束
	焊接	包含一个坐标系和一个偏距值，以将元件"焊接"在相对于组件的一个固定位置上
	轴承	包含一个点对齐约束，允许沿轨迹旋转
	常规	创建有两个约束的用户定义集
	6DOF	包含一个坐标系和一个偏距值，允许在各个方向上移动
	槽	包含一个点对齐约束，允许沿一条非直轨迹旋转

2. 放置约束

放置约束包含适用于所选集的约束，当新建一个约束时，系统默认约束类型为【自动】，可以通过手动方式更改该设定值（放置约束详见表 10-4）。

3. 偏移类型

当约束类型为【匹配】或【对齐】时，系统有三种偏移类型——偏距、定向和重合，三者的含义及图例见表 10-2（该图文件为\CH10\ASM_1\asm_1.asm，零件文件为 asm_1-1.prt 和 asm_1-2.prt）。

表 10-2　三种偏移类型

按钮及功能说明	图　例		
	装配约束参照	放置约束设置	装配结果
偏距：组件参照和元件参照二者间偏距一定距离	选取这两个平面为参照	☑ 约束已启用　约束类型　[对齐] [反向]　偏移　[偏距] [30]	
		☑ 约束已启用　约束类型　[匹配] [反向]　偏移　[偏距] [30]	
重合：组件参照和元件参照重合		☑ 约束已启用　约束类型　[匹配] [反向]　偏移　[重合]	
		☑ 约束已启用　约束类型　[对齐] [反向]　偏移　[重合]	
角度偏移：组件参照和元件参照成一定夹角	选取这两个平面为参照	☑ 约束已启用　约束类型　[匹配] [反向]　偏移　[角度偏移] [120.0]	
		☑ 约束已启用　约束类型　[对齐] [反向]　偏移　[角度偏移] [30.0]	

（续）

按钮及功能说明	图 例		
	装配约束参照	放置约束设置	装配结果
定向：元件参照位于同一平面上且平行于组件参照	选取这两个平面为参照	☑ 约束已启用 约束类型 对齐　反向 偏移 定向	
		☑ 约束已启用 约束类型 匹配　反向 偏移 定向	

4. 元件放置状态（Status）

放置状态是指零组件（零件或组件）装配关系的确定程度，放置状态有四种：没有约束（No Constraints）、部分约束（Partially Constrained）、完全约束（Fully Constrained）和约束无效（Constraints Invalid）。

1）没有约束：调入文件后没有设置任何装配约束。

2）部分约束：调入文件后设置了若干个装配约束，但零组件的装配关系没有完全确定。

3）完全约束：调入文件后设置了足够装配约束，使零组件的装配关系完全确定。

4）约束无效：当选取的约束参照不当时，系统则显示约束无效，如图 10-7 所示，如首先设置两零件的上表面进行（对齐）Align约束，然后再设置按图所示选取该两平面进行（相切）Tangent 约束，此时系统则会提示约束无效。

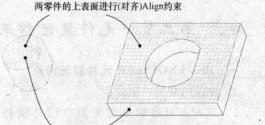

两零件的上表面进行(对齐)Align约束

该两平面进行(相切)Tangent约束

图 10-7　约束无效

5. 控制栏

装配操控板的控制栏有 ▣、▣、⏸、▶、✔ 和 ✖ 按钮，各按钮的功能及图例见表 10-3。

表 10-3　控制栏按钮

按钮	▣	▣	▣ ▣
按钮功能说明	元件在组件窗口中显示（该方式为系统默认方式）	元件在独立窗口中显示	元件同时在组件窗口和独立窗口中显示

（续）

按钮			
图例	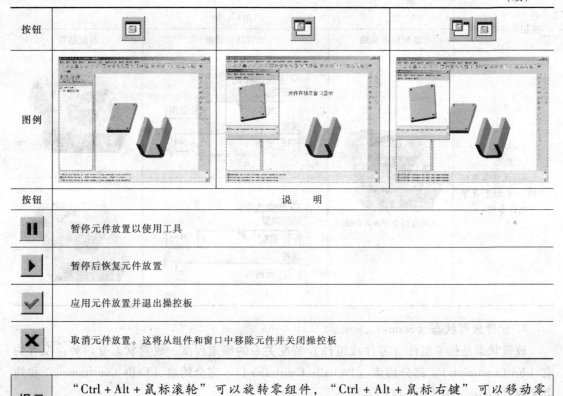		

按钮	说　　明
❚❚	暂停元件放置以使用工具
▶	暂停后恢复元件放置
✔	应用元件放置并退出操控板
✖	取消元件放置。这将从组件和窗口中移除元件并关闭操控板

提示	"Ctrl + Alt + 鼠标滚轮"可以旋转零组件，"Ctrl + Alt + 鼠标右键"可以移动零组件。

第二节　元件装配约束及元件装配的基本流程

一、Pro/ENGINEER 元件装配约束

1. 放置约束的一般原则

1）匹配和对齐约束的参照类型必须相同（平面对平面、旋转对旋转、点对点、轴对轴）。

2）为匹配和对齐约束输入偏距值时，系统显示偏移方向。要选取相反的方向，请输入一个负值或在图形窗口中拖动控制柄。

3）一次添加一个约束。如不能使用一个单一的对齐约束选项将一个零件上两个不同的孔与另一个零件上的两个不同的孔对齐，必须定义两个单独的对齐约束。

4）放置约束集用来完全定义放置和方向。例如，可以将一对曲面约束设定为匹配，另一对约束设定为插入，还有一对约束设定为对齐。

5）旋转曲面是指通过旋转一个截面或者拉伸圆弧/圆而形成的曲面。可在放置约束中使用的曲面仅限于平面、圆柱面、圆锥面、环面和球面。

2. 放置约束类型

在 Pro/ENGINEER 软件中，放置约束类型有匹配（Mate）、对齐（Align）、插入（Insert）、坐标系（Coordinate system）、相切（Tangent）、线上点（Point on line）、曲面上的点

（Point on surface）、曲面上的边（Edgeon surface）、固定（Fix）和缺省（Default）等，各约束类型的约束说明、装配定义步骤及图例见表 10-4（该图文件为\CH10\ASM_1\asm_1.asm，零件文件为 asm_1-1.prt 和 asm_1-2.prt），零件中的有关结构说明如图 10-8 所示。

表 10-4　放置约束的类型、说明及图例

约束类型		约束说明	装配定义步骤	图　例	
				选取参照	装配约束定义后
	匹配	两面相匹配，它们的法线方面相反	1）在一个零件上选取匹配的曲面或基准平面 2）在另一个零件上选取对齐曲面或基准平面	装配组件：面1 装配元件：面6 （见图10-8）	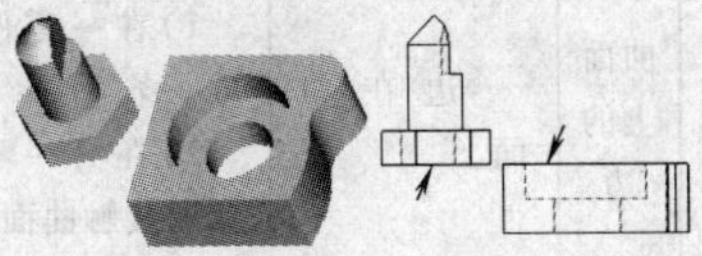
	对齐	两平面、轴、基准面、点、顶点、曲线端点或边对齐	1）在一个零件上选取对齐的曲面、轴、基准平面、点、顶点、曲线端点或边 2）根据步骤1）所选取参照的不同，在另一个零件上选取相应的参照	装配组件：面1 装配元件：面6 （见图10-8）	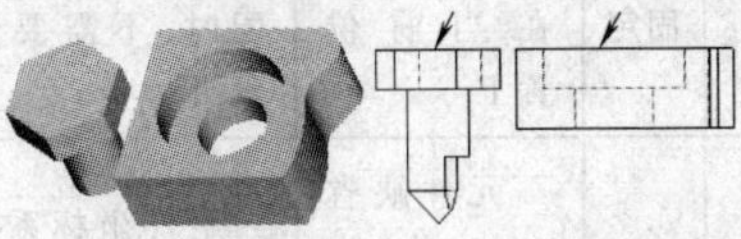 表示点对齐，◎ 表示轴对齐 表示面对齐
	插入	两旋转曲面的轴线同轴	1）选取要插入到一个零件的旋转曲面 2）选取要插入到另一零件的旋转曲面	装配组件：面2 装配元件：面7 （见图10-8）	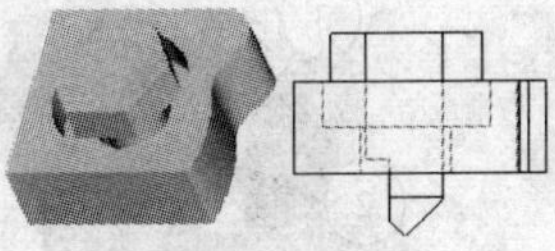
	坐标系	元件的坐标系与组件的坐标系对齐	1）选取模型的坐标系 2）从另一个模型选取坐标系	装配组件：坐标系 装配元件：坐标系（见图10-8）	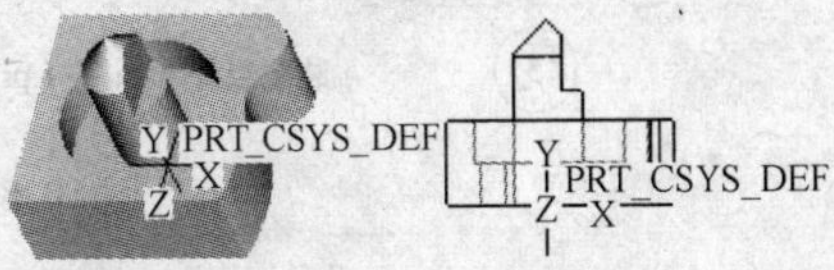
	相切	两曲面相切	1）在一个零件上选取相切的曲面或基准平面 2）在另一零件上选取相切曲面	装配组件：面1 装配元件：面7 （见图10-8）	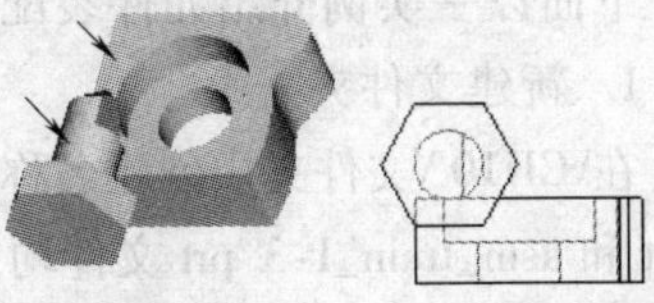
	线上点	点或顶点在边、轴或基准曲线上	1）在一个零件上选取一点或顶点 2）在另一零件上选择一接触边、轴或基准曲线	装配组件：边5 装配元件：点8 （见图10-8）	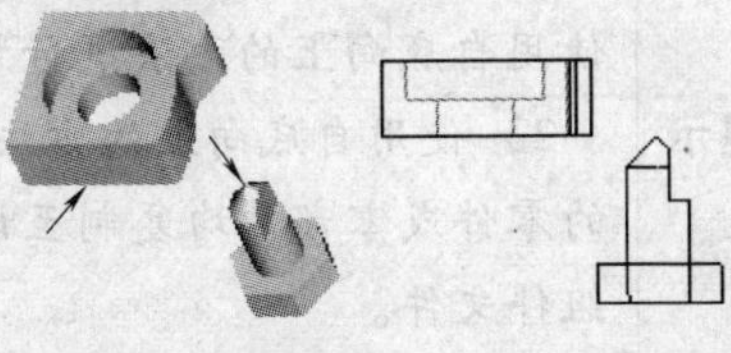

（续）

约束类型		约束说明	装配定义步骤	图　例	
				选取参照	装配约束定义后
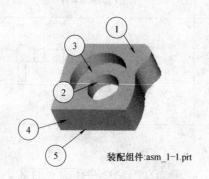	曲面上的点	点或顶点在曲面上	1）在一个零件上选取一个点或顶点 2）在另一零件上选取接触曲面	装配组件：面 3 装配元件：点 8 （见图 10-8）	
	曲面上的边	边在曲面上	1）在一零件上选取一条边 2）在另一零件上选取接触曲面	装配组件：面 4 装配元件：边 9 （见图 10-8）	
	固定	元件固定在当前位置上	用该约束进行装配时，不需要选取参照		
	缺省	元件缺省坐标系与组件缺省坐标系对齐	组件坐标系与元件坐标系对齐，此时不需用户选取参照		

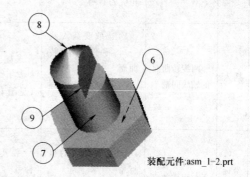

装配组件：asm_1-1.prt　　　　　　　　　装配元件：asm_1-2.prt

图 10-8　放置约束图例的组件及元件

二、元件装配的基本流程

下面以一实例介绍元件装配的基本流程。

1. 新建文件夹

在\CH10\文件夹中创建名称为 asm_train_1 的文件夹，把 asm_train_1-1. prt、asm_train_1-2. prt 和 asm_train_1-3. prt 文件均复制至该文件夹中，并将该文件夹设置为工作目录。

提示	1）对于组件设计，通常有自底向上和自顶向下两种方法。对于模具来说，一般使用自底向上的方法进行装配。 2）使用自底向上的方法进行组件装配时，首先创建一个文件夹，把与组件相关的零件或零部件均复制至该文件夹中，并把该文件夹设置为工作目录，然后再新建组件文件。

2. 新建组件文件

在〖文件〗工具栏中单击 按钮，或在主菜单中依次单击『文件』→『新建』选项，或按快捷键 "Ctrl + N"，在【新建】对话框中，【类型】为组件，【子类型】为设计，输入组件文件名称 asm_train_1（见图 10-9a）。如果使用缺省模板，则系统直接进入零件装配状态，自动生成 ASM_FRONT、ASM_RIGHT 和 ASM_TOP 三个基准平面和 ASM_DEF_CSYS 坐标系；如果不使用缺省模板，在【新建】对话框中单击 确定 按钮，则弹出图 10-9b 所示对话框，系统提供了包括空模板在内的 17 种模板类型，由用户选择组件类型，当前缺省的模板类型是 inlbs_asm_design，这里不使用缺省模板，选用 mmns_asm_design 模板，然后单击 确定 按钮。

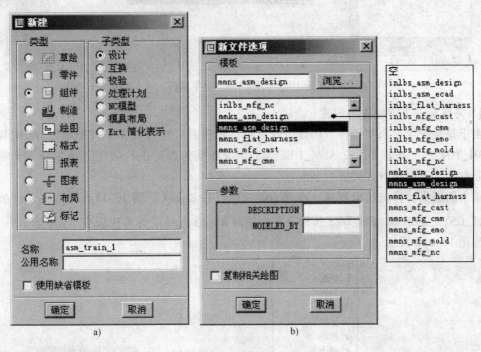

a)　　　　　　　　　　　　　b)

图 10-9　新建组件文件

提示	新建组件文件时，系统以哪种类型模板为组件缺省模板，可以通过参数进行设置，具体方法是：在 config. pro 文件中，将参数 "template_designasm" 设置为 "D：\Program Files \ProeWildfire 3.0 \templates \mmns_asm_design. asm"，则新建组件文件的模板就是 mmns_asm_design. asm 了（假设 Pro/ENGINEER Wildfire3.0 软件的安装目录是 D：\Program Files \ProeWildfire 3.0）。

3. 添加第一个零组件

在右工具箱〖工程特征〗工具栏中单击 按钮或在主菜单中依次单击『插入』→『元件』→『装配』选项，选择欲装配的零件或组件（通常称为零组件），这里单击 asm_train_1-1. prt 文件，单击 打开 (0) 按钮，零组件则默认显示在主窗口中，如图 10-10 所示，同时弹出元件放置操控板。

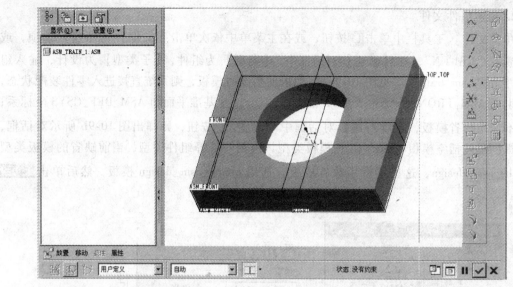

图 10-10　添加第一个零组件

4. 完成第一个零组件的放置

由于是装配第一个零组件，因此，选取组件项目时只能选取 ASM_FRONT、ASM_RIGHT 和 ASM_TOP 三个基准平面或 ASM_DEF_CSYS 坐标系为参照进行装配。装配第一个零组件时，通常是用系统缺省方式进行装配。

单击约束集，弹出约束列表，在列表中选取【缺省】（见图 10-11a），即将元件的坐标系 PRT_CSYS_DEF 和 ASM_DEF_CSYS 坐标系对齐，在元件放置操控板中单击✓按钮，装配结果如图 10-11b 所示。

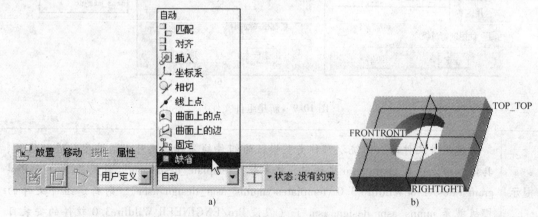

图 10-11　装配完成第一个零组件

5. 添加第二个零组件并完成零组件的放置

在右工具箱〖工程特征〗工具栏中单击按钮或在主菜单中依次单击『插入』→『元件』→『装配』，打开第二个零组件 asm_train_1-2. prt 文件，按下述步骤进行元件装配。

步骤 1：在操控板中单击【放置】选项卡，弹出【放置】上滑面板。

步骤 2（设置第一个约束）：选取如图 10-12a 所示的两个曲面为参照，使用【对齐】约束进行装配，状态栏提示当前装配状态为部分约束。

步骤 3：第一个约束设置完毕后，单击新建约束。

步骤 4（设置第二个约束）：选取如图 10-12b 所示的两条轴线为参照，使用【对齐】约束进行装配，执行允许假设，状态栏提示当前装配状态为完全约束。

步骤 5：装配结果如图 10-12c 所示。

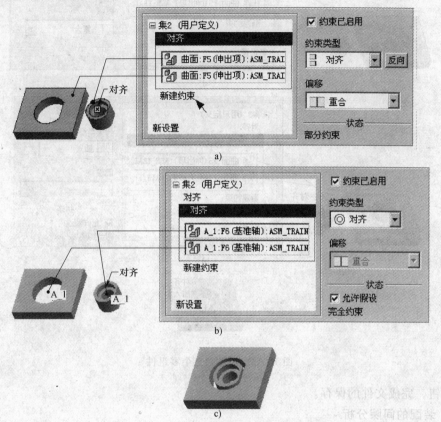

图 10-12　添加第二个零组件

6. 添加第三个零组件并完成放置

在右工具箱〖工程特征〗工具栏中单击 ⁕ 按钮或在主菜单中依次单击『插入』→『元件』→『装配』选项，打开第三个零组件 asm_train_1-3. prt 文件，按下述步骤进行元件装配。

步骤 1：在操控板中单击【放置】选项卡，弹出【放置】上滑面板。

步骤 2（设置第一个约束）：选取如图 10-13a 所示的两个曲面为参照，使用【对齐】约束进行装配，状态栏提示当前装配状态为部分约束。

步骤 3：第一个约束设置完毕后，单击新建约束。

步骤 4（设置第二个约束）：选取如图 10-13b 所示的两个旋转曲面为参照，使用【插入】约束进行装配，执行允许假设，状态栏提示当前装配状态为完全约束。

步骤 5：装配结果如图 10-13c 所示。

如需继续添加零组件，重复上述步骤，直至完成所有零组件的装配。

7. 保存文件

在上工具箱〖文件〗工具栏中单击 ⎙ 按钮或在主菜单中依次单击『文件』→『保存』选项或按快捷键"Ctrl＋S"，系统弹出【保存对象】对话框，按鼠标中键或在对话框中单击

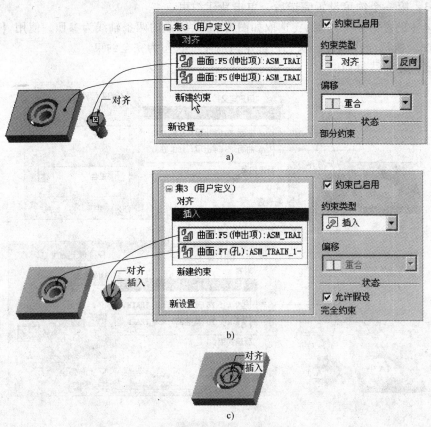

图 10-13　添加第三个零组件

确定 按钮，完成文件的保存。

三、装配的间隙分析

完成零组件的装配后，有必要了解各装配件间是否存在间隙，间隙有多大，各装配件间是否存在着干涉等，这些均可以通过模型分析得到。

在主菜单中依次单击『分析』→『模型』选项，系统弹出模型分析菜单，如图 10-14 所示，Pro/ENGINEER Assembly 提供了九种模型分析类型：质量属性（Mass Properties）、剖截面质量属性（X-Section Mass Properties）、配合间隙（Pairs Clearance）、全局间隙（Global Clearance）、体积干涉（Volume Interference）、全局干涉（Global Interference）、短边（Short Edge）、

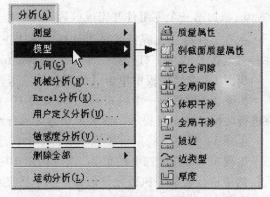

图 10-14　模具分析菜单

边类型（Edge Type）和厚度（Thickness），下面介绍全局间隙分析和干涉分析。

1. 全局间隙分析

步骤 1：在主菜单中依次单击『分析』→『模型』→『全局间隙』选项，系统弹出【全局

间隙】对话框，如图 10-15 所示。

图 10-15 装配模型的全局间隙分析

步骤 2：单击 `∞` 按钮，系统则对上述设置进行分析计算。

步骤 3：在结果区查看系统计算结果。

2. 全局干涉分析

步骤 1：在主菜单中依次单击『分析』→『模型』→『全局干涉』选项，系统弹出【全局干涉】对话框，如图 10-16 所示。

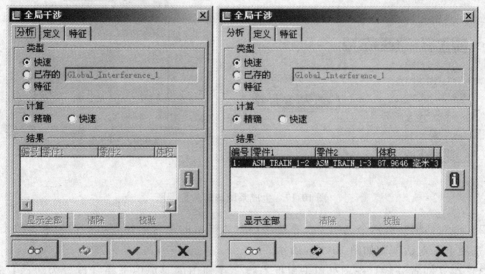

图 10-16 装配模型的全局干涉分析

步骤 2：单击 `∞` 按钮，系统则对上述设置进行分析计算。

步骤 3：在结果区查看系统计算结果。

第三节 组件的分解

通过上述步骤，已完成了所有零组件的装配，同时，对零组件的装配模型进行了有关的分析检查，确认装配模型是正确的。由于装配模型各零件一般是按产品的工作状态进行装配的，因此，装配模型中的许多内部结构并不直观，为了更清楚地表达模型的结构，尤其是表达模型的内部结构，需要对零件进行分解，这就是常说的"分解图"或"爆炸图"。

应注意的是，分解图是一种辅助视图，它应以最大可能地表达出组件中各子组件（零件）的装配关系为原则，因此，分解图一般选择以轴测图进行表达，即系统默认的立体视角来表达。

创建组件的分解图，一般有如下两种方法：系统自动生成的分解图和用户自定义的分解图。

一、系统自动生成的分解图

系统自动生成的分解图是指按系统默认的方式创建组件的分解图，具体方法为：

1）在主菜单中依次单击『视图』→『分解』→『分解视图』选项（见图 10-17a）或在上工具箱『视图』工具栏中单击 📷 按钮，系统弹出【视图管理器】对话框。

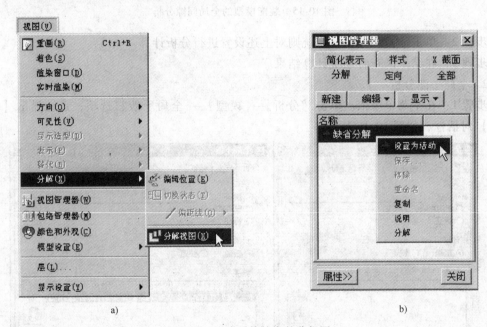

图 10-17　生成系统缺省的分解图

2）该对话框共有六个选项卡，系统当前默认显示的是【简化表示】选项卡，单击【分解】选项卡，对话框则如图 10-17b 所示。

3）在【缺省分解】选项处单击鼠标右键，在弹出的菜单中选择【设置为活动】选项，则激活系统缺省的分解图，缺省的分解图是系统根据元件间的装配约束关系由系统自动生成的。

对于简单的装配组件，系统缺省的分解图一般就能表达出组件中各子组件（零件）的装配关系；对于较为复杂的装配组件，若系统缺省的分解图对组件中各子组件（零件）的装配关系表达得不够清楚或分解图还满足不了用户的需要，此时就需要由用户来创建分解图了。

二、用户自定义的分解图

对于比较复杂的装配组件，往往需要用户自行定义来创建分解图，对分解图进行自定义的内容主要是对零件的位置进行编辑或创建偏距线，具体方法为：

（1）按图 10-17 所述方法生成系统缺省的分解图，用户可在此基础上对分解图进行编辑定义。

（2）零件位置的编辑

1）在主菜单中依次单击『视图』→『分解』→『编辑位置』选项（见图 10-18a），系统弹

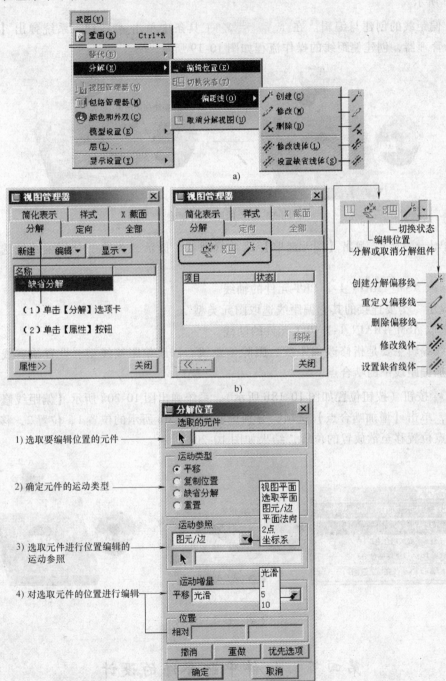

图 10-18　用户自定义爆炸图

293

出图 10-18c 所示【分解位置】对话框，或在上工具箱〖视图〗工具栏中单击 █ 按钮，系统弹出【视图管理器】对话框，单击【分解】选项卡，再单击 **属性>>** 按钮，█ 🐾 █ ✒ 工具条中各按钮的含义如图 10-18b 所示。

2）在 █ 🐾 █ ✒ 工具条中单击 🐾 按钮，系统弹出的对话框和编辑位置的操作流程如图 10-18c 所示。

（3）偏距线的创建与编辑。在 █ 🐾 █ ✒ 工具条中单击 ✒ 按钮，系统弹出【图元选取】菜单管理器，创建偏距线的操作流程如图 10-19 所示。

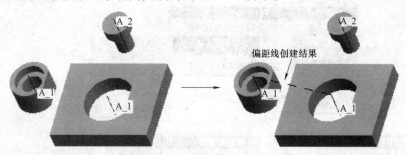

图 10-19　偏距线的创建

1）单击 ✒ 按钮，弹出【图元选取】菜单管理器，提示"为第一分解偏距线选取图元类型"。

2）选取 ASM_TRAIN_1-2. PRT 元件的轴线。

3）提示"为要连接的其它偏距线选取图元类型"。

4）选取 ASM_TRAIN_1-1. PRT 元件的轴线。

偏距线编辑主要是指修改偏距线、删除偏距线、修改偏距线线型、设置缺省线型等操作，如增加偏距线中的啮合点。

单击 ✒ 按钮（按钮位置如图 10-18b 所示），系统弹出图 10-20a 所示【偏距线修改】菜单管理器，单击【增加啮合点】选项，分别选取图 10-20b 所示的位置 1、位置 2，移动鼠标将这啮合点位置移至欲放置的位置，结果如图 10-20c 所示。

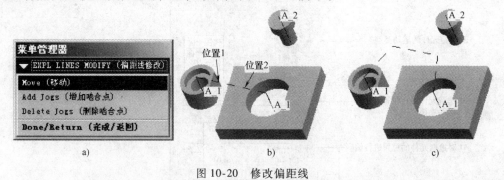

图 10-20　修改偏距线

第四节　组件中配合件的设计

在传统装配设计中，一般首先完成所有零件的建模，然后调入已设计好的各个零件，通过对各个零件间添加适当的装配约束，完成组件的装配设计，这便是自底向上（Bottom-Up）的装配设计方法。自底向上的装配设计方法在构建产品模型时，是从零件设计开始的，装配时只表达了零件的几何模型和零件间的装配约束关系，往往不能充分考虑零件间或零件与部件间的装配关系（这种装配关系可能存在于两个零件间，也可能存在于多个零件间，甚至存在于整个产品中），没有建立完整的描述装配结构信息的模型，从而无法对产品的装配关系进行有效统一的管理，在装配阶段和产品开发后期容易造成因设计不合理、零件间不匹配，从而需要进行大量的修改，甚至需要进行重新设计。这种通过零件造型和装配两个独立过程完成产品建模的方法具有以下局限性：①特征造型是面向零件级的几何描述，缺乏零件间连接的相关性。②过早进行零件的描述造成了零件间关系的不一致性、过分约束和零件冗余。③不易发挥设计者的创造性，个别零件的模型约束了整个设计方案的创新。

针对自底向上装配建模方法的缺点和不足提出了自顶向下（Top-Down）的装配建模方法：先建立装配体中各零件间的装配连接关系，在此基础上再进行零件设计和建立零件模型。这一方法能够比较方便地建立零件间的几何关系，是一种面向产品设计的造型方法，大大提高了产品建模能力。对于自顶向下的设计方法，设计是从产品功能要求出发，选用一系列的零件去实现产品的功能，首先设计出初步方案及其装配结构草图，建立约束驱动的产品模型，通过设计计算，确定每个设计参数；然后进行零件的详细设计，通过几何约束求解将零件装配成产品，并对设计方案分析之后，返回修改不满意之处，直到得到满足功能要求的产品。自顶向下设计方法在零件设计的初期就考虑零件与零件之间的约束和定位关系，在完成产品的整体设计之后，再实现单个零件的详细设计。自顶向下设计方法能充分利用计算机的优良性能，最大限度地发挥设计人员的设计潜力，最大限度地减少设计实施阶段不必要的重复工作，使企业的人力、物力等资源得到充分的利用，大大地提高了设计效率，减少了新产品的设计研究时间。

在 Pro/ENGINEER 中，主要通过以下两种方式进行自顶向下的设计。

（1）骨架模型　骨架模型捕捉并定义设计意图和产品结构。骨架可以使设计者将必要的设计信息从一个子系统或组件传递至另一个。这些必要的设计信息是几何的主定义，或是在其它地方定义的设计中的复制几何。对骨架所做的任何更改也会更改其元件。

（2）布局模型　布局是一个非参数化 2D 草绘，可用作工程记事本，用于以概念方式记录和注释零件和组件；其可在开发实体模型时在中心位置保留设计意图，可在设计过程开始时创建一个草绘，或将组件或零件的绘图输入到布局模式中。

在组件中进行配合件的设计是产品自顶向下设计中一项非常重要的工作，Pro/ENGINEER 进行配合件设计的方法主要有如下几种：①在组件中直接创建新零件或修改已有零件。②零组件的复制。③以合并（Merge）与切除（Cut Out）设计配合件。④组件特征的应用。⑤以引导零件（Map Part）设计配合件。

如：欲在本章第二节中已完成装配的组件 asm_train_1.asm 中增加一个 $\phi6$ 通孔特征（见图 10-21），下面用组件特征在配合件中的应用、切除命令在配合件设计中的应用等方式创建该通孔。

一、组件特征在配合件设计中的应用

图 10-22 所示为 Pro/ENGINEER 软件装配功能模块中

图 10-21　组件环境中的配件设计

【基础特征】（Base Features）和【工程特征】（Engineering Features）两类组件特征按钮，其中，【工程特征】包括：孔、壳体、筋板、拔模、圆角、倒角等；【基础特征】包括：拉伸、旋转、可变剖面扫描、边界混合等，设计者可以在装配功能模块用这些命令在已完成装配的组件中增加有关特征。对于图10-21所示的孔结构，既可以用【工程特征】中的孔特征来创建，也可以用【基础特征】中的拉伸特征进行创建，这里用拉伸特征的方式来创建。

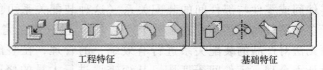

工程特征　　　　基础特征

图 10-22　组件特征

1）打开\CH10\asm_train_1\asm_train_1.asm 文件，如图 10-23a 所示。

2）在〖基础特征〗工具栏中单击 按钮。

3）分别选取图 10-23b 所示平面为草绘平面和参考平面。

4）选取图 10-23c 所示图元为截面标注参照。

5）绘制图 10-23c 所示截面。

6）拉伸特征深度定义方式为 。

7）创建结果如图 10-23d 所示。

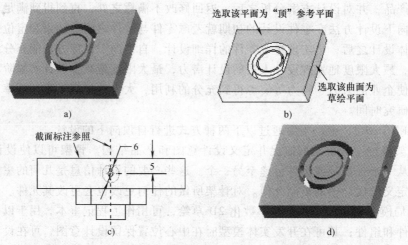

图 10-23　组件特征在配合件设计中的应用

 该实例中，如何使用孔特征来创建孔结构，请读者自行实践。

二、切除命令在配合件设计中的应用

在上述实例中，用切除（Cut Out）命令创建孔结构的思路是：欲创建 $\phi6$ 通孔，首先建立一个元件，该元件为一个 $\phi6$ 的轴，然后用装配组件与该元件进行切除，则生成了孔结构。

（1）打开\CH10\asm_train_1\asm_train_1.asm 文件。

（2）创建 $\phi6$ 轴元件。

1）在〖工程特征〗工具栏中单击 ![] 按钮，弹出图 10-24a 所示【元件创建】对话框，类型和子类型分别选择【零件】和【实体】，输入元件名称为 hole，按鼠标中键或单击 确定 按钮。

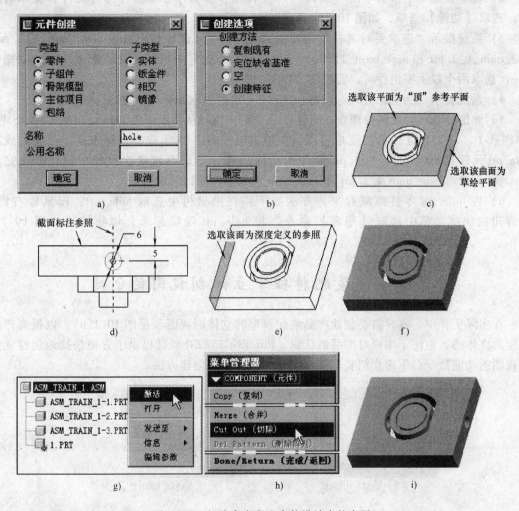

图 10-24　切除命令在配合件设计中的应用

2）在【创建选项】对话框选择【创建特征】（见图 10-24b），按鼠标中键或单击 确定 按钮。

3）在〖基础特征〗工具栏中单击 ![] 按钮。

4）分别选取图 10-24c 所示平面为草绘平面和参考平面。

5）选取图 10-24d 所示图元为截面标注参照。

6）绘制图 10-24d 所示截面。

7）拉伸特征深度定义方式为 ![]，选取图 10-24e 所示 asm_train_1_1.prt 元件的左侧面为深度定义参照。

8）创建结果如图 10-24f 所示。

（3）进行零件的切除操作

1）当前文件为 hole.prt 文件，欲对 asm_train_1.asm 进行切除操作，需激活 asm_train_1.asm，具体方法如下：在模型树中选取 asm_train_1.asm，按鼠标右键，在弹出的快捷菜单中选取【激活】选项，如图 10-24g 所示。

2）在下拉菜单中依次单击『编辑』→『元件操作』选项，系统弹出【元件】菜单管理器，选取【切除】选项，如图 10-24h 所示。

3）系统提示"选取要对其执行切出处理的零件"，这里我们选取 asm_train_1_1.prt、asm_train_1_2.prt 和 asm_train_1_3.prt 三个零件，按鼠标中键确认并结束刚才的选取操作（一次选取两个以上零组件时，需按住"Ctrl"键）。

4）系统提示"为切出处理选取参照零件"，这里选取 hole.prt，按鼠标中键确认。

5）弹出【选项】菜单管理器，同时提示"正在执行从参照零件 hole 切出至零件 ASM_TRAIN_1-1 ..."，在【选项】菜单管理器中单击【完成】选项或按鼠标中键，系统完成了 hole.prt 元件对 asm_train_1_1.prt 零件的切除操作，然后再按两次鼠标中键，依次完成 hole.prt 元件对 asm_train_1_2.prt 和 asm_train_1_3.prt 零件的切除操作。

6）将 hole.prt 零件隐藏起来，方法如下：在模型树中选取 hole.prt，按鼠标右键，在弹出的快捷菜单中选取【隐藏】命令，将 hole.prt 隐藏起来，切除结果如图 10-24i 所示。

第五节　装配特征中立体剖视图的创建

在实际工作中，有时需要创建产品装配模型的立体剖视图（见图 10-25b），以提高产品装配的立体感，也便于用户对产品的认识，Pro/ENGINEER 软件提供了方便快捷地创建立体剖视图的功能命令。下面介绍装配特征中立体剖视图的创建方法。

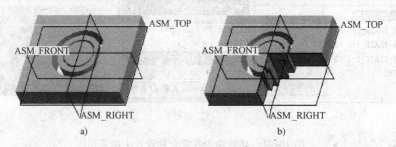

图 10-25　装配特征中立体剖面图图例

步骤 1：在主菜单中依次单击『视图』→『视图管理器』选项或在上工具箱『视图』工具栏中单击 按钮，系统弹出【视图管理器】对话框，单击对话框中【X 截面】选项卡，对话框如图 10-26a 所示，此时系统中无任何截面。

步骤 2：单击 新建 按钮，对话框如图 10-26b 所示，用户可以对截面的名称进行更改，这里不更改截面名称，直接按鼠标中键，接受截面的默认名称 Xsec0001，系统弹出如图 10-26c 所示对话框，在对话框中单击如图 10-26d 所示【区域】选项，系统弹出如图 10-26e 所示【Xsec0001】对话框。

步骤 3：按图 10-26f 所示步骤进行区域参照的定义，定义结束后，其结果如图 10-26g 所示。

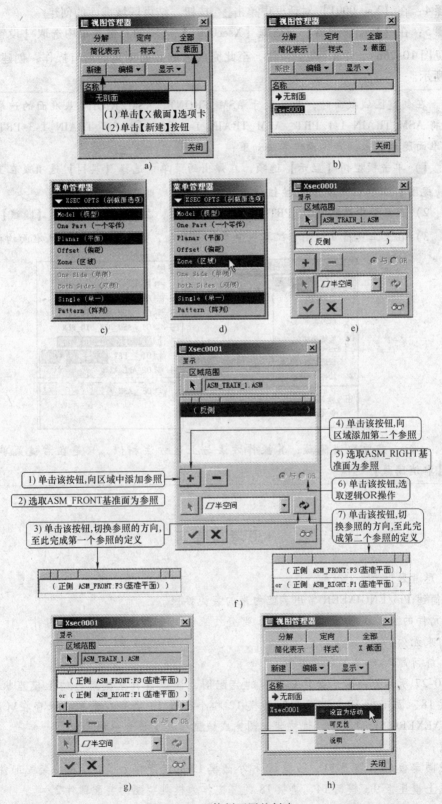

图 10-26 立体剖面图的创建

步骤4：在【Xsec0001】对话框中单击 ✓ 按钮，结束区域截面的创建。

步骤5：在【视图管理器】对话框【Xsec0001】选项的右键菜单中选取【设置为活动】选项（见图10-26h），单击 关闭 按钮，至此完成区域截面创建的所有操作，创建结果如图10-25b所示。

提示	在创建区域截面时，为了便于 ASM_FRONT、ASM_RIGHT 基准面的选取，最好将 ASM_TRAIN_1-1. PRT、ASM_TRAIN_1-2. PRT 和 ASM_TRAIN_1-3. PRT 中的基准面隐藏起来，具体操作方法如下： 1）单击模型树【显示】选项，在弹出的菜单中选择【层树】选项或在上工具箱【视图】工具栏中单击 按钮，在原模型树区域则显示层树。 2）在层树中选取【01_PRT_ALL_DTM_PLN】，在右键菜单中选择【隐藏】选项。 3）在上工具箱【视图】工具栏中单击 按钮，则各元件的所有基准面均被隐藏。 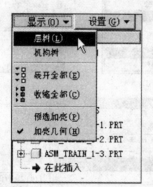 注：若要取消隐藏，其操作方法与上述方法相似，只是在右键菜单中选择【取消隐藏】选项。

思考与练习

一、思考题

1）简述 Pro/ENGINEER 常用装配约束的装配参照。

2）元件的放置状态有：没有约束、部分约束、完全约束和约束无效四种，什么情况下会产生约束无效？

二、练习题

图10-27所示为一副连接片级进模的装配图，该副模具上模部分的上模座板9、模柄14、垫板18、固定板19、侧刃11、凸模12和小凸模13已完成造型并保存在\CH10\AS-SEMBLY\EXERCISE目录中，试按装配图完成该副模具上模部分的装配。

建议：

完成固定板19、侧刃11、凸模12和小凸模13的装配作为模具装配的装配部件1。

完成上模座板9、模柄14、垫板18的装配作为模具装配的装配部件2。

提取装配部件1和装配部件2，完成上模部分的装配。

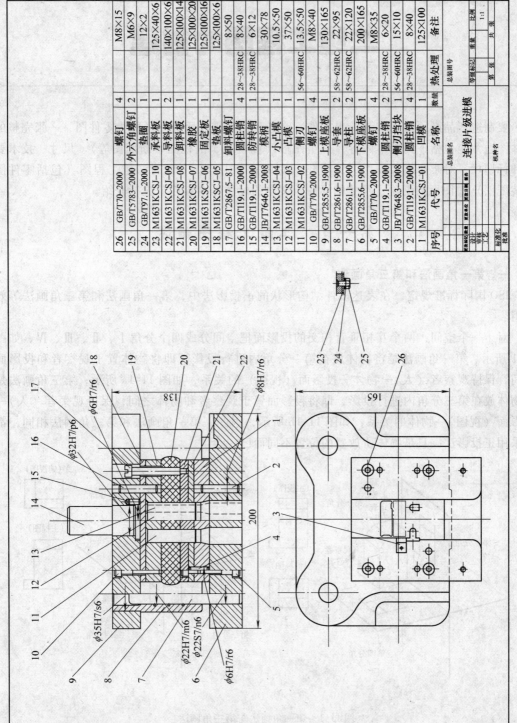

序号	代号	名称	数量	热处理	备注
26	GB/T70—2000	螺钉	4		M8×15
25	GB/T5783—2000	外六角螺钉	2		M6×9
24	GB/T97.1—2000	垫圈	1		12×2
23	M1631KCSJ—10	承料板	1		125×40×6
22	M1631KCSJ—09	导料板	2		140×100×6
21	M1631KCSJ—08	卸料板	1		125×100×14
20	M1631KCSJ—07	橡胶	1		125×100×20
19	M1631KCSJ—06	固定板	1		125×100×16
18	M1631KCSJ—05	垫板	1		125×100×6
17	GB/T2867.5—81	卸料螺钉	4	28~38HRC	8×50
16	GB/T119.1—2000	圆柱销	4	28~38HRC	8×40
15	GB/T119.1—2000	防转销	1		6×12
14	JB/T7646.1—2008	模柄	1		30×78
13	M1631KCSJ—04	小凸模	1	56~60HRC	10.5×50
12	M1631KCSJ—03	凸模	1	56~60HRC	37×50
11	M1631KCSJ—02	侧刃	1	56~60HRC	13.5×50
10	GB/T70—2000	螺钉	4		M8×40
9	GB/T2855.5—1900	上模座板	1		130×165
8	GB/T2861.6—1900	导套	2	58~62HRC	22×95
7	GB/T2861.1—1900	导柱	2	58~62HRC	22×120
6	GB/T2855.6—1900	下模座板	1		200×165
5	GB/T70—2000	螺钉	4		M8×35
4	GB/T119.1—2000	圆柱销	2	28~38HRC	6×20
3	JB/T7648.3—2008	侧刃挡块	1	56~60HRC	15×10
2	GB/T119.1—2000	圆柱销	4	28~38HRC	8×40
1	M1631KCSJ—01	凹模	1		125×100

图 10-27　零件装配练习

$\phi 6H7/r6$
$\phi 32H7/p6$
$\phi 8H7/r6$
$\phi 35H7/s6$
$\phi 22H7/m6$
$\phi 22S7/n6$
$\phi 6H7/r6$

138
200
165

总装图号
总装图名
等级标记　　　　重量　　　比例
　　　　　　　　　　　　　　1:1
第　张　　　共　张
机样名

设计
审核
工艺
标准化
批准

第十一章

二维工程图的创建

要制造产品必须按要求制造出零件，制造和检验零件用的图样称为零件图，一张完整的零件图通常应包括下列基本内容：一组图形（如视图、剖视图、断面图等）、尺寸、技术要求和标题栏；对于产品装配图，还应包括明细表等内容。下面对二维工程图（包括零件图和装配图）中图形的创建、尺寸的标注、文本的标注等内容逐节进行介绍。

第一节 二维工程图概述

一、第一角画法和第三角画法

ISO 国际标准规定，在表达机件结构形状的正投影法中，第一角画法和第三角画法等效使用。

对于一个空间，两个互相垂直相交的投影面把空间分成四个分角Ⅰ、Ⅱ、Ⅲ、Ⅳ，如图 11-1 所示。第一角画法是将物体放在第一分角内进行投影，即将物体置于观察者和投影面之间，保持观察者（人）—物体—投影面（视图）的关系，如图 11-1a 所示；第三角画法是将物体放在第三分角内进行投影，即将投影面置于观察者和物体之间，保持观察者（人）—投影面（视图）—物体的关系，如图 11-1b 所示，因此，第一角画法和第三角画法相同，都是采用正投影法，只是物体所放置的位置不同而已。

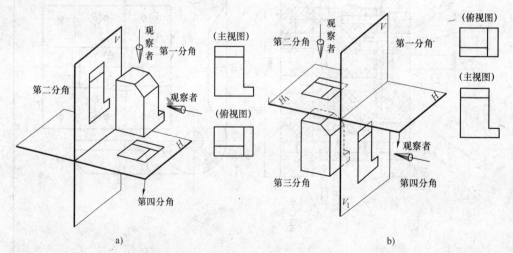

图 11-1 第一角画法与第三角画法

在 Pro/ENGINEER 软件创建二维工程图时，系统提供了两种视图投影类型：第一角画法（First Angle）和第三角画法（Third Angle），系统默认为第三角画法。

提示	通常将第一角画法称为 E 法，将第三角画法称为 A 法，二者分别用下图所示符号表示，图 a 为第一角画法，图 b 为第三角画法。 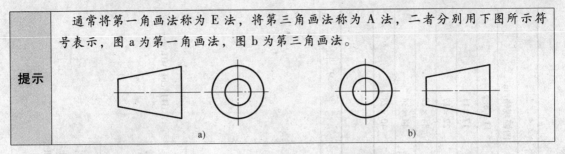 　　　　　　　a)　　　　　　　　　　　　　　　　　　b)

二、模板文件的使用

1. 模板文件的类型

创建二维工程图时，Pro/ENGINEER 指定模板的方式有三种：【使用模板】、【格式为空】和【空】，三者的区别见表 11-1。

表 11-1　Pro/ENGINEER 软件的模板类型

模板 类型	 指定模板 ⊙ 使用模板 ○ 格式为空 ○ 空	 指定模板 ○ 使用模板 ⊙ 格式为空 ○ 空	 指定模板 ○ 使用模板 ○ 格式为空 ⊙ 空
	使用系统缺省模板 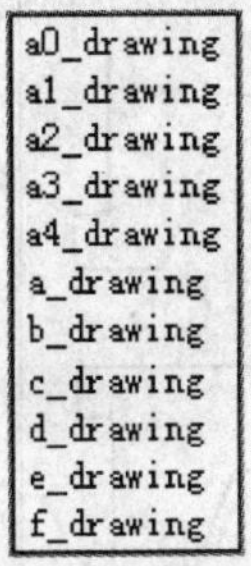	使用带格式的空模板 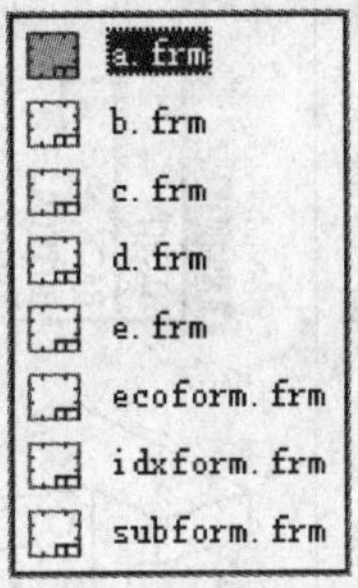	使用空模板 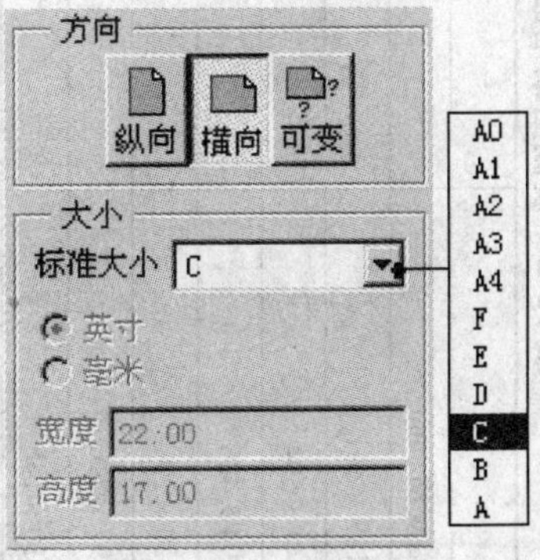
模板 选项	a0_drawing a1_drawing a2_drawing a3_drawing a4_drawing a_drawing b_drawing c_drawing d_drawing e_drawing f_drawing	a.frm b.frm c.frm d.frm e.frm ecoform.frm idxform.frm subform.frm	方向 纵向　横向　可变 大小 标准大小 C ⊙ 英寸 ○ 毫米 宽度 22.00 高度 17.00 A0 A1 A2 A3 A4 F E D C B A
创建 结果	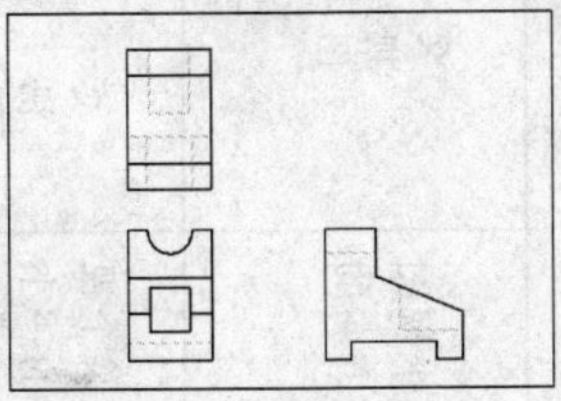	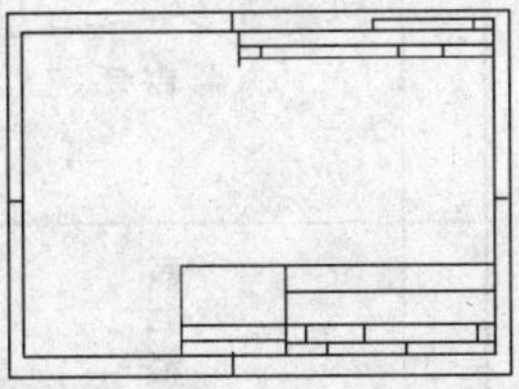	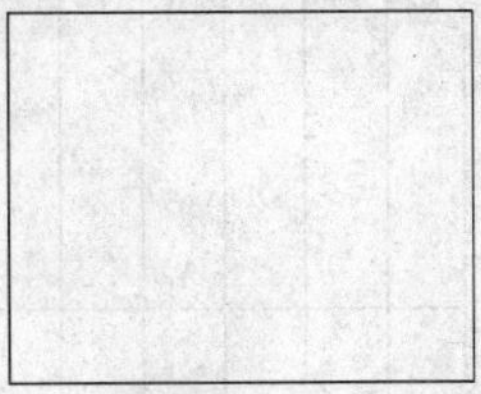

2. 模板文件的幅面

创建二维工程图时，Pro/ENGINEER 常用的图纸幅面有公制和英制两种，公制图幅有A0 ~ A5 六种，英制图幅有 A 至 F 六种，其代号与规格详见表 11-2。

三、Pro/ENGINEER 的视图类型

Pro/ENGINEER 软件的基本视图有：一般视图、投影视图、详细视图、辅助视图、旋转视图五种类型；根据基本视图的不同可见区域有：全视图、半视图、局部视图和破断视图四种类型；根据是否创建剖视图又有：全剖视图、半剖视图和局部剖视图三种类型，各种视图的基本情况见表 11-3。

表 11-2　模板图纸幅面

公制		英制	
图幅代号	图幅规格/mm	图幅代号	图幅规格/in
A0	1189×841	A	11×8.5
A1	841×594	B	17×11
A2	594×420	C	22×17
A3	420×297	D	34×22
A4	297×210	E	44×34
A5	210×148	F	40×28

表 11-3　Pro/ENGINEER 软件的视图类型

视图类型	说明	图例	备注	练习图
基本视图 一般视图 Genera	一般视图通常为置到页面上的第一个视图	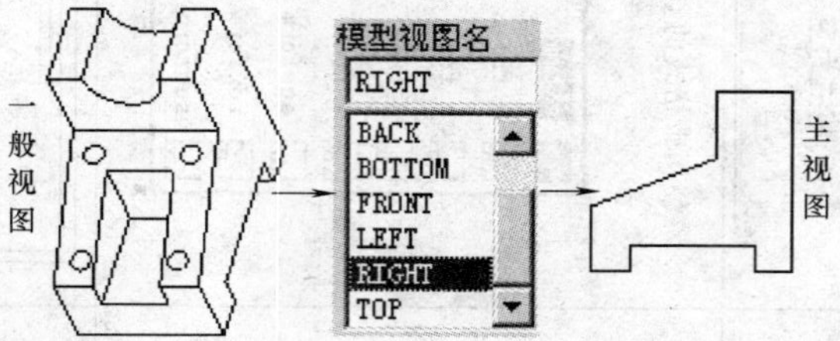	它是最易于变动的视图,因此可根据任何设置位置对其进行缩放或旋转	\CH11\ch11-01.drw
投影视图 Projection	投影视图是另一个视图几何沿水平或垂直方向的正交投影	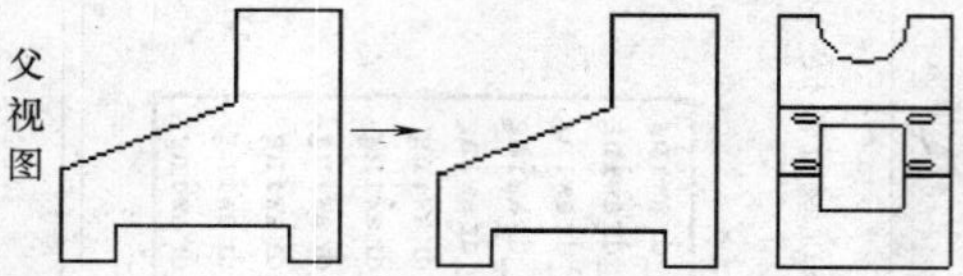	投影视图位于父视图的上方、下方、左侧或右侧	
详细视图 Detail	详细视图是指在某个视图中放大显示其中的一小部分视图,在父视图中显示详细视图的注释和边界	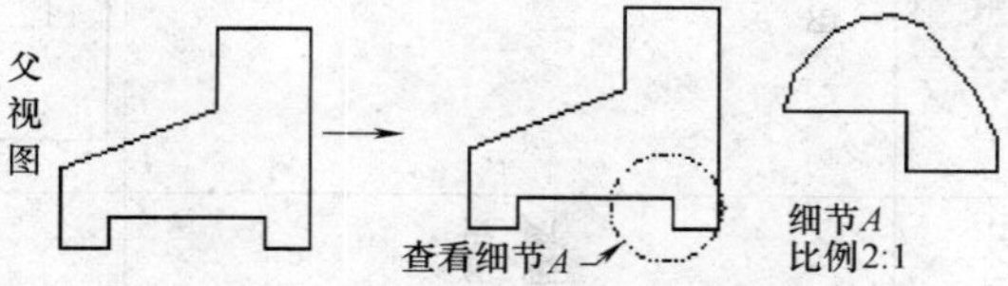	将详细图视图放置在绘图页上后,即可以使用[绘图视图]对话框修改视图,如视图的样条和边界	

（续）

	视图类型	说　明	图　例	备　注	练　习　图
基本视图	辅助视图 Auxiliary	辅助视图是一种投影视图，以垂直角度向选定曲面或轴进行投影。选定曲面的方向确定投影通道。父视图中的参照必须垂直于屏幕平面	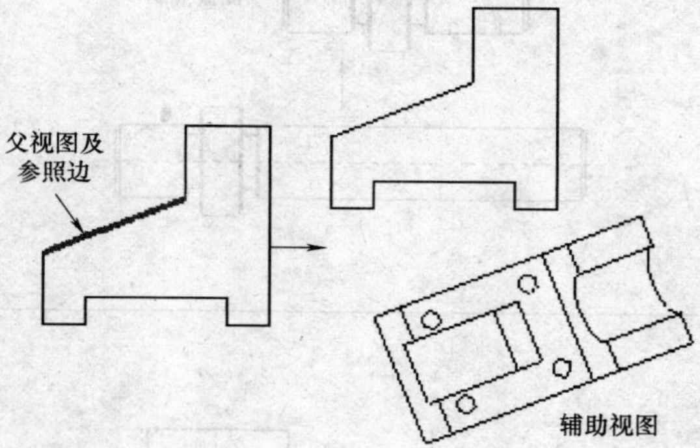父视图及参照边 辅助视图		\CH11\ch11-01. drw
基本视图	旋转视图 Revolved	旋转视图是现有视图的一个剖面，它绕切割平面投影旋转 90°	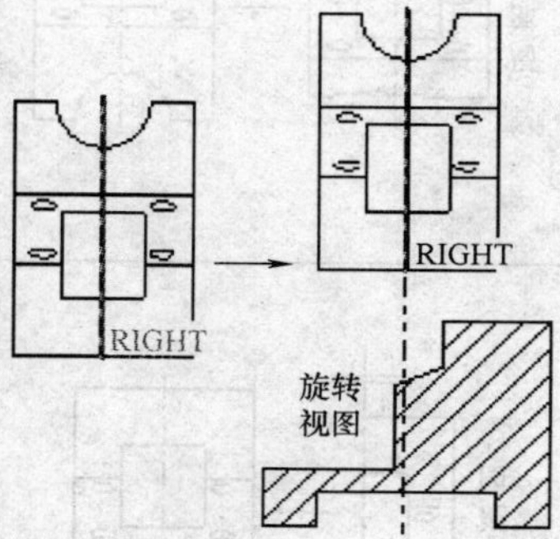RIGHT RIGHT 旋转视图	可将在 3D 模型中创建的剖面用作切割平面，或者在放置视图时即时创建一个剖面。旋转视图和剖视图的不同之处在于它包括一条标记视图旋转轴的线	\CH11\ch11-01. drw
可见区域	全视图 Full view	全视图是完全表达该视图所有图形	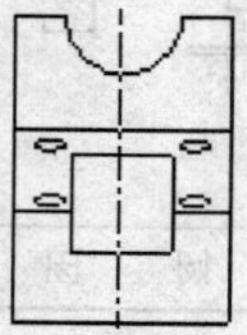		\CH11\ch11-03. drw

（续）

视图类型	说　明	图　例	备　注	练　习　图
半视图 Half view	半视图是只表达该视图的一半图形	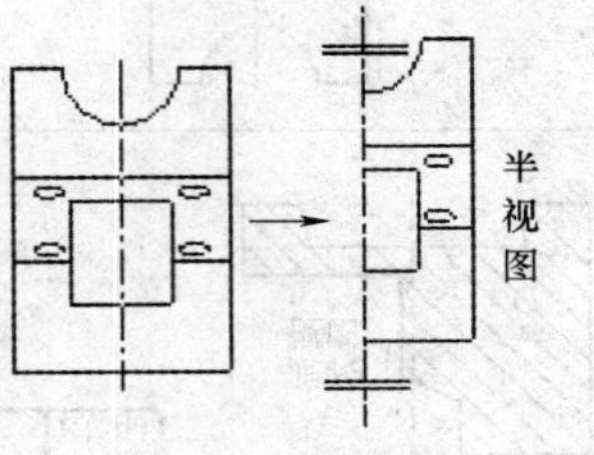 半视图	当视图对称于轴线时,常用半视图进行表达	\CH11\ch11-03. drw
局部视图 Partial view	局部视图显示存在于草绘边界内部的几何	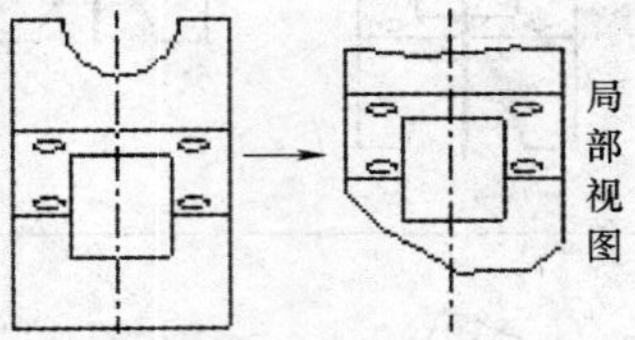 局部视图		
破断视图 Broken view	破断视图移除两选定点或多个选定点间的部分模型,并将剩余的两部分合拢在一个指定距离内	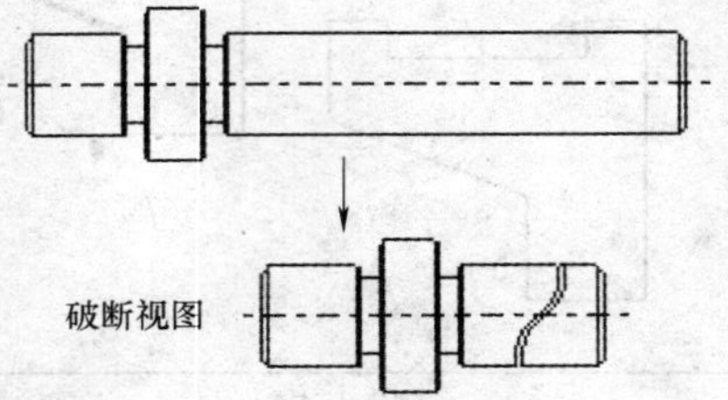 破断视图	可进行水平、垂直,或同时进行水平和垂直破断,并使用破断的各种图形边界样式	\CH11\ch11-0. 2drw

可见区域

（续）

视图类型	说明	图例	备注	练习图
剖视图 全剖视图	用剖切面完全剖开零件所得的剖视图	全剖视图	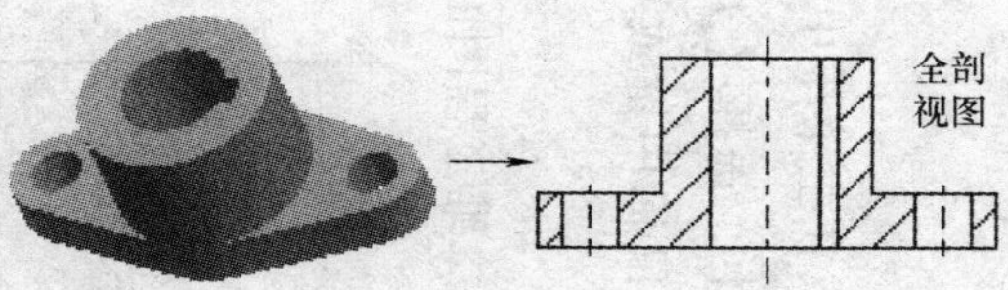 当零件的外形比较简单，而内形较为复杂时，常用全剖视图来表达零件的内部结构	\CH11\ch11-04.drw
剖视图 半剖视图	当零件具有对称平面时，以对称轴线为界，零件一半画成剖视图，另一半画成视图的视图表达方法	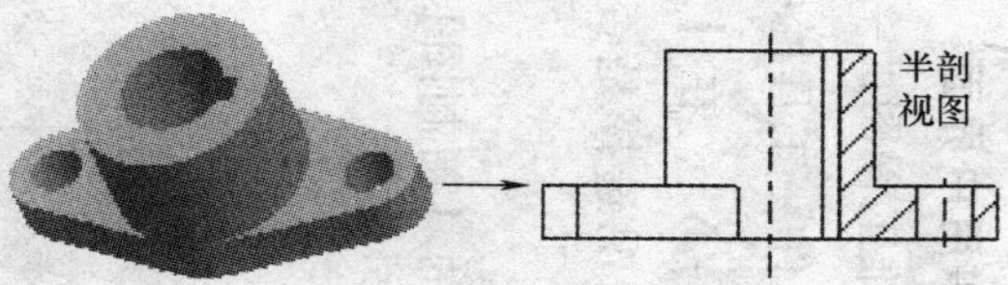 半剖视图	半剖视图主要用于内、外结构均需表达的对称零件	
剖视图 局部剖视图	用剖切面局部地剖开零件所得的剖视图	局部剖视图	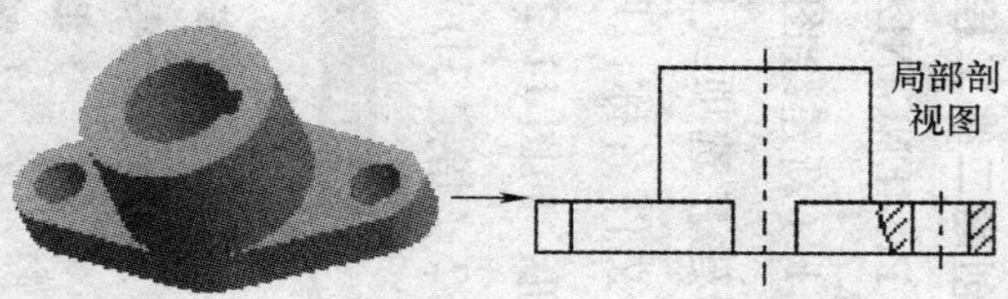 在视图中，草绘样条曲线来表示该局部剖视图将要显示的区域	

提示	在创建剖视图时，系统以"√"表示截面为有效剖面，以"×"表示剖面不平行于屏幕并且不能被放置，因此为无效剖面。

对于上述五种基本视图，除了一般视图可以创建可见区域、剖视图和比例的全部类型视图外，其余四种基本视图并非如此，各种视图的具体情况详见表11-4。

表 11-4　视图类型的组合情况列表

基本视图	可 见 区 域				剖 视 图			比 例	
	全视图	半视图	局部视图	破断视图	剖视图	无剖视图	单个零件曲面	比例	无比例
一般视图	√	√	√	√	√	√	√	√	√
投影视图	√	√	√	√	√	√	√		√
详细视图								√	
辅助视图	√	√	√	√	√	√	√		√
旋转视图									√

注：表中"√"符号表示可以创建该类视图。

四、创建二维工程图的一般步骤和用户界面

应用 Pro/ENGINEER 软件创建二维工程图的一般步骤为：

步骤 1（新建绘图文件）：在〖文件〗工具栏中单击□按钮或在主菜单中依次单击『文件』→『新建』选项或按快捷键"Ctrl + N"，在【新建】对话框中，选择【类型】为绘图，输入绘图文件名称，用户根据实际情况选择是否使用模板，按鼠标中键或单击对话框中 确定 按钮，如图 11-2a 所示。

步骤 2（指定 3D 模型）：在弹出的【新制图】对话框中指定二维工程图的 3D 模型，如

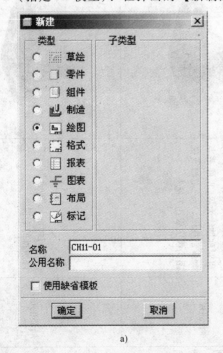

a)

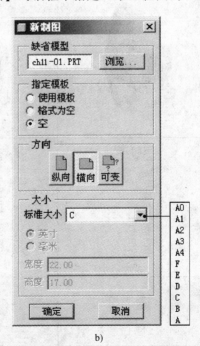

b)

图 11-2　创建二维工程图的一般步骤

果当前已有打开的模型文件，系统将以该文件为缺省模型，若步骤1选择了不使用缺省模板，此时需选取模板类型，如图11-2b所示。

步骤3：创建一般视图和主视图。

步骤4：创建其它视图。

步骤5：编辑视图。

步骤6：标注、编辑尺寸。

步骤7：完成其它非尺寸项目的创建。

步骤8：完成二维工程图的创建并保存文件。

提示	若当前同时打开多个3D模型文件，新建绘图文件时，系统默认以文件状态为"活动的"文件为缺省模型。

五、创建二维工程图模块的主菜单和〖绘制〗工具栏

在创建二维工程图时，其主菜单与PART（实体建模）、ASSEMBLY（装配）等功能模块有所不同，DRAWING（工程图）功能模块的主菜单如图11-3所示。

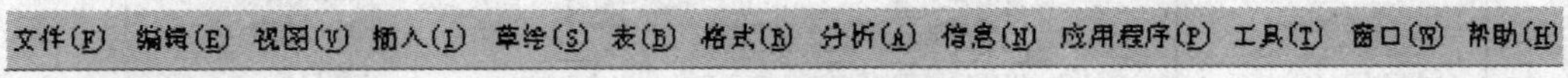

文件(F) 编辑(E) 视图(V) 插入(I) 草绘(S) 表(B) 格式(R) 分析(A) 信息(N) 应用程序(P) 工具(T) 窗口(W) 帮助(H)

图11-3　DRAWING功能模块主菜单

在创建二维工程图的过程中，许多命令或操作均可通过〖绘制〗工具栏来完成，〖绘制〗工具栏如图11-4所示。

图11-4　〖绘制〗工具栏

第二节　视图的创建

一、创建一般视图与主视图

一般视图通常为放置到页面上的第一个视图，它是最易于变动的视图，因此，可根据任何设置对其进行缩放或旋转。通过选取一个视图方向由一般视图创建主视图，然后再由主视图创建其它视图。

提示	一般视图是其它所有视图的基础，它没有父视图，也不依赖于其它视图，创建时以默认的方式进行放置。

创建一般视图和主视图的步骤为（见表 11-5）：

表 11-5　创建一般视图和主视图的操作步骤

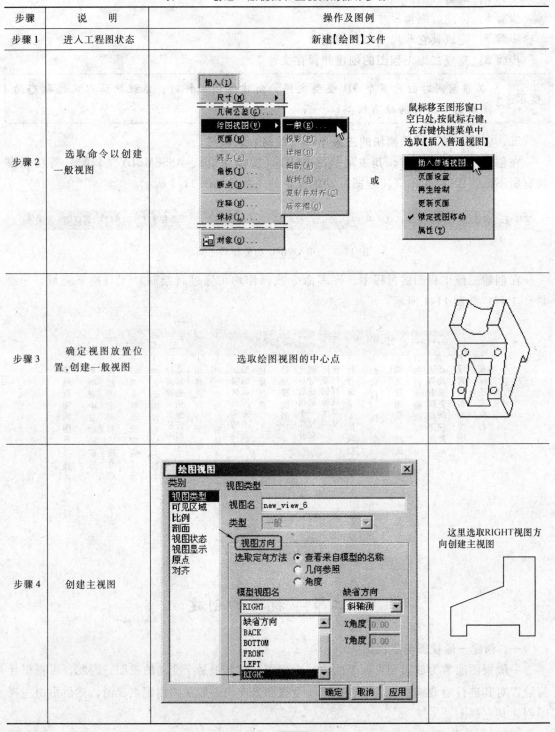

步骤	说　明	操作及图例
步骤 1	进入工程图状态	新建【绘图】文件
步骤 2	选取命令以创建一般视图	鼠标移至图形窗口空白处，按鼠标右键，在右键快捷菜单中选取【插入普通视图】
步骤 3	确定视图放置位置，创建一般视图	选取绘图视图的中心点
步骤 4	创建主视图	这里选取RIGHT视图方向创建主视图

步骤 1（进入工程图状态）：启动 Pro/ENGINEER 软件，新建文件，类型为【绘图】，进入工程图状态，选取要创建二维工程图的 3D 零件。

步骤 2（创建一般视图）：在主菜单中依次单击『插入』→『绘图视图』→『一般』选项或在图形窗口按鼠标右键，在弹出的快捷菜单中选取【插入普通视图】，在图形窗口选取视图的中心点，系统以默认方式创建一般视图，同时弹出【绘图视图】对话框。

步骤 3（创建主视图）：选取视图方向创建主视图。

二、创建投影视图

投影视图是另一个视图几何沿水平或垂直方向的正交投影。投影视图位于父视图上方、下方、左侧或右侧，投影视图不能随意移动，但可随其父视图移动或沿视图投影方向移动，投影视图也不能更改视图比例，其视图比例在创建主视图时已经设定。创建投影视图的步骤一般为（见表 11-6）：

表 11-6　创建投影视图的一般步骤

步骤说明	操作及图例
步骤 1 选取命令	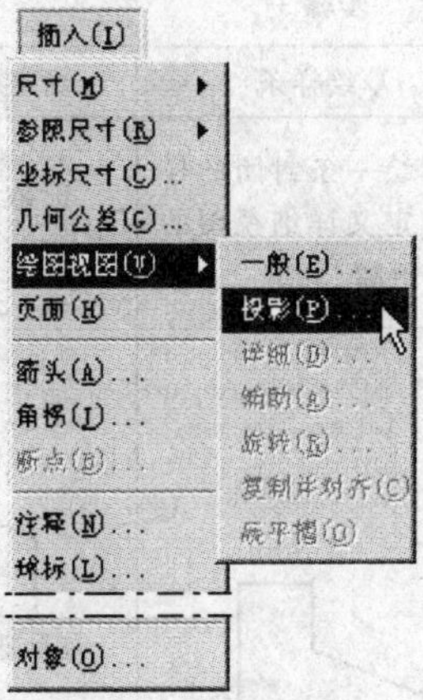 在图形窗口选取一个视图为创建投影视图的父视图，然后按鼠标右键，在右键菜单中选取【插入投影视图】 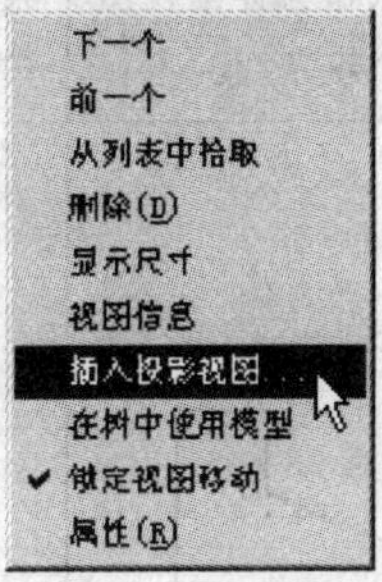 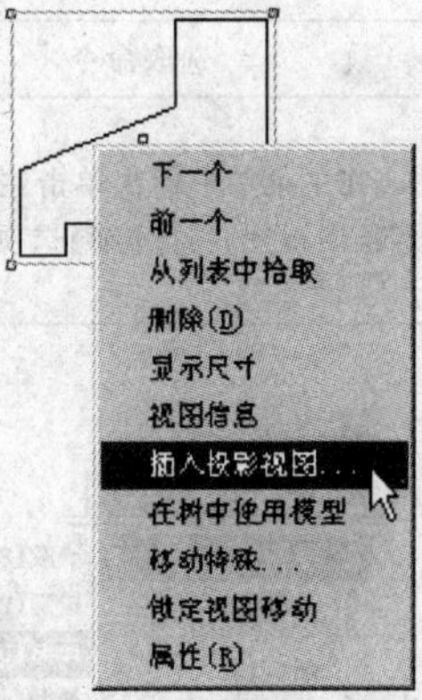
步骤 2 确定视图放置位置	选取绘制视图的中心点 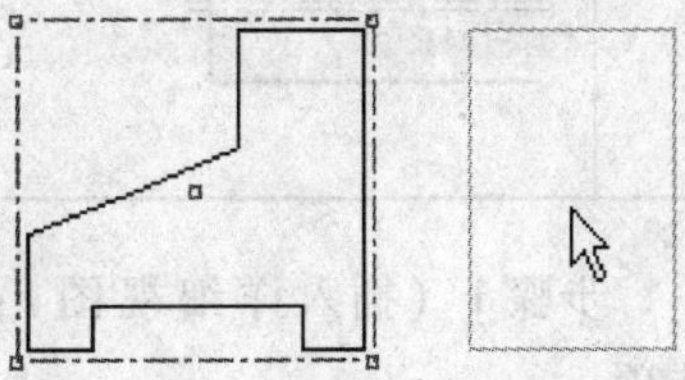
步骤 3 完成视图的创建	完成投影视图的创建 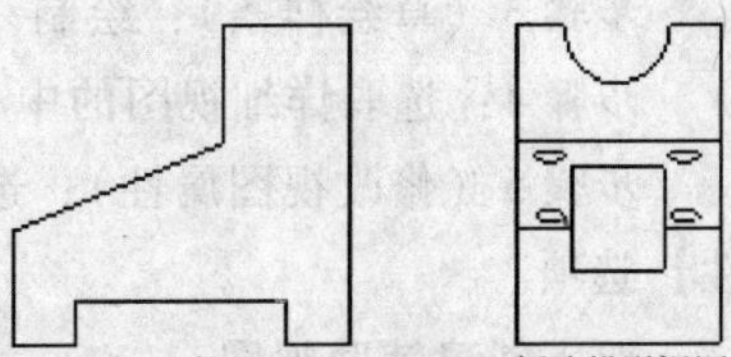　　父视图　　新建投影视图

步骤1（插入投影视图）：在图形窗口选取一个视图为创建投影视图的父视图，在右键快捷菜单中选取【插入投影视图】选项或在主菜单中依次单击『插入』→『绘图视图』→『投影』选项，此时，屏幕显示一个黄色的矩形框，移动鼠标，矩形框也随之移动，鼠标移至父视图的上、下、左、右侧时，则创建不同的投影视图。

步骤2（选取视图的中心点）：根据用户所要创建的投影视图的类型（俯视图、仰视图、左视图、右视图），移动鼠标至父视图的上、下、左或右侧，单击鼠标确定视图的放置位置。

步骤3（修改视图属性）：选取该投影视图并按鼠标右键，在右键菜单中选取【属性】选项。

三、创建详细视图

详细视图是指在某个视图中放大显示其中的一小部分视图，在父视图中显示详细视图的注释和边界。创建详细视图的一般步骤为（见表11-7）：

表 11-7　创建详细视图

步骤	步骤1	步骤2	步骤3	步骤4
说明	选取命令	选取查看中心点	草绘样条	确定视图放置位置
操作	在主菜单中依次单击『插入』→『绘图视图』→『详细』选项	在视图的图元上选取一点作为详细视图的中心点	草绘一条封闭的样条以定义详细视图的外形轮廓	选取详细视图的中心点
图例	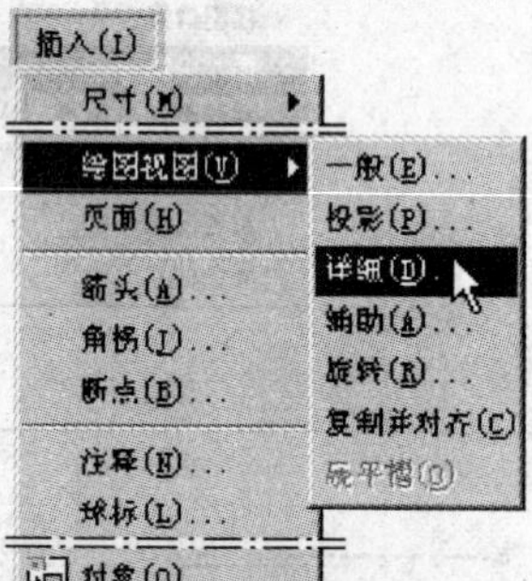	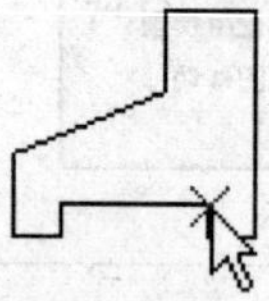	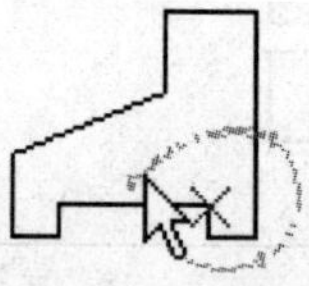	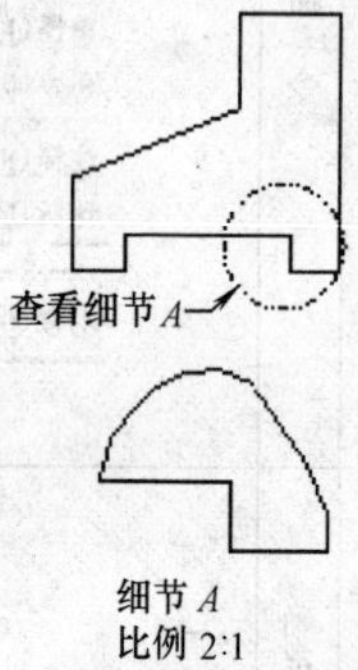

步骤1（插入详细视图）：在主菜单中依次单击『插入』→『绘图视图』→『详细』选项。

步骤2：在已有视图上选取要查看细节、创建详细视图的中心点。

步骤3（草绘样条）：绘制一条样条曲线，来定义详细视图的外形轮廓线。

步骤4：选取详细视图的中心点。

步骤5（修改视图属性）：选取该投影视图并按鼠标右键，在右键快捷菜单中选取【属性】选项。

四、创建辅助视图

辅助视图的创建如下（见表11-8）：

表 11-8　创建辅助视图

步骤	步骤 1	步骤 2	步骤 3	步骤 4
说明	选取命令	选取参照	确定视图放置位置	完成视图的创建
操作	在主菜单中依次单击『插入』→『绘图视图』→『辅助』选项	在父视图上选取穿过前侧曲面的轴或作为基准曲面的前侧曲面的基准平面	选取辅助视图的中心点	完成辅助视图的创建
图例				

步骤 1（插入辅助视图）：在主菜单中依次单击『插入』→『绘图视图』→『辅助』选项。

步骤 2（选取参照）：在父视图上选取穿过前侧曲面的轴或作为基准曲面的前侧曲面的基准平面。

步骤 3（确定视图放置位置）：选取辅助视图的中心点，完成视图的创建。

步骤 4（修改视图属性）：选取该投影视图并按鼠标右键，在右键菜单中选取【属性】。

五、【绘图视图】对话框

【绘图视图】对话框中左侧的【类别】框中包括：【视图类型】、【可见区域选项】、【比例和透视图选项】、【剖面选项】、【组合状态】、【视图显示选项】、【视图原点选项】和【视图对齐选项】八个选项，在创建视图时，视图的名称、方向、比例、剖面等有关选项均通过该对话框进行设置。

【绘图视图】对话框中有关选项的含义及图例见表 11-9。

表 11-9　【绘图视图】对话框的选项

选项	对话框	选项说明
视图类型		设置所创建视图的名称、类型、方向等 【视图名】：输入所创建视图的名称 【类型】：常见的视图类型有：一般视图、投影视图、详细视图、辅助视图、旋转视图、复制并对齐视图和展平摺视图 【视图方向】：设置视图的显示方向 【查看来自模型的名称】：以系统已有的视图方向创建一般视图 【几何参照】：选取有关几何参照来定义一个视图方向 【角度】：可以以法向、垂直、水平和边/轴等四种方式定义视图方向 图例见表 11-10

（续）

选项	对 话 框	选 项 说 明
可见区域	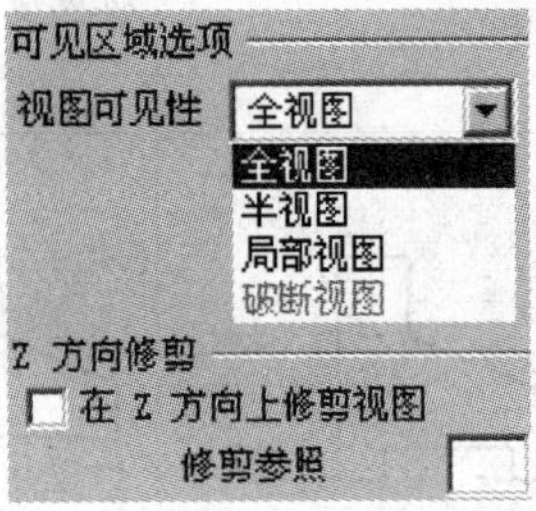 可见区域选项 视图可见性　全视图 　　全视图 　　半视图 　　局部视图 　　破断视图 Z 方向修剪 □ 在 Z 方向上修剪视图 　　修剪参照	设置视图在二维工程图中显示的区域及区域大小 【全视图】：在视图中完整表达模型 【半视图】：从切割平面一侧的视图中，移除其模型的一半 【局部视图】：在视图中只显示封闭边界内模型的几何，而删除封闭边界外模型的几何 【破断视图】：移除两个或多个选定点间的部分模型，将剩余的两部分合拢在一个指定距离内；可进行水平、竖直，或同时进行水平和竖直破断 【Z 方向修剪】：指定平行于屏幕的平面，排除其后面的所有图形。所有在定义的"Z 修剪"之后的几何均不显示，只显示平面所完全包含的几何 图例见表 11-3
比例	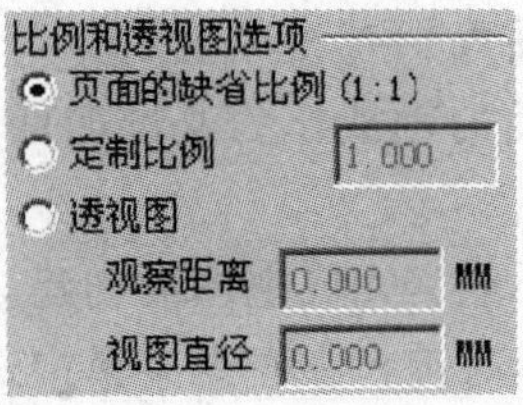 比例和透视图选项 ⊙ 页面的缺省比例 (1:1) ○ 定制比例　　1.000 ○ 透视图 　观察距离　0.000　MM 　视图直径　0.000　MM	设置视图的比例及透视图 【页面的缺省比例】：根据缺省比例值确定绘图视图的大小。如果不设置缺省值，Pro/ENGINEER 会根据页面尺寸大小和模型尺寸确定每一页面的缺省比例。该比例适用于未应用定制比例或透视图的所有视图。绘图页面比例显示在绘图页面的底部 【定制比例】：以用户输入的定制比例值确定视图的大小。修改绘图页面比例时，定制视图不变，因为比例因子是独立的。定制比例出现在每个视图的下方 【透视图】：使用自模型空间的观察距离和纸张单位的组合来确定视图大小。此比例选项仅适用于一般视图
剖面	 剖面选项　　☑ 显示剖面线 ○ 无剖面　　　　完全 ⊙ 2D 截面　　　一半 ○ 3D 截面　　　局部 ○ 单个零件曲面　全部(展开) 　　　　　　　　全部(对齐) ＋ － ╳　模型边可见性 ⊙全部 ○区域 名称 剖切区域 参照 边界 箭头显示 ✓ B 完全	对视图中的剖面相关选项进行设置 图例见表 11-3
视图状态	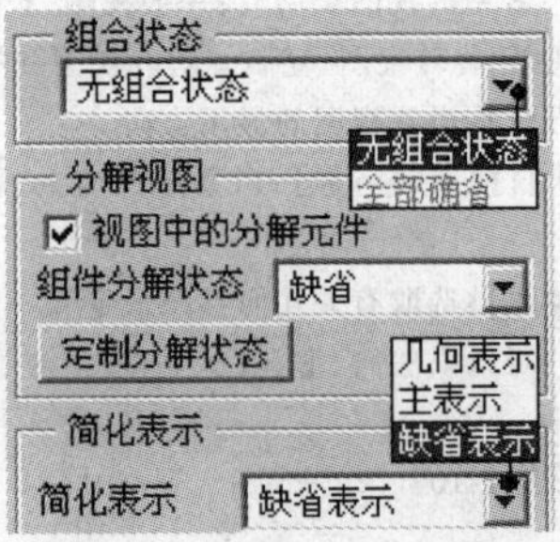 组合状态 无组合状态 　　　　无组合状态 　　　　全部缺省 分解视图 ☑ 视图中的分解元件 组件分解状态　缺省 定制分解状态　几何表示 　　　　　　　主表示 简化表示　　　缺省表示 简化表示　缺省表示	设置组件在视图中的显示状态：装配状态或分解状态

（续）

选项	对　话　框	选项说明
视图显示	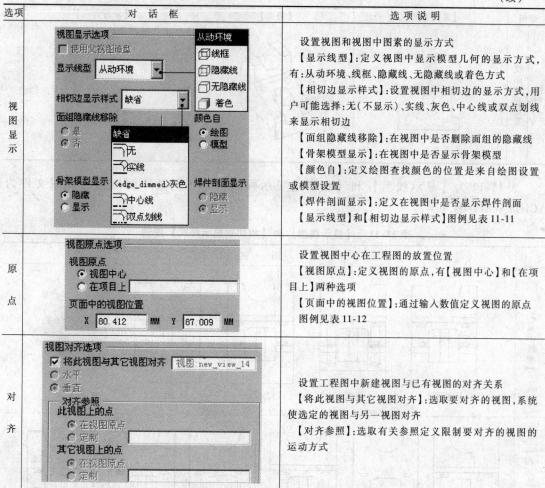	设置视图和视图中图素的显示方式 【显示线型】：定义视图中显示模型几何的显示方式，有：从动环境、线框、隐藏线、无隐藏线或着色方式 【相切边显示样式】：设置视图中相切边的显示方式，用户可能选择：无（不显示）、实线、灰色、中心线或双点划线来显示相切边 【面组隐藏线移除】：在视图中是否删除面组的隐藏线 【骨架模型显示】：在视图中是否显示骨架模型 【颜色自】：定义绘图查找颜色的位置是来自绘图设置或模型设置 【焊件剖面显示】：定义在视图中是否显示焊件剖面 【显示线型】和【相切边显示样式】图例见表11-11
原点	视图原点选项 视图原点 　◉ 视图中心 　○ 在项目上 页面中的视图位置 　X 80.412 MM　Y 87.009 MM	设置视图中心在工程图的放置位置 【视图原点】：定义视图的原点，有【视图中心】和【在项目上】两种选项 【页面中的视图位置】：通过输入数值定义视图的原点 图例见表11-12
对齐	视图对齐选项 ☑ 将此视图与其它视图对齐　视图:new_view_14 　○ 水平 　◉ 垂直 　对齐参照 　此视图上的点 　　◉ 在视图原点 　　○ 定制 　其它视图上的点 　　◉ 在视图原点 　　○ 定制	设置工程图中新建视图与已有视图的对齐关系 【将此视图与其它视图对齐】：选取要对齐的视图，系统使选定的视图与另一视图对齐 【对齐参照】：选取有关参照定义限制要对齐的视图的运动方式

> **提示**　在创建一般视图时可设置比例，而创建投影视图、辅助视图、旋转视图等均不能设置比例。

表11-10为视图方向定义的图例。

表 11-10　视图方向的定义

选项		【几何参照】	【角度】	【缺省方向】
图例	选取参照	选取该表面为"右面"参照 选取该表面为"前面"参照	视图绕该边旋转15°	等轴测 斜轴侧　用户自定义

（续）

选项	【几何参照】	【角度】	【缺省方向】
图例 视图创建结果	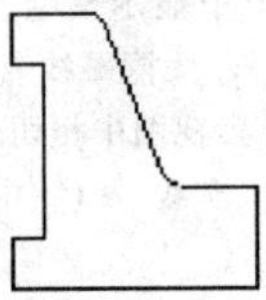	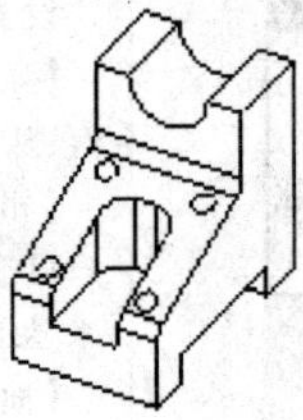	

表 11-11 为【显示线型】和【相切边显示样式】中不同选项的图例（该图文件为 \CH11\ch11-04. drw）。

表 11-11 【显示线型】和【相切边显示样式】图例

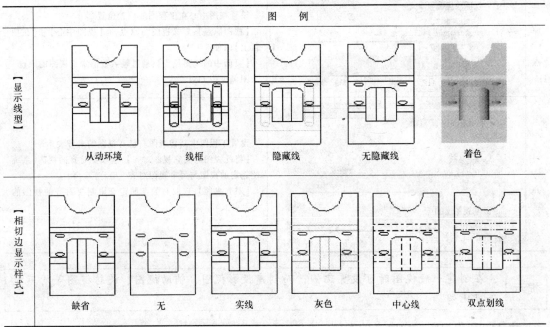

图 例
【显示线型】 从动环境　线框　隐藏线　无隐藏线　着色
【相切边显示样式】 缺省　无　实线　灰色　中心线　双点划线

表 11-12 为视图原点设置选项的说明。

表 11-12 视图原点选项的说明

选 项 说 明	选 项 设 置	图 例
【视图中心】：视图原点在视图的中心位置	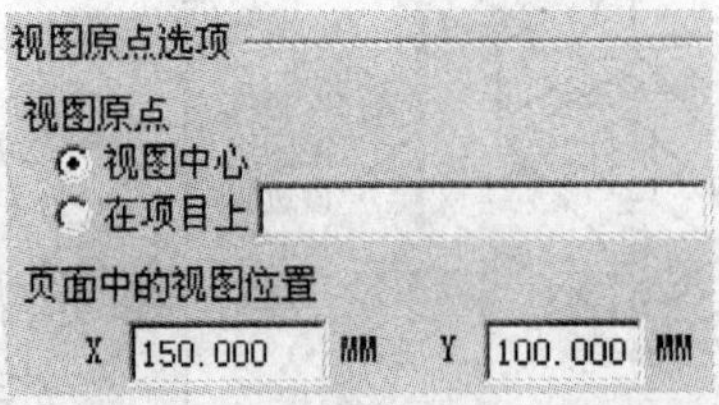 视图原点选项 视图原点 ● 视图中心 ○ 在项目上 页面中的视图位置 X 150.000 MM Y 100.000 MM	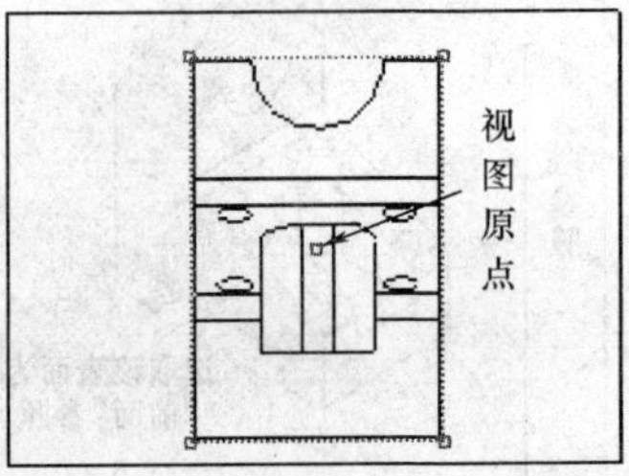 视图原点

（续）

选 项 说 明	选 项 设 置	图 例
【在项目上】：视图原点在所选的参照上	视图原点选项 视图原点 ○ 视图中心 ◉ 在项目上 边：F9(倒圆角) 页面中的视图位置 X 90.000 MM Y 127.487 MM	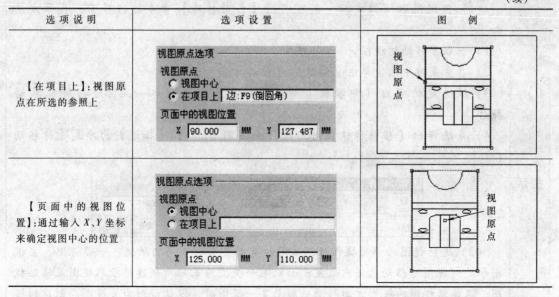
【页面中的视图位置】：通过输入 X、Y 坐标来确定视图中心的位置	视图原点选项 视图原点 ◉ 视图中心 ○ 在项目上 页面中的视图位置 X 125.000 MM Y 110.000 MM	

提示 图框的左下角点为视图的原点。

第三节 视图的编辑

完成视图的创建后，当二维工程图中存在视图的摆放位置不合理、创建了多余的视图等情况时，就需要对视图进行必要的编辑。视图的编辑包括：移动视图、删除视图、拭除与恢复视图、修改视图等。

一、移动视图

创建视图后，系统默认是不能对视图的位置进行移动的，若要对视图进行移动操作时，其操作步骤见表 11-13。

表 11-13 移动视图

步骤	步骤 1	步骤 2	步骤 3
说明	取消锁定视图：选取要移动的视图，按鼠标右键，在弹出的快捷菜单中选取【锁定视图移动】命令或在上工具箱『绘制』工具栏中单击 按钮	将鼠标移至视图红色显示的虚线框内，鼠标以带箭头的十字叉符号显示	按住鼠标左键，移动鼠标，视图也随鼠标一起移动，视图移至目标位置后松开鼠标左键即可
操作	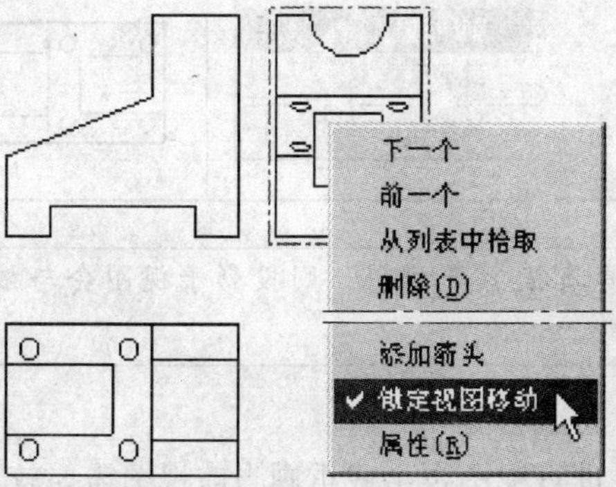 下一个 前一个 从列表中拾取 删除(D) 添加箭头 ✓ 锁定视图移动 属性(R)	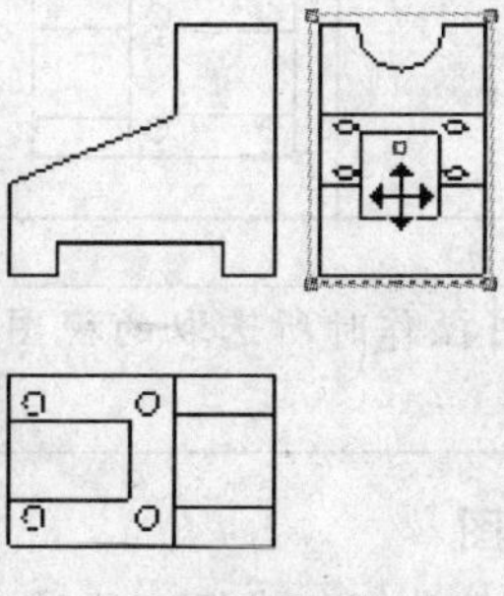	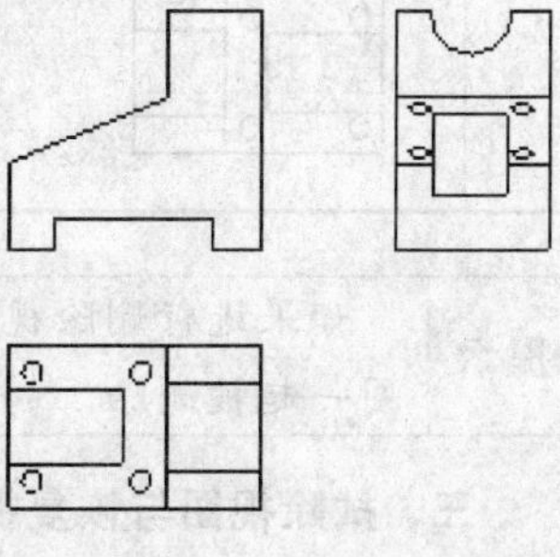

（1）当视图取消锁定后，也可以用【移动特殊】命令进行移动，具体方法如下：

1）选取要移动的视图。

2）在主菜单中依次单击『编辑』→『移动特殊』选项。

3）从选定的项目（即步骤1所选取的视图）中选取一点，进行特殊移动操作。

4）系统弹出【移动特殊】对话框（如下图所示），选择适当的方式进行移动（ 、 、 或 ）。

（2）进行视图的移动操作时，不同的视图类型有不同的限制：一般视图、主视图和局部视图可移动至任意位置；而以某一视图为基础所创建的投影视图或辅助视图，只能沿视图的投影方向移动；移动某一视图时，以该视图为父视图而创建的投影视图和辅助视图也将同时一起移动。

（3）如果无意中移动了视图，在移动过程中可按"Esc"键使视图快速恢复到原始位置。

二、删除视图

删除视图的操作步骤见表11-14。

表 11-14　删除视图

步骤	步骤1	步骤2	步骤3
说明	选取要删除的视图，该视图加亮显示	按鼠标右键，在弹出的快捷菜单中单击【删除】或在主菜单中依次单击『编辑』→『删除』选项	该视图被删除
操作		下一个／前一个／从列表中拾取／删除(D)／显示尺寸／属性(R)	

如果进行删除视图操作时所选取的视图具有投影子视图，则投影子视图会与该视图一起被删除。

三、拭除视图与恢复视图

当所创建的二维工程图非常复杂或很凌乱时，进行视图再生或重画当前视图需要较长的时间，占用了较多计算机资源，此时，如果将工程图中暂不需要的视图隐藏起来，不仅可以使图面显得清楚整洁，而且可以提高视图再生或重画当前视图的速度。

拭除视图与恢复视图是一对逆操作，其操作步骤见表 11-15。

表 11-15　拭除视图与恢复视图

操作	步骤	步骤 1	步骤 2	步骤 3
拭除视图	说明	在主菜单中依次单击『视图』→『视图显示』→『绘图视图可见性』选项或在【视图】菜单中单击【拭除视图】选项	选取要拭除的视图，该视图加亮显示	该视图被拭除
	操作与结果			左边_22
恢复视图	说明	在主菜单中依次单击『视图』→『视图显示』→『绘图视图可见性』选项，在【视图】菜单中单击【恢复视图】选项	根据系统提示选取要恢复的视图	该视图被恢复
	操作与结果			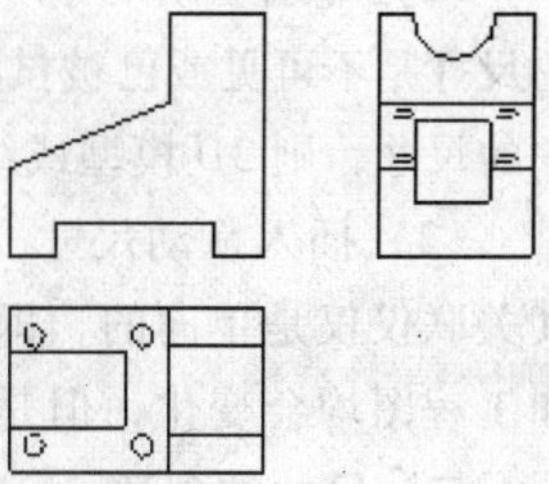

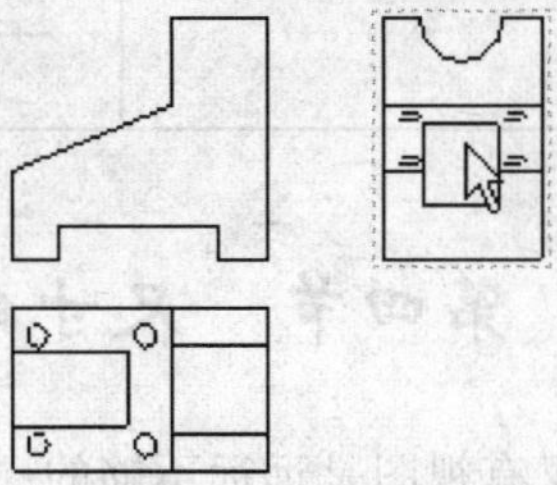

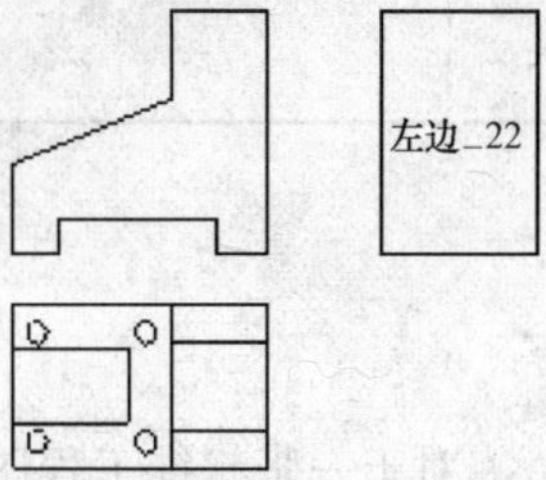

提示	1）拭除某一个或多个视图时，不会影响其它视图的显示与操作。 2）如果进行拭除视图操作时所选取的视图具有投影子视图，投影子视图并不会被拭除。

四、修改视图

当要对一个视图的视图类型、视图名、可见区域、比例、剖面、视图状态、视图显示、原点、对齐等进行修改时，选取要修改的视图，具体操作步骤见表 11-16。

表 11-16　修改视图

步骤	步骤 1	步骤 2
说明	选取要删除的视图，该视图加亮显示；按鼠标右键，在弹出的快捷菜单中单击【属性】命令	弹出【绘图视图】对话框，可根据欲修改的内容选取相关的选项进行修改

（续）

步骤	步骤1	步骤2
操作与结果	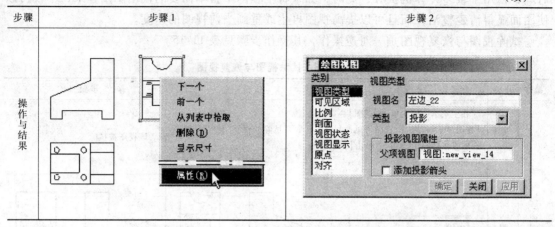	

第四节 尺寸的标注

对于一张二维工程图，仅有视图是远远不够的，尺寸是工程图中的重要内容，因此，本节将介绍在二维工程图中如何快速、正确地标注尺寸。

一、尺寸的创建方式

创建绘图的目的是为了模型的制造。有几种方法可相应地标注绘图中的模型并将其细化。例如，可通过以下方法添加尺寸和细节。

（1）显示驱动尺寸　缺省情况下，以 3D 模型或组件为工程图的模型时，3D 模型或组件的尺寸是不可见或已被拭除，但这些尺寸与 3D 模型或组件之间存在关联性，通过修改工程图中的尺寸，则 3D 模型或组件就会发生变化，即可以使用工程图中的尺寸驱动模型的形状。

（2）插入从动尺寸　在工程图中创建新的尺寸，这些创建的尺寸称为从动尺寸，因为其关联仅仅是单向的，即从模型到绘图。如果在模型中更改了尺寸，则所有已编辑的尺寸值和工程图均会变化，但是，这些从动尺寸却不能驱动模型的形状。

二、尺寸的创建

尺寸的显示与拭除是通过【显示/拭除】对话框实现的，在上工具箱〖绘制〗工具栏中单击 按钮或在主菜单中依次单击『视图』→『显示及拭除』选项，系统弹出【显示/拭除】对话框。

1. 显示尺寸

显示尺寸的操作步骤见表 11-17。

表 11-17　显示尺寸

步骤	步骤1	步骤2	步骤3	步骤4
说明	在上工具箱〖绘制〗工具栏中单击 按钮或在主菜单中依次单击『视图』→『显示及拭除』选项，系统弹出【显示/拭除】对话框	在【显示/拭除】对话框中选择要显示的类型，这里单击 ←1.2→ 按钮	确定尺寸的显示方式，这里单击 显示全部 按钮，在【确认】对话框中单击 是 按钮	在【显示/拭除】对话框中单击 接受全部 按钮，最后单击 关闭 按钮

（续）

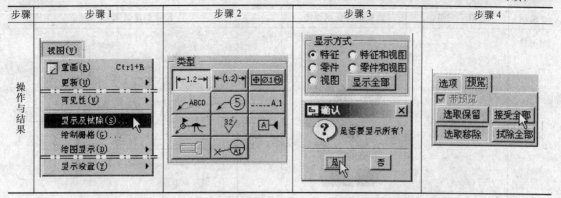

步骤	步骤1	步骤2	步骤3	步骤4
操作与结果				

【显示/拭除】对话框中的类型有：尺寸、参照尺寸、几何公差、注释、球标、轴、符号、表面粗糙度、基准平面、修饰特征和基准目标等11种，如图11-5所示。

【显示/拭除】对话框中的显示方式有六种方式：【特征】、【特征和视图】、【零件】、【零件和视图】、【视图】和【显示全部】，系统按六种方式的其中之一来显示用户所指定的图11-5所示的类型，六种显示方式的含义见表11-18，表中所选取的零件、特征如图11-6所示（该图文件为\CH11\ch11-01.prt）。

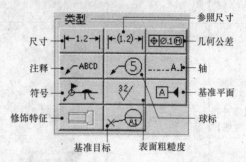

图11-5　【显示/拭除】对话框中的类型

表11-18　【显示/拭除】对话框中的显示方式

选项	说　明	选取的特征或视图	尺寸创建结果
【特征】	显示所选取特征的指定类型信息	F5(伸出项)	（尺寸图：18, 30, 16, 44, 16, 6, 9, 30, 48）
【特征和视图】	在选取的视图中显示所选取特征的指定类型信息	F5(伸出项)	（尺寸图：18, 16, 44, 16, 6, 9, 30, 48）

（续）

选项	说　明	选取的特征或视图	尺寸创建结果
【零件】	显示所选取零件的指定类型信息		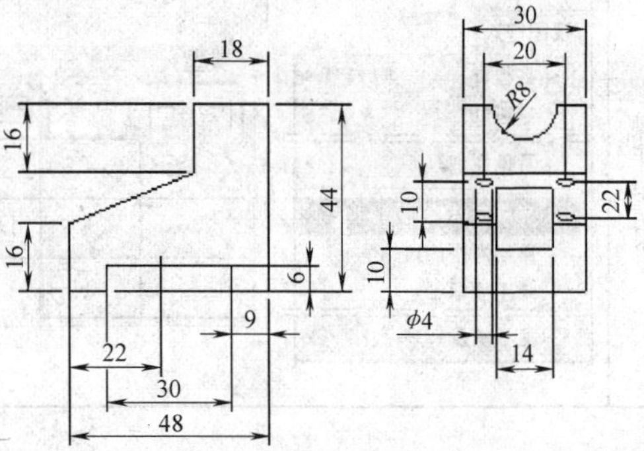
【零件和视图】	在选取的视图中显示所选取零件的指定类型信息	 选取零件和主视图	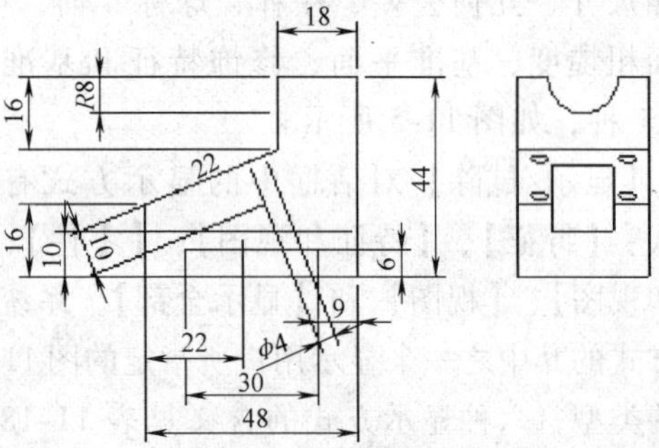
【视图】	显示所选取视图的指定类型信息	选取左视图	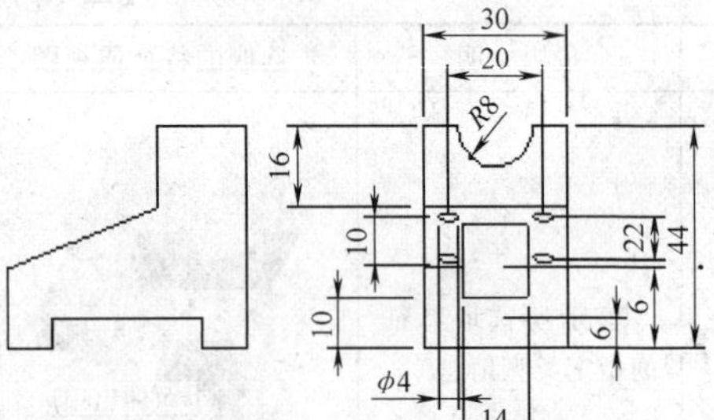
【显示全部】	显示工程图中所有的指定类型信息		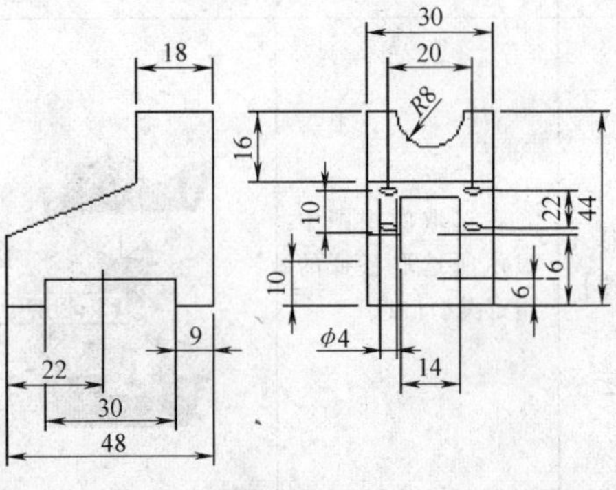

2. 拭除尺寸

拭除尺寸与显示尺寸是一对逆操作,拭除尺寸的操作与显示尺寸的操作相似,其操作步骤如下:

步骤1:在上工具箱〖绘制〗工具栏中单击 按钮或在主菜单中依次单击『视图』→『显示及拭除』选项,系统弹出【显示/拭除】对话框。

步骤2:在【显示/拭除】对话框中单击 **拭除** 按钮,其对话框如图11-7所示。

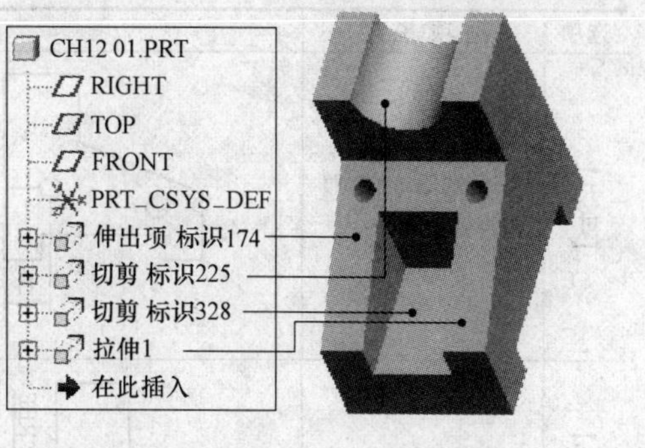

步骤3:在【类型】栏中单击要拭除的类型。

步骤4:在【拭除方式】栏中选取拭除的方式,默认方式为【所选项目】。

步骤5:在【显示/拭除】对话框中单击 **关闭** 按钮,完成所选类型的拭除操作。

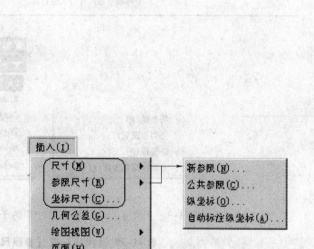

图11-6 尺寸显示方式图例

3. 尺寸的标注

在主菜单中的『插入』下拉菜单中,有三个与尺寸标注有关的选项:【尺寸】、【参照尺寸】和【坐标尺寸】,其中,【尺寸】、【参照尺寸】两个选项有相同的下一级子菜单,子菜单中有【新参照】、【公共参照】、【纵坐标】和【自动标注纵坐标】四个选项,如图11-8所示。

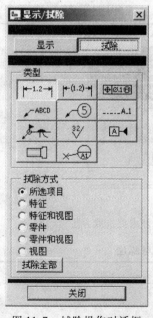

图11-7 拭除操作对话框

图11-8 『插入』下拉菜单中与尺寸标注有关的三个选项

【尺寸】、【参照尺寸】和【坐标尺寸】三种标注方式见表11-19。

在主菜单中依次单击『插入』→『尺寸』或『参照尺寸』选项,屏幕显示图11-9a所示菜单,菜单中有【新参照】、【公共参照】、【纵坐标】和【自动标注纵坐标】四个选项,四个选项的含义及应用见表11-20。

表 11-19 『插入』下拉菜单中三种类型的尺寸标注

选项	选项说明	图 例
『尺寸』	在选取的参照间标注尺寸	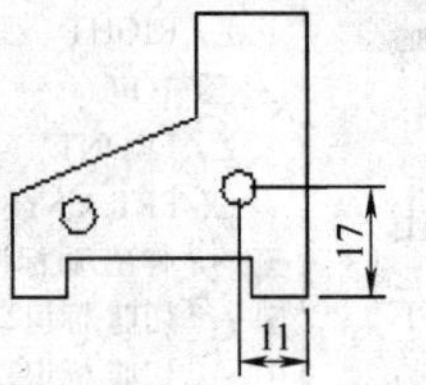 （详见表 11-21【新参照】方式标注尺寸）
【参照尺寸】	在选取的参照间标注参照尺寸	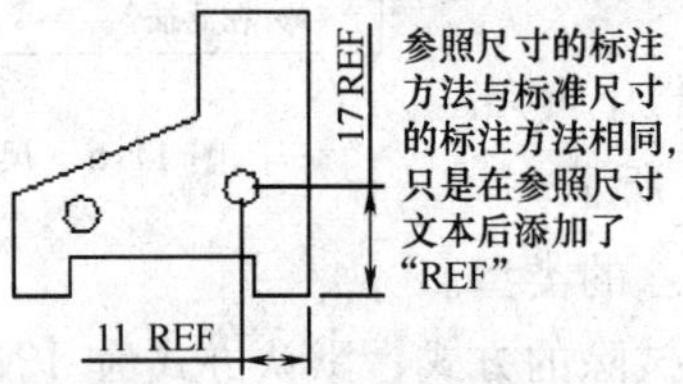 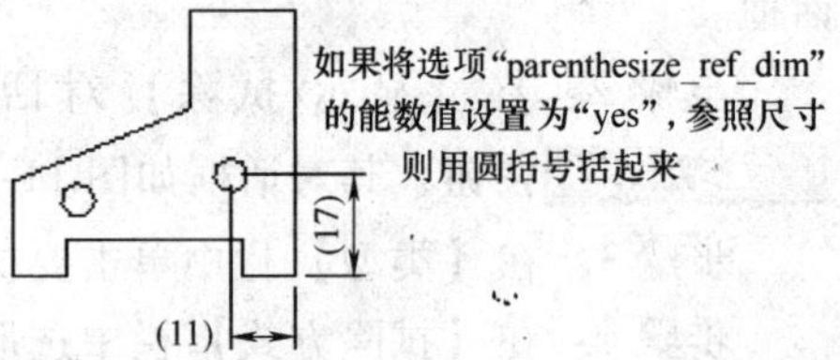 参照尺寸的标注方法与标准尺寸的标注方法相同，只是在参照尺寸文本后添加了"REF" 如果将选项"parenthesize_ref_dim"的能数值设置为"yes"，参照尺寸则用圆括号括起来
【坐标尺寸】	为标签和导引框分配一个现有的 x 坐标方向和 y 坐标方向的尺寸	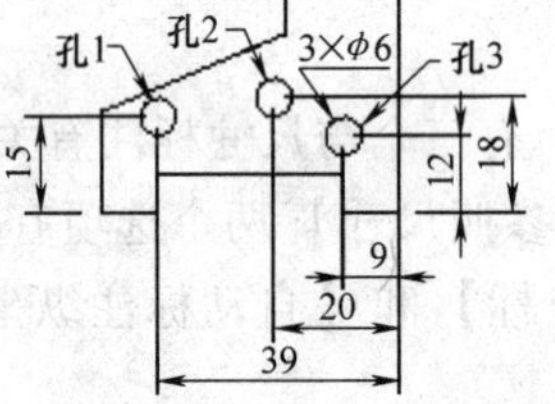 欲将该图中3×φ6孔圆心的位置坐标用坐标尺寸方式进行标注 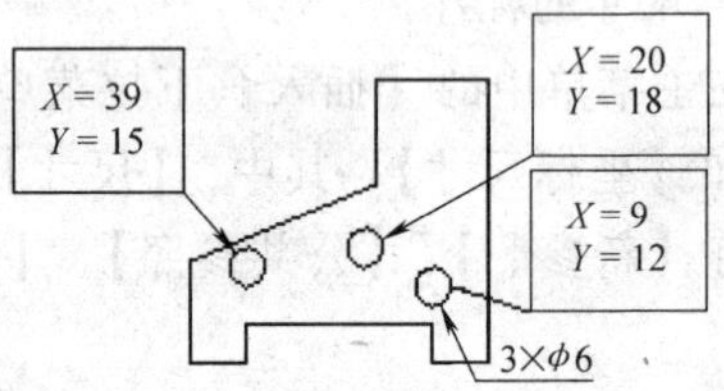　　坐标尺寸标注结果

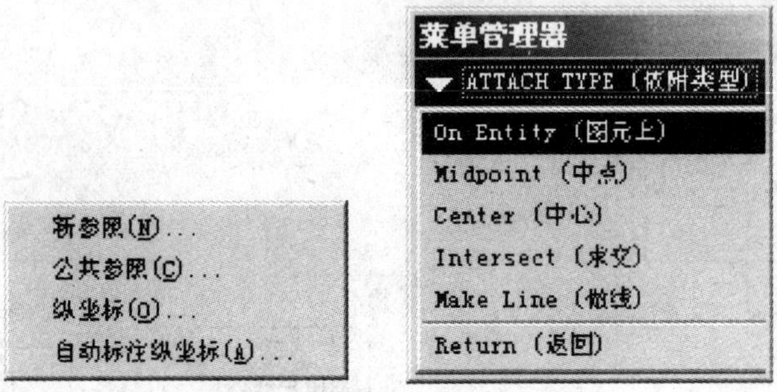

a)　　　　　　　　　　　　b)

图 11-9 『尺寸』或『参照尺寸』的子菜单及标注参照选取方法

表 11-20 【尺寸】或【参照尺寸】的尺寸标注

选项	选项说明	图 例
【新参照】	在两个选取的参照间标注尺寸	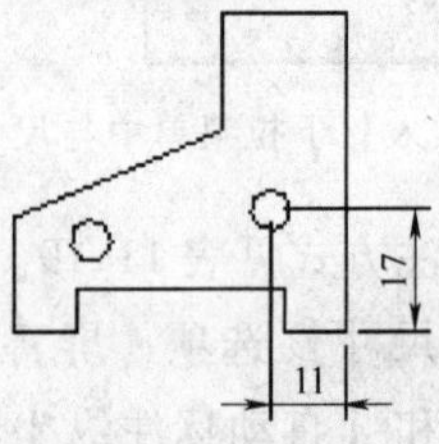 （详见表 11-21【新参照】方式标注尺寸）

（续）

选项	选项说明	图　例
【公共参照】	在一个公共基本参照和一个或多个与之平行的对象间添加一系列尺寸	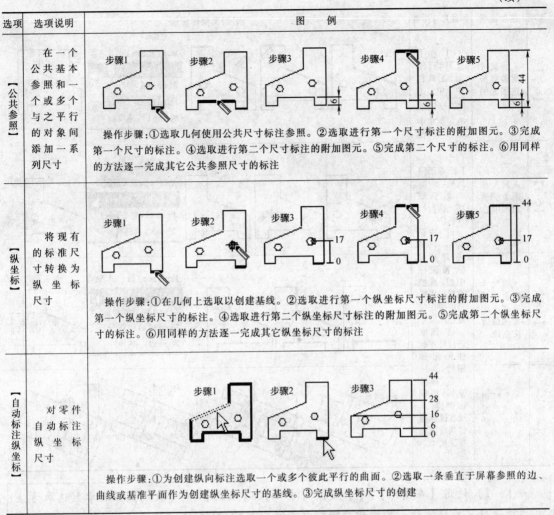操作步骤：①选取几何使用公共尺寸标注参照。②选取进行第一个尺寸标注的附加图元。③完成第一个尺寸的标注。④选取进行第二个尺寸标注的附加图元。⑤完成第二个尺寸的标注。⑥用同样的方法逐一完成其它公共参照尺寸的标注
【纵坐标】	将现有的标准尺寸转换为纵坐标尺寸	操作步骤：①在几何上选取以创建基线。②选取进行第一个纵坐标尺寸标注的附加图元。③完成第一个纵坐标尺寸的标注。④选取进行第二个纵坐标尺寸标注的附加图元。⑤完成第二个纵坐标尺寸的标注。⑥用同样的方法逐一完成其它纵坐标尺寸的标注
【自动标注纵坐标】	对零件自动标注纵坐标尺寸	操作步骤：①为创建纵向标注选取一个或多个彼此平行的曲面。②选取一条垂直于屏幕参照的边、曲线或基准平面作为创建纵坐标尺寸的基线。③完成纵坐标尺寸的创建

在进行【新参照】尺寸标注选取参照时，系统显示如图 11-9b 所示菜单，列出系统提供的五种参照选取方法，五种选取方法的含义及应用见表 11-21。

表 11-21　【新参照】方式标注尺寸

选项	选项说明	标注尺寸步骤	图例及操作步骤
【图元上】	根据创建常规尺寸的规则，将该尺寸附着在图元的拾取点处		

（续）

选项	选项说明	标注尺寸步骤	图例及操作步骤
【中点】	将尺寸附着到所选图元的中点	① 在上工具箱〖绘制〗工具栏中单击 ⊢⊣ 按钮或在主菜单中依次单击『插入』→『尺寸』→『新参照』选项 ② 选取图元进行尺寸标注 ③ 若只有一个图元,移开鼠标,按鼠标中键,系统在鼠标指针当前所在位置标注尺寸 ④ 选取进行尺寸标注的附加图元 ⑤ 移开鼠标,按鼠标中键,系统在鼠标指针当前位置标注尺寸	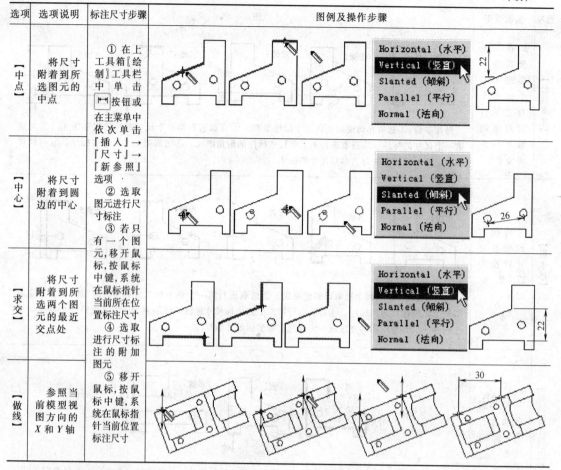
【中心】	将尺寸附着到圆边的中心		
【求交】	将尺寸附着到所选两个图元的最近交点处		
【做线】	参照当前模型视图方向的 X 和 Y 轴		

提示	1）使用【在图元】、【中点】、【中心】、【求交】和【做线】五种参照选取方法进行尺寸标注时,其操作步骤有些不同,表 11-21 列出一般的操作步骤,具体步骤根据系统的提示进行。 2）以【中心】方式标注尺寸时,参照所指的圆边包括圆几何,如:孔、倒圆角、曲线、曲面等和圆形草绘图元;如果选择的是非圆形图元,则采用与选择【图元上】的操作相同的方式,将尺寸附着在该图元上。

三、尺寸的编辑

通过【显示/拭除】对话框虽然可以快速完成零件中尺寸的标注,但系统所创建的尺寸往往存在较乱、尺寸标注在不合理的视图上、尺寸与视图图元的间距、尺寸与尺寸的间距不统一等现象,因此,完成尺寸的创建后,还需对尺寸进行必要的编辑,从而使工程图更美观、科学、正确。尺寸的编辑通常包括:整理尺寸、拭除尺寸、移动尺寸、尺寸在不同的视图间切换、修改尺寸等。

1. 整理尺寸

系统创建的尺寸比较凌乱时,为了使尺寸在工程图中的显示井然有序,通常使用整理尺寸这一工具进行整理。整理尺寸的操作步骤见表 11-22,【整理尺寸】对话框及选项说明见表 11-23。

表 11-22　整理尺寸

步骤	步骤 1	步骤 2	步骤 3	步骤 4
步骤说明	在上工具箱〖绘制〗工具栏中单击 按钮或在主菜单中依次单击『编辑』→『整理』→『尺寸』选项，弹出【整理尺寸】对话框	选取要进行整理操作的视图或尺寸，选取结束后按鼠标中键或单击【选取】提示框中的 确定 按钮	根据用户的需要，在【整理尺寸】对话框中对有关选项进行设置	在【整理尺寸】对话框中单击 应用 、 关闭 按钮
操作与结果	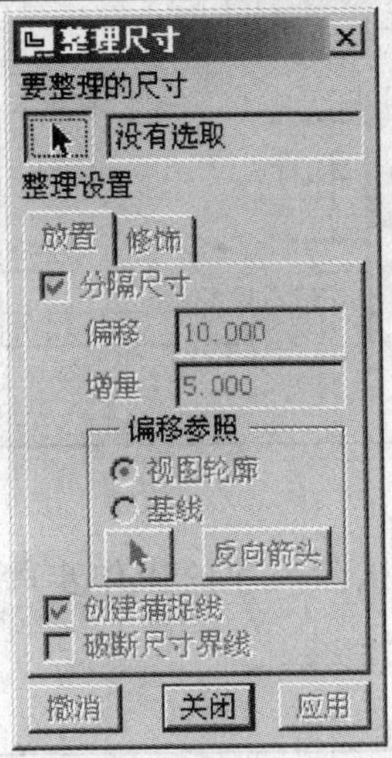 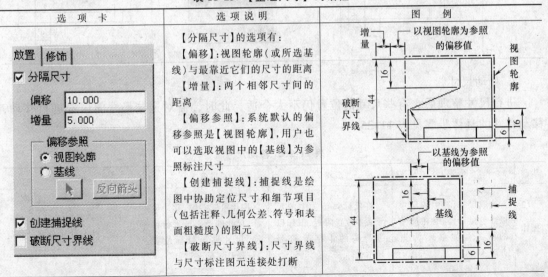		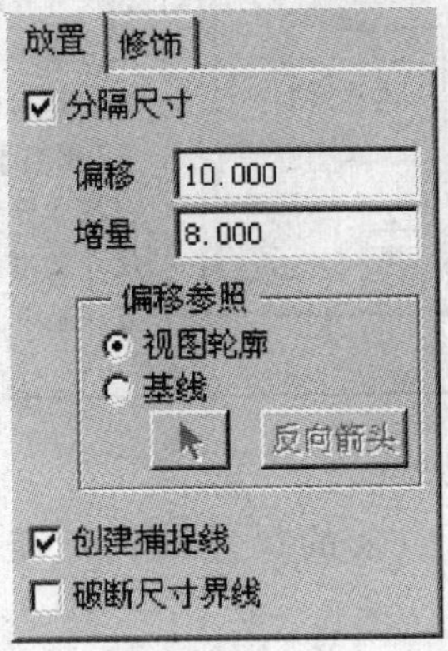	
图例	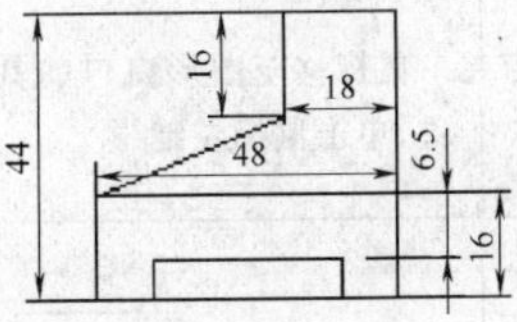	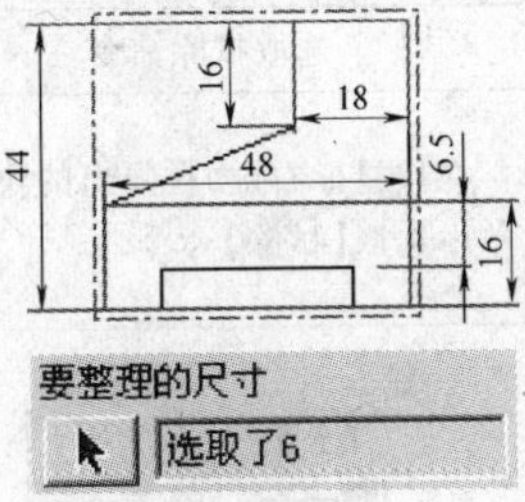	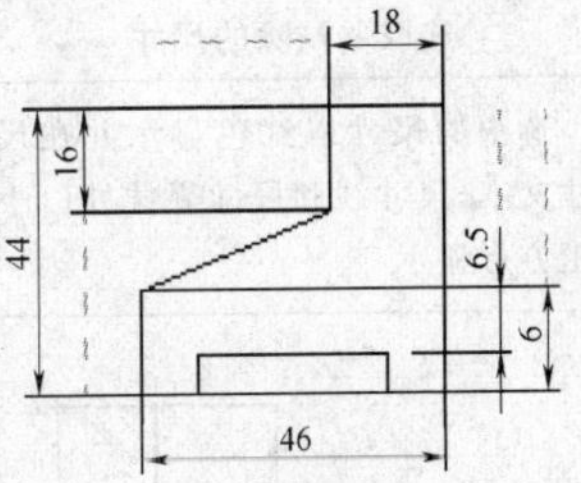	

表 11-23　【整理尺寸】对话框

选 项 卡	选 项 说 明	图　例
	【分隔尺寸】的选项有： 【偏移】：视图轮廓（或所选基线）与最靠近它们的尺寸的距离 【增量】：两个相邻尺寸间的距离 【偏移参照】：系统默认的偏移参照是【视图轮廓】，用户也可以选取视图中的【基线】为参照标注尺寸 【创建捕捉线】：捕捉线是绘图中协助定位尺寸和细节项目（包括注释、几何公差、符号和表面粗糙度）的图元 【破断尺寸界线】：尺寸界线与尺寸标注图元连接处打断	

（续）

选 项 卡	选 项 说 明	图 例
	【反向箭头】：使所选取的尺寸箭头反向 【居中文本】：使所选取的尺寸其文本自动居中 【水平】：当水平尺寸的文本在尺寸界线内侧无法放置时，将尺寸文本放置在尺寸界线的左侧还是右侧 【垂直】：当垂直尺寸的文本在尺寸界线内侧无法放置时，将尺寸文本放置在尺寸界线的上方还是下方	

2. 拭除尺寸

当创建了多余的尺寸时，则需要进行拭除尺寸的操作。拭除尺寸的操作步骤见表 11-24。

表 11-24 拭除尺寸

步 骤	步骤 1	步骤 2	步骤 4
步骤说明	选取要拭除的尺寸	选取拭除命令	完成操作
操作与结果	选中的尺寸以红色显示并在尺寸文本、尺寸线和尺寸界线处以小正方形显示	在按鼠标右键，在弹出的快捷菜单中选取【拭除】命令	鼠标移至图形窗口的其它位置，单击鼠标左键
图例		下一个 前一个 从列表中拾取 拭除 修剪尺寸界线 属性(R)	

3. 移动尺寸

进行尺寸整理后，有些尺寸的位置仍不太合适，此时，需对这些尺寸的位置进行移动，移动尺寸的具体步骤见表 11-25。

表 11-25 移动尺寸

步骤	步骤 1	步骤 2	步骤 3	步骤 4
操作	选取尺寸，选中的尺寸以红色显示，同时在尺寸的相关位置显示为正方形	将鼠标移至选中的尺寸文本位置附近，鼠标以带箭头的十字叉符号显示	按住鼠标左键，移动鼠标，尺寸则动态地进行移动，尺寸移至目标位置后，松开鼠标左键	将鼠标移至图形窗口的其它位置，单击鼠标左键，完成尺寸的移动

（续）

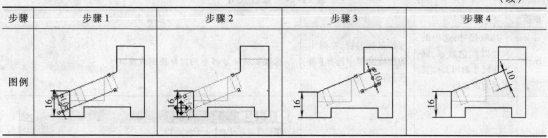

步骤	步骤1	步骤2	步骤3	步骤4
图例				

4. 尺寸在不同的视图间切换

按系统创建的尺寸，有些尺寸标注在系统默认的视图中并不合理，此时，需要将这些尺寸移至其它视图进行标注，尺寸在视图间切换的具体步骤见表11-26。

表 11-26　尺寸在不同的视图间切换

步骤	步骤1	步骤2	步骤3
操作	选取尺寸，选中的尺寸以红色显示，同时在尺寸的相关位置显示为正方形	在主菜单中依次单击『编辑』→『将项目移动到视图』选项或按鼠标右键，在弹出的快捷菜单中选择【将项目移动到视图】选项	选取要将尺寸移至的目标视图或窗口
图例	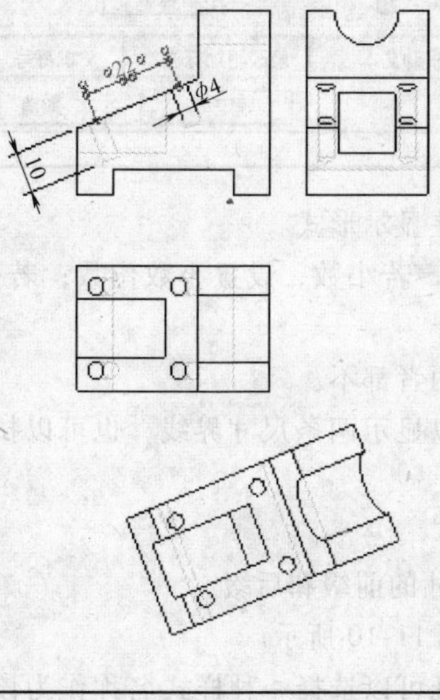	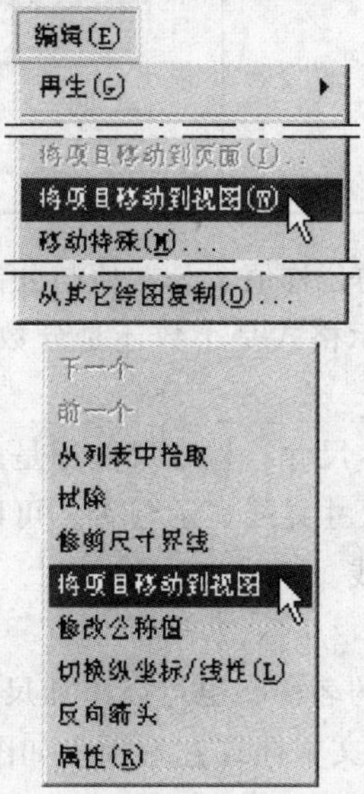	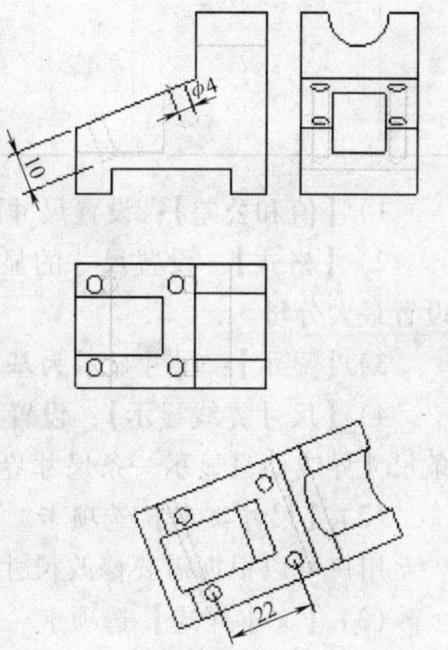

5. 修改尺寸

在创建二维工程图过程中，经常需要对一些尺寸的属性进行修改设置，如：尺寸公差、尺寸数值显示格式、尺寸位置、尺寸文本位置、尺寸文本字体和颜色等，这些操作均可通过【尺寸属性】对话框进行，具体操作步骤见表11-27。

【尺寸属性】对话框有【属性】、【尺寸文本】和【文本样式】三个选项卡，下面简单介绍对话框中的选项。

（1）【属性】选项卡

表 11-27　修改尺寸

步骤	步骤 1	步骤 2	步骤 3
操作	选取尺寸,选中的尺寸以红色显示,同时在尺寸的相关位置显示为正方形	按鼠标右键,在弹出的快捷菜单中选择【属性】选项	选取要将尺寸移至的目标视图或窗口
图例	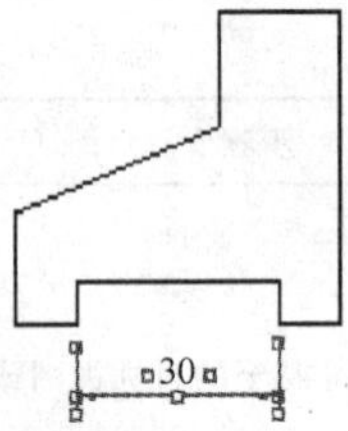 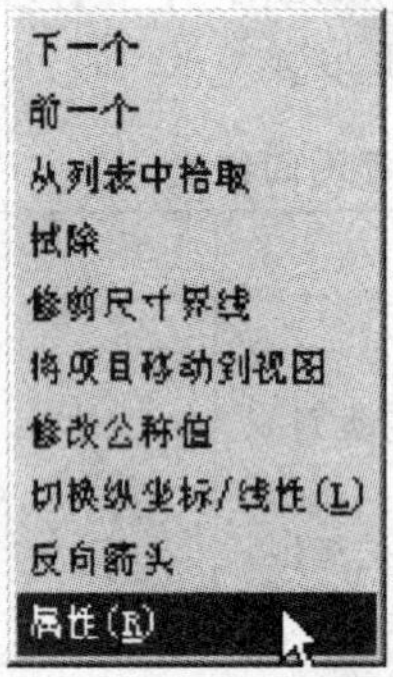 □30□ 下一个 前一个 从列表中拾取 拭除 修剪尺寸界线 将项目移动到视图 修改公称值 切换纵坐标/线性(L) 反向箭头 属性(R)		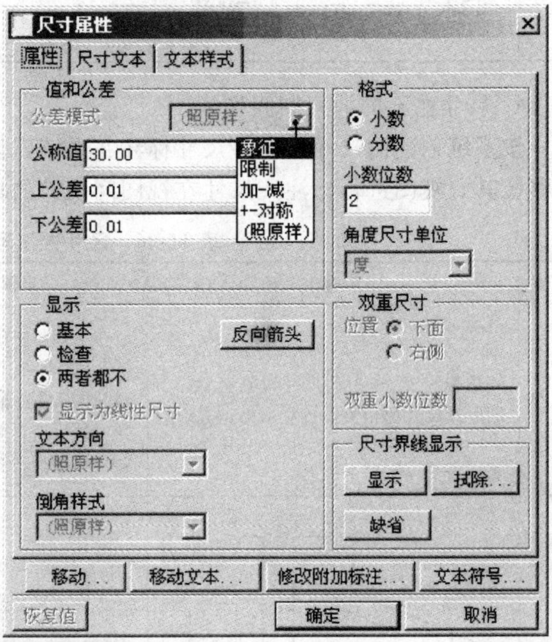 尺寸属性 属性	尺寸文本	文本样式 值和公差 公差模式　(照原样) 公称值 30.00 上公差 0.01 下公差 0.01 鉴证／限制／加-减／+-对称／(照原样) 显示 ○基本 ○检查 ⊙两者都不 反向箭头 ☑显示为线性尺寸 文本方向 (照原样) 倒角样式 (照原样) 格式 ⊙小数 ○分数 小数位数 2 角度尺寸单位 度 双重尺寸 位置 ⊙下面 ○右侧 双重小数位数 尺寸界线显示 显示　拭除 缺省 移动...	移动文本...	修改附加标注...	文本符号 恢复值　确定　取消

1)【值和公差】：设置尺寸的公称值、公差值与公差显示形式。

2)【格式】：设置尺寸的显示格式是小数还是分数，若小数，设置小数位数；若分数，设置最大分母。

3)【显示】：尺寸显示为基本尺寸、检查尺寸还是两者都不。

4)【尺寸界线显示】：设置尺寸界线显示与否，可以显示两条尺寸界线，也可以拭除一条尺寸界线而只显示一条尺寸界线。

(2)【尺寸文本】选项卡

用户可以根据需要修改尺寸的名称，也可以添加尺寸的前缀和后缀。

(3)【文本样式】选项卡　【文本样式】选项卡如图 11-10 所示。

1)【复制自】：对于当前所选取尺寸的尺寸样式，既可以选择一种样式名称作为该尺寸的尺寸样式，也可以选取一个尺寸作为该尺寸的尺寸样式。

2)【字符】：对尺寸文本的字体、高度、粗细、宽度因子、斜角、下划线等进行设置，注意，若要设置高度、粗细和宽度因子三个参数，必须在缺省的复选框中取消"√"，即 □缺省 。

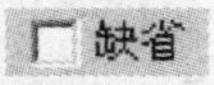

3)【注释/尺寸】：设置注释或尺寸文本在水平和垂直方向上的对齐方式，当选取的是水平方向的注释或尺寸时，设置水平方向的对齐方式，选取的是垂直方向的注释或尺寸时，则设置垂直方向的对齐方式。

图 11-10　【文本样式】选项卡

提示

1) 按系统默认设置，尺寸的公差是不显示的，若要对公差进行设置，必须将 DTL 文件中的"tol_ display"选项设置为"yes"。

2) 公差的标注形式有四种：象征、极限、加-减、+-对称，其标注结果如下图所示。

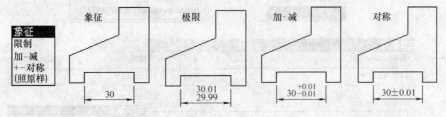

3) 尺寸的显示形式有显示为"基本尺寸"、"检查尺寸"和"两者都不"三种情形，如下图所示。

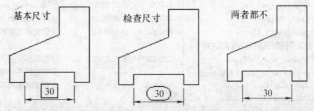

4) 在二维工程图中，除了视图和尺寸外，还有几何公差、基准、注释等内容，通常将这些项目统称为非尺寸详图项目。对于非尺寸详图项目的创建，请参考有关的资料，也可以将工程图转换至其它 CAD 软件后进行进一步的编辑、修改、完善。

第五节 本章小结

一、二维工程图的预览

与二维草图一样，按系统默认设置，打开二维工程图是无法预览的，若想预览，需修改 config. pro 文件中的选项"save_ drawing_ picture_ file"的设置，该选项的设置有四个：no（为默认设置值）、Embed（嵌入）、Export（输出）和 Both（二者），其含义分别为：

no——不将工程图作为图片文件嵌入或保存。

Embed——将图片文件嵌入到工程图文件中，以便打开时可以预览。

Export——保存工程图文件时，同时将工程图文件保存为图片文件。

Both——保存工程图文件时，即进行图片文件的嵌入操作，也进行图片文件的输出操作。

二、二维工程图功能模块的配置文件

在 DRAWING 功能模块中，其参数是通过 config. pro 系统配置文件和 DTL 绘图设置文件进行设置的，其中，config. pro 配置文件已在第六章中做了详细介绍，下面介绍一下 DTL 文件。

Pro/ENGINEER 软件提供了四个常用的 DTL 文件：iso. dtl（国际标准组织）、jis. dtl（日本标准协会）、din. dtl（德国标准协会）和 cns_ cn. dtl（中国），用户可以选择一个适合于自己的 DTL 文件，也可以在这四个文件的基础上进行修改后保存为满足自己工作需要、符合本人习惯的 DTL 文件（如 my. dtl 文件）。

在创建二维工程图时，将鼠标移动至图形窗口的空白区域，按鼠标右键，在弹出的快捷菜单中选取【属性】选项（见图 11-11a），系统弹出图 11-11b 所示【文件属性】菜单，在

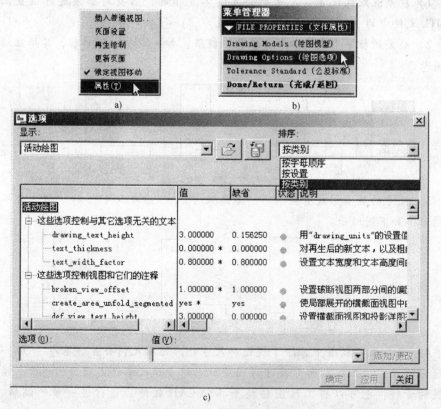

图 11-11 DTL 文件选项的设置

菜单中选取【绘图选项】选项，系统弹出如图 11-11c 所示【选项】对话框，对话框中显示当前 DTL 文件选项的设置情况，用户可以通过该对话框进行选项的设置（假设在本机上软件安装路径为 D：\Program Files\Proe Wildfire 3.0）。

| 提示 | DTL 文件的选项很多，系统提供了三种选项显示方式：按字母顺序、按设置和按类别。在查找选项时，为了便于查找，用户可以根据需要选择适当的显示方式。 |

在设置了 DTL 文件后，并非该文件即行有效，还需要在 config. pro 配置文件中进行相关选项的设置后，该 DTL 文件才有效，表 11-28 列出了 config. pro 文件和 DTL 文件重要的选项及建议设置值。

表 11-28　config. pro 和 DTL 文件中二维工程图模块的常用选项

配 置 文 件	选 项	设 置 值
config. pro	drawing_setup_file	D：\Program Files\Proe Wildfire 3. 0 \text\cns_cn. dtl
	save_drawing_picture_file	both
	save_display	yes
DTL 文件	projection_type	first_angle
	drawing_units	mm
	default_scale	1

三、Pro/ENGINEER 二维工程图功能模块与其它二维 CAD 软件间的数据交换

Pro/ENGINEER 软件模块众多、功能强大，虽然也具有二维工程图的功能模块，但使用起来与专业常用的二维 CAD 软件（如 AutoCAD、CAXA 等）相比还有些不足。通常的做法是，在 Pro/ENGINEER 软件中完成视图的创建、尺寸的标注等工作后，将工程图通过数据接口存储为其它软件能打开的文件格式，然后在专业二维 CAD 软件中完成余下的工作，这样，不仅使各软件能够各取所长，而且可以大大提高作图的速度。

下面以 Pro/ENGINEER 软件二维工程图功能模块与 AuotCAD 软件间的数据转换为例，介绍不同软件间数据的转换方法，见表 11-29。

表 11-29　Pro/ENGINEER 软件二维工程图功能模块与 AuotCAD 软件间的数据交换

步骤	说明	操 作 说 明	
步骤 1	选取命令	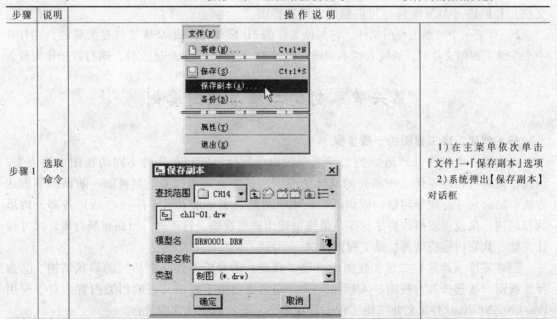	1）在主菜单依次单击『文件』→『保存副本』选项 2）系统弹出【保存副本】对话框

（续）

步骤	说明	操作说明	
步骤2	选择保存副本类型	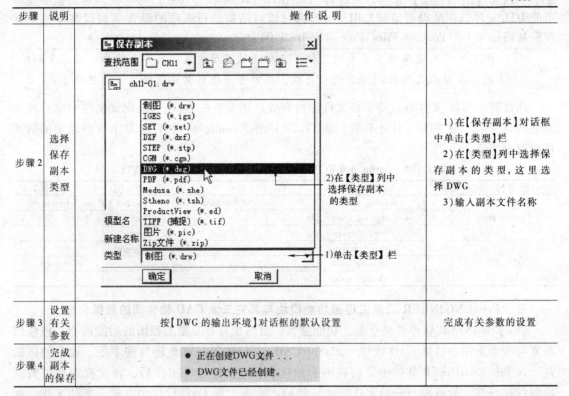	1）在【保存副本】对话框中单击【类型】栏 2）在【类型】列中选择保存副本的类型，这里选择 DWG 3）输入副本文件名称
步骤3	设置有关参数	按【DWG 的输出环境】对话框的默认设置	完成有关参数的设置
步骤4	完成副本的保存	● 正在创建DWG文件…… ● DWG文件已经创建。	

> **提示** 若数据转换时单位均为公制单位，则需将 DTL 文件中"drawing_units"选项设置为 mm。

四、注意事项

1）创建二维工程图时，只有 PRT 和 ASM 文件可以作为缺省模型，即只有零件（PRT文件）和组件（ASM 文件）可以创建二维工程图。

2）对于一个二维工程图文件，它与该文件的 3D 模型文件或 ASM 文件是关联的，在打开一个二维工程图文件时，系统若找不到该文件的 3D 模型文件或 ASM 文件，则打开操作失败。

第六节　创建二维工程图实例

一、创建二维工程图的一般步骤

在创建一个零件（产品）的二维工程图时，往往可能存在几种不同的视图表达方案，因此，此时应根据零件（产品）的具体情况，选择性地运用视图、剖视图、断面图等表达方法，结合尺寸标注等问题，做到既能正确、清晰、完整地表示零件（产品）各部分的形状与结构，又使得图形数量尽量少，最终创建出一张视图表达正确、图面布局合理、尺寸标注完整、其它内容清晰的二维工程图。

创建零件（产品）二维工程图的一般步骤是：①分析零件（产品）的形状结构。②选择主视图。③选择其它视图。④标注尺寸。⑤完成二维工程图其它的相关内容。对于应用 Pro/ENGINEER 软件来创建二维工程图，步骤②～⑤均可在软件中进行。

二、二维工程图创建实例

以 ch11_train-1. prt 模型文件为例，介绍 3D 实体零件二维工程图的创建，该 3D 模型如图 11-12a 所示。

1. 分析零件形状

该零件结构比较简单，其主体结构（基础特征）是一个拉伸特征，然后在其基础上创建两个切材特征，最后创建孔特征，如图 11-12b 所示。

2. 选择主视图

主视图应能反映出零件（产品）的主体结构或零件特征，对于图 11-13 所示的两种比较适合作为主视图的方案中，方案一较好地表达了零件的主体结构，它作为主视图优于方案二，因此选择方案一。

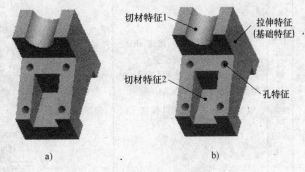

图 11-12 CH14-01. prt 模型文件

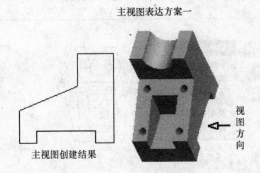
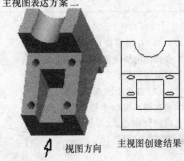

图 11-13 主视图的两种表达方案

3. Pro/ENGINEER 软件创建二维工程图

应用 Pro/ENGINEER 软件创建该零件的二维工程图，其步骤见表 11-30。

表 11-30 二维工程图模块的常用选项

步骤	操作要点	操作流程	图 例
步骤1	新建二维工程图文件	（1）在『文件』工具栏中单击 按钮或在主菜单依次单击『文件』→『新建』选项或按快捷键"Ctrl + N"，系统弹出【新建】对话框 （2）选择文件类型为【绘图】 （3）输入文件名 ch11_train-1 （4）不选中『使用缺省模板』选项 （5）单击 **确定** 按钮	新建对话框

（续）

步骤	操作要点	操作流程	图 例
步骤2	指定缺省模型	（1）指定缺省模型：指定 ch11_train-1.prt 文件为缺省模型 （2）指定模板：选用【空】，方向为【横向】，大小为 A4 （3）单击 确定 按钮	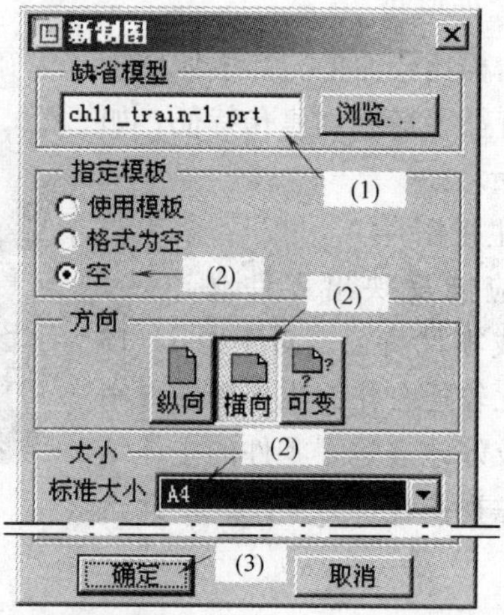
步骤3	创建一般视图	（1）在图形窗口中单击右键，在弹出的快捷菜单中选取【插入普通视图】选项 （2）选取绘图视图的中心点：选在图形窗口中指定一点作为视图的中心点，系统弹出【绘图视图】对话框	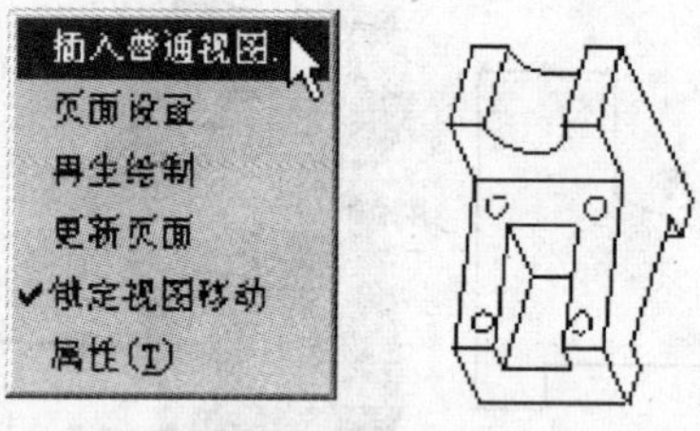 (1)　　　　(2)
步骤4	创建主视图	（1）指定主视图方向：在【模型视图名】栏中选取【RIGHT】为视图方向 （2）单击 确定 按钮，完成主视图的创建	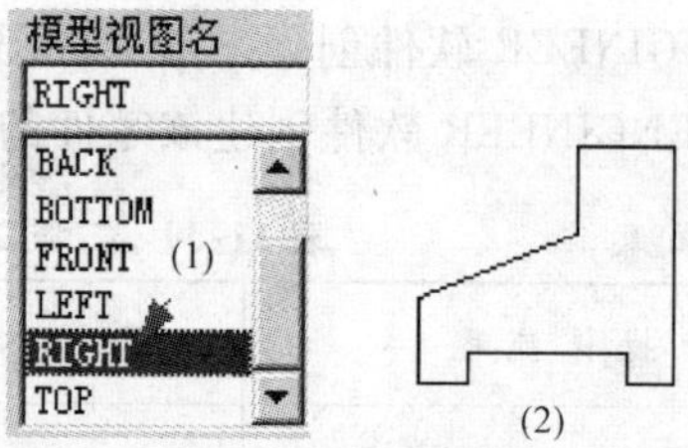 (2)
步骤5	创建投影视图	（1）选取主视图，在右键快捷菜单中选取【插入投影视图】选项 （2）指定视图中心点：鼠标移至主视图的右侧，单击鼠标左键 （3）完成左视图的创建	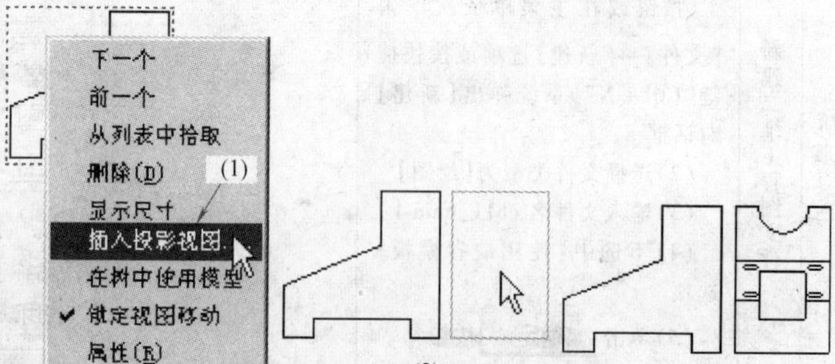 (2)　　　　(3)

（续）

步骤	操作要点	操 作 流 程	图 例
步骤6	创建辅助视图	（1）在主菜单中依次单击『插入』→『绘图视图』→『辅助』选项 （2）选取参照：选取主视图中的斜线为参照 （3）指定视图中心点 （4）完成辅助视图的创建	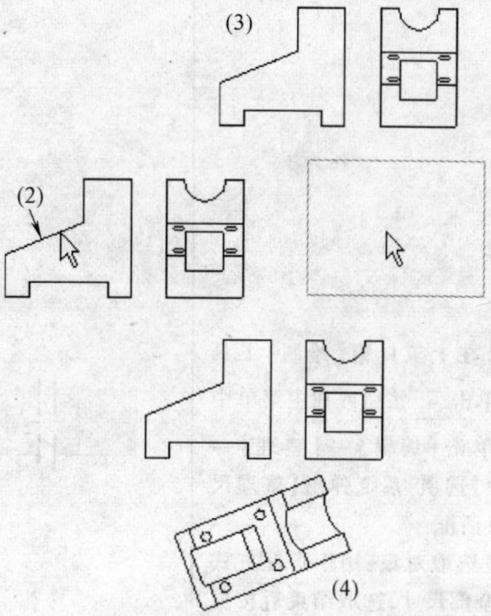
步骤7	标注尺寸	（1）在上工具箱『绘制』工具栏中单击 按钮或在主菜单中依次单击『视图』→『显示及拭除』选项，系统弹出【显示/拭除】对话框 （2）在【显示/拭除】对话框中单击 ├1.2┤ 按钮 （3）单击 显示全部 按钮，在【确认】对话框单击 是 按钮 （4）在【显示/拭除】对话框中单击 接受全部 按钮，最后单击 关闭 按钮，结果如右图所示	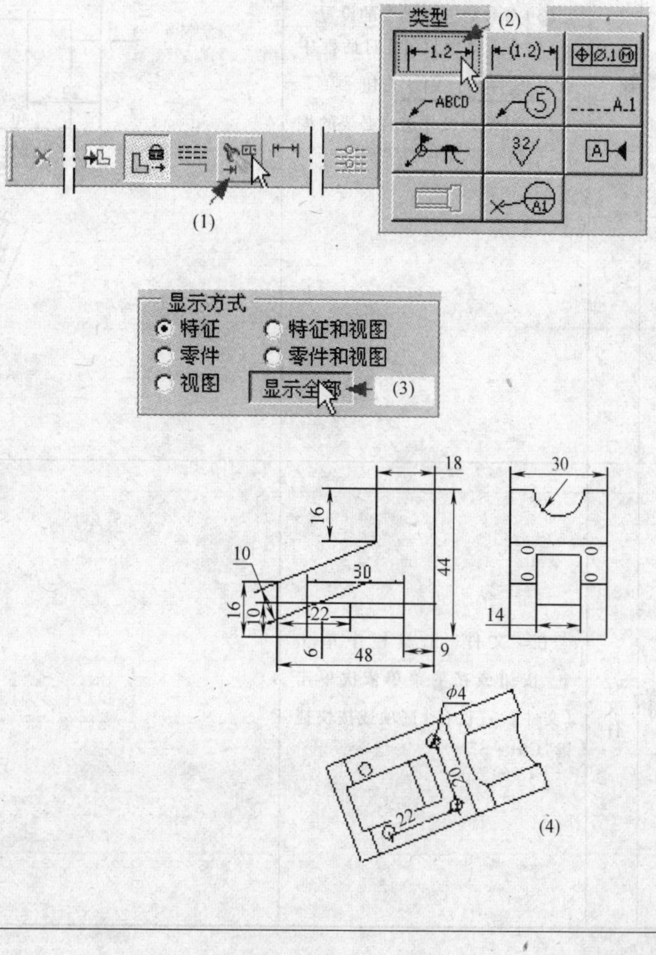

（续）

步骤	操作要点	操 作 流 程	图 例
步骤8	整理尺寸	（1）在上工具箱〖绘制〗工具栏中单击 按钮或在主菜单中依次单击『编辑』→『整理』→『尺寸』选项，系统弹出【整理尺寸】对话框 （2）选取对象：用矩形框方式选取全部尺寸，选取结束后按鼠标中键或单击【选取】提示框中的 确定 按钮 （3）对参数进行必要的设置 （4）在【整理尺寸】对话框中单击 应用 、关闭 按钮 （5）对个别尺寸进行必要的编辑，最后结果如右图所示	 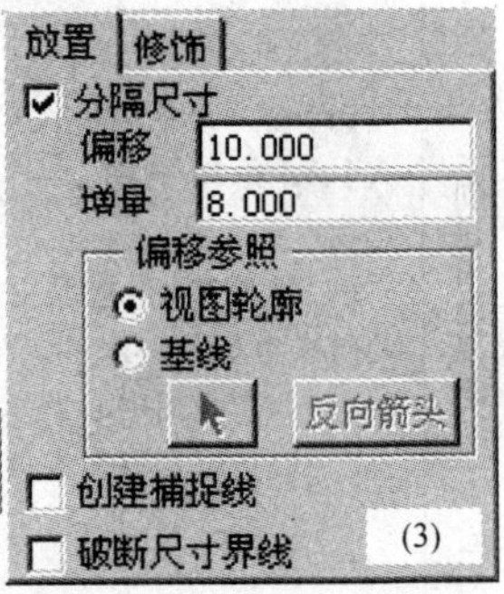 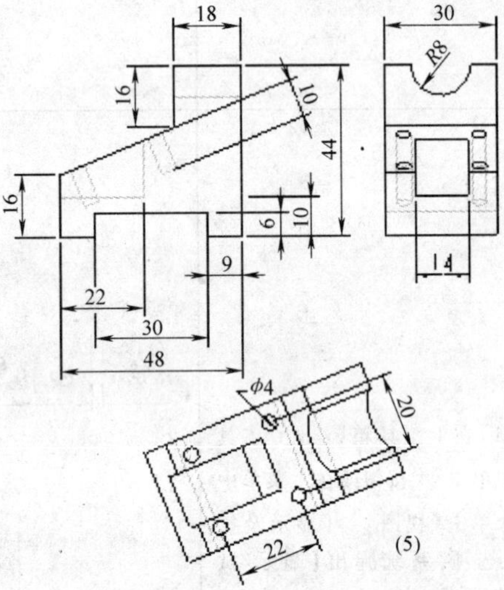 放置 | 修饰 ☑ 分隔尺寸 偏移 10.000 增量 8.000 偏移参照 ⦿ 视图轮廓 ○ 基线 反向箭头 ☐ 创建捕捉线 ☐ 破断尺寸界线 （3） （1）
步骤9	保存文件	在〖文件〗工具栏中单击 按钮或在主菜单中依次单击『文件』→『保存』选项或按快捷键"Ctrl + S"	

> 提示
>
> 　　为了提高工程图的可读性，有时需要在工程图中插入着色显示的一般视图（如下图 a 所示），具体方法是：
>
> 　　1）在主菜单依次单击『插入』→『绘图视图』→『一般』选项。
>
> 　　2）选取绘制视图的中心点。
>
> 　　3）在弹出的【绘图视图】对话框【类别】栏中单击【视图显示】选项。
>
> 　　4）将【显示线型】设置为【着色】，如下图 b 所示。
>
>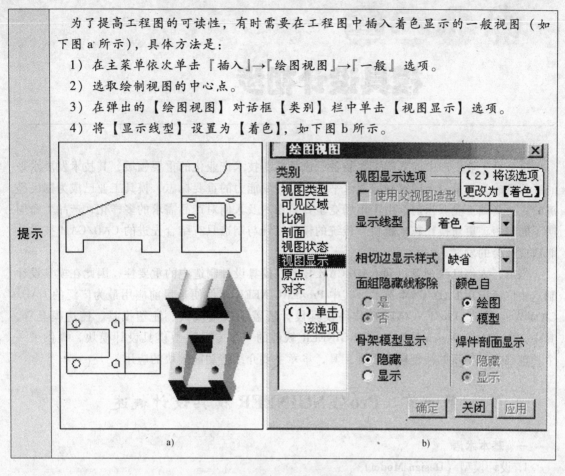
>
> 　　　　　　a)　　　　　　　　　　　　　　　　　b)

思考与练习

1. 思考题

1）对于第一角画法和第三角画法，当主视图不变时，是否将第三角画法中的右视图移至主视图的左侧就成为第一角画法中的右视图？是否将第三角画法中的俯视图移至主视图的下方就成为第一角画法中的俯视图？

2）叙述将 Pro/ENGINEER 软件中的 DRW 文件另存为 AutoCAD 软件的 DWG 文件时所需要注意的事项。

2. 练习题

创建第八章练习图中三维实体的二维工程图。

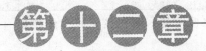

模具设计初步

模具是工业生产中的基础工艺装备，也是高新技术产业化的重要领域，其技术发展水平的高低已成为衡量一个国家制造业水平和产品开发能力的重要标志，模具工业已成为国民经济的重要基础工业。当前，由于市场竞争日益激烈及人们对产品需求的多样化，产品生命周期不断缩短，更新换代越来越快，传统的模具设计与制造只有结合先进的 CAD/CAM 技术才能适应社会的发展。

当前，人们已深刻意识到 CAD/CAM 技术在模具设计制造中的重要性，因此在模具设计制造中广泛应用 CAD/CAM 技术，其中 Pro/ENGINEER 软件便是目前应用最为广泛的 CAD/CAM 软件之一。Pro/ENGINEER 软件模具设计覆盖了钣金模具、注塑模具、铸造模具等，其中，Pro/Mold Design 作为 Pro/ENGINEER 软件的一个专业注塑模具设计模块，提供了一个功能强大、实用的注塑模具设计工具，本章主要介绍该功能模块的应用。

第一节　Pro/ENGINEER 模具设计概述

一、基本术语

1. 设计模型（Design Model）

在进行模具设计之前，必须先确定并完成零件原型的设计和造型，该零件的原型称为设计模型。可以说，设计模型也就是该副模具所成型的产品。对于一副模具来说，其设计模型可以是一个，也可以多个，任何模具设计都是从设计模型开始的。

2. 参考模型（Reference Model）

在进行模具设计时，当用户提取一个设计模型并将该设计模型添加到模具模型中时，系统将该设计模型进行复制，生成一个新的模型，并应用该模型进行随后的模具设计，这个模型就称为参考模型或参照模型。

设计模型与参考模型存在一定的关联关系。当在零件造型（PART）模块中修改设计模型时，参考模型也将发生相应的变化；但在模具模型中修改参考模型，则设计模型不会发生变化。

3. 工件模型（Workpiece）

工件模型又称为坯料，它包含了模具元件的全部体积，其本身也是一个零件模型。用户设计了分型面后，应用分型面对它进行分割，便可以得到模具的型腔、型芯等模具元件。需注意的是，工件模型的体积必须包围所有参考模型、模腔、浇口、流道、滑块、冷却水道等。

工件模型通常有两种创建方式：一是在模具设计（MOLD）环境下直接创建；二是通过

装配的方式将零件造型（PART）模块中已创建好的工件模型添加到模具模型中。

4. 模具模型（Mold Model）

模具模型是模具设计模块中最高级模型，它包括一个或多个参考模型和一个或多个工件，其扩展名为 mfg。

5. 分型面（Parting Surface）

在注塑模具中，打开模具取出塑料制品的界面称为分型面，它是动、定模在合模状态下的接触面或瓣合式模具的瓣合面。分型面用来分割工件模型或已存在的模具体积块，它在Pro/ENGINEER 模具设计中有着非常重要的作用，其形状和位置的选择不仅直接关系着模具结构的复杂程度和制造难度，而且直接影响着塑件的质量和生产效率，分型面的设计是整个模具设计进程中最重要、最关键的步骤。

分型面一般由一个或多个曲面组成，它是一种功能强大的曲面特征，Pro/ENGINEER 在进行分型面设计时，应注意以下三点：

1）分型面必须与工件模型或模具体积块完全相交，这样才能对工件模型或模具体积块进行分割。

2）分型面内部不能有破孔。

3）分型面不能自交。

6. 收缩率（shrinkage）

塑料在冷却成型时，都会存在收缩，因此，在模具设计时，需要对设计模型进行适当的缩放，使塑料制品在冷却定型后，其形状尺寸即为设计模型的形状尺寸。

常用塑料的收缩率见表 12-1。

表 12-1 常用塑料的收缩率

塑 料		收缩率（%）
聚氯乙烯（PVC）	硬	0.6 ~ 1.0
	软	1.5 ~ 2.5
聚乙烯（PE）	高密度（HDPE）	1.5 ~ 3.0
	低密度（LDPE）	1.5 ~ 5.0
聚丙烯（PP）	纯	1.0 ~ 3.0
	玻纤增强	0.4 ~ 0.8
聚苯乙烯（PS）	一般型	0.5 ~ 0.6
	抗冲击型	0.3 ~ 0.6
	20% ~ 30% 玻纤增强	0.3 ~ 0.5
聚甲醛		1.5 ~ 3.0
聚碳酸酯（PC）	纯	0.5 ~ 0.7
	20% ~ 30% 短玻纤增强	0.05 ~ 0.5
聚酰胺	尼龙 1010	1.3 ~ 2.3（纵向），0.7 ~ 1.7（横向）
	30% 玻纤增强尼龙 1010	0.3 ~ 0.6
	尼龙 6	0.6 ~ 1.4
	30% 玻纤增强尼龙 6（PA6-GR）	0.3 ~ 0.7
	尼龙 66（PA66）	1.5
	30% 玻纤增强尼龙 66（PA66-GR）	0.2 ~ 0.8
	尼龙 610	1.0 ~ 2.0
	40% 玻纤增强尼龙 610	0.2 ~ 0.6

7. 拔模斜度

为了便于制品脱模或从模具中取出，在塑料制品设计时，一般需要考虑拔模斜度。拔模斜度的大小与塑料材料、制品规格、制品结构等因素有关。

二、Pro/ENGINEER 模具设计用户界面

Pro/ENGINEER Wildfire 模具设计用户界面有模具菜单管理器和模具设计工具栏两部分。

图 12-1　模具菜单管理器

1. 模具菜单管理器

模具菜单管理器如图 12-1 所示，菜单的各项选项含义如下：

1）模具模型（Mold Model）：对模具模型中的模具组件元件进行添加、删除和其它相关操作。

2）特征（Feature）：在模具模型中创建、删除和操作组件级或元件级特征，如建立浇注系统、冷却水道等。

3）收缩（Shrinkage）：设置设计模型或参考模型的收缩率。

4）模具元件（Mold Comp）：对模具体积块进行抽取或拭除等操作，如：将模具体积块转变成模具实体元件形成 PRT 文件。

5）模具进料孔（Mold Opening）：模拟模具的开模并检查干涉。

6）铸模（Molding）：由模具型腔模拟成型一个制件。

7）模具布局（Mold Layout）：创建或打开一个模具布局。

8）集成（Integrate）：比较同一个模型的两个不同版本，如果有必要，对差异进行集成。

2.【模具/铸件制造】工具栏

【模具/铸件制造】工具栏系统默认在右工具箱中，工具栏如图 12-2 所示。

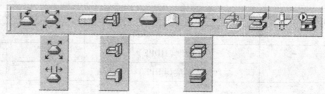

图 12-2　【模具/铸件制造】工具栏

工具栏中各按钮的功能见表 12-2。

表 12-2　【模具/铸件制造】工具栏按钮功能

按钮	按钮名称	功能说明
	定义参照零件布局	定义零件在模具中的放置和方向,系统打开【布局】对话框
	收缩率设置方式一	按比例设置零件的收缩率
	收缩率设置方式二	按尺寸设置零件的收缩率

（续）

按钮	按钮名称	功能说明
	自动方式创建工件	设置参考零件的偏移尺寸或工件的整体尺寸,采用自动方式创建工件,系统打开【自动工件】对话框
	对模具体积块执行操作	打开【模具体积块】对话框,将型腔嵌件作为模具体积块执行添加操作,或编辑模具体积块,或两者都执行
	用"模具元件"执行操作	打开【元件创建】对话框,将型腔嵌件作为模具元件添加,或编辑模具元件,或两者都执行
	创建分型线	打开【侧面影像曲线】特征对话框
	分型面工具	进入分型面创建状态,创建模具分型面
	分割体积块	弹出【分割体积块】菜单,将工件、模具体积块或选取的元件分割为一个或两个体积块
	分割消耗其几何的零件	打开【实体分割选项】对话框
	模具开模分析	弹出【模具开模】菜单,可对开模动作进行编辑
	按曲面修剪零件	弹出【模具模型类型】菜单,修剪零件与另一零件、面组或平面上最先或最后选取的曲面相交的部分
	转到模具布局	打开【新建】对话框,便可在模具布局模式下创建或修改模具布局组件

三、Pro/ MoldDesign 模具设计的一般流程

应用 Pro/MoldDesign 进行模具设计时,其设计流程一般为:

1）塑料制品分析,包括其结构特点、材料,查找材料的有关性能参数。

2）确定模具的类型及模具型腔数。

3）新建文件夹:为当前设计任务新建一个文件夹,用以保存模具设计过程中生成的各类文件。

4）启动 Pro/ENGINEER 软件,并将步骤 3 所建立的文件夹设置为工作目录,同时,将设计模型文件复制至该文件夹中。

5）新建文件,文件类型为【制造】（Manufacturing）,子类型为【模具型腔】（Mold

Cavity），输入文件名。

6）调入设计模型文件并完成模型的装配，也可以在模具设计环境中新建设计模型文件。

7）模型的检测，包括对模型进行拔模检测、壁厚检测等。

8）设置设计模型的收缩率。

9）创建工件（毛坯），建立模具模型。

10）创建浇口、流道和冷却水道等模具特征。

11）创建分型面，分型面创建是模具设计中重要关键的步骤。

12）分割工件，得到模具体积块。

13）抽取模具体积块，生成模具零件。

14）开模模拟（定义模具开模的步骤），检测开模时是否存在干涉，必要时，应对模具元件进行修改。

15）完成详细设计，包括推出系统、冷却水道等系统的设计。

16）保存文件。

提示	1）完成一副模具的设计后，会生成很多相关的文件，为了便于系统对文件的管理和用户对文件的使用，一般需为每一个设计任务建立一个文件夹，这样，将模具设计过程相关的所有文件均保存在该文件夹中。 2）完成一副模具的设计后，生成的文件类型如图 12-30 所示。

四、遮蔽和取消遮蔽

在模具设计过程中，为了便于对象的显示、选取、观察，经常需对有关对象进行遮蔽或取消遮蔽操作，可以说遮蔽或取消遮蔽是模具设计过程中一个常见的操作。下面以本章第二节模具设计实例一为例介绍遮蔽或取消遮蔽的应用（本实例文件保存路径为 \ CH12 \ cup-1_mold，请打开该文件夹中的 cup-1_mold. mfg 文件）。

进行遮蔽或取消遮蔽的操作有以下三个途径：

1. 【遮蔽-取消遮蔽】对话框

在主菜单中依次单击『视图』→『模型设置』→『模具显示』选项或在上工具箱〖模具遮蔽对话框〗工具栏中单击 按钮或按快捷键 "Ctrl + B"，系统弹出【遮蔽-取消遮蔽】对话框，如图 12-3 所示。

该对话框包含【遮蔽】和【取消遮蔽】两个选项卡，遮蔽和取消遮蔽的操作完全相同，下面介绍遮蔽操作的具体方法：

1）在上工具箱〖模具遮蔽对话框〗工具栏中单击 按钮或按快捷键 "Ctrl + B"，系统弹出【遮蔽-取消遮蔽】对话框。

2）选取对象的过滤类型。对话框中有三种过滤类型：分型面、体积块和元件，在选取前应根据用户欲选取的对象选取正确的过滤类型。

3）在当前过滤类型可见的对象中选取要遮蔽的对象。

4）在对话框中单击 遮蔽 按钮。

5）在对话框中单击 关闭 按钮。

如欲遮蔽图 12-18 所示 MOLD_VOL_1 和 MOLD_VOL_2 两个对象，操作方法如图 12-4 所示。

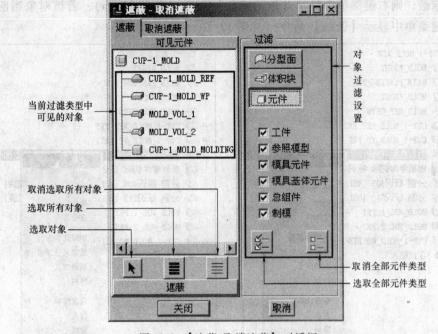

图 12-3 【遮蔽-取消遮蔽】对话框

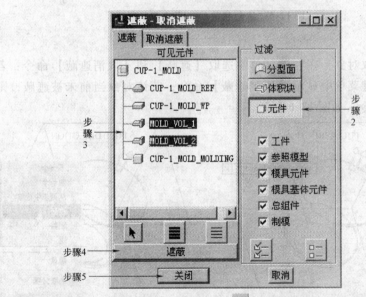

1) 在上工具箱〖模具遮蔽对话框〗工具栏中单击 按钮或按快捷键 "Ctrl + B"。

2) 选取对象的过滤类型,这里选取系统默认【元件】。

3) 选取要遮蔽的对象,这里按住 "Ctrl" 键选取 MOLD_VOL_1 和 MOLD_VOL_2 两个对象。

4) 在对话框中单击 遮蔽 按钮。

5) 在对话框中单击 关闭 按钮。

图 12-4 遮蔽操作实例

2. 模型树

在模型树中选取对象后,在右键菜单中选取【遮蔽】和【取消遮蔽】命令:若该对象当前已被遮蔽，则右键菜单中显示【取消遮蔽】命令（见图 12-5a）；若该对象当前未被遮蔽，则右键菜单中显示【遮蔽】命令（见图 12-5b）。

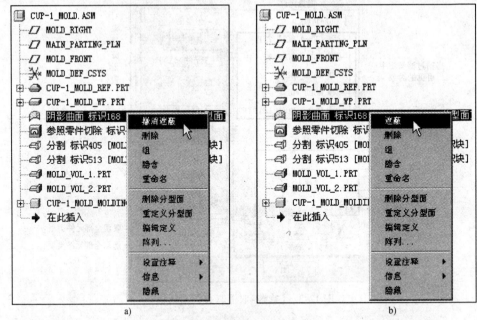

图 12-5　遮蔽和取消遮蔽操作方法一

3. 图形窗口

在模型树中选取对象，在右键菜单中选取【遮蔽】和【取消遮蔽】命令：若该对象当前已被遮蔽，则右键菜单中显示【取消遮蔽】命令；若该对象当前未被遮蔽，则右键菜单中显示【遮蔽】命令，如图 12-6 所示。

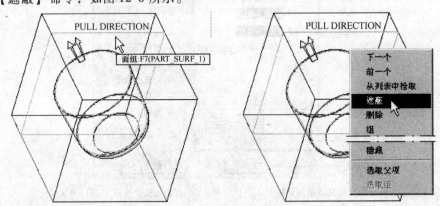

图 12-6　遮蔽和取消遮蔽操作方法二

五、分型面的创建

在应用 Pro/ENGINEER 软件进行模具设计时，有两类曲面可以完成工件的分割：一是使用 Parting Surface 专用模块生成的分型面特征；二是在参考模型或零件模型上使用【特征】中的【曲面】生成的曲面特征。使用第一种方法所创建的分型面是一个模具组件级的曲面特征，较为常用，也较易于操作和管理。从分型面的创建原理角度而言，分型面的设计方法大致可以分为两大类：一是通过曲面创建分型面，如：复制参考零件上的曲面或采用拉伸工具、旋转工具、扫描工具、高级曲面工具等创建的分型面；二是采用光投影技术生成分型面，如：阴影曲面（Shadow）和裙边曲面（Skirt）等，在本章随后节次中将对这两种分型面的创建方法进行详细介绍。

下面对通过曲面创建分型面、阴影曲面创建分型面和裙边曲面创建分型面三种创建分型面的方法进行简要说明。

1. 通过曲面创建分型面

该方法的原理是：复制参考模型上有关的曲面生成分型面（或分型面的主体）。应用该方法创建分型面通常存在下列两个问题：

（1）分型面与工件或模具元件没有完全相交　此时需要对分型面进行进一步的编辑，常用的方法有：

1）对分型面的边界进行延伸，使其与工件或模具元件完全相交。

2）选择合适的曲面创建方法，创建有关的曲面，然后对分型面和创建的曲面进行合并，最终形成一个符合要求的分型面。

（2）破孔　若复制所得的分型面存在破孔，一般可以通过填充孔（Fill loop）选项填补破孔，若该方法不成功，则需用创建曲面的方式填补破孔。

通过复制参考模型曲面是一种常用、灵活的分型面创建方法，对于结构复杂的参考模型尤其有效。

2. 阴影曲面创建分型面

阴影曲面的构造原理是：当一个与开模方向相反的光源照射在参考模型上时，在参考模型上，系统将复制出受到光源照射到的曲面部分并生成一个阴影曲面，同时，系统将自动填补曲面上的破孔并将阴影曲面的外部边界延伸至要分割工件或模具元件的表面，最终形成一个分型曲面。

阴影曲面是一种快捷高效的分型面构造方法，但是，这种方法存在很大的局限性：首先，当设计模型的轮廓曲线在投影方向上存在交叉或曲面间有部分遮挡时，所生成的阴影曲面往往是错误的；其次，由于外部轮廓曲线在进行延伸操作时不能修改延伸方向，因此，对复杂的外部边界，操作往往失败；第三，参考模型表面在投影方向必须具有脱模斜度，不能存在与投影方向平行的表面，否则难以保证构造出正确的分型面，因为当一个曲面与投影方向平行时，该曲面的投影就存在上方曲线链和下方曲线链，但是阴影曲面并没有选择曲面的上方曲线链或下方曲线链进行封闭的功能。

对于上述不足，裙边曲面做了一些改进和完善。

3. 裙边曲面创建分型面

裙边曲面是通过参考模型的侧面影像曲线而构造的分型面，该曲面可以填补参考模型曲面上的破孔（但它不包含参考模型的曲面）。在建立裙边曲面时，首先必须创建侧面影像曲线（Silhouette curve）。侧面影像曲线是指点在指定视觉方向上参考模型的轮廓曲线，是模具分型时的分模线，它一般包括若干个封闭的内环和外环，内环用于封闭分型面上的破孔，外环用于延伸曲面边界至要分割工件或模具元件的边界。

当参考模型中有与投影方向平行的曲面时，在创建侧面影像曲线时，系统提供了用户选择曲面的上方曲线链或下方曲线链进行封闭的功能，即使用【环选择】（Loop Selection）选项中的【链选项】（Chains）确定使用上端环或是下端环，因此，在使用侧面影像曲线创建裙边曲面时，参考模型中允许存在与投影方向平行的曲面（即不要求完全拔模）；此外，在延伸曲面外部边界时，延伸方向可以重新定义，因此，一些不能使用阴影曲面创建分型面的场合往往可以用裙边曲面来创建分型面。

提示	对需要侧抽芯的模具，不能采用裙边分型面一次分模，一般情况下，可以先构造侧向抽芯滑块的分型面进行第一次分割，然后再采用裙边分型面对剩余模块进行二次分割，但在构造侧面影像曲线时应排除侧面环。

表 12-3 是三种分型面创建方法的比较及图例。

表 12-3　三种分型面创建方法的比较及图例

创建方法	适用场合	图　例		
		图例文件	参考模型	分型面创建结果
复制曲面	所有场合	\CH12\parting_surface\		
阴影曲面	参考模型完全拔模、边界曲线简单、表面带有多孔	\CH12\parting_surface\shadow-1_mold\shadow-1_mold. mfg	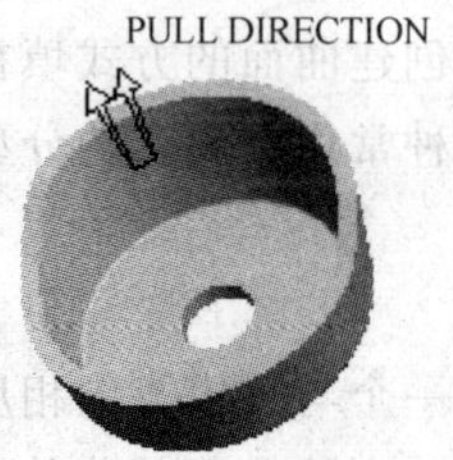 PULL DIRECTION	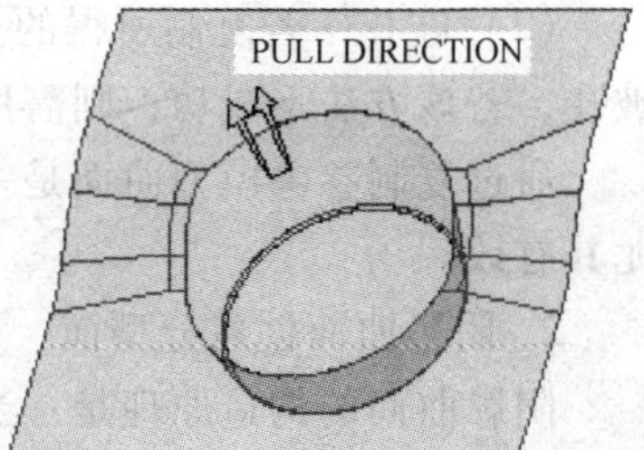 PULL DIRECTION
裙边曲面	大部分情况均可	\CH12\parting_surface\skirt-1_mold\skirt-1_mold. mfg	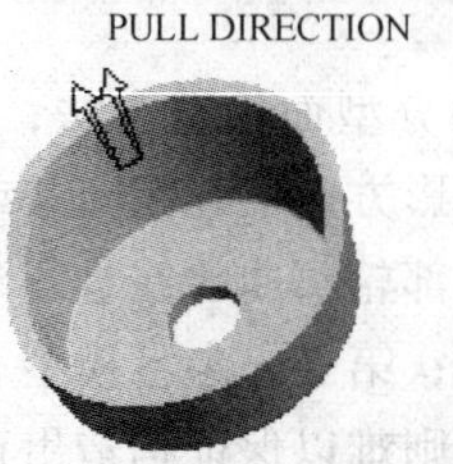 PULL DIRECTION	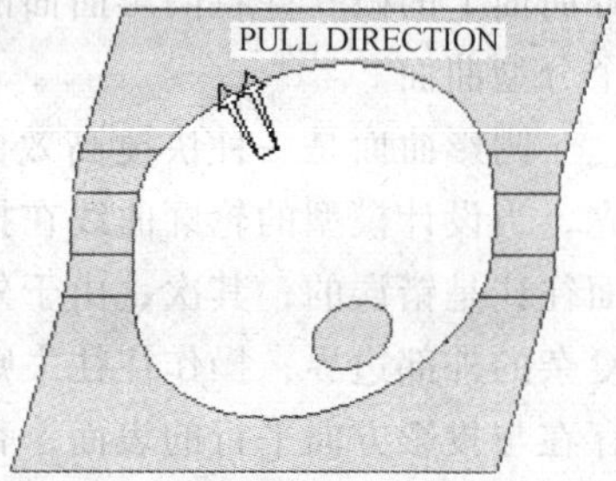 PULL DIRECTION

第二节　简单模具的设计

一般将没有滑块、破孔、镶块等结构的模具称为简单模具。对于简单模具，分型面的创建是最重要的内容，而创建分型面主要有两种方法：系统自动创建和人工手动创建。

本节中将以图 12-7 所示的零件为设计模型，介绍 Pro/ENGINEER 软件进行模具设计的一般流程及创建分型面的两种方法。

一、简单模具设计实例——手动创建工件、系统自动创建分型面

1. 塑料制品分析

材料为 PP，收缩率为 1%。

2. 新建文件夹并设置为工作目录

为当前模具设计任务建立一个新的文件夹，文件夹名称为 cup-1_mold，将设计模型文件 cup-1. prt 文件复制至该文件夹中。

3. 启动 Pro/ENGINEER 软件，新建模具设计文件

步骤1：启动 Pro/ENGINEER 软件将 cup-1_mold 文件夹设置为工作目录。

图 12-7 简单模具设计实例的设计模型

步骤2：在上工具箱『文件』工具栏中单击 ▢ 按钮或在主菜单依次单击『文件』→『新建』选项或按快捷键 "Ctrl + N"，在【新建】对话框中，选择【类型】为【制造】，【子类型】为【模具型腔】，不使用缺省模板，文件名为 cup-1_mold，在【新文件选项】对话框中选择 mmns_mfg_mold. mfg 模板。

步骤3：系统自动创建三个默认基准面 MOLD_RIGHT、MAIN_PARTING_PLN、MOLD_FRONT 和默认坐标系 MOLD_DEF_CSYS，如图 12-8 所示。

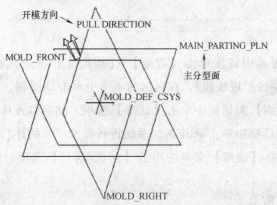

图 12-8 新建模具设计文件

4. 调入并装配设计模型

将设计模型调入到模具设计文件中并完成装配，其操作流程为：

步骤 1：进入打开设计模型文件状态：在菜单管理器中依次单击【模具模型】→【装配】→【参照模型】选项。

步骤 2：打开设计模型文件：在弹出的【打开】对话框中双击 cup-1.prt 文件或选取 cup-1.prt 文件后单击 **打开(O)** 按钮。

步骤 3：装配设计模型：打开设计模型文件后，弹出装配操控板，当前装配状态为"不完整约束"，选取【缺省】约束类型进行装配，装配后装配状态为"完全约束"。

步骤 4：完成设计模型装配：在操控板中单击 ✔ 按钮或按鼠标中键，完成设计模型的装配。

步骤 5：创建参照模型：系统提供了【按参照合并】、【同一模型】和【继承】三种创建参照模型的方式，默认为【按参照合并】方式，参照模型名称默认为 CUP-1_MOLD_REF。

步骤 6：在【模具模型】菜单中单击【完成/返回】选项，返回到模具【菜单管理器】。

调入并装配设计模型的操作如图 12-9 所示。

提示	(1) 设计模型可以打开一个已创建的模型，也可以在此时创建，若需在此时创建，则单击菜单中的【创建】选项。 (2) 参照零件有如下三种创建方法： 1)【按参照合并】：系统会将设计零件的几何信息复制到参照零件中，以该方式创建参照零件，系统只从设计零件中复制几何和层。 2)【同一模型】：系统将设计零件作为模具设计的参照零件。 3)【继承】：参照零件继承设计零件中的所有几何和特征信息，用户可指定在不更改原始零件情况下要在继承零件上进行修改的几何及特征数据，继承可为在不更改设计零件情况下修改参照零件提供更大的自由度。 系统默认为【按参照合并】。

5. 设置设计模型的收缩率

步骤 1：在【模具】菜单管理器中依次单击【收缩】→【按尺寸】选项或在右工具箱〖模具/铸件制造〗工具栏中单击 ⌛ 的扩展按钮 ·，在弹出的菜单中单击 ⌛ 按钮。

步骤 2：在弹出的【按尺寸收缩】对话框中单击【比率】选项，然后输入 0.01。

步骤 3：在【按尺寸收缩】对话框中单击 ✔ 按钮，系统进行模型尺寸的计算。

步骤 4：完成收缩率计算后，在【收缩】菜单中单击【完成/返回】选项，返回到模具【菜单管理器】对话框。

收缩率设置的操作如图 12-10 所示。

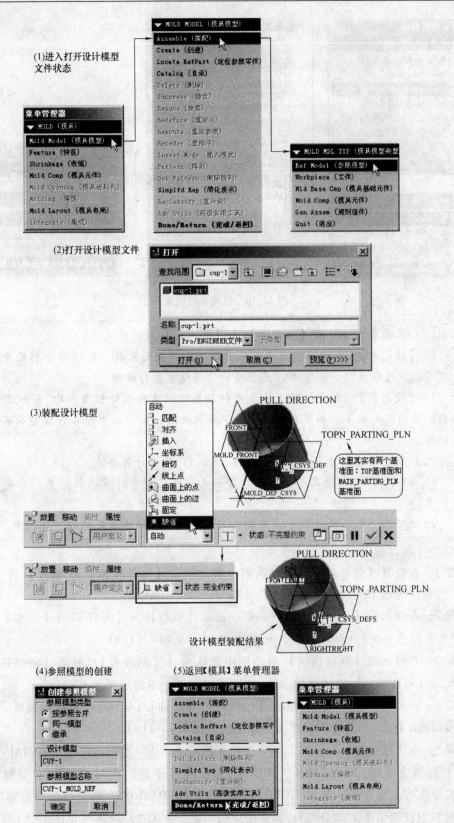

图 12-9 装配设计模型

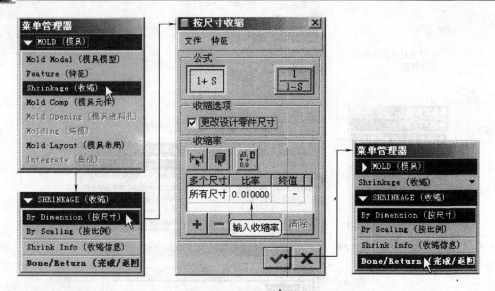

图 12-10　收缩率的设置

提示	（1）收缩率的计算有【按尺寸】和【按比例】两种方式 1）【按尺寸】：允许为所有模型尺寸设置一个收缩系数，也可为个别尺寸指定收缩系数，可根据用户的需要，是否将设计模型也进行收缩。 2）【按比例】：允许相对于某个坐标系按比例收缩设计模型，X、Y 和 Z 方向可指定不同的收缩率。如果在模具模块下应用收缩，则它仅用于参照模型而不影响设计模型。 （2）收缩率的计算有 $(1+S)$ 和 $1/(1-S)$ 两个计算公式 1）$(1+S)$ 公式适用于基于零件原始几何指定预先计算的收缩率，此项为默认设置。 2）$1/(1-S)$ 公式适用于应用收缩后，基于零件的生成几何指定收缩率。

6. 创建工件，建立模具模型

步骤 1：在模具【菜单管理器】对话框中依次单击【模具模型】→【创建】→【工件】→【手动】选项（见图 12-11a）。

步骤 2：在弹出的【元件创建】对话框中选取【类型】为【零件】，【子类型】为【实体】，输入名称为 cup-1_mold_wp，单击 确定 按钮（见图 12-11b）。

步骤 3：在弹出的【创建选项】对话框中默认为【复制现有】，单击【创建特征】选项，更改为【创建特征】方式创建工件，然后单击 确定 按钮（见图 12-11c）。

步骤 4：在菜单管理器中依次单击【加材料】→【拉伸】/【实体】/【完成】选项（即选用拉伸方式创建工件），系统弹出拉伸工具操控板（见图 12-11d）。

步骤 5：在操控板选项卡中单击 放置 按钮，然后单击 定义... 按钮，选取 MAIN_PART-ING_PLN 为草绘平面，选取 MOLD_RIGHT 为右参考平面，在【草绘】对话框中单击 草绘 按钮或按鼠标中键，选取 MOLD_RIGHT 和 MOLD_FRONT 基准面为截面标注参照，在【参照】对话框中单击 关闭(C) 按钮或按鼠标中键，进入草绘状态（见图 12-11d）。

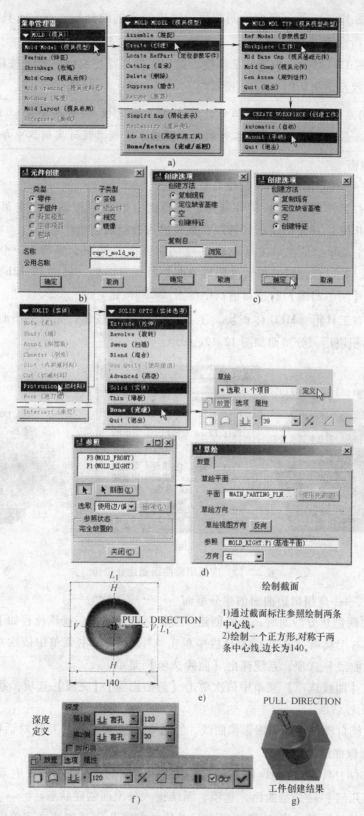

图 12-11 创建工件

步骤6：按图12-11e所示要求绘制截面，完成截面的绘制后，在右工具箱〖草绘器工具〗工具栏中单击 ✔ 按钮。

步骤7：按图12-11f所示设置特征深度，最后在特征操控板中单击 ✔ 按钮。

工件创建过程及结果如图12-11g所示。

提示	若采用系统自动方式创建工件，则在右工箱〖模具/铸件制造〗工具栏中单击 ⬜ 按钮。系统自动方式创建工件的方法将在本节模具设计实例二中介绍。

7. 创建分型面

（1）方法一——应用阴影曲面创建分型面

步骤1：在右工具箱〖模具/铸件制造〗工具栏中单击 ⬜ 按钮或在主菜单中依次单击〖插入〗→〖模具几何〗→〖分型曲面〗选项，系统进入分型面创建状态。

步骤2：在主菜单中依次单击〖编辑〗→〖阴影曲面〗选项，屏幕有一个红色箭头表示光源方向（见图12-12a），同时弹出【阴影曲面】特征对话框（见图12-12b）。

步骤3：在【阴影曲面】特征对话框中单击 确定 按钮。

步骤4：在右工具箱〖MFG体积块〗工具栏中单击 ✔ 按钮，完成分型面的创建，遮蔽了所有元件和体积块后，分型面如图12-12c所示。

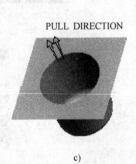

| a) | b) | c) |

图 12-12 应用阴影曲面创建分型面

（2）方法二——应用裙边曲面创建分型面

应用裙边曲面创建分型面时，应先创建一条侧面影像曲线，操作流程如下：

步骤1：在右工具箱〖基准〗工具栏中单击 ∼ 按钮或在主菜单中依次单击〖插入〗→〖模型基准〗→〖曲线〗选项，系统弹出【曲线选项】菜单。

步骤2：在【曲线选项】菜单中依次单击【侧面影像】/【完成】选项，系统弹出【侧面影像曲线】特征对话框。

步骤3：系统自动创建了侧面影像曲线，在【侧面影像曲线】特征对话框单击 确定 按钮，完成侧面影像曲线的创建。

步骤4：在右工具箱〖模具/铸件制造〗工具栏中单击 ⬜ 按钮或在主菜单中依次单击〖插入〗→〖模具几何〗→〖分型曲面〗选项，系统进入分型面创建状态。

步骤5：在右工具箱〖模具/铸件制造〗工具栏中单击 ⬜ 按钮或主菜单中依次单击〖编

辑』→『裙状曲面』选项，系统弹出【裙边曲面】特征对话框。

步骤6：选取刚创建的侧面影像曲线，然后按鼠标中键或在【链】菜单管理器中单击【完成】选项。

步骤7：在【裙边曲面】特征对话框单击 确定 按钮。

步骤8：在右工具箱〖MFG体积块〗工具栏中单击 ✓ 按钮，完成分型面的创建。

创建过程及遮蔽了所有元件和体积块后，分型面如图12-13所示。

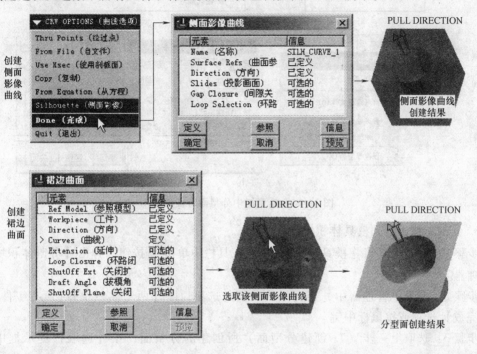

图12-13　应用侧面影像曲线和裙边曲面创建分型面

　　虽然完成了分型面的创建，但此时模型树中并没有显示分型面特征，如图12-14a所示。为了在模型树中能显示有关特征，需进行如下操作：在导航区中依次单击【设置】→【树过滤器】选项，在弹出的【模型树项目】对话框中选中【特征】复选框，即"☑ 特征"，如图12-14b所示，最后单击 确定 按钮，操作后的模型树如图12-14c所示。

阴影曲面与裙边曲面二者的区别		
	阴 影 曲 面	裙 边 曲 面
提示	用参照模型几何创建覆盖型曲面	根据侧面影像曲线，创建瑞士干酪型曲面
	设计模型必须完全拔模	设计模型允许有垂直曲面
	不能排除失败的段	允许排除失败的段
	不允许控制伸出长度方向	允许控制伸出长度方向
	不允许此种选取和选择	可选取孔封闭或选择上部或下部曲线链进行封闭

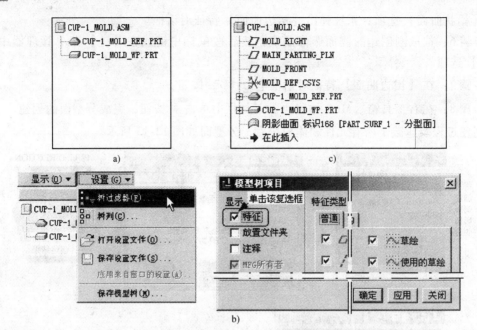

图 12-14　模型树中分型面特征的显示

8. 分割工件，得到模具体积块

步骤 1：在右工具箱〖模具/铸件制造〗工具栏中单击 ⊟ 按钮，弹出【分割体积块】菜单管理器。

步骤 2：在菜单管理器中，接受系统默认的选项，即【两个体积块】/【所有工件】，单击【完成】选项或按鼠标中键。

步骤 3：选取上一步（7. 创建分型面）所创建的分型面，在【选取】提示框中单击 确定 按钮或按鼠标中键。

步骤 4：在【分割】特征对话框单击 确定 按钮或按鼠标中键。

步骤 5：为当前高亮度显示的模具体积块命名，这里按系统默认的名称，分别命名为 MOLD_VOL_1 和 MOLD_VOL_2，如图 12-15a 所示。

步骤 6：分割结束后，模型树如图 12-15b 所示。

9. 抽取模具体积块，生成模具零件

步骤 1：在右工具箱〖模具/铸件制造〗工具栏中单击 ➋ 按钮或在菜单管理器中依次单击【模具元件】→【抽取】选项，系统弹出【创建模具元件】对话框，对话框中列出分割后所得到的模具体积块。

步骤 2：在【创建模具元件】对话框中单击 ▤ 按钮，表示选取全部模具体积块，单击 确定 按钮。

步骤 3：操作流程和完成模具体积块抽取操作后的模型树如图 12-16 所示。

10. 生成铸模零件

步骤 1：在菜单管理器中依次单击【铸模】→【创建】。

步骤 2：输入铸模元件名称：cup-1_mold_molding。

步骤 3：铸模元件创建结果及遮蔽了分型面和有关模具元件后的铸模元件如图 12-17 所示。

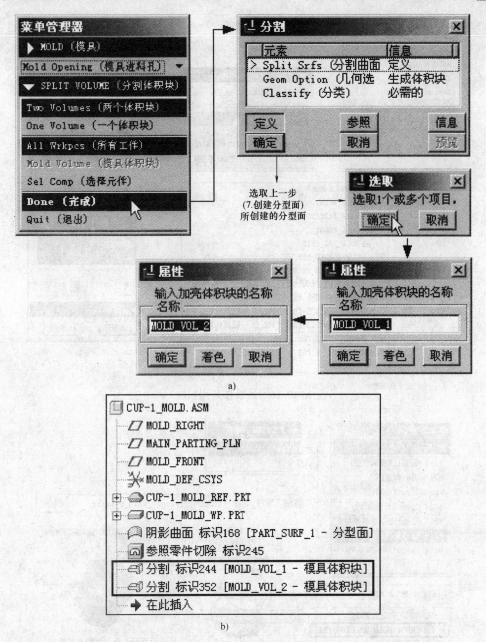

图 12-15 分割模具体积块

步骤 4：完成铸模元件的创建后，在模型树中增加了一个特征：CUP-1_MOLD_MOLD-ING.PRT。

11. 开模模拟

开模模拟是指模拟模具在正常工作时模具元件的工作顺序，其操作方法为：选取要移动的模具元件→指定移动方向→输入移动位移。在进行开模模拟时，一般需先将分型面、体积块、工件等无关的对象进行遮蔽，图 12-18 所示为需要遮蔽的分型面、体积块和元件。

开模模拟的具体操作流程如下：

步骤 1：在菜单管理器中依次单击【模具进料孔】→【定义间距】→【定义移动】选项。

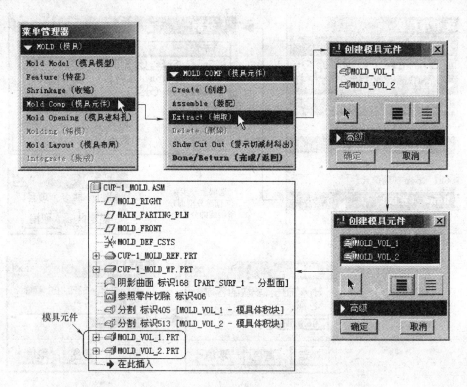

图 12-16　抽取模具体积块

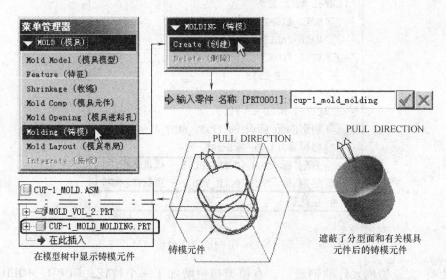

图 12-17　生成铸模元件

步骤 2：选取要移动的模具元件，选取结束后，按鼠标中键或在【选取】提示框中单击 确定 按钮。

步骤 3：选取模具元件移动方向参照，移动方向参照可以是边、轴或表面。

步骤 4：输入移动位移，这里输入 200。

步骤 5：在【定义间距】菜单管理器中单击【完成】选项，完成模具元件的开模模拟，结果如图 12-19 所示。

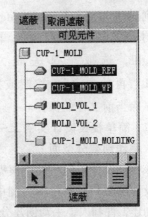

图 12-18 开模模拟时需遮蔽的对象

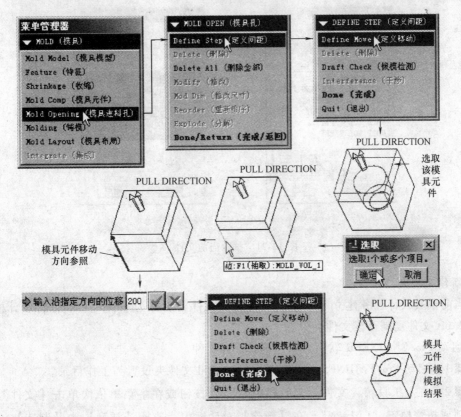

图 12-19 开模模拟

用类似的方法定义其它模具元件的开模模拟，最终结果如图 12-20 所示。

12. 保存文件

在上工具箱〖文件〗工具栏中单击 按钮或按快捷键 "Ctrl + N" 或在主菜单依次单击『文件』→『保存』选项，完成文件的保存，文件保存后当前文件夹中的文件情况如图 12-30 所示。

13. 拭除当前文件

在主菜单依次单击『文件』→『拭除』→『当前』选项，系统弹出【拭除】对话框，对话框中列出了与 cup-1_mold.mfg 模具文件相关联的文件（见图 12-21a），单击对话框中 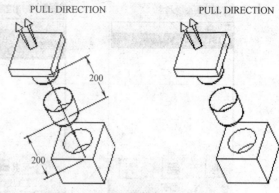 按钮，选取全部关联文件（见图 12-21b），再单击 确定 按钮或按鼠标中键，完成拭除当前文件的操作。

二、简单模具设计实例二——自动创建工件、手动创建分型面

该模具设计实例其设计模型与设计实例一的设计模型相同，在本实例中，主要介绍自动创建工件和人工手动创建分型面的方法。

图 12-20　开模模拟最终结果

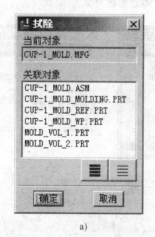 

a)　　　　　　　　　　　b)

图 12-21　拭除当前文件

1. 新建文件夹

为当前模具设计任务建立一个新的文件夹，文件夹名称为 cup-2_mold，将设计模型文件 cup-2. prt 文件复制至该文件夹中。

2. 启动 Pro/ENGINEER 软件，新建模具设计文件

步骤 1：启动 Pro/ENGINEER 软件将 cup-2_mold 文件夹设置为工作目录。

步骤 2：在上工具箱〖文件〗工具栏中单击 按钮或在主菜单依次单击『文件』→『新建』选项或按快捷键 "Ctrl + N"，在【新建】对话框中，选择【类型】为【制造】，【子类型】为【模具型腔】，不使用缺省模板，文件名为 cup-2_mold，在【新文件选项】对话框中选择 mmns_mfg_mold. mfg 模板。

步骤 3：系统自动创建三个默认基准面 MOLD_RIGHT、MAIN_PARTING_PLN、MOLD_FRONT 和默认坐标系 MOLD_DEF_CSYS。

3. 调入并装配设计模型

将设计模型调入到模具设计文件中并完成装配，操作流程为：

步骤 1：进入打开设计模型文件状态：在菜单管理器中依次单击【模具模型】→【装配】→【参照模型】选项。

步骤2：打开设计模型文件：在弹出的【打开】对话框中双击 cup-2. prt 文件或选取 cup-2. prt 文件后，单击 打开⑴ 按钮。

步骤3：装配设计模型：打开设计模型文件后，弹出装配操控板，当前装配状态为"不完整约束"，选取【缺省】约束类型进行装配，装配后装配状态为"完全约束"。

步骤4：完成设计模型装配：在操控板中单击✔按钮或按鼠标中键，完成设计模型的装配。

步骤5：创建参照模型：系统提供了【按参照合并】、【同一模型】和【继承】三种创建参照模型的方式，默认为【按参照合并】方式，参照模型名称默认为 CUP-2_MOLD_REF。

步骤6：在【模具模型】菜单中单击【完成/返回】选项，返回到【模具】菜单管理器。

4. 设置设计模型的收缩率

步骤1：在【模具】菜单管理器中依次单击【收缩】→【按尺寸】选项或在右工具箱〖模具/铸件制造〗工具栏中单击⬚的扩展按钮·，在弹出的菜单中单击⬚按钮。

步骤2：在弹出的【按尺寸收缩】对话框中单击【比率】选项，然后输入 0.01。

步骤3：在【按尺寸收缩】对话框中单击✔按钮，系统进行模型尺寸的计算。

步骤4：完成收缩率计算后，在【收缩】菜单中单击【完成/返回】选项，返回到【模具】菜单管理器。

5. 创建工件，建立模具模型

步骤1：在【模具】菜单管理器中依次单击【模具模型】→【创建】→【工件】→【自动】选项或在右工具箱〖模具/铸件制造〗工具栏中单击⬚按钮，系统弹出【自动工件】对话框。

步骤2：选取坐标系，这里选取默认坐标系 MOLD_DEF_CSYS。

步骤3：选择工件形状，这里按系统默认类型（即矩形⬚）。

步骤4：选择单位制，这里按系统默认类型（即 mm）。

步骤5：在【整体尺寸】栏中按图 12-22a 所示输入工件的有关尺寸。

步骤6：预览工件创建结果，若正确，在对话框中单击 确定 按钮，完成工件的创建，结果如图 12-22b 所示。

提示	1）若单击⬚按钮选取坐标系后，系统提示"找不到 Workpiece 模具目录，请检查安装和/或目录（D：\Program Files \ proeWildfire 3.0 \ apps_data \ mold_data \ catalog \ ）路径"，此时请将光盘中 mold_data 目录复制至 D：\ Program Files \ proeWildfire 3.0 \ apps_data 目录下即可（假设 Pro/ENGINEER Wildfire 3.0 软件的安装目录为 D：\ Program Files \ proeWildfire 3.0）。 2）在图 12-22a 所示【自动工件】对话框中，【偏移】、【平移工件】选项的含义为： 【偏移】：偏移是指以参照模型在 X、Y、Z 方向最大投影轮廓为测量参照进行偏移（即最大投影轮廓至工件的距离）；【统一偏距】是指在 X、Y、Z 坐标轴的正、负方向均为同一个偏距值，也可以在 X、Y、Z 坐标轴的正、负方向设定不同的偏距值。 【平移工件】：拖动 X 方向或 Y 方向的旋转轮盘，可以使工件沿 X 方向或 Y 方向移动，通过调整，使工件与参照模型二者有着适当的位置关系。 【整体尺寸】：设置工件在 X、Y、$+Z$、$-Z$ 四个方向上的尺寸值。

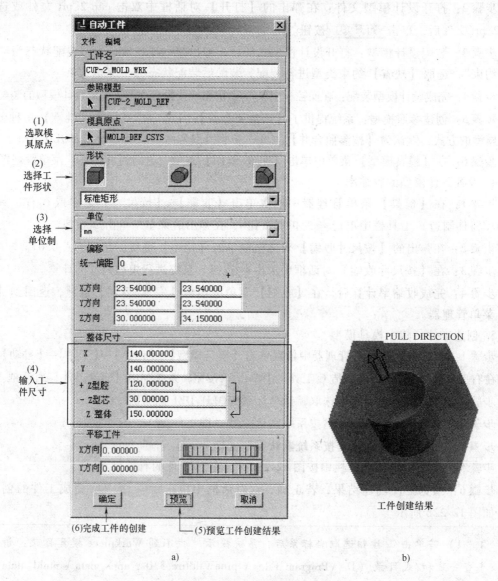

图 12-22　系统自动方式创建工件

6. 创建分型面

使用手动方式创建分型面主要是通过复制参考模型的有关曲面和创建、编辑曲面的方式来实现的，下面详细介绍该方法的操作流程。

步骤 1：通过设置，在模型树中显示有关特征。

步骤 2：为了便于曲面的选取，在模型树中选取 CUP-2_MOLD_WRK，在右键菜单中选择【隐藏】，此时屏幕中只显示参考模型。

步骤 3：在模具【菜单管理器】对话框中依次单击【特征】→【型腔组件】→【曲面】→【复制】/【完成】选项，系统弹出【曲面复制】操控板。

步骤 4：用种子面和边界面的方式选取参考模型所有的内表面，具体方法是：选取参考模型任意一个内表面为种子面，按住"Shift"键，选取图示曲面为边界面，放开"Shift"

键，完成曲面的选取。

步骤5：在操控板中单击✔按钮，完成复制曲面的操作，在菜单中单击【完成/返回】选项，如图12-23所示。

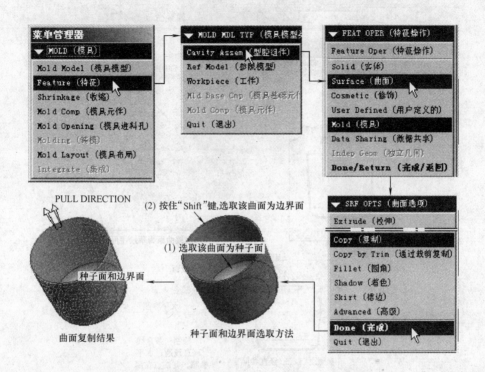

图 12-23　曲面的复制

步骤6：在模型树中选取 CUP-2_MOLD_WRK，在右键菜单中选择【取消隐藏】，恢复工件的显示。

步骤7（创建拉伸曲面）：在模具【菜单管理器】对话框中依次单击【特征】→【型腔组件】→【曲面】→【新建】→【拉伸】/【完成】选项，系统弹出【拉伸工具】操控板。

步骤8：在拉伸工具操控板中单击 放置 选项卡，在【放置】上滑面板中单击 定义... 按钮，弹出【草绘】对话框。

步骤9：按图 12-24 所示选取草绘平面和参考平面，在【草绘】对话框中单击 草绘 按钮。

步骤10：按图 12-24 所示选取截面标注参照，在【参照】对话框中单击 关闭(C) 按钮或按鼠标中键，进入截面草绘状态。

步骤11：绘制图 12-24 所示截面，在右工具箱〖草绘器工具〗工具栏中单击✔按钮，完成截面绘制。

步骤12：以 选项定义拉伸深度，拉伸至图示曲面。

步骤13：在拉伸工具操控板中单击✔按钮或按鼠标中键，完成拉伸曲面特征的创建。

步骤14（曲面合并）：在【模具】菜单管理器中依次单击【特征】→【型腔组件】→【曲

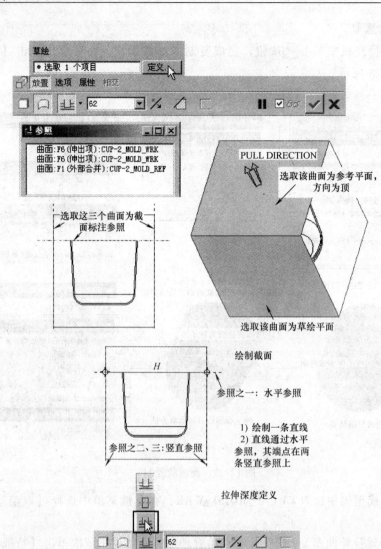

图 12-24 拉伸曲面的创建

面】→【合并】选项，系统弹出【合并工具】操控板。

步骤 15：选取刚创建的复制曲面特征和拉伸曲面特征，确定面组 F8 的外侧为保留侧，按鼠标中键或在操控板中单击 ✓ 按钮，曲面合并的有关操作及结果如图 12-25 所示。

步骤 16：在右工具箱〖MFG 体积块〗工具栏中单击 ✓ 按钮，至此，完成分型面的创建，分型面创建结束后模型树如图 12-26 所示。

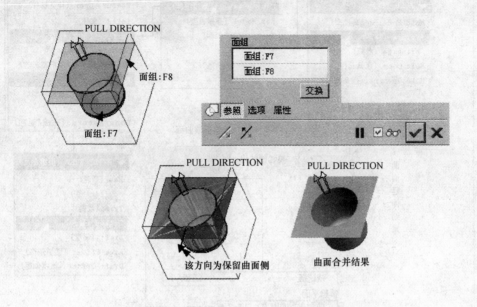

图 12-25 曲面的合并

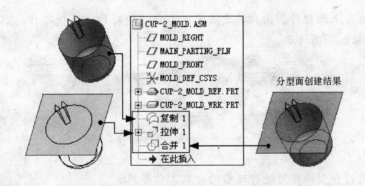

图 12-26 分型面创建结束后的模型树

提示	在本例中，也可以采用对复制的曲面进行延伸的方式创建分型面，具体操作为： 1）在模具【菜单管理器】对话框中依次单击【特征】→【型腔组件】→【曲面】→【延伸】选项，系统弹出【曲面延伸】操控板。 2）按下图所示操作步骤进行操作：在操控板中单击 ▢ 按钮→选取要延伸的边→选取边延伸后所要到达的参照曲面→预览、完成操作、结束延伸操作。

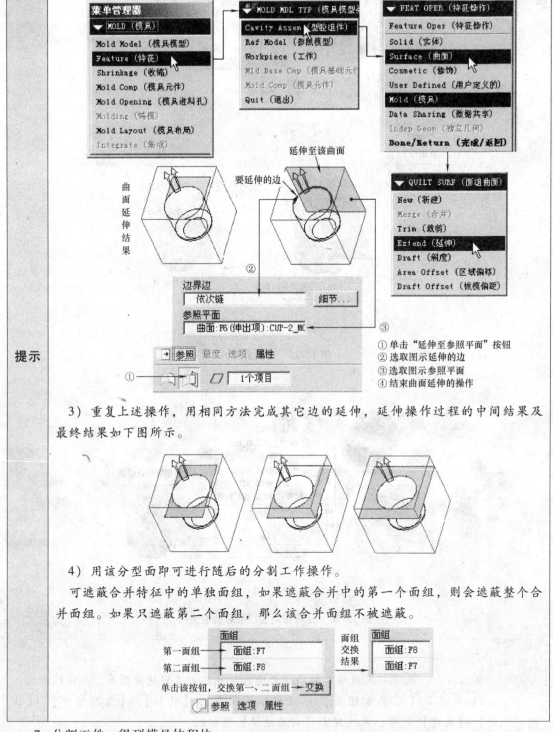

提示

3）重复上述操作，用相同方法完成其它边的延伸，延伸操作过程的中间结果及最终结果如下图所示。

4）用该分型面即可进行随后的分割工作操作。

可遮蔽合并特征中的单独面组，如果遮蔽合并中的第一个面组，则会遮蔽整个合并面组。如果只遮蔽第二个面组，那么该合并面组不被遮蔽。

7. 分割工件，得到模具体积块

步骤1：在右工具箱『模具/铸件制造』工具栏中单击 按钮，系统弹出【分割体积块】菜单管理器。

步骤2：在菜单管理器中，接受系统默认的选项，即【两个体积块】/【所有工件】，单击【完成】选项或按鼠标中键。

步骤 3：选取上一步（6. 创建分型面）所创建的分型面，在【选取】提示框中单击 确定 按钮或按鼠标中键。

步骤 4：在【分割】特征对话框单击 确定 按钮或按鼠标中键。

步骤 5：为当前高亮度显示的模具体积块命名，这里按系统默认的名称，分别命名为 MOLD_VOL_1 和 MOLD_VOL_2。

步骤 6：分割结束后，模型树如图 12-27 所示。

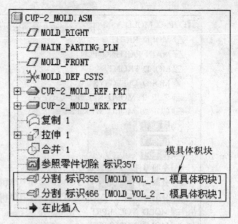

图 12-27 分割模具体积块后的模型树

8. 抽取模具体积块，生成模具零件

步骤 1：在右工具箱〖模具/铸件制造〗工具栏中单击 按钮或在【模具菜单管理器】对话框中依次单击【模具元件】→【抽取】选项，系统弹出【创建模具元件】对话框，对话框中列出分割后所得到的模具体积块。

步骤 2：在【创建模具元件】对话框中单击 按钮，表示选取全部模具体积块，单击 确定 按钮或按鼠标中键。

步骤 3：操作流程和完成模具体积块抽取操作后的模型树如图 12-28 所示。

9. 生成铸模零件

步骤 1：在菜单管理器中依次单击【铸模】→【创建】选项。

步骤 2：输入铸模元件名称：cup-2_mold_molding。

步骤 3：完成铸模元件的创建后，在模型树中增加了一个特征：CUP-2_MOLD_MOLD-ING.PRT。

10. 开模模拟

步骤 1：遮蔽分型面、模具体积块、工件和参考模型。

步骤 2：按住"Ctrl"键，在模型树中选取复制 1、拉伸 1 和合并 1 三个特征，在右键菜单中选择【隐藏】，隐藏复制曲面、

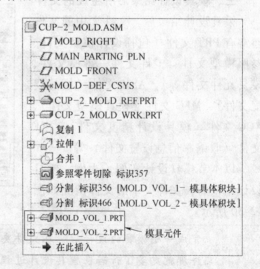

图 12-28 抽取模具体积块后的模型树

拉伸曲面和合并曲面，隐藏前后的模型树如图 12-29 所示。

其余步骤与简单模具设计实例一开模模拟的操作相同。

11. 保存文件

在上工具箱〖文件〗工具栏中单击 按钮或按快捷键"Ctrl + S"或在主菜单中依次单击『文件』→『保存』选项，完成文件的保存。

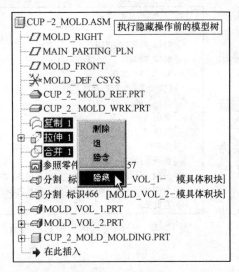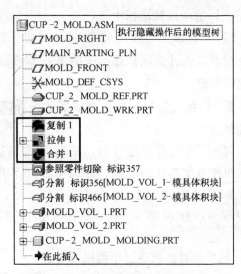

图 12-29　执行隐藏操作前、后的模型树

12. 拭除当前文件

在主菜单中依次单击『文件』→『拭除』→『当前』选项，系统弹出【拭除】对话框，对话框中列出了与 CUP-2_MOLD.MFG 模具文件相关联的文件，单击对话框中 ▤ 按钮，选取全部关联文件，再单击 确定 按钮或按鼠标中键，完成拭除当前文件的操作。

三、模具设计结束后所生成的文件

模具设计结束后，文件夹中的文件通常有 PRT 文件（包括设计模型文件、参照模型文件、工件文件、铸模文件、模具元件文件等）、ASM 文件（模具装配文件）、MFG 文件（模具模型文件）、ACC 文件（模具设计精度文件）、INF 文件（收缩率信息设置文件）等。

以本节模具设计实例一为例，模具设计结束后，文件夹中的文件情况如图 12-30 所示。

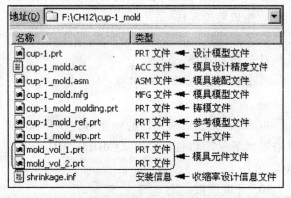

图 12-30　模具设计完成后的文件情况

提示	完成一副模具的设计后，在文件夹中会生成很多不同类型的文件，若包括旧版本文件那就更多了；若在模具设计过程中多次进行文件的保存，文件夹中的文件则会更多（如下图 a 中加框的均为旧版本文件），删除不同文件的所有旧版本文件其方法有不少，但往往不是容易误操作，就是操作麻烦且慢，因此，如何才能高效、准确、快速地删除这些旧版本文件呢？Pro/ENGINEER 软件提供了一个 DOS 命令——purge，该命令可以方便快捷地完成上述任务，具体操作为： 　　1）在 Windows 用户界面中单击【开始】→【运行】选项。 　　2）在输入框中输入"cmd"并回车，进入 DOS 状态。 　　3）进入模具设计目录，本例中目录为 F：\CH12\cup-2_mold。

提示	4）输入"purge"命令并回车，则可将该目录中各种文件的所有旧版本文件删除，删除旧版本文件后文件夹内容如下图 b 所示。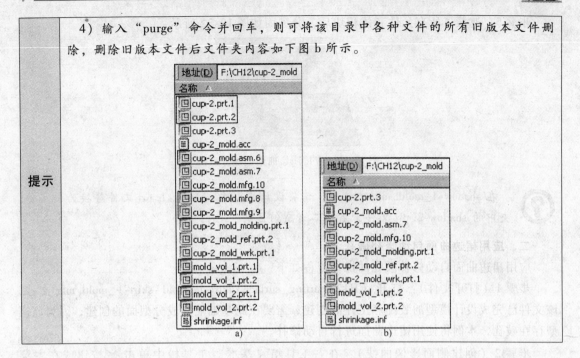 a)　　　　　　　　b)

第三节　带破孔的参考模型及模具分型面的设计

在塑料制品中，经常存在连接内、外表面的孔、槽等结构，此时，所创建的分型面则存在不封闭的结构，通常将这些不封闭的结构称为破孔，如图 12-31 所示，箭头所指的结构均为破孔。

对于修补分型面上的破孔，常用的方法有两种：

1）系统自动修补破孔，包括应用阴影曲面自动修补破孔和应用裙边曲面自动修补破孔。

2）在复制曲面时手动修补。

下面通过实例分别对这两种方法进行介绍。

图 12-31　模型中的破孔

一、应用阴影曲面自动修补破孔

应用阴影曲面自动修补破孔的操作流程如下：

步骤 1：打开\CH12\parting_surface\shadow-1_mol\shadow-1_mold. mfg 文件，该文件已完成设计模型的装配和工件的创建，需要在此基础上完成分型面的创建，因为该模型存在破孔，本例将使用阴影曲面进行自动修补。

步骤 2：在右工具箱〖模具/铸件制造〗工具栏中单击□按钮或在主菜单中依次单击『插入』→『模具几何』→『分型曲面』选项，系统进入分型面创建状态。

步骤 3：在主菜单中依次单击『编辑』→『阴影曲面』选项，屏幕有一个红色箭头表示光源方向，同时系统弹出【阴影曲面】特征对话框。

步骤 4：在【阴影曲面】特征对话框单击 确定 按钮，在右工具箱〖MFG 体积块〗工具栏中单击✓按钮，完成分型面的创建。

步骤 5：遮蔽了所有元件和体积块后，分型面如图 12-32 所示。

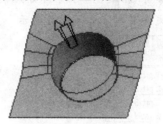

图 12-32　应用阴影曲面创建分型面

　　在 shadow-1_mold. mfg 文件中，请将设计模型由 shadow-1. prt 文件替换为该文件夹中的 shadow-2. prt 文件，看看二者有何区别？

二、应用裙边曲面自动修补破孔

应用裙边曲面自动修补破孔的操作流程如下：

步骤 1（打开文件）：打开 \CH12 \parting_surface \skirt-1_mold \skirt-1_mold. mfg 文件，该文件已完成设计模型的装配和工件的创建，需要在此基础上完成分型面的创建，因为该模型存在破孔，本例将使用裙边曲面进行自动修补。

步骤 2（创建侧面影像曲线）：在右工具箱〖基准〗工具栏中单击 ～ 按钮或在主菜单中依次单击『插入』→『模型基准』→『曲线』选项，系统弹出【曲线选项】菜单，在【曲线选项】菜单中依次单击【侧面影像】/【完成】选项，系统弹出【侧面影像曲线】特征对话框。

步骤 3（对【Loop Selection（环路）】选项进行定义）：双击如图 12-33a 所示的【Loop Selection（环路）】选项或单击【Loop Selection（环路）】选项后再单击 定义 按钮，弹出如图 12-33b 所示【环选取】对话框，该对话框有【环】和【链】两个选项卡，如图 12-33b 所示为【环】选项卡，该页面显示【环 1】和【环 2】，状态均为【包括】。

步骤 4：单击【链】选项卡，如图 12-33c 所示，页面显示【1-0　单一】和【2-1　下部】选项，它们对应的曲线如图 12-33d 所示，这里单击【2-1　下部】选项，然后在【环选取】对话框中单击 确定 按钮，完成【Loop Selection（环路）】选项的定义。

步骤 5：按鼠标中键或在【侧面影像曲线】特征对话框中单击 确定 按钮，完成侧面影像曲线的创建。

步骤 6（创建分型面）：在右工具箱〖模具/铸件制造〗工具栏中单击 □ 按钮或在主菜单中依次单击『插入』→『模具几何』→『分型曲面』选项，系统进入分型面创建状态。

步骤 7：在右工具箱〖模具/铸件制造〗工具栏中单击 ⌒ 按钮或在主菜单中依次单击『编辑』→『裙状曲面』选项，系统弹出【裙边曲面】特征对话框。

步骤 8：选取步骤 5 创建的侧面影像曲线，然后按鼠标中键或在【链】菜单管理器中单击【完成】选项。

步骤 9：在【裙边曲面】特征对话框单击 确定 按钮。

步骤 10：在右工具箱〖MFG 体积块〗工具栏中单击 ✓ 按钮，完成分型面的创建。

步骤 11：遮蔽了所有元件和体积块后，分型面如图 12-33e 所示。

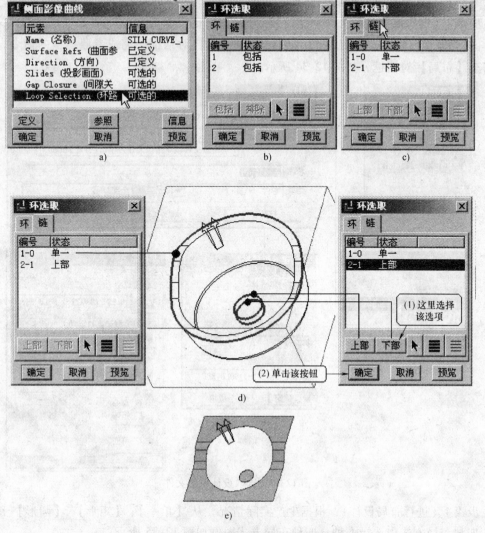

图 12-33　应用裙边曲面创建分型面

第四节　多型腔模具的设计

有时，一副模具中有两个或两个以上型腔，一个模塑周期能同时生产两个以上制品的模具称为多型腔模具。对于多型腔模具，一次可成型同一制品，也可以成型不同的制品。对于多型腔模具的设计，这里只介绍调入和装配设计模型，其它步骤可参照单型腔模具的设计。

下面以两个实例介绍同一制品一模多腔模具和不同制品一模多腔模具的设计。

一、同一制品一模多腔模具的设计

步骤 1（打开文件）：打开\CH12\multi_cavity-1\multi_cavity-1_mold.mfg 文件，该文件为一个空文件。

步骤 2（调入、装配设计模型）：在右工具箱〖模具/铸件制造〗工具栏中单击 🔧 按钮或在模具【菜单管理器】对话框中依次单击【模具模型】→【定位参照零件】选项，系统弹出【布局】对话框和【打开】对话框。

步骤 3（选取设计模型文件）：在【打开】对话框中双击 cup-1. prt 文件或单击该文件后再单击 打开(O) 按钮，系统弹出【创建参照模型】对话框，完成参照模型的命令，系统返回至【布局】对话框，如图 12-34 所示。

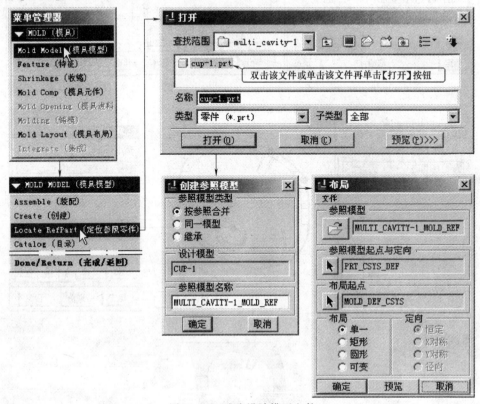

图 12-34　选取设计模型文件

步骤 4（进行布局设计）：根据生产实际情况，从【单一】、【矩形】、【圆形】和【可变】四种布局方式中选择一种，四种布局方式图例如图 12-35 所示。

模具其它设计步骤的操作请参看本章第二、三节。

二、不同制品一模多腔模具的设计

对于不同制品一模具多腔模具的设计，调入、装配设计模型时，应使用逐一调入、逐一装配的方式完成。本例中将以 cup-1. prt 和 copy_surface-1. prt 两个设计模型为例，介绍不同制品一模具多腔模具的设计。

步骤 1（打开文件）：打开 \CH12\multi_cavity-2\multi_cavity-2_mold. mfg 文件，该文件为一个空文件。

步骤 2（调入、装配 cup-1. prt 设计模型）：在模具【菜单管理器】对话框中依次单击【模具模型】→【参照】→【装配模型】，在弹出【打开】对话框选择 cup-1. prt 文件。

以【缺省】方式完成 cup-1. prt 设计模型的装配。

步骤 3（调入、装配 copy_surface-1. prt 设计模型）：在模具【菜单管理器】对话框中依次单击【模具模型】→【参照】→【装配模型】选项，在弹出【打开】对话框中选择 copy_surface-1. prt 文件。

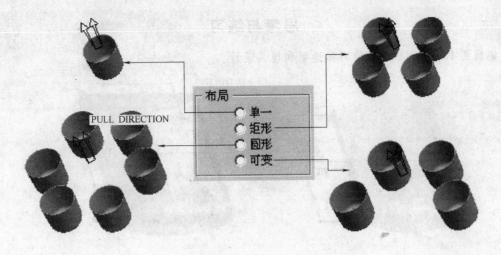

图 12-35　四种布局方式

以图 12-36a 所示装配约束完成 copy_surface-1. prt 设计模型的装配，装配结果如图 12-36b所示。模具其它设计步骤的操作请参看本章第二、三节。

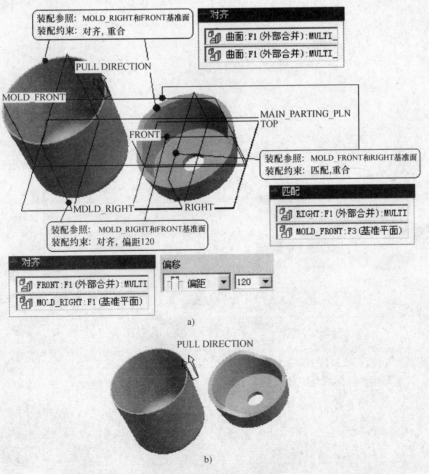

图 12-36　不同制品一模多腔模具设计模型的调入与装配

思考与练习

完成图 12-37 所示零件的实体造型和模具设计。

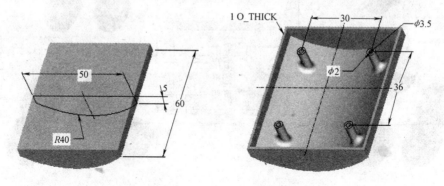

图 12-37　模具设计练习

参考文献

[1] 殷国富，陈永华. 计算机辅助设计技术与应用 [M]. 北京：科学出版社，2000.

[2] 《现代模具技术》编委会. 现代模具技术：模具 CAD/CAM 技术 [M]. 北京：国防工业出版社，1995.

[3] 刘文钊，常伟，金天国. CAD/CAM 集成技术 [M]. 哈尔滨：哈尔滨工业大学出版社，2000.

[4] 李志刚. 模具 CAD/CAM [M]. 北京：机械工业出版社，1994.

[5] 许鹤峰，闫光荣. 数字化模具制造技术 [M]. 北京：化学工业出版社，2001.

[6] 宁汝新，赵汝嘉. CAD/CAM 技术 [M]. 北京：机械工业出版社，1999.

[7] 王庆林，李莉敏，韦纪祥. UG 铣制造过程实用指导 [M]. 北京：清华大学出版社，2002.

[8] 童秉枢. 现代 CAD 技术 [M]. 北京：清华大学出版社，2000.